本书大型交互式、专业级、同步教学演示多媒体DVD说明

1.将光盘放入电脑的DVD光驱中，双击光驱盘符，双击Autorun.exe文件，即进入主播放界面。(注意：CD光驱或者家用DVD机不能播放此光盘)

主界面

单击此处，显示赠送的各类辅助学习资料

辅助学习资料界面

多媒体光盘使用说明

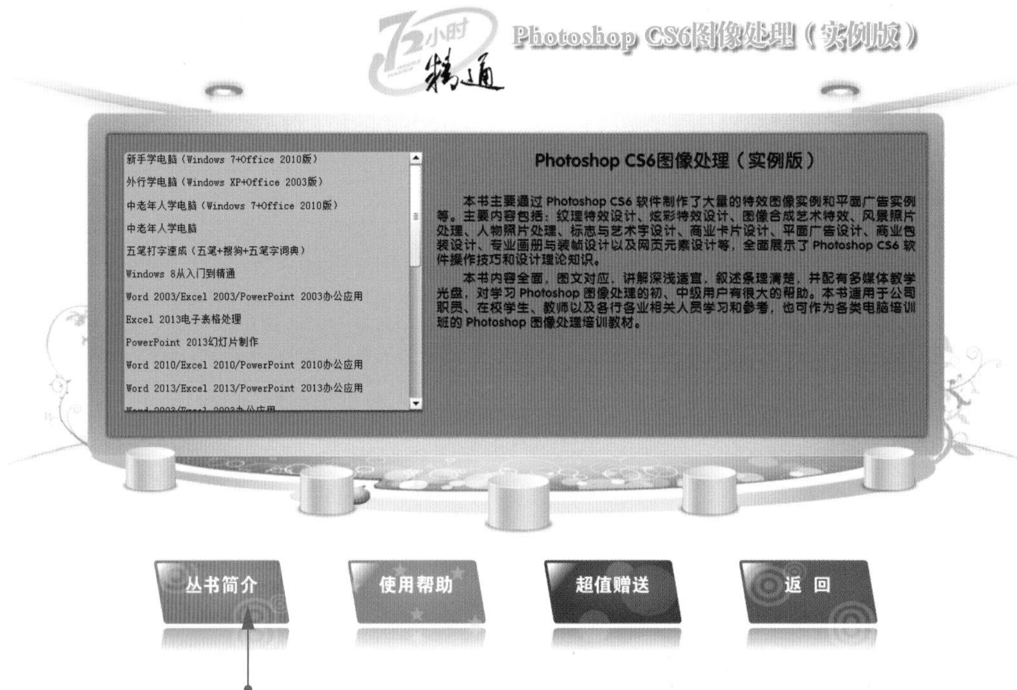

“丛书简介”显示了本丛书各个品种的相关介绍，左侧是丛书每个种类的名称，共计26种；右侧则是对应的内容简介。

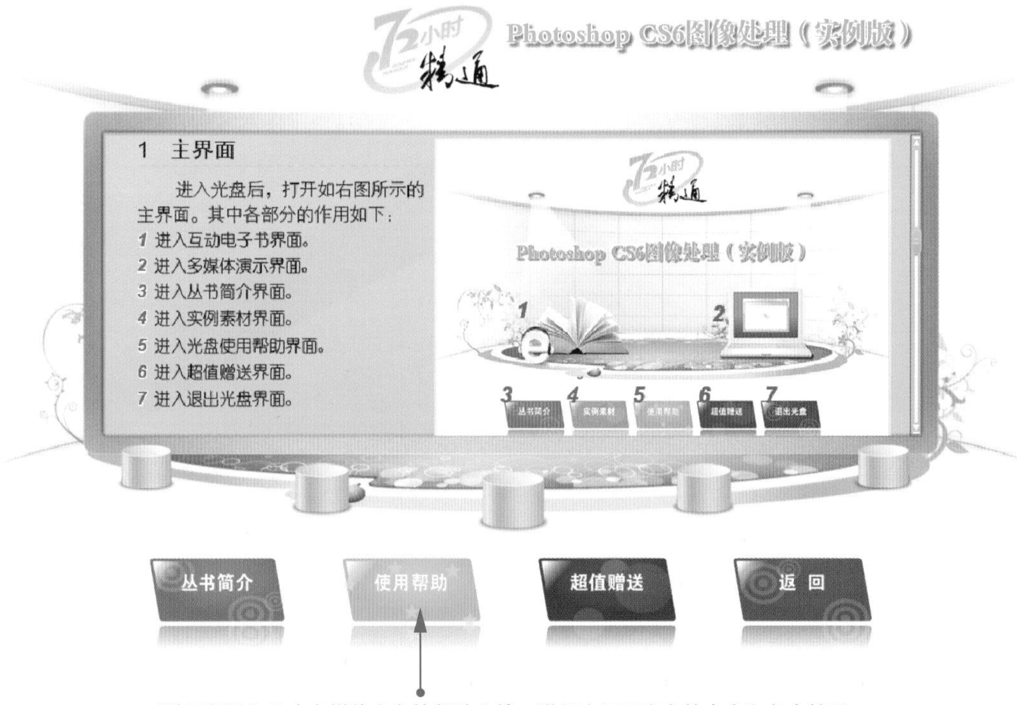

“使用帮助”是本多媒体光盘的帮助文档，详细介绍了光盘的内容和各个按钮的用途。

2.单击“阅读互动电子书”按钮进入互动电子书界面。

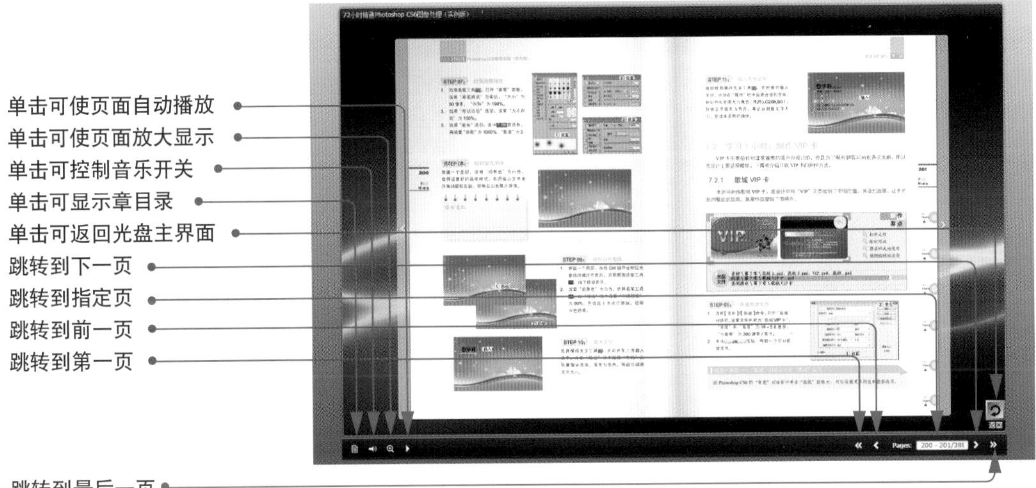

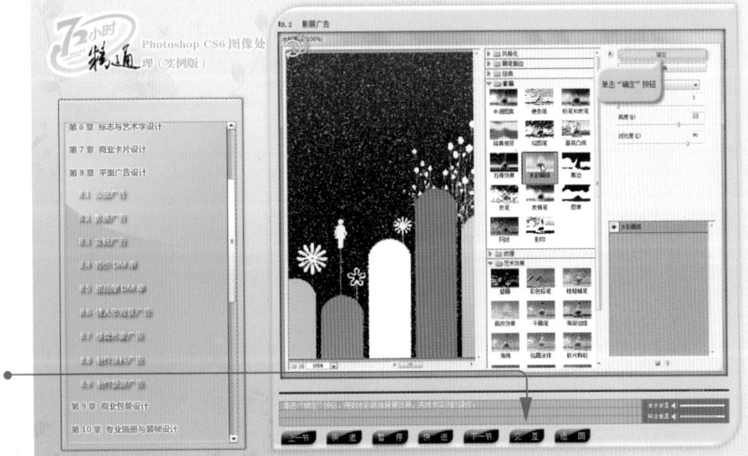

本书部分实例

黄昏效果

秋季效果

水墨荷花

雨天效果

玻璃效果

山水画效果

Best Design
Digital communications, the digital era

素描效果

油画效果

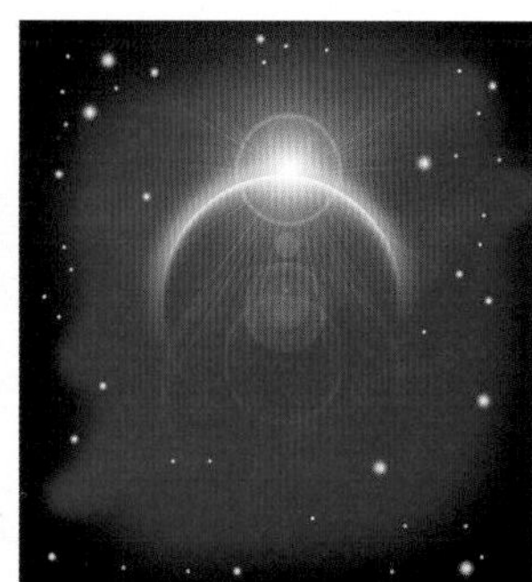

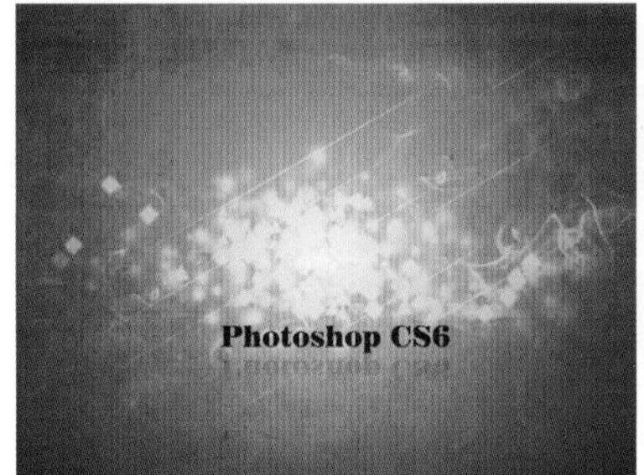
Photoshop CS6

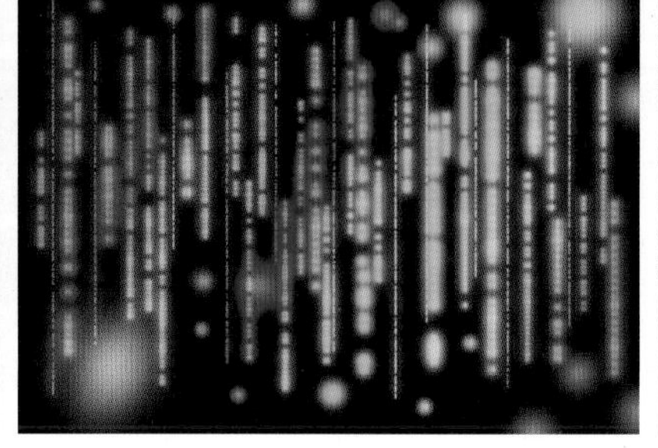

乘风破浪

科幻世界

汽车数码合成

圆环合成图像

艺术摄影

拼贴照片效果

合成照片

逆光雕塑效果

本书部分实例

调整灯光颜色

调整曝光度

雪夜效果

增强灯光效果

改变发型

打造性感鼻梁

改变发色

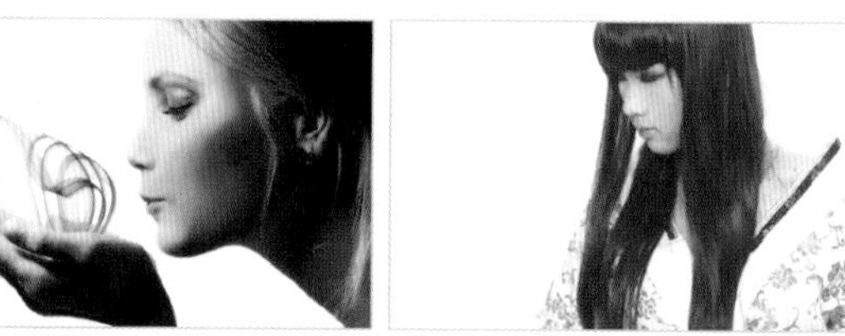

绘制美瞳和眼线

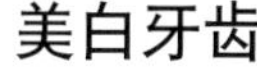

美白光滑肌肤

美白牙齿

美化嘴型

去除鼻子黑头及雀斑

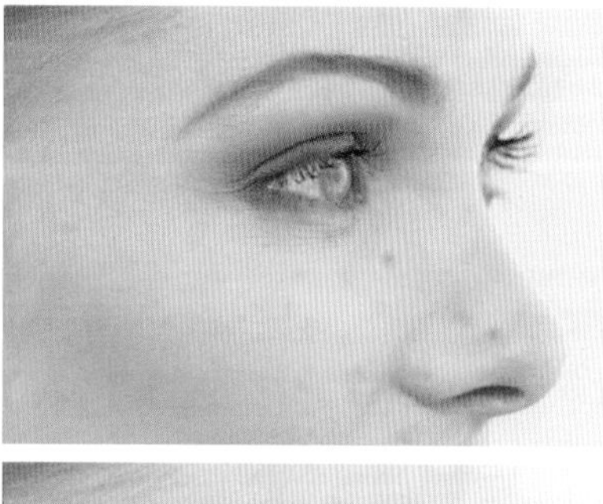

人物美肤

人物瘦身

丝袜效果

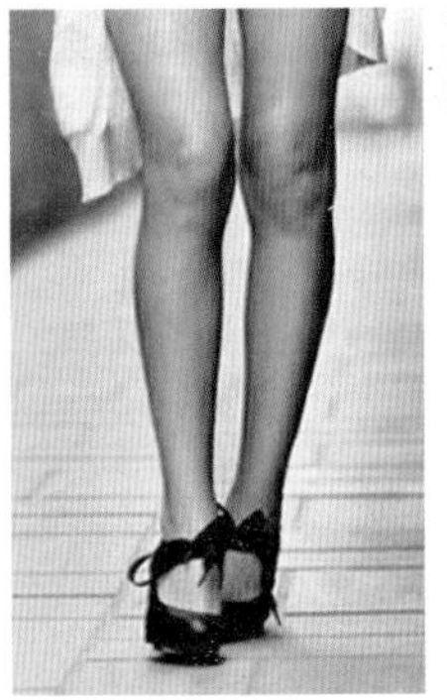
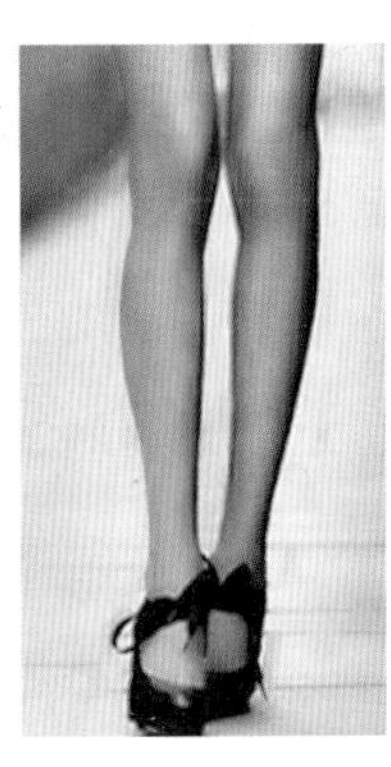

缩小鼻子

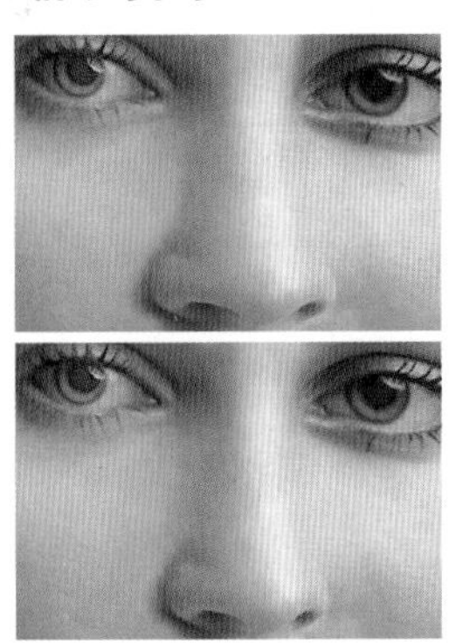

为人物换衣服

制作双眼皮和睫毛

制作绚丽唇彩

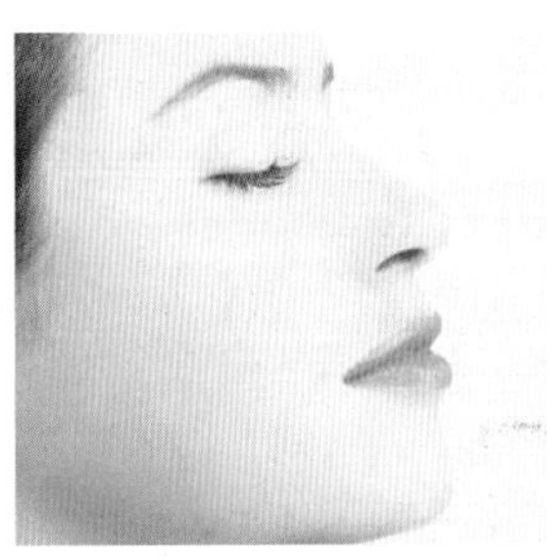
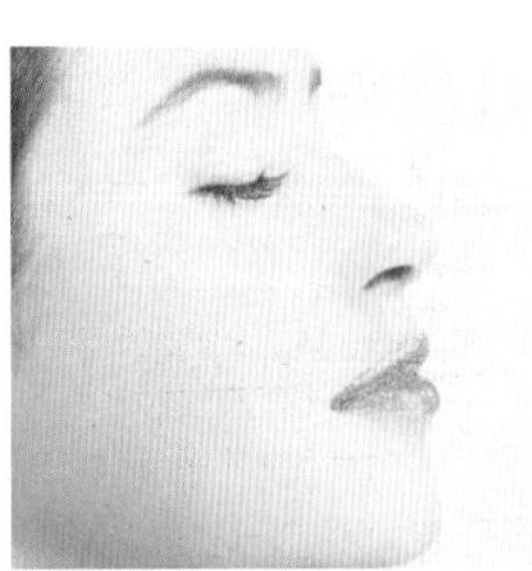

制作情迷爱情海

消除眼袋、黑眼圈

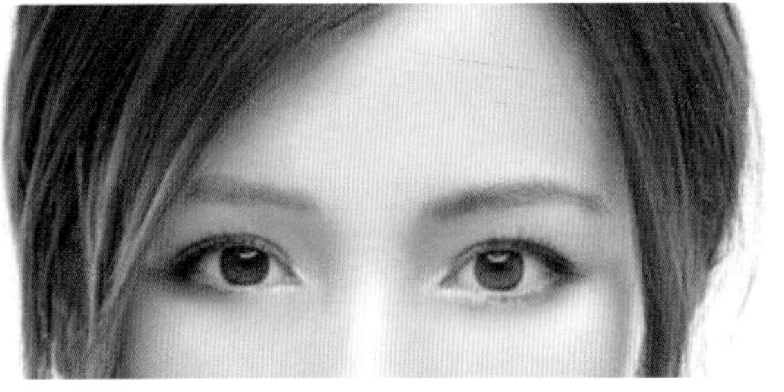

标志

歌城VIP卡

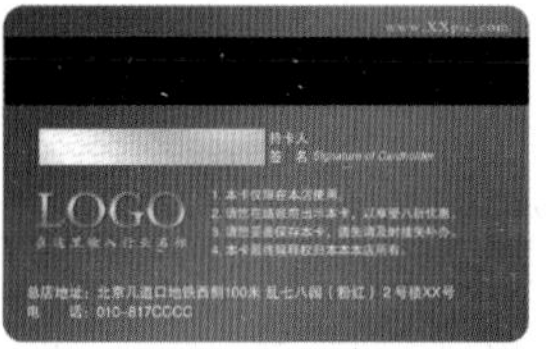

精品屋会员卡

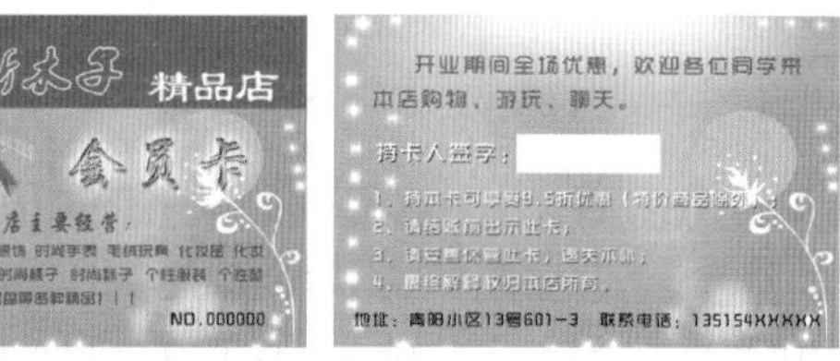

酒店名片

甜品屋会员卡

包装

制作魅力舞台气氛

制作相框效果

浪漫艺术效果

Photoshop CS6 图像处理（实例版）

九州书源／编著

清华大学出版社

北　京

内容简介

《Photoshop CS6图像处理（实例版）》一书主要通过Photoshop CS6软件制作大量的特效图像和平面广告等实例。主要内容包括：纹理特效设计、炫彩特效制作、图像合成艺术特效、风景照片处理、人物照片处理、标志与艺术字设计、商业卡片设计、平面广告设计、商业包装设计、专业画册与装帧设计和网页元素设计等，全面展示了Photoshop CS6软件的操作技巧和设计理论知识。

本书内容全面，图文对应，讲解深浅适宜，叙述条理清楚，并配有多媒体教学光盘，对Photoshop图像处理的初、中级用户有很大的帮助。本书适用于公司职员、在校学生、教师以及各行各业相关人员进行学习和参考，也可作为Photoshop 图像处理培训教材。

本书和光盘有以下显著特点：

132节交互式视频讲解，可模拟操作和上机练习，边学边练更快捷！

实例素材及效果文件，实例及练习操作，直接调用更方便！

全彩印刷，炫彩效果，像电视一样，摒弃“黑白”，进入“全彩”新时代！

372页数字图书，在电脑上轻松翻页阅读，不一样的感受！

图书在版编目（CIP）数据

Photoshop CS6图像处理：实例版 / 九州书源编著. —北京：清华大学出版社，2015(2019. 3重印)
（72小时精通）
ISBN 978-7-302-37956-0

I. ①P… II. ①九… III. ①图象处理软件 IV. ①TP391.41

中国版本图书馆CIP数据核字（2014）第213433号

责任编辑：赵洛育
封面设计：李志伟
版式设计：文森时代
责任校对：马军令
责任印制：宋　林

出版发行：清华大学出版社
网　　址：http://www.tup.com.cn，http://www.wqbook.com
地　　址：北京清华大学学研大厦A座　　邮　　编：100084
社 总 机：010-62770175　　邮　　购：010-62786544
投稿与读者服务：010-62776969，c-service@tup.tsinghua.edu.cn
质 量 反 馈：010-62772015，zhiliang@tup.tsinghua.edu.cn
印 装 者：三河市君旺印务有限公司
经　　销：全国新华书店
开　　本：185mm×260mm　　**印　张：**24　　**插　页：**6　　**字　　数：**614千字
（附DVD光盘1张）
版　　次：2015年11月第1版　　**印　　次：**2019年 3 月第 7 次印刷
定　　价：69.80元

产品编号：052268-01

前言 PREFACE

※如果您还在为制作特殊背景图像而发愁；
※如果您还在为去掉人物照片中的瑕疵而苦恼；
※如果您还在为制作影楼特效的照片而手忙脚乱；
※如果您还在为设计一张富有创意的海报而忧虑；
※请翻开《Photoshop CS6 图像处理（实例版）》，
※这些问题都能在其中找到并得到解决的办法，
※它将带您在 Photoshop 的知识海洋中畅游，
※成为您学习图像处理的指明灯。

Photoshop 是一款使用范围很广、功能强大的平面设计软件，在摄影、包装、标志与卡片设计、宣传画册等多个与平面设计相关的领域中，发挥着强大的作用。本书以 Photoshop CS6 为蓝本，以最易学的实例形式讲解了 Photoshop 在平面领域的应用，以及相应的一些设计方式与技巧。每个章节均提供了大量的图像素材，更加直观地展示了相关的操作方法，让读者能在最短的时间内学会使用 Photoshop 处理图像的方法。

■ 本书的特点

本书以 Photoshop CS6 为平台进行图形图像制作的讲解。当您在茫茫书海中看到本书时，不妨翻开它，关注一下它的特点，相信一定会带给您惊喜。

61 小时学知识，11 小时上机：本书以实用功能讲解为核心，每章分学习和上机两个部分，学习部分以操作为主，讲解每个知识点的操作和用法，操作步骤详细、目标明确；上机部分相当于一个学习任务或案例制作，同时在每章最后提供有视频上机任务，书中给出操作要求和关键步骤，具体操作过程放在光盘演示中。

案例丰富，简单易学：本书以日常的工作需要为基础，案例丰富，每个案例均选自图像处理相关工作和行业的方方面面。本书将 Photoshop 的知识与实例操作结合起来，在完成每一个实例，感受成就感的同时，已无形中掌握了相关的基础知识，以及基础知识之间的灵活应用。每章最后还提供了与本章相关的“练习”，通过自行练习，达到灵活运用的目的。

技巧总结与提高：本书以“秘技连连看”列出了学习 Photoshop 的技巧，并以索引目录的形式指出其具体的位置，使读者能更方便地对知识进行查找。最后还在“72 小时后该如何提升”中列出了学习本书过程中应该注意的问题，以提高用户的学习效果。

书与光盘演示相结合：本书的操作部分均在光盘中提供了视频演示，并在书中指出了相对应的路径和视频文件名称，可以打开视频文件对某一个知识点进行学习。

排版美观，全彩印刷：本书采用双栏图解排版，一步一图，图文对应，并在图中添加了操作提示标注，以便于读者快速学习。

配超值多媒体教学光盘：本书配有一张多媒体教学光盘，提供有书中操作所需素材、效果和视频演示文件，同时光盘中还赠送了大量相关的教学教程。

赠电子版阅读图书：本书制作有实用、精美的电子版放置在光盘中，在光盘主界面中单击“电子书”按钮可阅读电子图书，单击“返回”按钮可返回光盘主界面，单击“观看多媒体演示”按钮可打开光盘中对应的视频演示，也可一边阅读一边进行上机操作。

本书的内容

本书共分为 8 部分，用户在学习的过程中可循序渐进，也可根据自身的需求，选择需要的部分进行学习。各部分的主要内容介绍如下。

特效设计（第 1~3 章）：主要介绍多种特效设计，包括纹理特效设计、炫彩特效制作和图像合成艺术特效等内容。

数码照片处理（第 4~5 章）：主要介绍数码照片的处理方法，包括风景照片处理、人物照片处理等内容。

标志与艺术字设计（第 6 章）：主要介绍标志和艺术字的设计，包括制作商业标志、机构标志、可爱卡通文字和另类文字特效等内容。

商业卡片设计（第 7 章）：主要介绍各种商业卡片的设计，包括制作公司名片、制作 VIP 卡和会员卡等内容。

平面广告设计（第 8 章）：主要介绍平面广告的设计，包括制作报刊广告、DM 单、户外广告等内容。

商业包装设计（第 9 章）：主要介绍商业包装设计，包括纸质包装、立体瓶身包装和软质包装等内容。

专业画册与装帧设计（第 10 章）：主要介绍画册与装帧设计，通过多个实例，全面展示了画册和书籍装帧的设计过程及制作方法。

网页元素设计（第 11 章）：主要介绍网页中常用的元素设计，包括网站 LOGO、网站中的按钮、菜单，以及主页背景图等。

联系我们

本书由九州书源组织编写，参加本书编写、排版和校对的工作人员有廖宵、曾福全、陈晓颖、向萍、李星、贺丽娟、彭小霞、何晓琴、蔡雪梅、刘霞、包金凤、杨怡、李冰、张丽丽、张鑫、张良军、简超、朱非、付琦、何周、董莉莉、张娟。

如果您在学习的过程中遇到什么困难或疑惑，可以联系我们，我们会尽快为您解答，联系方式为：

QQ 群：122144955、120241301（注：只选择一个 QQ 群加入，不重复加入多个群）。

网址：http://www.jzbooks.com。

由于作者水平有限，书中疏漏和不足之处在所难免，欢迎读者不吝赐教。

九州书源

目录

CONTENTS

第1章 纹理特效设计

学习 5 小时

Photoshop CS6 被广泛用于平面、插画、网页、广告、界面、3D 动画和排版等领域，是进行图像处理的主要工具之一。本章将主要结合图层、图层样式、扭曲滤镜和选区的基本知识来设计并制作具有纹理特效的图像效果，为画面渲染出不一样的气氛，实现更舒适、贴切的画面效果，使其适用于实际的需要。

- 制作彩色底纹效果
- 制作艺术底纹效果
- 制作金属底纹效果
- 制作自然效果

上机 1 小时

1.1 学习 1 小时：制作彩色底纹效果

在实际工作中，Photoshop CS6 广泛应用于平面设计、网页制作、矢量绘图、3D 动画和排版等领域，成为人们图像处理的主要工具。本节将制作彩色底纹效果，一个漂亮的底纹能够为整个画面设计带来很舒服的效果。如果一个贴切的底纹背景能够与产品呼应，则更能起到宣传的作用，下面将对其进行讲解。

1.1.1 彩色光束

本例将制作一个彩色光束图像效果，主要由两大部分组成，分别是彩色光束和装饰笔刷。首先制作出笔刷效果，然后再通过滤镜功能制作出黑白底纹，并添加彩色效果，其最终效果如下图所示。

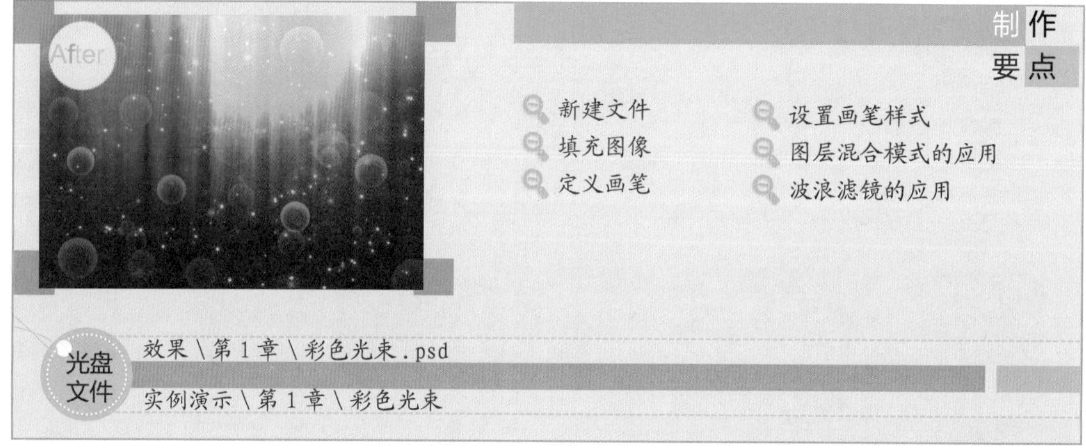

STEP 01： 新建图像文件

1. 选择【文件】/【新建】命令，打开“新建”对话框。设置“名称”为“彩色光束”，“宽度”为 20 厘米，“高度”为 14 厘米，“分辨率”为 150 像素 / 英寸。
2. 单击 确定 按钮，即可得到一个空白的图像文件。

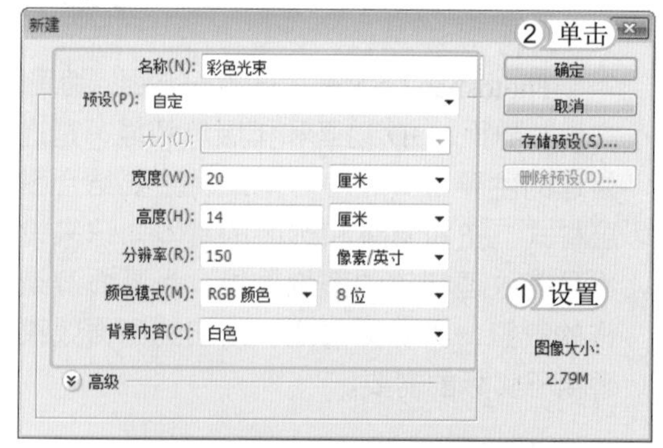

STEP 02： 设置画笔属性

1. 选择画笔工具，在“属性”栏中单击“画笔预设”选项栏右侧的下拉按钮，打开“画笔”面板。
2. 选择“硬边机械 5 像素”画笔样式，按 D 键设置“前景色”为黑色、“背景色”为白色。

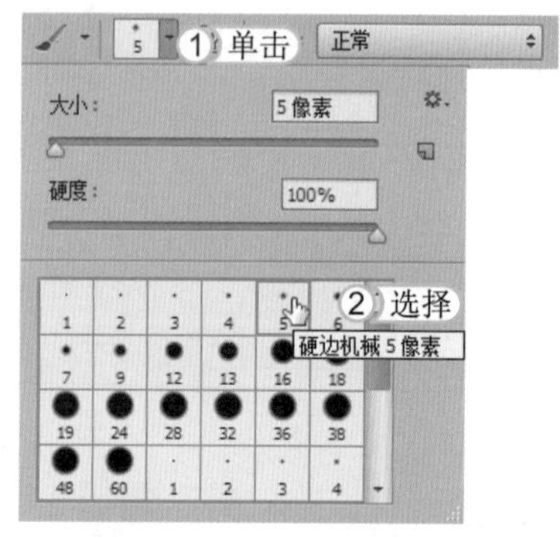

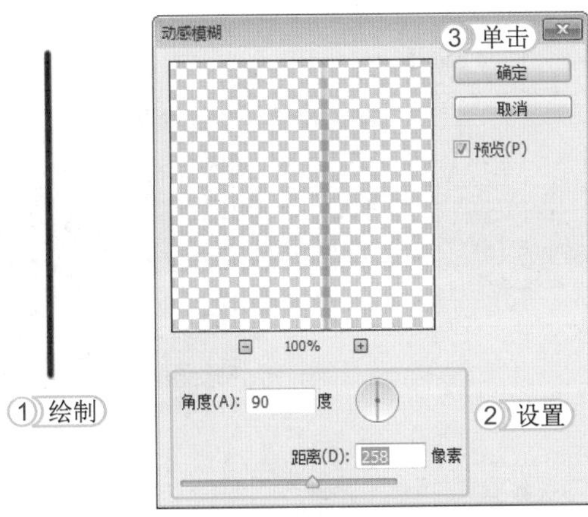

STEP 03： 制作动感模糊图像

1. 新建"图层 1"。使用设置好的画笔工具在图像中从上到下绘制一条黑色直线。
2. 选择【滤镜】/【模糊】/【动感模糊】命令，打开"动感模糊"对话框。设置"角度"为 90、"距离"为 258。
3. 单击 确定 按钮，即可得到动感模糊效果。

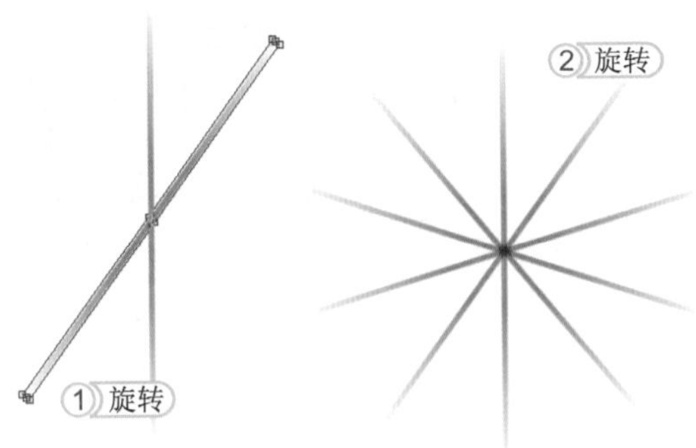

STEP 04： 复制并旋转图像

1. 按 Ctrl+J 组合键，复制"图层 1"。再按 Ctrl+T 组合键旋转图像。
2. 多次复制"图层 1"，并旋转图像，得到多图旋转的效果。

STEP 05： 合并图层

1. 按住 Ctrl 键选择"图层 1"和所有复制的图层 1 副本，按 Ctrl+E 组合键合并图层，得到"图层 1"。
2. 选择画笔工具，在"属性"栏中设置画笔"样式"为柔边机械，"大小"为 80。设置"前景色"为黑色，在交叉图像中心位置绘制一个黑色图像。

STEP 06： 定义画笔

1. 按住 Ctrl 键单击"图层 1"，得到"星光"图像选区。选择【编辑】/【定义画笔预设】命令，打开"画笔名称"对话框，在其中设置画笔"名称"为"星光"。
2. 完成后单击 确定 按钮。

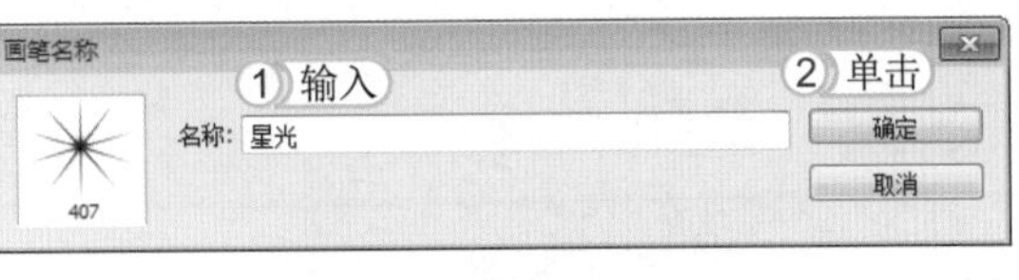

STEP 07： 隐藏图层

单击"图层 1"前面的眼睛图标，隐藏该图层。再新建"图层 2"。

STEP 08： 填充颜色

1. 选择椭圆选框工具，按住 Shift 键绘制一个圆形选区。选择【编辑】/【填充】命令，打开“填充”对话框，在“使用”下拉列表框中选择“50% 灰色”选项。
2. 单击 确定 按钮，得到填充后的圆形。

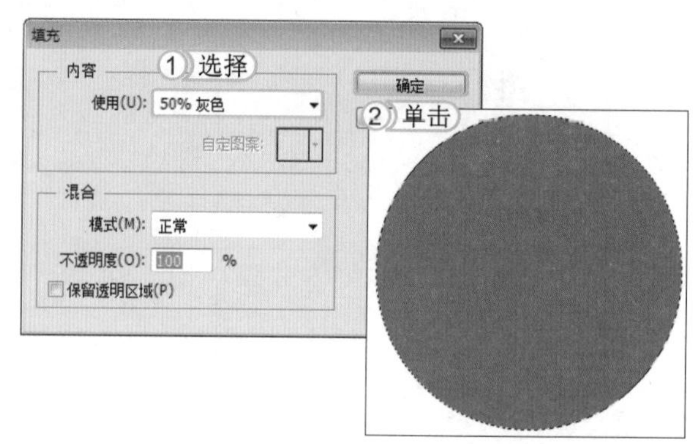

STEP 09： 渐变填充图像

1. 保持选区状态，设置“前景色”为白色。选择渐变工具，单击“属性”栏中的径向渐变按钮，打开渐变编辑器，选择“从前景色到透明”样式。
2. 在选区中从上到下拖动鼠标，进行渐变填充。

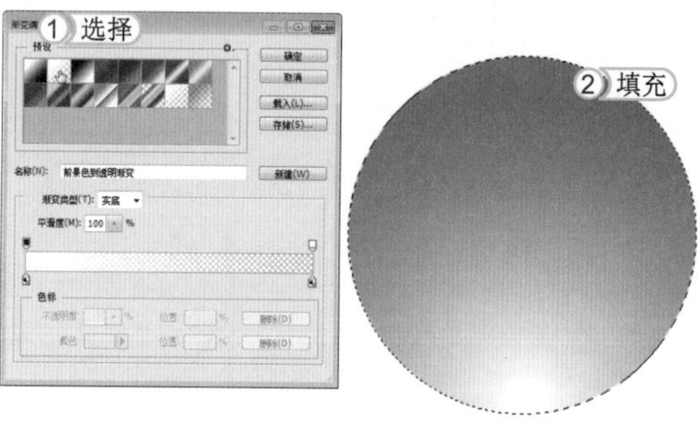

STEP 10： 制作填充

1. 选择【图层】/【图层样式】/【内阴影】命令，打开“图层样式”对话框，设置内阴影“颜色”为黑色，再设置其他参数，并单击“等高线”右侧的下拉按钮，在弹出的列表框中选择“高斯”样式。
2. 单击 确定 按钮，在“图层”面板中设置“填充”为50%，得到调整后的图像。

STEP 11： 定义画笔

选择【编辑】/【定义画笔预设】命令，打开“画笔名称”对话框，单击 确定 按钮，得到定义的画笔。

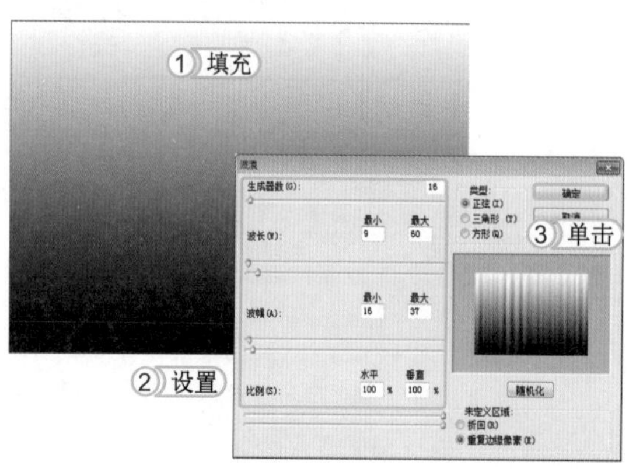

STEP 12： 运用波浪滤镜

1. 隐藏“图层 2”，选择背景图层，选择渐变工具，对图像应用从黑色到白色的线性渐变填充。
2. 选择【滤镜】/【扭曲】/【波浪】命令，打开“波浪”对话框，选中 正弦(I) 单选按钮，再设置各选项参数。
3. 单击 确定 按钮，得到波浪图像。

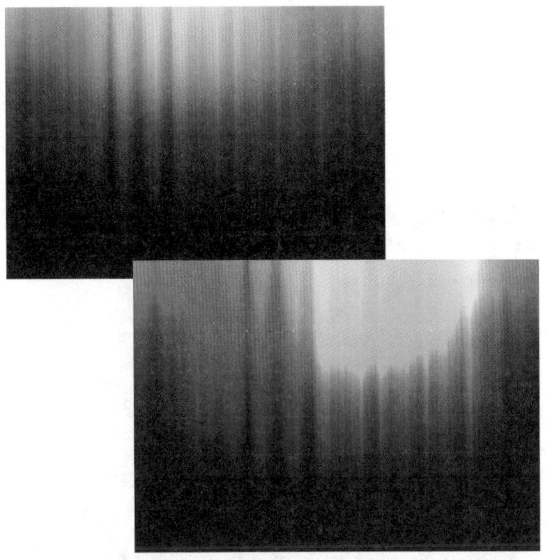

STEP 13： 涂抹图像

设置“前景色”为黑色，选择画笔工具，在“属性”栏中设置画笔“样式”为柔边，“不透明度”为50%，在图像下方涂抹。

STEP 14： 制作彩色背景

新建一个图层，选择渐变工具，打开“渐变编辑器”对话框，选择“色谱”样式。在图像中从左到右应用线性渐变填充，再设置该图层的“混合模式”为叠加，得到彩色图像。

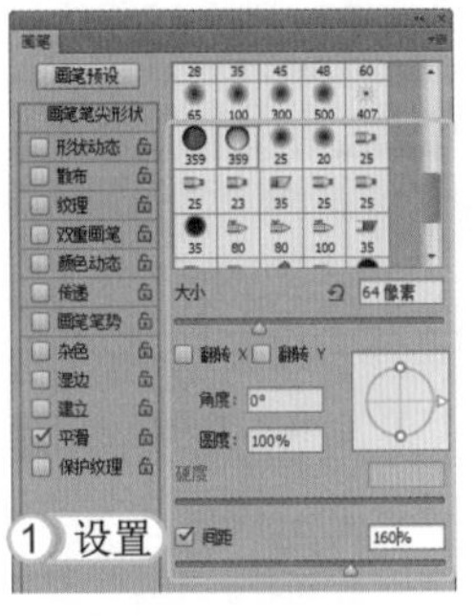

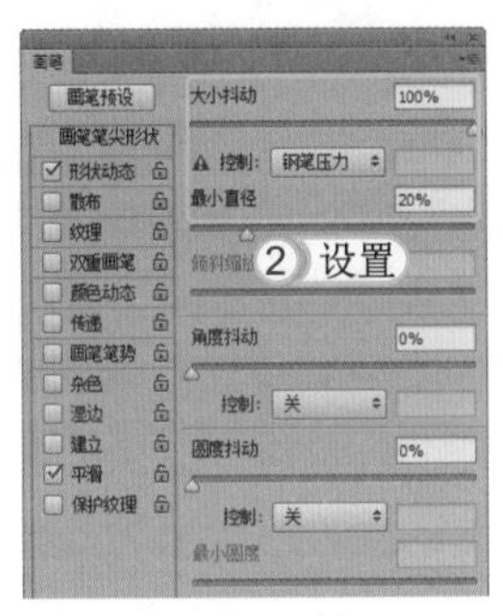

STEP 15： 设置画笔属性

1. 新建一个图层。设置“前景色”为白色，选择画笔工具，单击“属性”栏右上方的“切换画笔面板”按钮，打开“画笔”面板，选择刚才自定义的圆形画笔，设置画笔“大小”和“间距”参数。
2. 选择“形状动态”选项，设置“大小抖动”参数为100%、“最小直径”为20%。

STEP 16： 绘制图像

1. 选择“散布”选项，选中两轴复选框，设置其参数为1000%，“数量”为2。
2. 在图像中绘制圆形图像，得到分散的水泡效果。

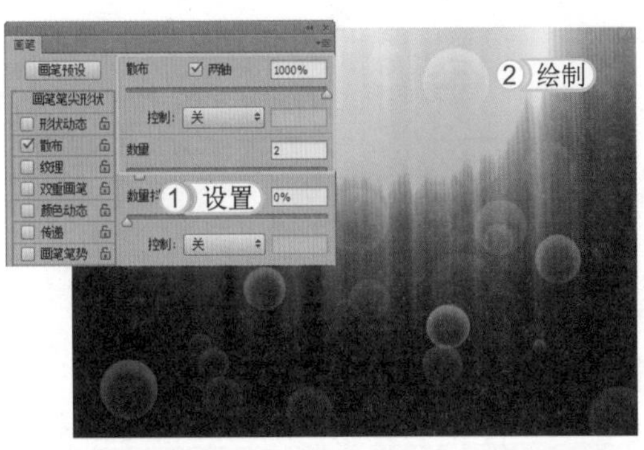

STEP 17： 绘制星光图像

在“画笔笔尖形状”列表框中选择第一次自定义的星光图像。同样为其设置“形状动态”和“散布”参数，然后在图像中绘制出星光效果。

提个醒 在“画笔”面板中设置参数时，还可以选择“传递”选项，调整画笔的不透明度抖动参数，这样绘制出来的笔触会更富有变化。

1.1.2　科幻背景

本例将制作科幻背景，主要通过多种滤镜功能来制作出线条突出的视觉效果，再添加彩色渐变，得到富有视觉冲击力的画面。其最终效果如下图所示。

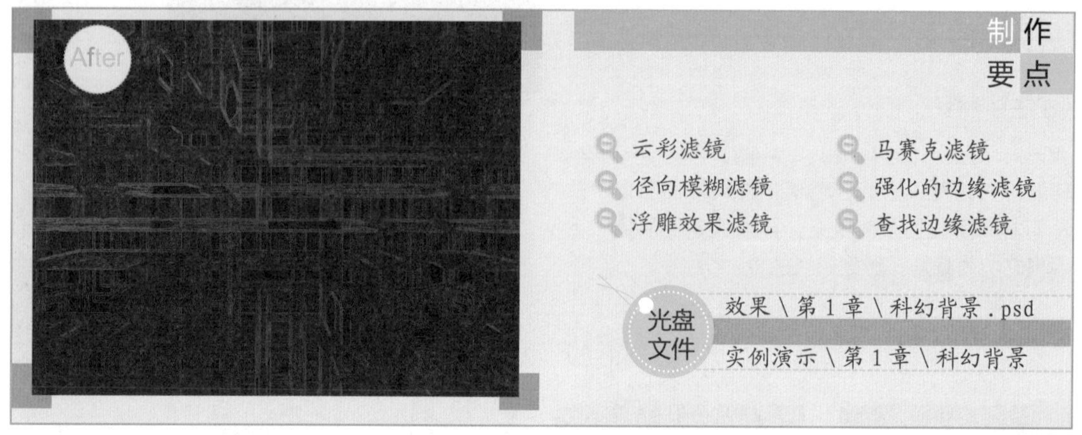

STEP 01： 新建图像文件

1. 选择【文件】/【新建】命令，打开“新建”对话框。设置文件名称为“科幻背景”，“宽度”为 20 厘米，“高度”为 15 厘米，“分辨率”为 300 像素 / 英寸。
2. 单击 确定 按钮，得到一个空白图像文件。

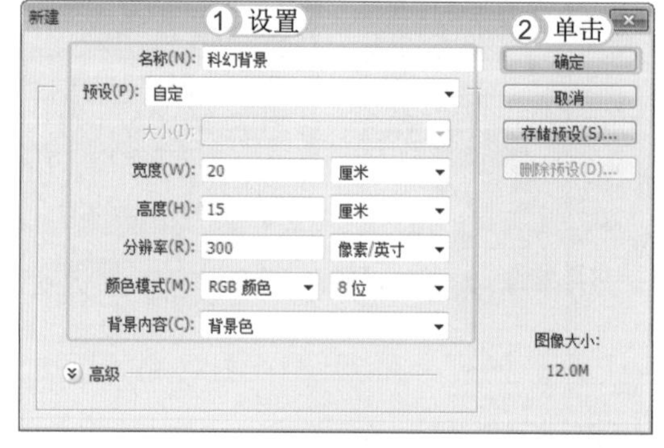

STEP 02： 使用云彩滤镜

1. 单击“图层”面板底部的“创建新图层”按钮，新建“图层 1”。按 D 键恢复“前景色”为黑色、“背景色”为白色。
2. 选择【滤镜】/【渲染】/【云彩】命令，得到黑白云彩效果。

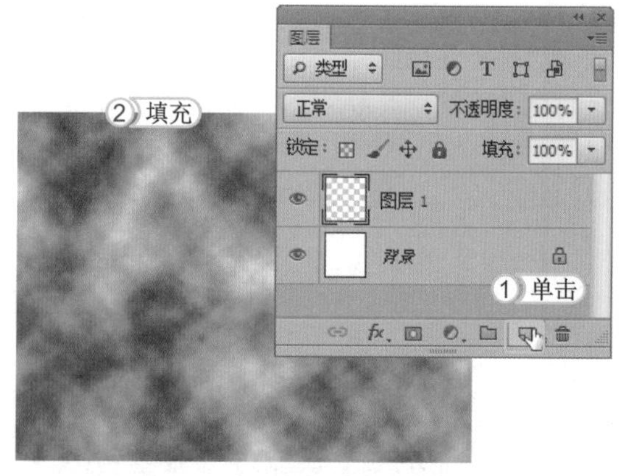

问题小贴士

问：为什么在使用云彩滤镜之前，需要设置前景色和背景色呢？

答：因为“云彩”滤镜是在前景色和背景色之间随机地抽取像素并完全覆盖图像，从而产生类似柔和云彩的效果，所以如果设置前景色为黑色，背景色为白色，则可以产生黑白效果的云彩图像。

STEP 03： 使用马赛克滤镜

1. 选择【滤镜】/【像素化】/【马赛克】命令，打开“马赛克”对话框，设置“单元格大小”为 80。
2. 单击 确定 按钮，得到马赛克图像。

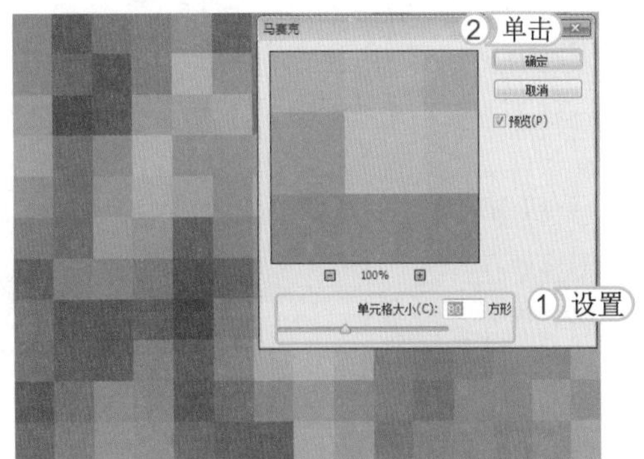

STEP 04： 使用径向模糊滤镜

1. 选择【滤镜】/【模糊】/【径向模糊】命令，打开“径向模糊”对话框。设置“数量”为 40，在“模糊方法”栏选中 缩放(Z) 单选按钮，然后在“品质”栏中选中 最好(B) 单选按钮。
2. 单击 确定 按钮，得到径向模糊图像效果。

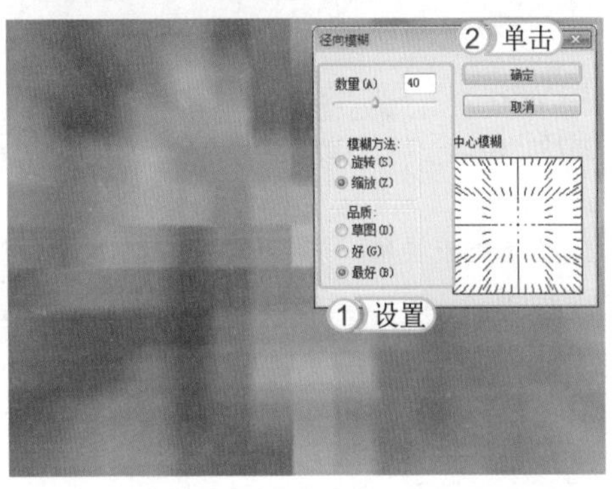

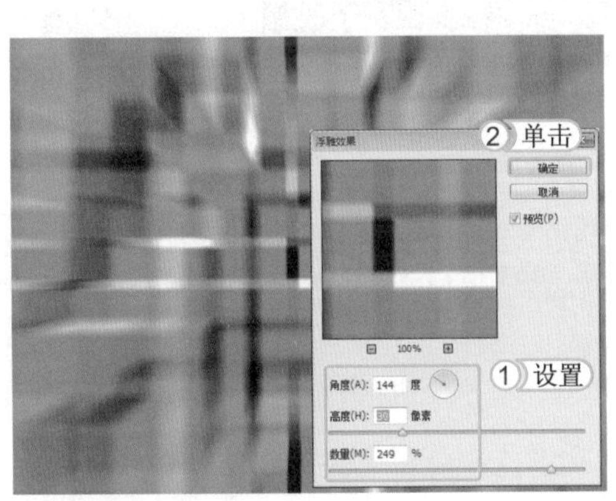

STEP 05： 使用浮雕效果滤镜

1. 选择【滤镜】/【风格化】/【浮雕效果】命令，打开“浮雕效果”对话框。设置“角度”为 144、“高度”为 30、“数量”为 249。
2. 单击 确定 按钮，得到浮雕图像效果。

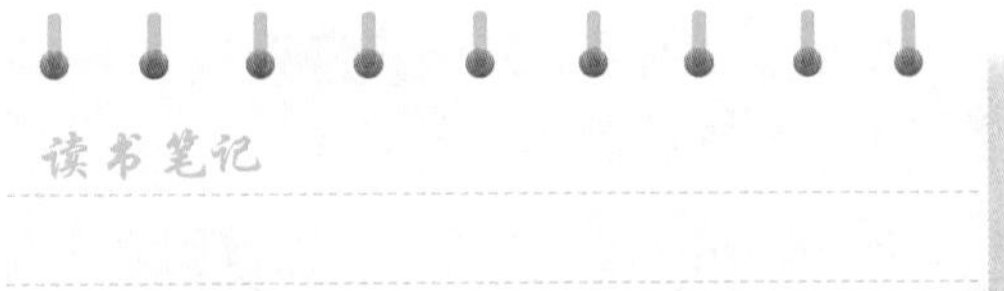

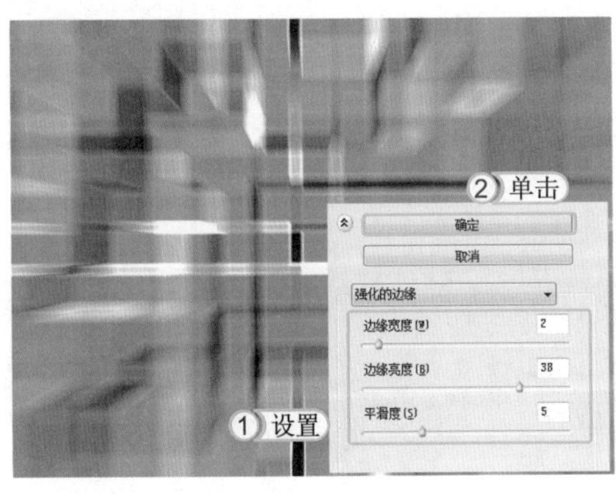

STEP 06： 使用强化的边缘滤镜

1. 选择【滤镜】/【滤镜库】命令，打开“滤镜库”对话框。选择“画笔描边”/“强化的边缘”选项，分别设置参数为 2、38、5。
2. 单击 确定 按钮，得到强化边缘后的图像效果。

62 Hours
52 Hours
42 Hours
32 Hours
22 Hours
12 Hours

STEP 07： 查找并照亮边缘

1. 选择【滤镜】/【风格化】/【查找边缘】命令，得到自动查找图像边缘的效果。
2. 选择【滤镜】/【滤镜库】命令，打开“滤镜库”对话框。选择“风格化”/“照亮边缘”选项，设置参数分别为 2、12、4。单击 确定 按钮，即可得到照亮边缘图像效果。

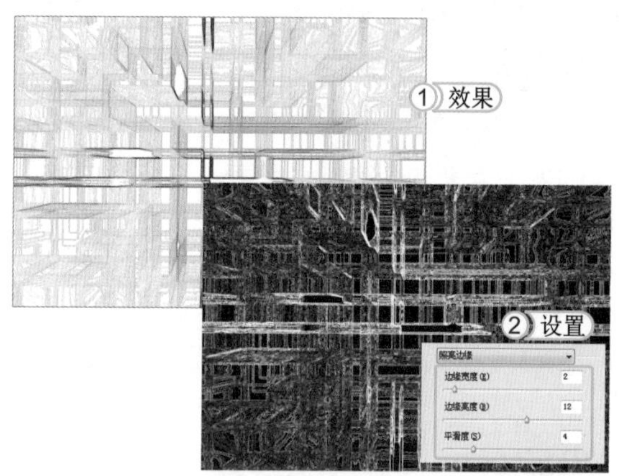

STEP 08： 添加彩色效果

1. 新建“图层 2”，将图层“混合模式”设置为正片叠底。
2. 选择渐变工具，在“属性”栏中设置渐变颜色为从红色（R225,G0,B25）到绿色（R0,G96,B27），并为图像应用线性渐变填充，从左上角到右下角拖动鼠标，填充渐变颜色，完成操作。

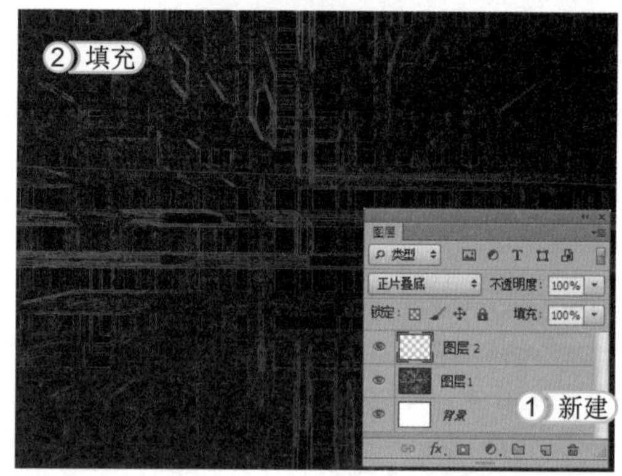

1.2 学习 1 小时：制作艺术底纹效果

艺术底纹在很多广告画面中都出现过，通过一些含蓄的手法，可以让整个画面提升档次。艺术底纹有很多种，一般都会根据画面需要调整质感、色调。下面将对各种经典艺术底纹的制作方法进行介绍。

1.2.1 写意水彩

本例将制作一个写意水彩底纹图像，在制作前，首先要找到一幅合适的素材图像。再通过画笔工具随意涂抹出写意水彩的效果，同时通过本例的制作，可以使用户更加熟练地掌握软件技能。其最终效果如下图所示。

STEP 01： 新建图像

1. 选择【文件】/【新建】命令，打开“新建”对话框。设置文件名称为“写意水彩”，“宽度”为 30 厘米，“高度”为 18 厘米，“分辨率”为 100 像素 / 英寸。
2. 单击 确定 按钮，得到一个空白图像文件。

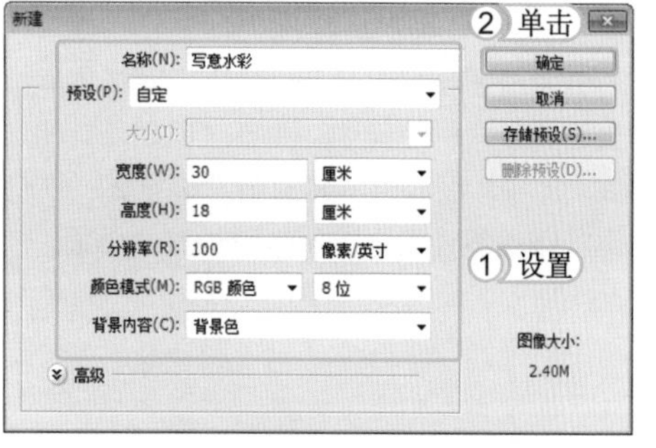

STEP 02： 新建图层并填充

在“图层”面板中单击“创建新图层”按钮，新建一个图层。将其填充为白色，然后设置“前景色”为白色、“背景色”为黑色。

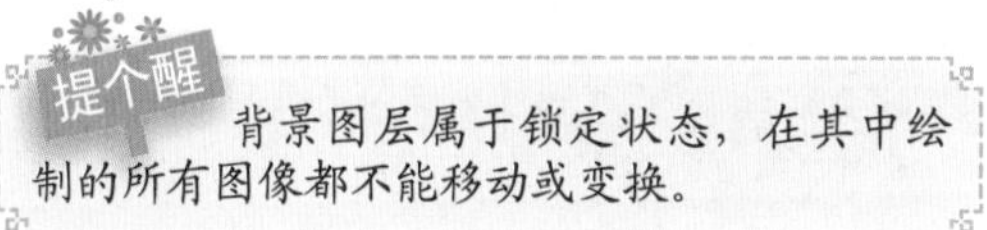

提个醒 背景图层属于锁定状态，在其中绘制的所有图像都不能移动或变换。

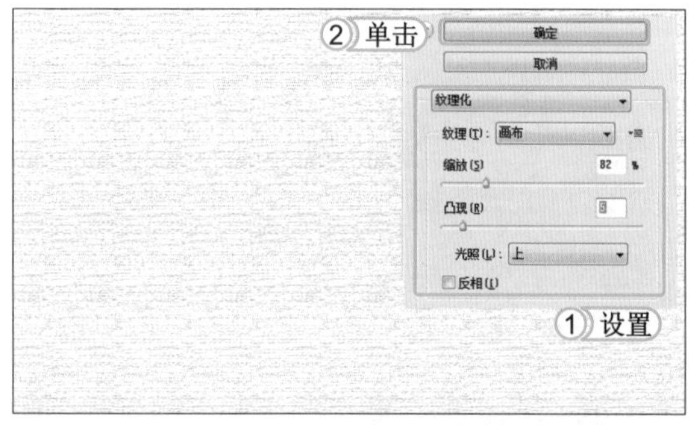

STEP 03： 应用纹理化滤镜

1. 选择【滤镜】/【滤镜库】命令，打开【滤镜库】对话框。选择“纹理”/“纹理化”选项，设置“纹理”为画布，再分别设置其他参数为 82、5。
2. 单击 确定 按钮，得到纹理化图像效果。

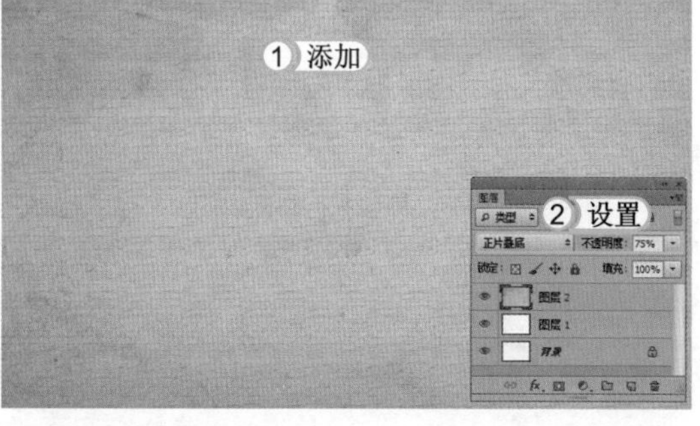

STEP 04： 添加素材图像

1. 打开素材图像“底纹.jpg”，使用移动工具将其拖拽到当前编辑的图像中，并放到顶层。
2. 设置图层“混合模式”为正片叠底，“不透明度”为 75%，得到纸质底纹。

经验一箩筐——图层混合模式的运用

在 Photoshop 中有多种图层混合模式，它们都位于“图层”面板中，通过设置图层混合模式，可以让上一层图像与下一层图像进行融合，得到奇妙的图像效果。

STEP 05： 调整图层顺序

1. 打开素材图像“向日葵.jpg”，同样将其拖拽到当前编辑的图像中，生成“图层 3”图层。
2. 在“图层”面板中将其放到“图层 2”的下方，适当调整图像大小，使其铺满整个画面。

STEP 06： 涂抹图像

1. 选择【图层】/【图层蒙版】/【隐藏全部】命令，这时图层蒙版中将添加蒙版状态。选择画笔工具，在“属性”栏中设置画笔“样式”为喷溅。
2. 适当调整画笔大小，在图像中涂抹，花朵图像将显现出来。

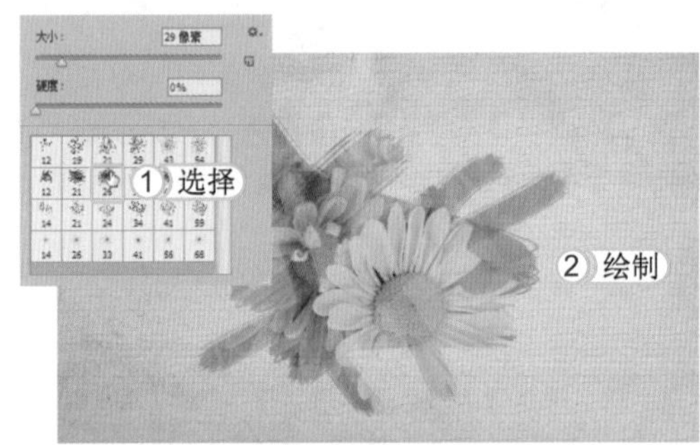

STEP 07： 多次涂抹图像

在画笔工具“属性”栏中调整画笔不透明度参数，如分别设置为 20%、50% 和 80%，再涂抹绘制出多个笔触，得到更加富有层次感的图像。

1.2.2 水墨荷花

本例将制作一个水墨荷花底纹图像，这种底纹效果类似于国画的笔触，但颜色很清淡，在实际运用时，可以应用为底纹，也可以作为一幅单独的图像。其最终效果如下图所示。

STEP 01：复制图层

1. 打开素材图像“荷花 .jpg”，选择【图层】/【复制图层】命令，打开“复制图层”对话框，默认各项设置。
2. 单击 确定 按钮，得到复制的图层。

STEP 02：调整图像高光和阴影

1. 选择【图像】/【调整】/【阴影 / 高光】命令，打开“阴影 / 高光”对话框。
2. 设置“阴影”栏中的“数量”为 85，“高光”栏中的“数量”为 25。
3. 单击 确定 按钮，得到调整后的图像。

STEP 03：制作黑白图像

1. 选择【图像】/【调整】/【黑白】命令，打开“黑白”对话框，设置各项参数。
2. 单击 确定 按钮，得到调整后的图像。

STEP 04：获取图像选区

选择【选择】/【色彩范围】命令，打开“色彩范围”对话框。单击图像中的黑色部分，单击 确定 按钮，得到选区。

STEP 05： 复制图层

1. 选择【图像】/【调整】/【反相】命令，将黑色背景转换为白色。
2. 按两次 Ctrl+J 组合键，复制得到两个新的副本图层。

STEP 06： 添加滤镜

1. 按 Ctrl+I 组合键反相图像，选择【滤镜】/【其他】/【最小值】命令。打开“最小值”对话框，设置“半径”为 2、“保留”为方形。
2. 单击 确定 按钮，将最上面的图层“混合模式”设置为颜色减淡，得到线性图像效果。

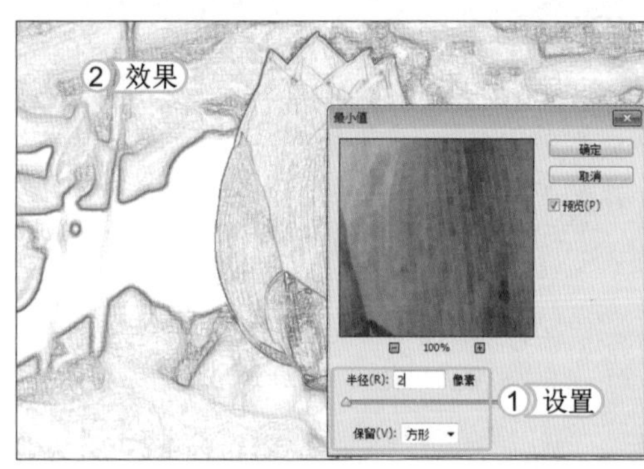

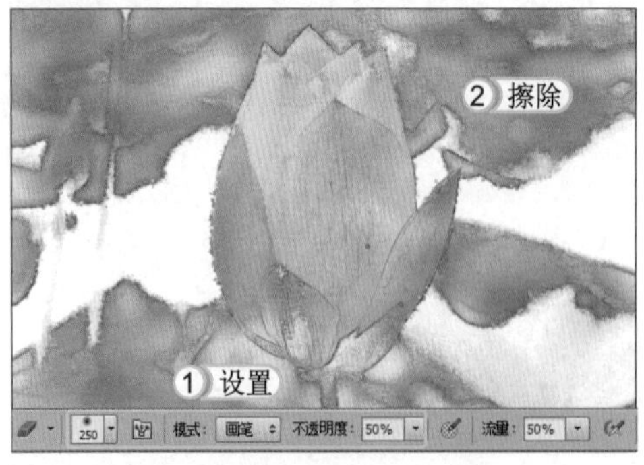

STEP 07： 应用喷溅滤镜

1. 按 Ctrl+E 组合键向下合并一次图层，将当前层隐藏。选择“背景 副本”图层。选择【滤镜】/【滤镜库】命令，打开“滤镜库”对话框。选择【画笔描边】/【喷溅】命令，设置参数分别为 11、5。
2. 单击 确定 按钮，得到喷溅图像效果。

STEP 08： 擦除图像

1. 选择并显示“背景 副本 2”图层，使用橡皮擦工具，在“属性”栏中设置画笔“大小”为 250、“不透明度”为 50%。
2. 将荷叶部分擦出来，即可查看到水墨效果基本呈现。按 Ctrl+E 组合键，向下合并图层，得到“背景 副本”图层。

经验一箩筐——让擦除的图像边缘过渡更加自然

在使用橡皮擦工具时，为了让边缘更加自然，可以通过降低不透明度的方式来反复擦除图像。

STEP 09：应用纹理化滤镜

1. 选择【滤镜】/【滤镜库】命令，打开“滤镜库”对话框。选择【纹理】/【纹理化】命令，设置“纹理”为画布、“光照”为右下，再分别设置“缩放”和“凸现”为100、4。
2. 单击 确定 按钮，得到纹理图像效果。

STEP 10：添加颜色

1. 选择【图像】/【调整】/【照片滤镜】命令，打开“照片滤镜”对话框。选中 ◎滤镜(F): 单选按钮，并在右侧的下拉列表框中选择“加温滤镜（85）”选项，再设置“浓度”为25。
2. 单击 确定 按钮，得到暖色调图像。

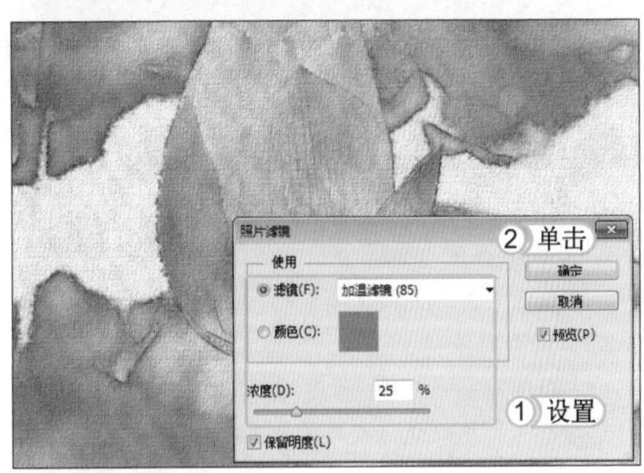

STEP 11：输入文字

选择横排文字工具T，在图像左上方输入两行文字，填充为黑色。在“属性”栏中设置“字体”为叶根友毛笔行书简体，然后在“图层”面板中适当降低文字的不透明度，得到与背景自然融合的文字效果，完成本实例的操作。

1.3 学习1小时：制作金属底纹效果

Photoshop中包含了许多滤镜，用户可以通过多个滤镜的组合，制作出各具特色的图像效果。本节将制作具有金属质感的底纹图像，包括古钱币效果、生锈效果等。在制作过程中，除了绘制图像的基本形状外，还会应用滤镜命令绘制出独具特色的图像效果。下面将对金属底纹效果的制作方法进行介绍。

1.3.1 古钱币效果

本例将制作一个古钱币效果，不仅需要体现古钱币的金属质感，还要制作出与古钱币相符的艺术底纹。本实例主要是通过Photoshop自身的功能“凭空”设计出来的，需要有一定的想象力和手绘功底，通过形状的绘制，然后添加材质效果、修饰局部效果制作出古代圆形方孔钱币的效果。其最终效果如下图所示。

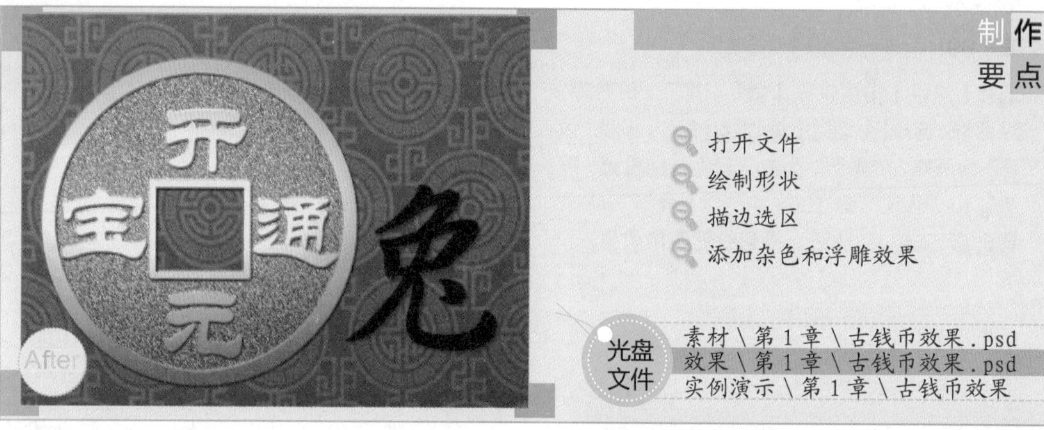

STEP 01： 打开素材图像

启动 Photoshop CS6，在工作窗口中打开素材图像“古钱币效果 .psd”。

提个醒 在默认情况下，按住 Alt 键，并反复单击工具箱中的工具，可循环选择该工具组中被隐藏的工具。

STEP 02： 绘制选区并描边

1. 在工具箱中选择椭圆选框工具。按住 Shift 键不放拖动鼠标绘制圆形选框。
2. 单击“图层”面板中的“创建新图层”按钮。在圆形选框处单击鼠标右键，在弹出的快捷菜单中选择“描边”命令。

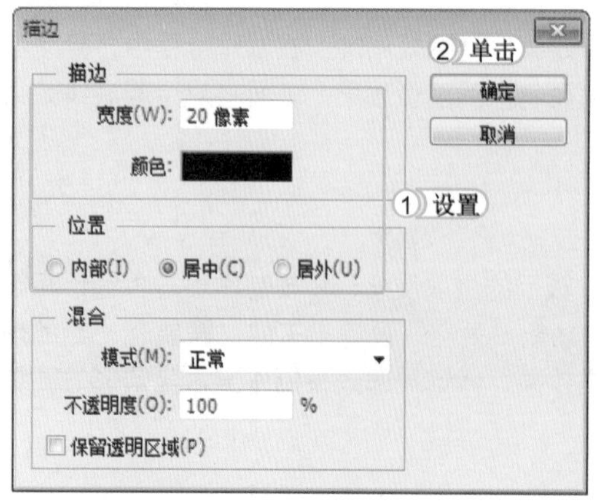

STEP 03： 设置描边属性

1. 打开“描边”对话框，在“宽度”数值框中输入“20 像素”，设置“颜色”为黑色，再选中 居中(C) 单选按钮。
2. 单击 确定 按钮，然后在图像窗口中单击鼠标取消选框。

提个醒 这里在“描边”对话框的“宽度”数值框中输入“20 像素”，是表示把描边的“宽度”设置为 20 像素。

STEP 04： 绘制矩形选区

1. 在工具箱中选择矩形选框工具，在圆圈中央按住 Shift 键不放，拖动鼠标绘制一个正方形选区。
2. 在选框处单击鼠标右键，在弹出的快捷菜单中选择“描边”命令。

STEP 05： 描边选区

1. 在打开对话框的“宽度”数值框中输入“10像素”，设置“颜色”为黑色，再选中 居中(C) 单选按钮。
2. 单击 确定 按钮，然后在图像窗口中单击鼠标取消选框。

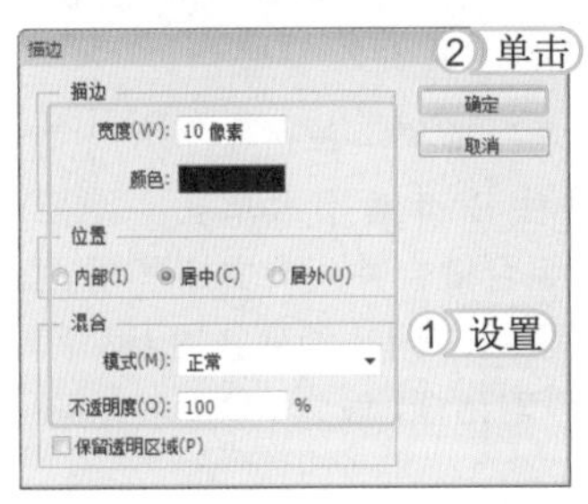

STEP 06： 输入文字

在工具箱中选择横排文字工具。在工具“属性”栏中设置“字体”为华文隶书、“字号”为36点。依次输入“开”、“元”、“通”和“宝”文字，并填充为黑色。

> 提个醒 在输入文字时，可以先将需要的文字全部输入后，再设置字体和字号。

STEP 07： 选择图像区域

在工具箱中选择魔棒工具。在图像窗口中的方孔右侧单击鼠标，选择方孔和圆框之间的区域。

STEP 08： 创建图层并调整

单击“图层”面板底部的“创建新图层”按钮，新建“图层 2”。设置“前景色”为黑色，选择油漆桶工具，在图像窗口中的方孔右侧单击鼠标。然后在“图层”面板中将“图层 2”拖到“图层 1”下方。

STEP 09： 添加杂色

1. 选择【滤镜】/【杂色】/【添加杂色】命令，打开“添加杂色”对话框。在“数量”数值框中输入“200”，选中◉平均分布(U)单选按钮，再选中☑单色(M)复选框。
2. 单击 确定 按钮，得到杂色图像效果。

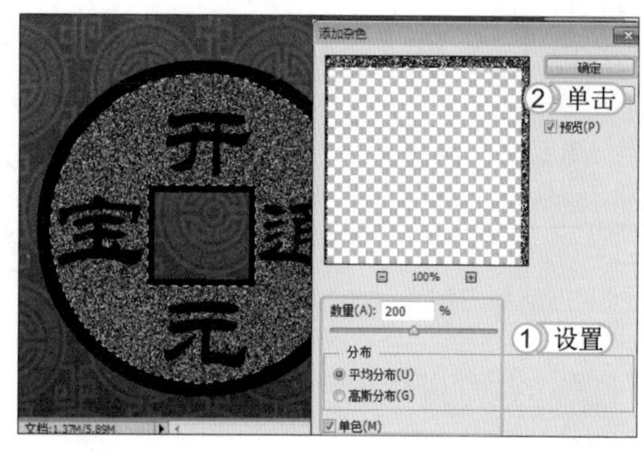

STEP 10： 设置渐变颜色

1. 在“图层”面板中单击最上方的文字图层，然后按住Shift键不放单击“图层1”，按Ctrl+E组合键合并所有文字图层。选择【图层】/【图层样式】/【渐变叠加】命令，打开“图层样式”对话框，设置“角度”为90、“缩放”为100。
2. 单击渐变色条，在打开的对话框中设置渐变颜色从金色（R138,G112,B65）到淡黄色（R238,G239,B172）到金色（R138,G112,B65）。

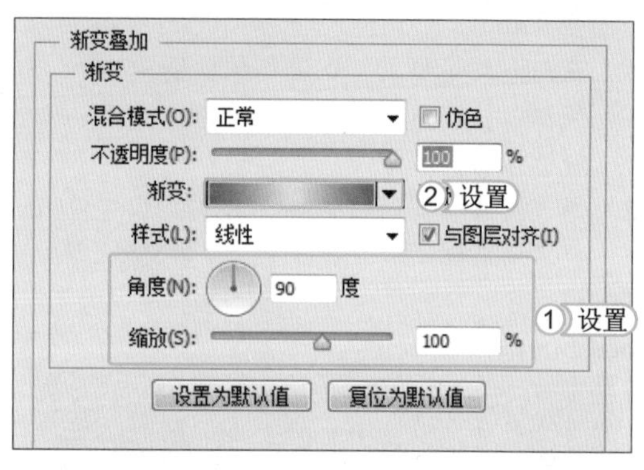

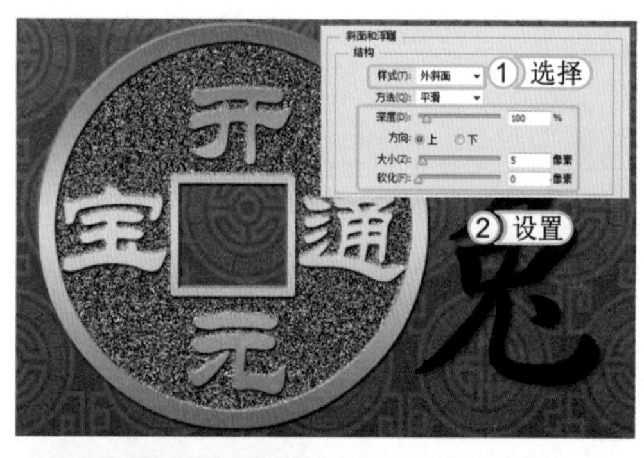

STEP 11： 设置浮雕效果

1. 选择“斜面和浮雕”选项。在“样式”下拉列表框中选择“外斜面”选项。
2. 分别设置各选项参数。单击 确定 按钮，得到添加图层样式后的效果。

STEP 12： 设置渐变颜色

1. 选择【图层】/【图层样式】/【渐变叠加】命令，打开“图层样式”对话框。在“渐变”下拉列表框中选择“橙，黄，橙渐变”选项。
2. 在“不透明度”数值框输入“33”，单击 确定 按钮，得到渐变叠加效果。按Ctrl+D组合键取消选区，完成本实例的操作。

经验一箩筐——“图层样式”对话框中的效果预览

在“图层样式”对话框中选中☑预览(V)复选框后，在其下方可查看当前设置的效果。

1.3.2 生锈效果

生锈效果是将一般的图片修改成生锈的效果，这里是指在图片的金属效果上添加锈迹效果，制作时要注意锈迹的质感。另外选择的素材图片最好是发亮的金属，而不是油漆过的金属。其最终效果如下图所示。

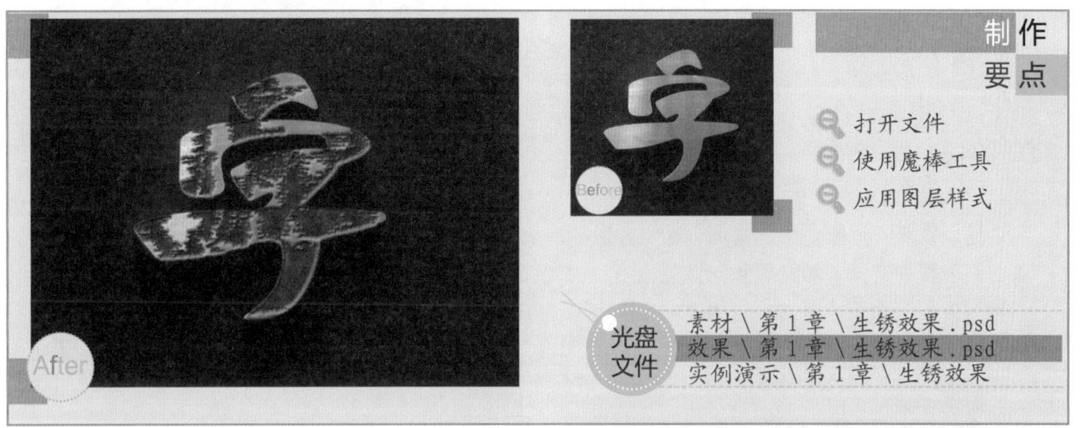

STEP 01：设置魔棒工具属性

1. 选择【文件】/【打开】命令，打开素材图像“生锈效果.psd”。选择工具箱中的魔棒工具，在工具“属性”栏中单击“添加到选区”按钮。
2. 在“容差”数值框中输入“10”。
3. 在“字”图像中多次单击，通过加选，获得选区。

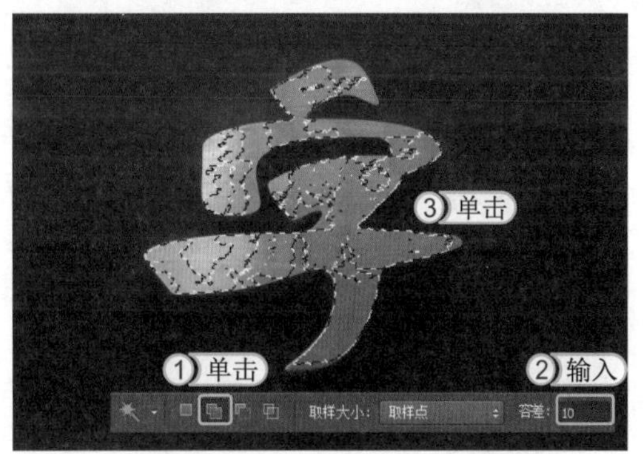

STEP 02：选择命令

选择【图层】/【新建】/【通过拷贝的图层】命令，复制得到“图层 1”。在“图层”面板中单击“添加图层样式”按钮，在弹出的菜单中选择“图案叠加”命令。

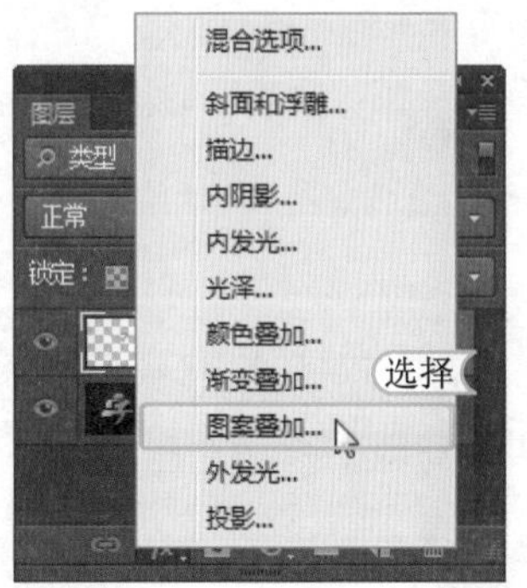

问题小贴士

问：在 Photoshop 中，前景色和背景色有什么区别呢？

答：Photoshop CS6 中的前景色和背景色都用于显示或选取所要应用的颜色。默认状态下，前景色是使用画笔工具绘画、油漆桶工具填色时所使用的颜色。背景色是当前图像所使用的画布的颜色。

STEP 03： 选择图案

1. 打开“图层样式”对话框，设置“混合模式”为正常。单击“图案”右侧的下拉按钮▾。在弹出的下拉列表中选择“生锈金属”选项。
2. 设置“不透明度”为 100。

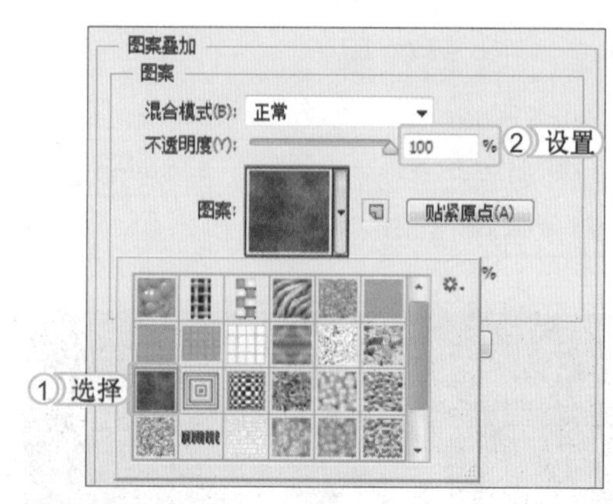

STEP 04： 设置斜面和浮雕

1. 选择“斜面和浮雕”选项。在“样式”下拉列表框中选择“浮雕效果”选项，在“方法”下拉列表框中选择“雕刻柔和”选项。
2. 设置“方向”为下、“大小”为 5、“软化”为 0。

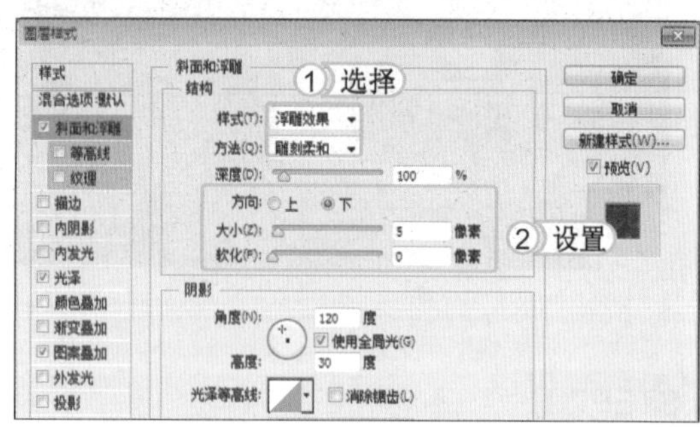

STEP 05： 设置光泽选项

1. 选择“光泽”选项，设置“混合模式”为正片叠底。设置“颜色”为黑色，再分别设置各项参数。
2. 单击“等高线”右侧的下拉按钮▾，在弹出的面板中选择“高斯”样式。
3. 单击 确定 按钮，完成操作。

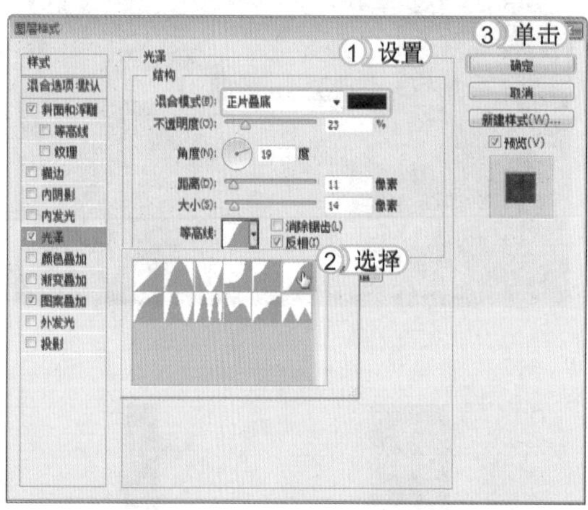

> **提个醒** 在操作过程中，不要打开与当前无关的程序和文件，以避免它们占用内存资源，影响计算机的运行速度和稳定性。

1.4 学习 2 小时：制作自然效果

现代人越来越喜欢外出旅游，但很多时候由于天气和季节的原因，拍出的照片达不到满意的效果。现在可以通过 Photoshop 对图像进行调整，制作出具有自然风景的底纹效果。下面将对自然底纹效果的操作方法进行介绍。

1.4.1 黄昏效果

制作黄昏效果是指把白天拍摄的照片调整为日落前的效果，在制作时要十分注意颜色和光线的变化。其最终效果如下图所示。

STEP 01： 打开图像

启动 Photoshop CS6，选择【文件】/【打开】命令。在打开的对话框中找到素材图像“黄昏效果.psd”，打开该图像。选择【图层】/【新建】/【通过拷贝的图层】命令，得到“图层 1”。

提个醒 按 Ctrl+J 组合键可以快速复制图层，按 Shift+Ctrl+J 组合键可以剪切图层。

STEP 02： 调整颜色

1. 选择【图像】/【调整】/【色彩平衡】命令，打开“色彩平衡”对话框。依次在“色阶”数值框中输入“100、-50、-100”。
2. 单击 确定 按钮，得到调整后的图像。

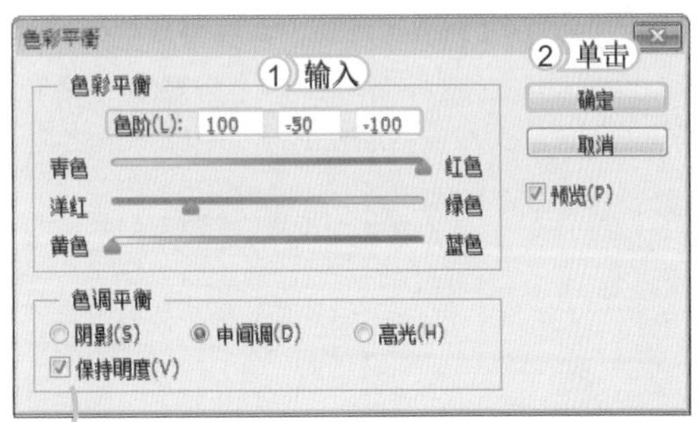

提个醒 使用 Photoshop CS6 制作黄昏效果时要注意，由于图片不同，因此按照案例进行制作有时不能实现预期的效果，要灵活地根据素材的特点进行调整。

STEP 03： 设置图层混合模式

1. 切换到“图层”面板中，在“混合模式”下拉列表框中选择“亮光”选项。
2. 设置“不透明度”为80%，得到黄昏图像效果。

1.4.2 雨天效果

制作雨天效果是指把晴天拍摄的照片调整为下雨的效果，在制作时要注意颜色和光线的变化。其最终效果如下图所示。

STEP 01： 复制图层

选择【文件】/【打开】命令，打开素材图像“雨天效果 .psd”。选择【图层】/【新建】/【通过拷贝的图层】命令，得到复制的“图层 1”。

STEP 02： 调整色调

1. 选择【图像】/【调整】/【色彩平衡】命令，打开“色彩平衡”对话框。在“色阶”数值框中分别输入“+9、+35、-25”。
2. 单击 确定 按钮。

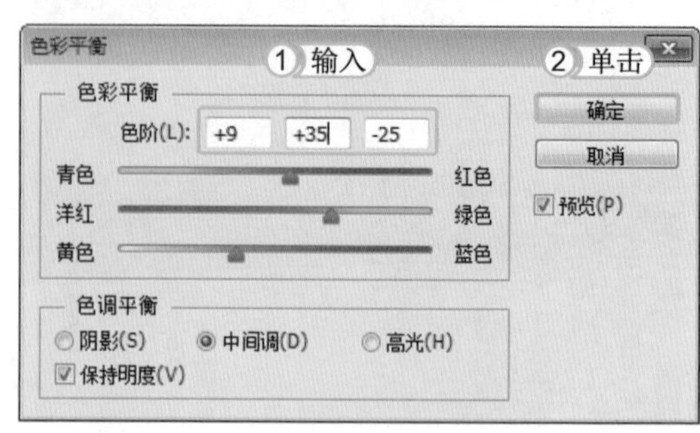

STEP 03： 调整色阶

1. 选择【图像】/【调整】/【色阶】命令，打开“色阶”对话框。
2. 向左侧拖动“输入色阶”下中间的三角形按钮▲。
3. 单击[确定]按钮。

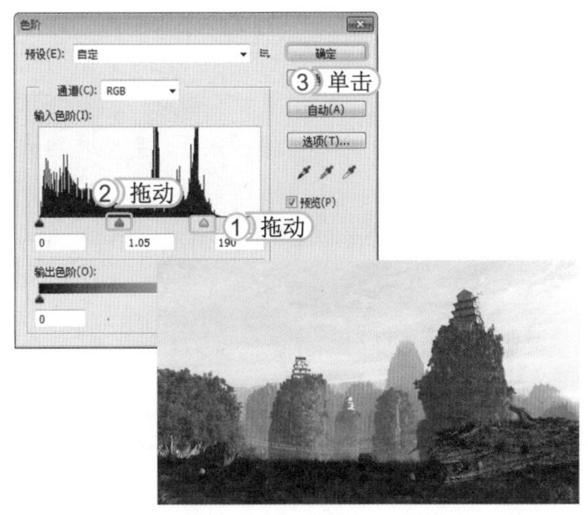

STEP 04： 旋转图像

选择【图像】/【图像旋转】/【90度（顺时针）】命令，旋转整个画布。

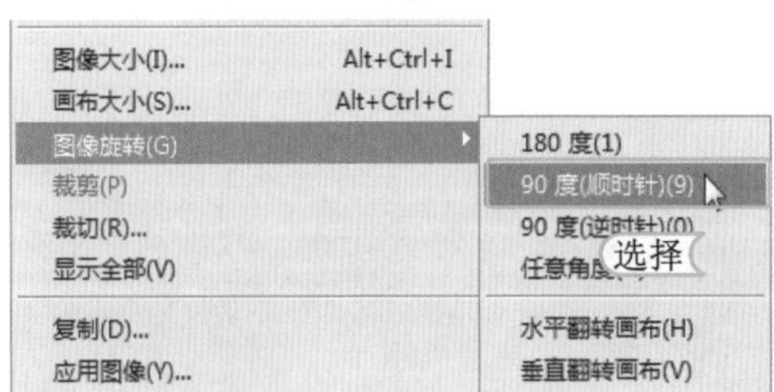

STEP 05： 应用风滤镜

1. 选择【滤镜】/【风格化】/【风】命令，打开“风”对话框。在“方法”栏中选中◎风(W)单选按钮，在“方向”栏中选中◎从右(R)单选按钮。
2. 单击[确定]按钮。当应用了一次风滤镜后，再选择【滤镜】/【风】命令，重复应用一次该滤镜。

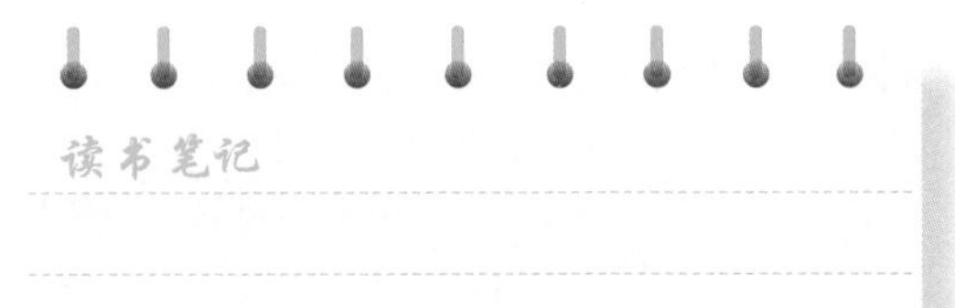

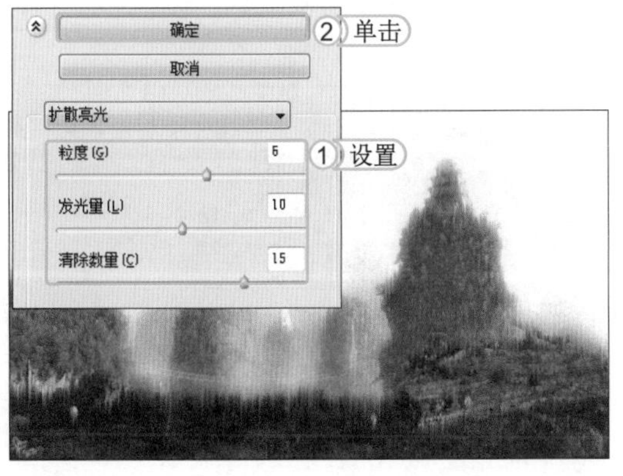

STEP 06： 应用扩散亮光滤镜

1. 选择【图像】/【图像旋转】/【90度（逆时针）】命令将图像旋转回来。选择【滤镜】/【滤镜库】命令，打开“滤镜库”对话框。选择“扭曲”/“扩散亮光”选项。设置参数分别为6、10、15。
2. 单击[确定]按钮。

STEP 07： 设置图层不透明度

在“图层”面板中选择“图层 1”。设置“不透明度”为 70%，得到较为透明的图像效果，完成本实例的操作。

1.4.3 秋季效果

秋季效果也就是修改图片所表现的季节，在这里是指把夏天拍摄的照片改成秋天的效果，在制作时要十分注意更改植物的颜色。其最终效果如下图所示。

STEP 01： 打开图像文件

选择【文件】/【打开】命令，在打开的对话框中找到素材图像“秋季效果 .psd”，将其打开。按 Ctrl+J 组合键复制背景图层，得到“图层 1”。

STEP 02： 调整色彩平衡

1. 选择【图像】/【调整】/【色彩平衡】命令，打开“色彩平衡”对话框。在“色阶”后面的数值框中分别输入参数“+100、-100、-100”。
2. 单击按钮。

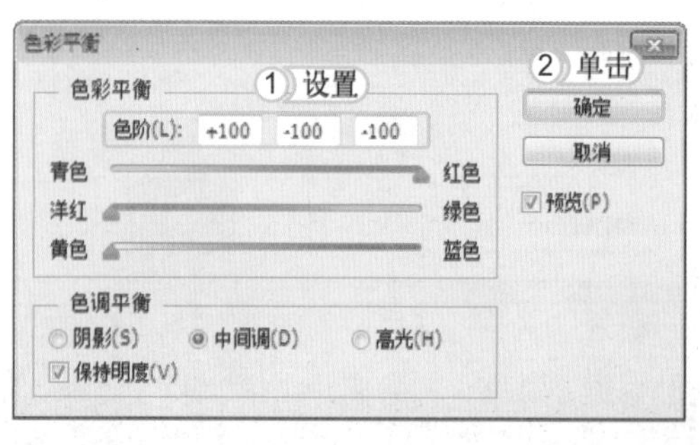

STEP 03：调整色相

1. 选择【图像】/【调整】/【色相/饱和度】命令，打开"色相/饱和度"对话框。按Alt+3组合键，选择"红色"选项进行调整。在"明度"数值框中输入"+80"。
2. 单击 确定 按钮，完成本实例的操作。

提个醒 在"色相/饱和度"对话框的下拉列表框中选择相应选项，可只对选择的颜色进行色相/饱和度调整。

问题小贴士

问：滤镜可以制作出哪些特殊效果呢？

答：通过Photoshop CS6的滤镜可以方便地制作出许多奇妙的特殊效果，如光照效果、水波效果等。滤镜多达上百种，全部位于"滤镜"菜单下，几乎每个滤镜都有属于自己的参数面板，用户只需调整其参数就可以对当前正在编辑的、可见的图层或图层中的选择区域进行调整，如果没有选区，系统默认将整个图层视为当前选定区域。

1.5 练习1小时

本章主要介绍了Photoshop CS6纹理特效设计的制作方法和技巧，通过对本章的学习，用户可以初步掌握Photoshop绘图、色彩调整、图层和滤镜的基本使用方法。下面通过制作木质效果和鹅卵石效果来进一步巩固这些知识。

1. 制作木质效果

本例将制作木质效果，先使用魔棒工具通过加选获取天空图像选区，然后复制图层，分别为其添加"斜面和浮雕"和"颜色叠加"图层样式，其效果如右图所示。

光盘文件

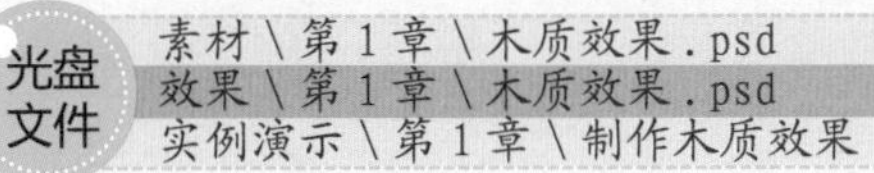

2. 制作鹅卵石效果

本例将制作一个鹅卵石效果，如右图所示。首先选择魔棒工具，通过加选，在最大的蛋上连续单击鼠标创建选区，然后复制选区中的图像，添加“图案叠加”图层样式，选择“自然图案”中的“草”选项，应用该样式，得到鹅卵石效果。

光盘文件
素材\第1章\鹅卵石效果.psd
效果\第1章\鹅卵石效果.psd
实例演示\第1章\制作鹅卵石效果

读书笔记

第2章 炫彩特效制作

学习 4 小时

在使用 Photoshop 进行图像处理时，可以先制作一个包含特殊效果的场景，如星光闪烁、色彩绚丽或具有特殊材质的背景，从而使图像具有一些特效或艺术效果，增强图像的表现力。本章将主要结合选区、图层样式、画笔工具和滤镜等知识来制作具有绚丽特效的图像场景。

- 制作视觉特效
- 制作材质特效
- 制作绘画特效
- 制作自然特效

上机 1 小时

2.1 学习 1 小时：制作视觉特效

在很多广告等设计领域中，都可能先制作一个场景，而这些场景可能都有一些特效或艺术表现形式，Photoshop 可根据人们的设想，将其在电脑中丰富地表现出来。下面将对各种经典艺术表现形式的操作方法进行介绍。

2.1.1 发光星空效果

本例将制作一个“发光星空效果”图像，主要是为图像设置图层样式得到发光圆形，再添加图层蒙版，得到隐藏图像效果。同时通过本例的制作，使用户进一步掌握本章所学知识，达到熟练操作的目的。其最终效果如下图所示。

STEP 01：新建图像

1. 启动 Photoshop CS6，选择【文件】/【新建】命令。打开“新建”对话框，设置文件名称为“发光星空效果”，“宽度”为 20 厘米，“高度”为 22 厘米，“分辨率”为 150 像素 / 英寸。
2. 单击 确定 按钮，即可得到一个空白的图像文件。

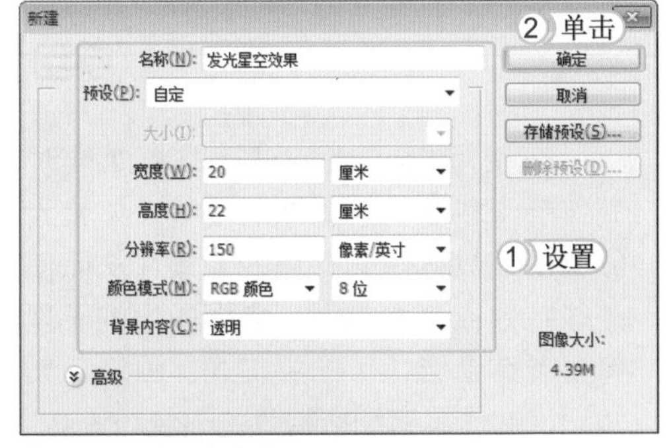

STEP 02：绘制图像

1. 按 D 键将“前景色”设置为黑色，“背景色”设置为白色，再按 Alt+Delete 组合键，使用前景色填充背景为黑色。
2. 设置“前景色”为蓝色（R0,G0,B161），选择画笔工具，在“属性”栏中设置画笔“大小”为 290 像素、“样式”为柔边 、“不透明度”为 70%。
3. 在黑色背景中绘制出一片蓝色图像。

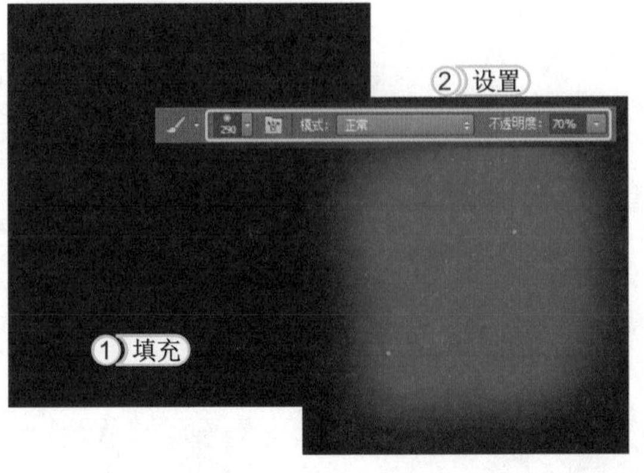

STEP 03：绘制图像

1. 在“图层”面板中新建“图层 2”，在工具箱底部设置“前景色”为蓝色（R14,G16,B166）。选择画笔工具，在“属性”栏中设置画笔“样式”为柔边、“大小”为 90 像素。
2. 在图像中绘制出蓝色柔和线条图像。

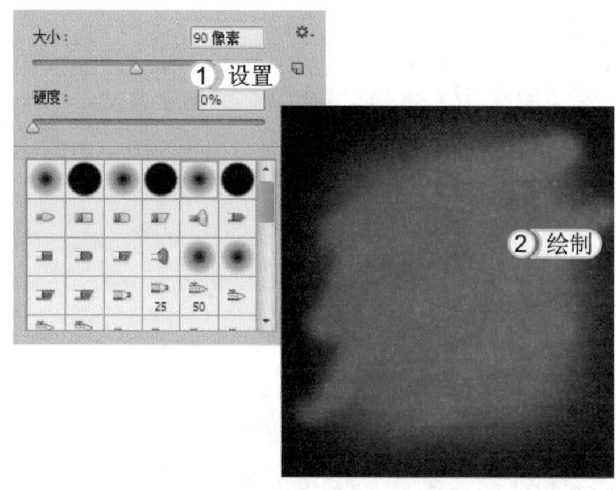

STEP 04：在图层组中绘制图像

1. 单击“图层”面板底部的“创建新组”按钮，新建一个图层组，得到组 1，然后在组 1 中新建一个图层。
2. 选择椭圆选框工具，在图像中绘制一个圆形选区，填充为浅蓝色（R1,G191,B253），得到蓝色圆形图像。

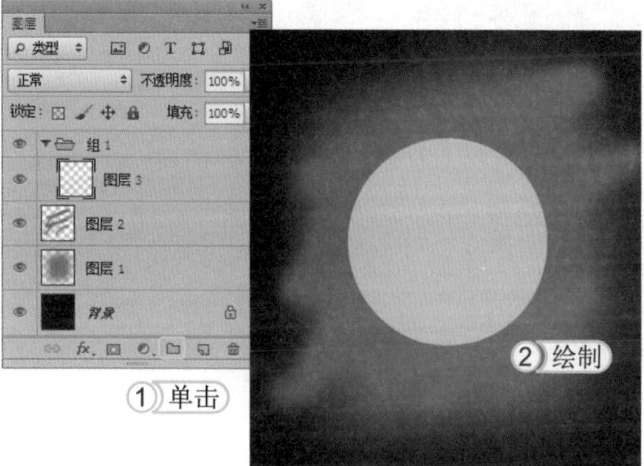

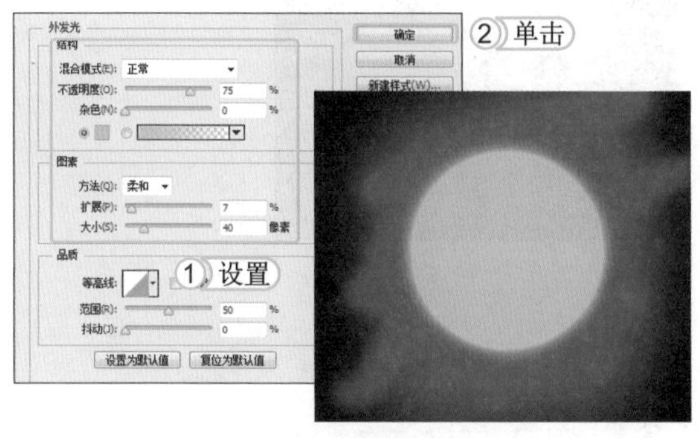

STEP 05：制作外发光效果

1. 选择【图层】/【图层样式】/【外发光】命令，打开“图层样式”对话框，设置外发光“颜色”为浅蓝色（R1,G191,B253）、“扩展”为 7、“大小”为 40。
2. 单击 确定 按钮得到图像外发光效果。

STEP 06：绘制圆形

在组 1 中新建一个图层，得到“图层 4”，再次使用椭圆选框工具在图像中绘制一个圆形选区，填充为蓝色（R0,G0,B229）。

STEP 07：设置内阴影参数

选择【图层】/【图层样式】/【内阴影】命令，打开“图层样式”对话框，设置内阴影“颜色”为浅蓝色（R1,G142,B227）、“距离”为32、“大小”为30。

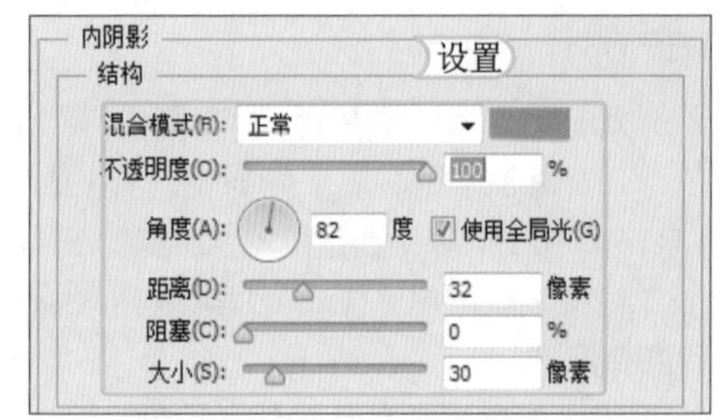

STEP 08：设置外发光参数

1. 选择“外发光”选项，设置外发光“颜色”为浅蓝色（R1,G191,B253）、“扩展”为0、“大小”为46。
2. 单击 确定 按钮，得到添加图层样式后的图像效果。

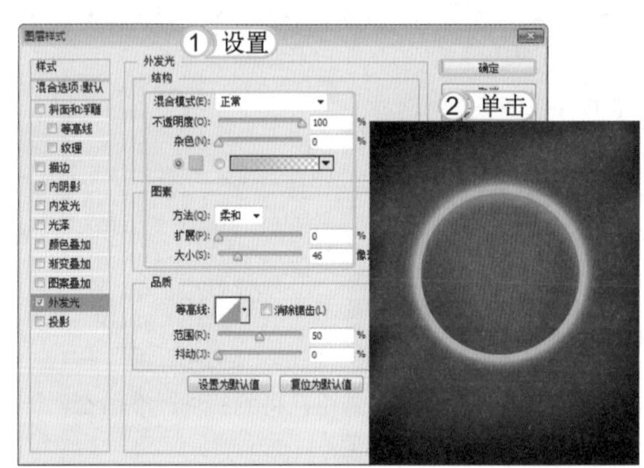

STEP 09：绘制白色图像

1. 新建一个图层，按住Ctrl键单击“图层4”的缩略图，载入该图像选区。选择画笔工具，在“属性”栏中设置画笔“样式”为柔边、“大小”为100像素、“不透明度”为60%。
2. 设置“前景色”为白色，在选区顶部做涂抹，得到光晕效果。

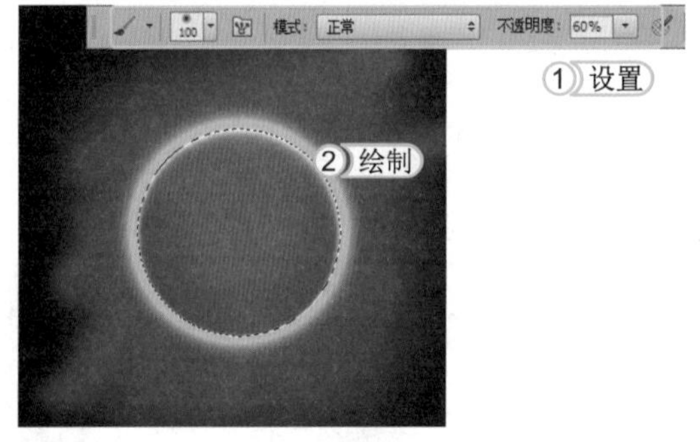

STEP 10：应用图层蒙版

1. 在“图层”面板中选择组1，单击“图层”面板底部的“添加图层蒙版”按钮，为图层组添加蒙版。
2. 选择渐变工具，在“属性”栏中单击“线性渐变”按钮，然后在圆球图像中从上到下应用线性渐变填充，得到隐藏图像效果。

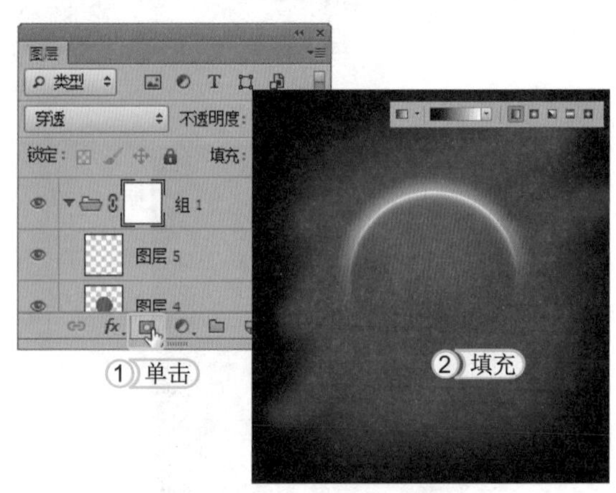

提个醒

无论是在普通图层还是图层组中添加图层蒙版，默认情况下前景色为黑色、背景色为白色，如果不是这样，则按D键即可恢复颜色。

STEP 11：绘制细长直线

1. 在组 1 外新建一个图层，得到“图层 6”。
2. 设置“前景色”为白色，选择画笔工具 ，在“属性”栏中设置画笔“大小”为 1、“样式”为柔边，在圆形图像顶部向下绘制多条细长的直线。

STEP 12：复制并调整图像

1. 按两次 Ctrl+J 组合键，复制两次对象，得到“图层 6 副本”和“图层 6 副本 2”。
2. 选择“图层 6 副本”，按 Ctrl+T 组合键并旋转图像，并适当缩小，放到圆形左上方。然后选择“图层 6 副本 2”，同样对图像进行旋转缩小，放到圆形的右上方。

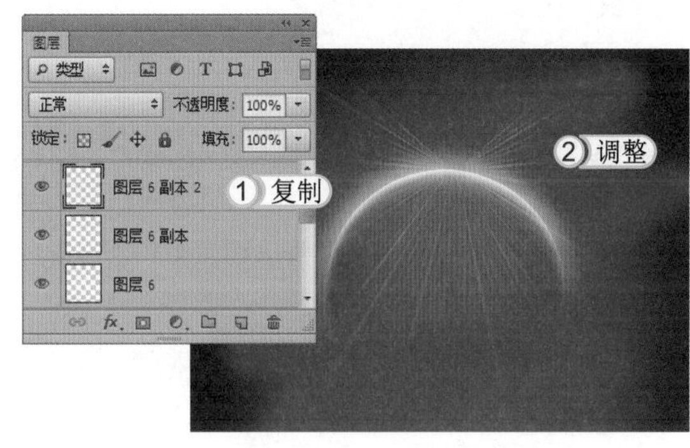

STEP 13：合并图层

1. 按住 Ctrl 键选择“图层 6”、“图层 6 副本”和“图层 6 副本 2”，再按 Ctrl+E 组合键合并图层。
2. 这时将得到“图层 6 副本 2”，设置图层“不透明度”为 50%。

STEP 14：设置镜头光晕

1. 新建“图层 7”，将其填充为黑色，选择【滤镜】/【渲染】/【镜头光晕】命令，打开“镜头光晕”对话框，设置“亮度”为 130，在“镜头类型”栏选中 50-300 毫米变焦(Z) 单选按钮。
2. 单击 确定 按钮，得到镜头光晕效果。
3. 设置图层 7 的图层“混合模式”为“滤色”，得到滤色的图像效果。

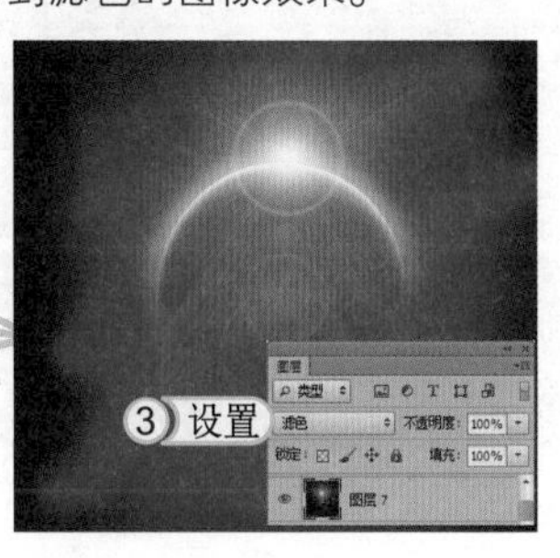

STEP 15： 设置画笔参数

1. 新建“图层 8”，选择画笔工具，单击“属性”栏中的“切换到画笔面板”按钮，打开“画笔”面板，选择画笔“样式”为柔角，设置“大小”为 114 像素、“间距”为 102%。
2. 选择“散布”选项，选中☑两轴复选框，设置其参数为 465%、“数量”为 1。

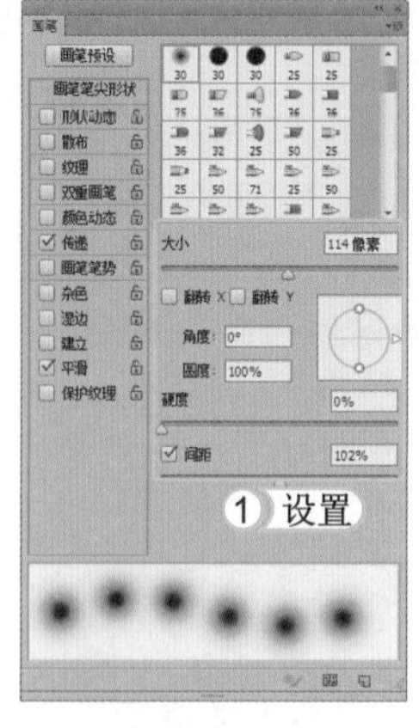

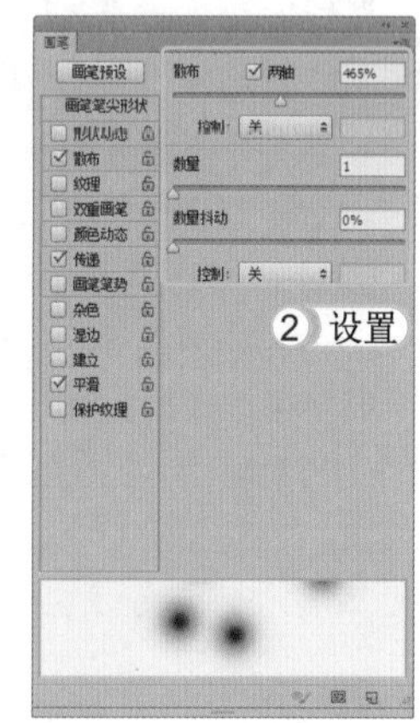

STEP 16： 绘制白色圆点

1. 选择“形状动态”选项，设置“大小抖动”为 100%。
2. 设置“前景色”为白色，使用设置好的画笔工具，在图像周围绘制出白色散布形状的圆点图像，完成本实例的操作。

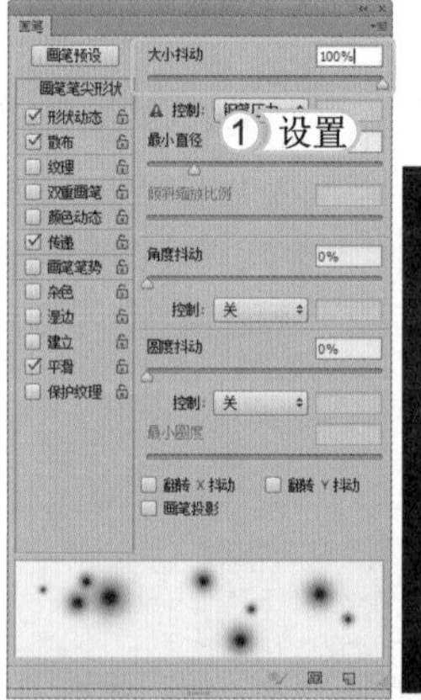

经验一箩筐——图层组的运用

在 Photoshop 中处理图像时，经常会遇到需要复制或新建多个图层的情况，为了便于管理图层，可以将类似属性的图层统一放置在一个图层组中，这样能够更好地提高工作效率。

2.1.2 炫彩背景效果

本例将绘制一个“炫彩背景效果”图像，首先使用渐变工具填充得到渐变图像背景，然后使用画笔工具绘制出圆点图像，最后再添加烟雾效果，并设置图层混合模式，得到炫彩背景效果。其最终效果如下图所示。

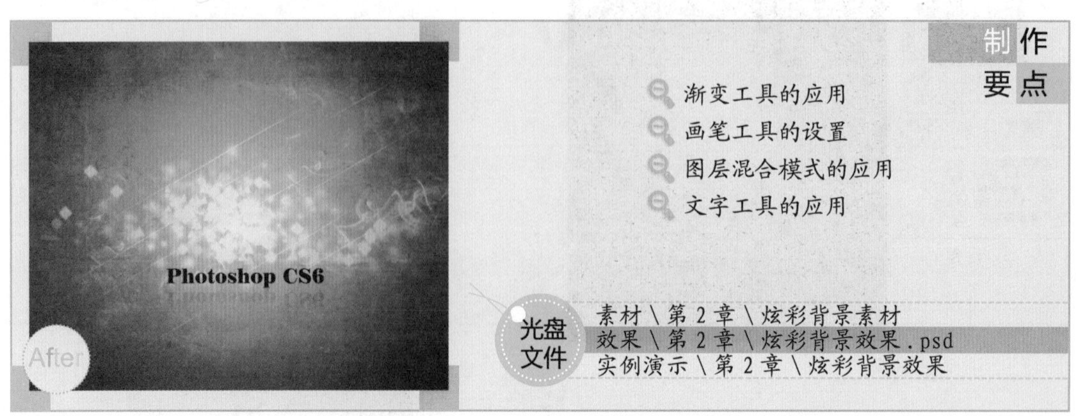

STEP 01： 新建文件

1. 选择【文件】/【新建】命令，打开“新建”对话框，设置文件名称为“炫彩背景效果”，“宽度”为 45 厘米，“高度”为 36 厘米，“分辨率”为 72 像素 / 英寸。
2. 单击 确定 按钮，得到一个空白图像文件。

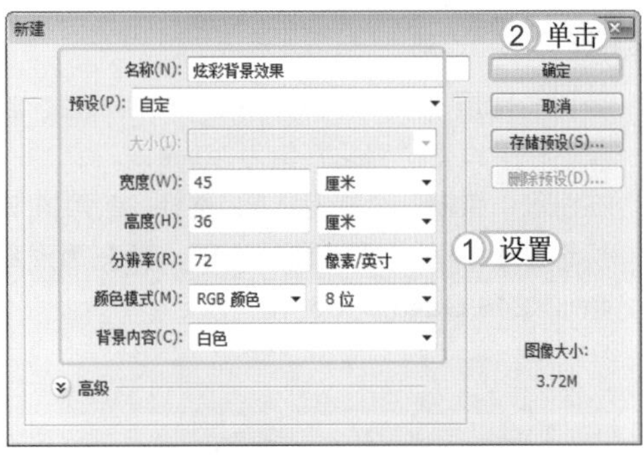

STEP 02： 绘制渐变背景

1. 选择渐变工具，在“属性”栏中设置渐变“颜色”从黄色（R240,G211,B69）到淡绿色（R152,G168,B67），再单击“径向渐变”按钮。
2. 在图像中间按住鼠标左键向外拖动，得到渐变填充效果。

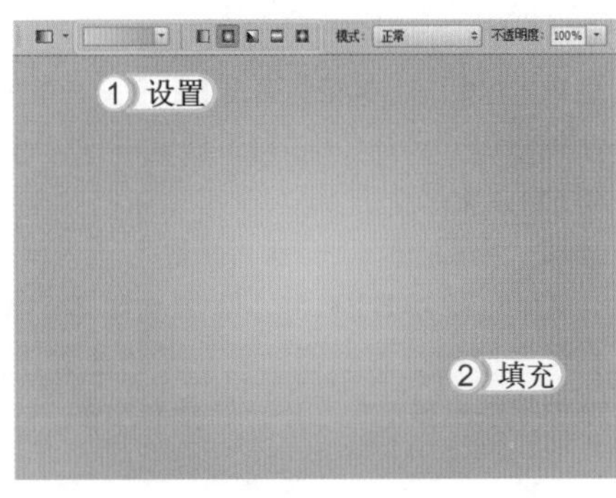

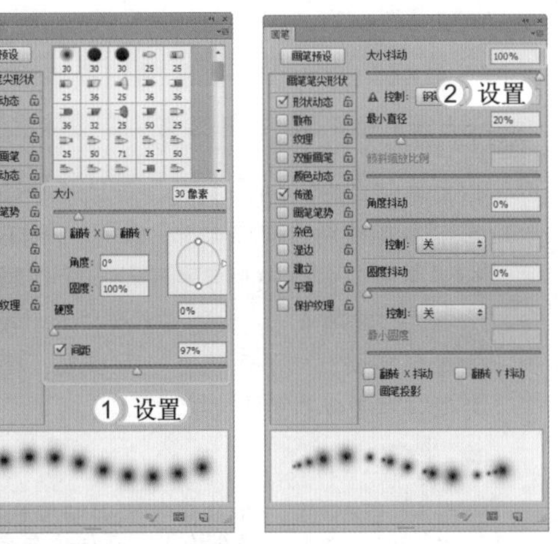

STEP 03： 设置画笔属性

1. 新建“图层 1”，选择画笔工具，单击“属性”栏中的按钮，打开“画笔”面板，设置画笔“样式”为柔角、“大小”为 30 像素、“间距”为 97%。
2. 选择“形状动态”选项，设置“大小抖动”为 100%。

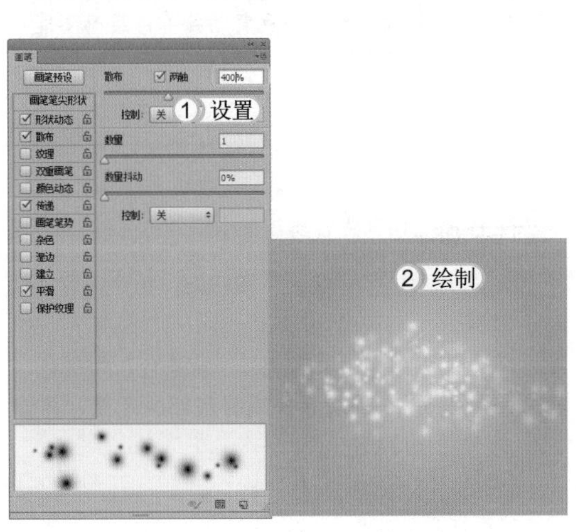

STEP 04： 绘制图像

1. 选择“散布”选项，选中 两轴 复选框，并设置参数为 400%。
2. 设置“前景色”为淡绿色（R248,G248,B106），使用设置好的画笔在图像中间绘制出圆点图像。

提个醒

在设置“散布”选项时，散布的参数值越大，绘制出来的圆点分散的越开。用户可以根据需要对参数做调整，绘制出需要的图像效果。

STEP 05：绘制图像

1. 新建“图层 2”，选择矩形选框工具，在属性栏中设置“羽化”值为 10 像素。
2. 在图像中绘制一个矩形选区，选择【变换】/【变换选区】命令，适当旋转选区，填充为淡绿色（R248,G248,B106）。

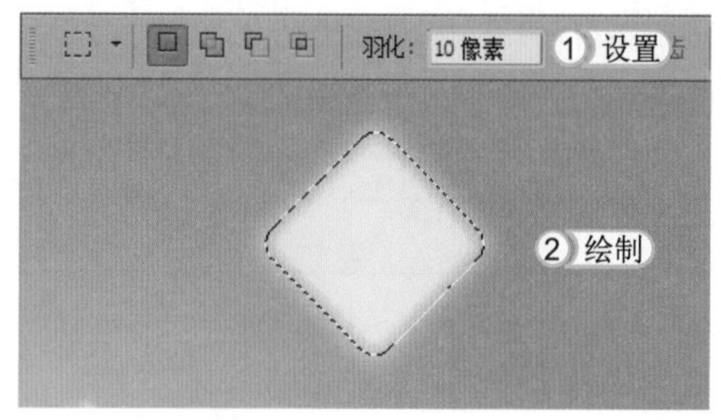

STEP 06：绘制菱形图像

1. 保存选区状态，选择【编辑】/【定义画笔预设】命令，打开“画笔名称”对话框，保持默认名称，单击 确定 按钮。
2. 隐藏“图层 2”，设置“前景色”为淡绿色（R248,G248,B106），使用画笔工具，在画笔面板中找到刚才自定义的画笔，在图像中绘制出多个大小不一的菱形图像。

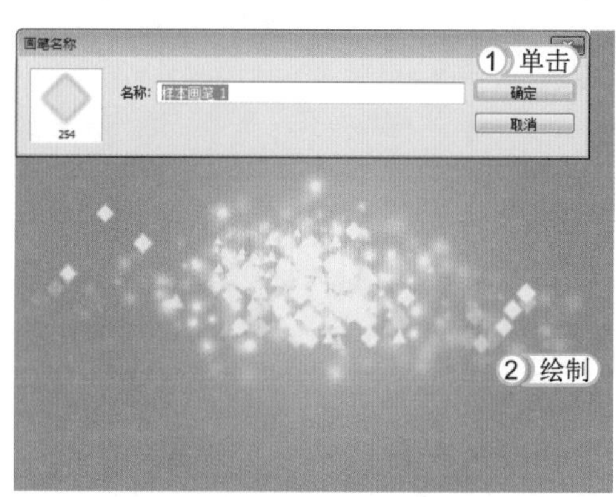

STEP 07：添加烟雾图像

1. 打开素材图像“烟雾 1.jpg”，选择移动工具将其拖拽到当前编辑的图像中，放到右侧。
2. 在“图层”面板中将自动生成一个图层，重命名为“烟雾 1”，设置其图层“混合模式”为颜色减淡、“不透明度”为 80%，得到与背景自然融合的图像效果。

提个醒 当添加的素材图像有大面积黑色时，可以直接调整图层“混合模式”让图像与底图混合，如果使用删除黑色背景操作，反而不能让素材图像的边缘自然过渡。

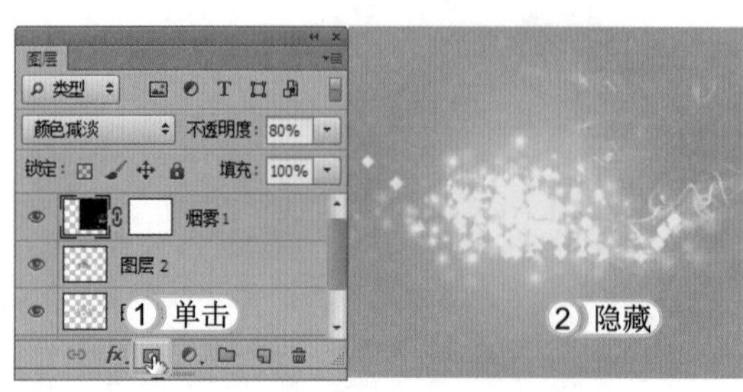

STEP 08：添加图层蒙版

1. 单击“添加图层蒙版”按钮，为“烟雾 1”图层添加图层蒙版。
2. 设置“前景色”为黑色、“背景色”为白色，使用画笔工具涂抹烟雾底部的图像，将该部分图像隐藏。

STEP 09：添加其他烟雾图像

1. 打开素材图像“烟雾 2.jpg”，将其添加到画面中，放到左下方。
2. 为“烟雾 2”图像应用与步骤 7、8 相同的操作，得到与背景自然融合的烟雾图像。

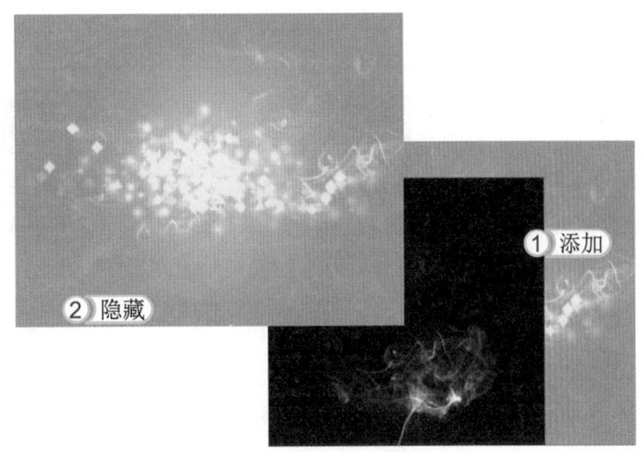

提个醒

按 Alt+Delete 组合键可快速使用前景色填充选区，按 Ctrl+Delete 组合键则快速使用背景色填充选区。

STEP 10：绘制细长矩形

1. 新建一个图层，选择矩形选框工具，在图像中绘制一个细长的矩形选区，填充为黑色。
2. 按 Ctrl+D 组合键取消选区，再按 Ctrl+T 组合键适当旋转图像，并斜放到上方。

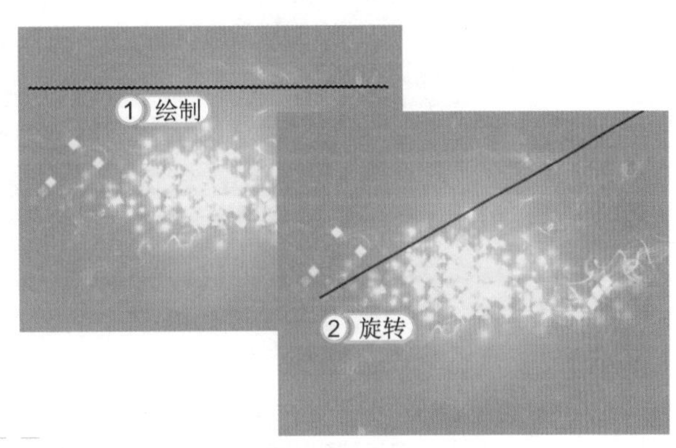

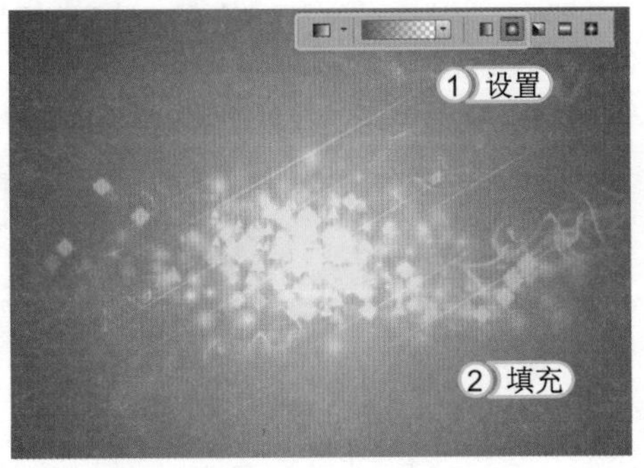

STEP 11：复制图像

1. 在“图层”面板中设置该图层的“混合模式”为颜色减淡，得到较为透明的图像效果。
2. 多次按 Ctrl+J 组合键复制多个细长的矩形，并适当调整长短和大小，分别放到不同的位置。

STEP 12：渐变填充图像

1. 新建一个图层。选择工具箱中的渐变工具，在“属性”栏中设置“颜色”从绿色（R47,G108,B101）到透明，再单击“径向渐变”按钮。
2. 在图像中间按住鼠标左键向外侧拖动，应用径向渐变填充图像，再设置图层“混合模式”为正片叠底，得到调整后的效果。

STEP 13： 调整颜色

1. 单击“图层”面板底部的“创建新的填充或调整图层”按钮，在弹出的菜单中选择“色彩平衡”命令。
2. 打开“属性”面板，在其中调整参数为“-79、-37、+4”。

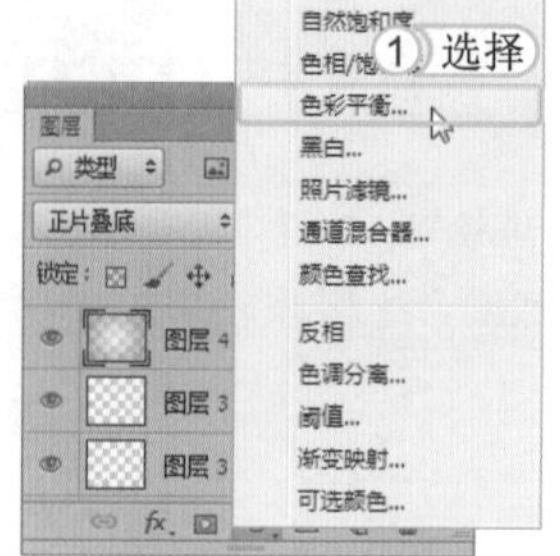

STEP 14： 调整图层

1. 打开素材图像“钢板底纹.jpg”，选择移动工具将其拖拽到当前编辑的图像中，适当调整大小，使其布满整个画面。
2. 设置图层“混合模式”为亮光、“不透明度”为20%。

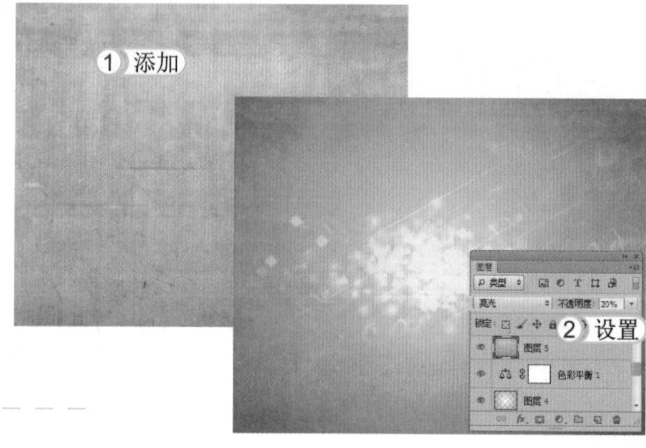

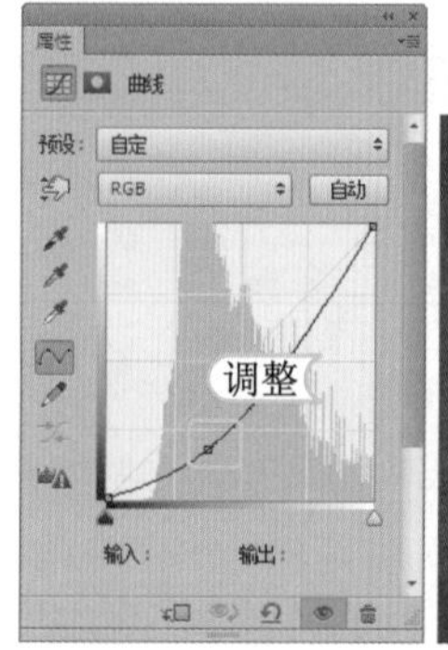

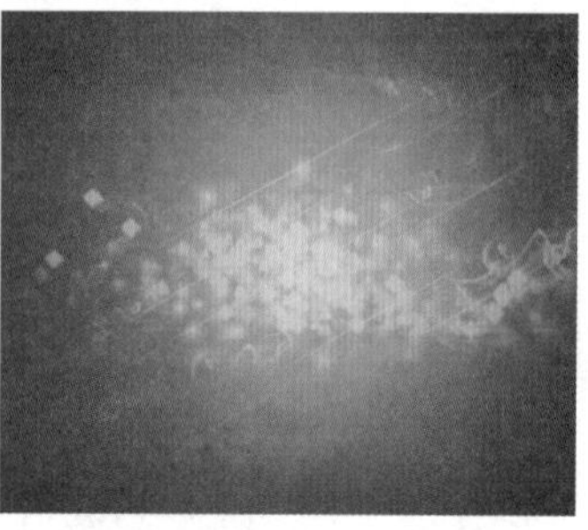

STEP 15： 调整曲线

单击“创建新的填充或调整图层”按钮，在弹出的菜单中选择“曲线”命令，在打开的“属性”面板中调整曲线，加深图像对比度。

提个醒 在“属性”面板中单击“添加图层蒙版”按钮，可以进入蒙版编辑状态，用户可以编辑调整颜色后的浓度和羽化值。

STEP 16： 添加文字

1. 选择横排文字工具，在图像中输入一行英文文字，在“属性”栏中设置“颜色”为黑色、“字体”为方正大黑宋体。
2. 按Ctrl+J组合键复制一次文字，选择【编辑】/【变换】/【垂直翻转】命令，得到翻转的文字。
3. 设置该文字图层“不透明度”为50%，使用橡皮擦工具对文字底部做适当的擦除，得到投影效果。

2.1.3　数字旋影效果

本例将绘制一个“数字旋影效果”图像，主要是为图像设置图层样式得到发光圆形，再添加图层蒙版，得到隐藏图像效果。其最终效果如下图所示。

STEP 01：新建图像文件

选择【文件】/【新建】命令，打开“新建”对话框，设置文件名称为“数字旋影效果”，“宽度”为21厘米，“高度”为15厘米，“分辨率”为200像素/英寸，单击 确定 按钮，得到一个空白图像文件。

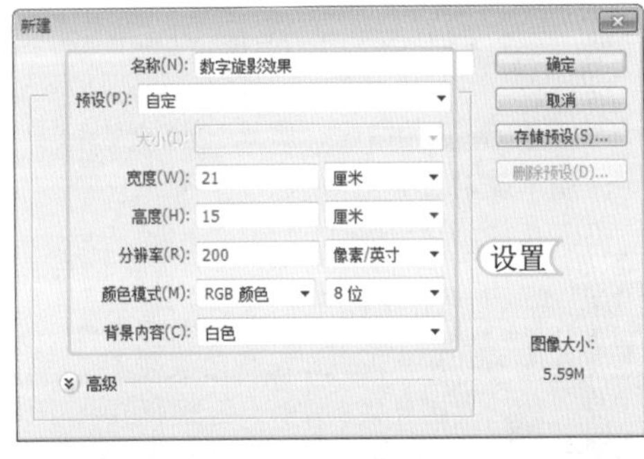

STEP 02：擦除图像

1. 设置“前景色”为黑色，按 Alt+Delete 组合键使用前景色填充背景为黑色。
2. 新建“图层1”，设置“前景色”为白色，选择矩形选框工具，在黑色图像中绘制一个细长的矩形选区，并填充为白色。
3. 选择橡皮擦工具，在“属性”栏中设置画笔“大小”为8、“样式”为硬边圆形，在白色细长矩形中做分割式的擦除。

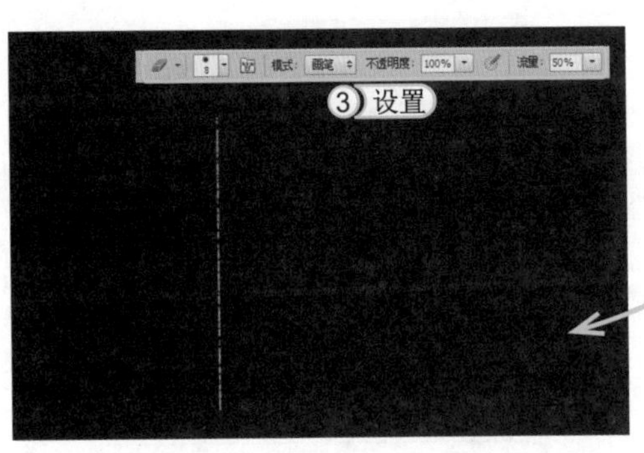

STEP 03：复制图像

1. 多次按Ctrl+J组合键复制白色细线图像，得到多个复制的图层。
2. 分别调整白色图像的长短，排列成前后不同的位置。

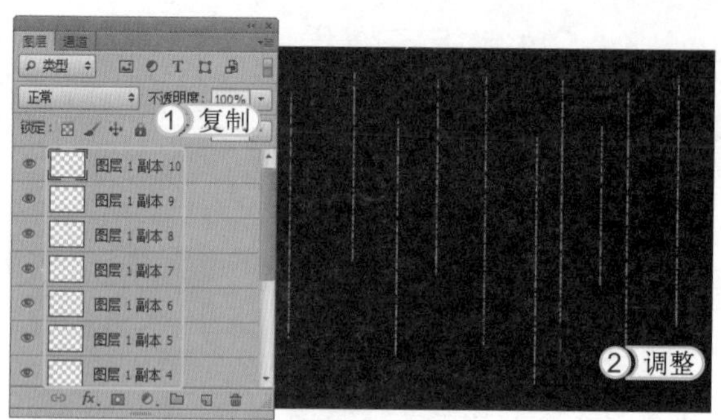

STEP 04：羽化图像

1. 按住Ctrl键单击“图层1”缩略图，载入图像选区。选择【选择】/【修改】/【扩展选区】命令，打开“扩展选区”对话框，设置“扩展量”为3。单击 确定 按钮。
2. 选择【选择】/【修改】/【羽化】命令，打开“羽化选区”对话框，设置“羽化半径”为2。
3. 单击 确定 按钮，将选区填充为白色，并将其移动到另一侧。

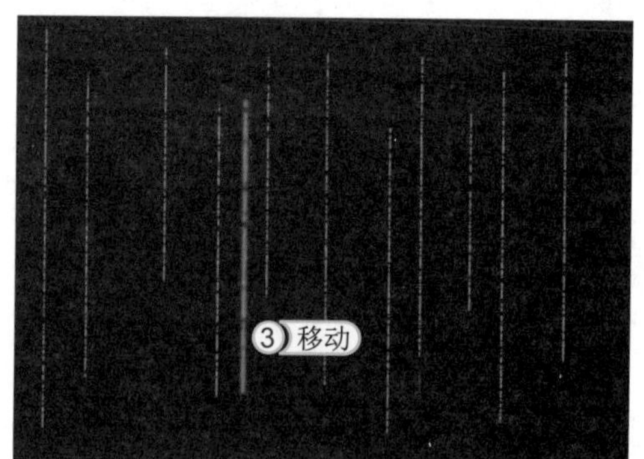

提个醒 这里制作的羽化选区，填充为白色，主要是为了制作出数字模糊图像效果。用户通过输入直排数字来模糊，也能得到相似的效果。

STEP 05：复制并模糊图像

1. 复制多个相同的图像，分别调整图像长短和位置，按照前后不同的位置进行排放。
2. 选择【滤镜】/【模糊】/【高斯模糊】命令，打开“高斯模糊”对话框，设置“半径”为6。
3. 单击 确定 按钮，得到模糊图像效果。

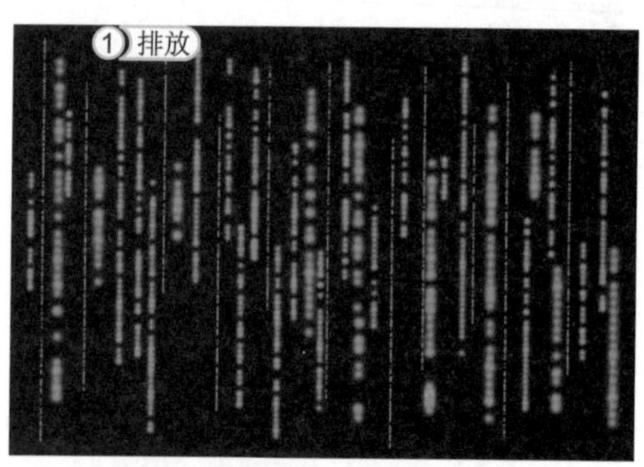

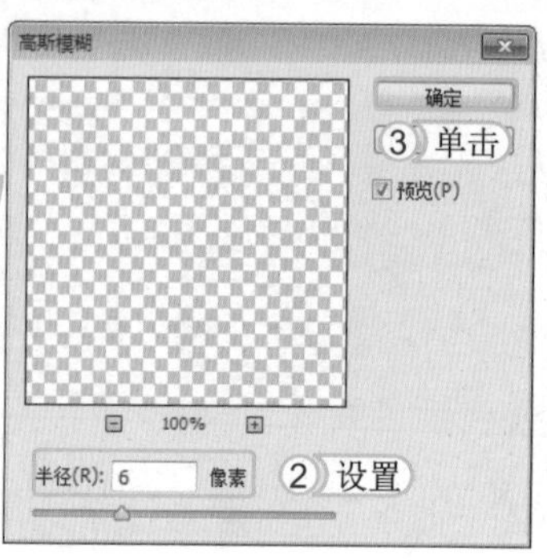

STEP 06： 绘制白色圆点

1. 新建一个图层，选择画笔工具，在属性栏中设置画笔“样式”为柔边圆、“大小”为175、“不透明度”为60%。
2. 在图像中单击绘制出白色圆点，然后分别调整画笔大小，绘制出多个白色圆点。

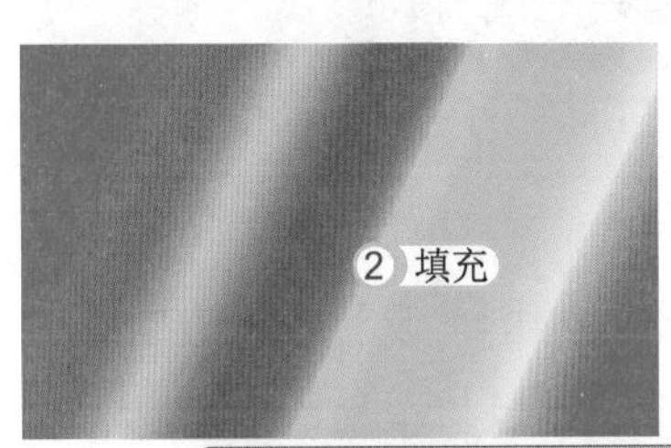

STEP 07： 填充图像

1. 新建一个图层，选择渐变工具，打开“渐变编辑器”对话框，选择“色谱”样式。
2. 在“属性”栏中单击“线性渐变”按钮，在图像右上方到左下方拖动鼠标，得到线性渐变填充的彩虹效果。
3. 在“图层”面板中设置图层“混合模式”为柔光，得到覆盖在底图上的彩色效果，完成本实例的制作。

问题小贴士

问：在本例中使用了橡皮擦工具组，该工具组中的其他工具有什么作用呢？

答：橡皮擦工具组包括橡皮擦工具、背景橡皮擦工具和魔术橡皮擦工具，其中橡皮擦工具主要用于擦除图像中的颜色信息，被擦除的部分显示为背景色。背景橡皮擦工具用于制作透明的背景图像，可以将擦除的图像区域（包括背景图层）变为透明状态。魔术橡皮擦工具与背景橡皮擦工具的使用方法相似，可以擦除位于容差范围内与单击处颜色相近的图像区域，擦除的图像区域显示为透明状态。

2.2 学习1小时：制作材质特效

运用好特效制作，能够给广告画面带来许多绚丽多彩的效果，而制作纸张特效则可以体现出画面不同的材质感，下面将介绍两种纸张特效的制作方法。

2.2.1 撕纸效果

撕纸效果是用 Photoshop CS6 为图片设计出类似撕纸的效果，主要应用于突出文字的效果，这类设计只是一种陪衬，因此并不适用于活泼幽默的情况。其最终效果如下图所示。

STEP 01： 复制图层

启动 Photoshop CS6，打开素材图像“新年特刊.psd”。选择【图层】/【新建】/【通过拷贝的图层】命令，得到复制的图层。

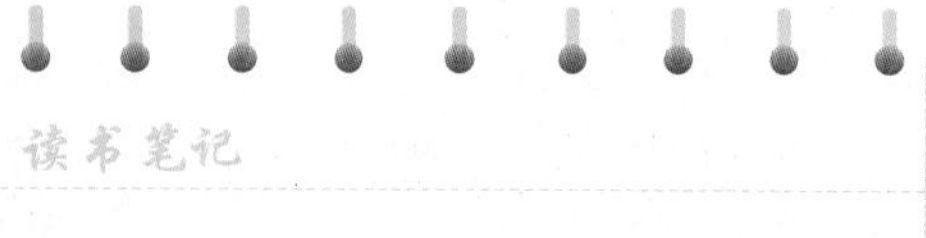

STEP 02： 绘制选区

1. 在工具箱中选择套索工具。
2. 在图像窗口中的文字图像周围拖动鼠标创建选区，得到一个不规则选区。
3. 按 Shift+Ctrl+J 组合键，在“图层”面板中得到剪切的“图层 1”。

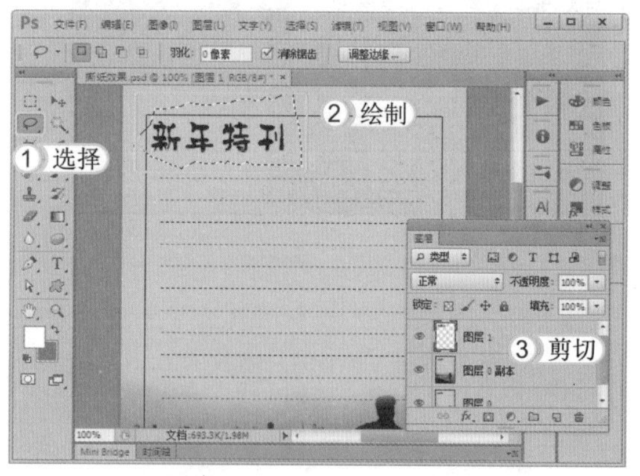

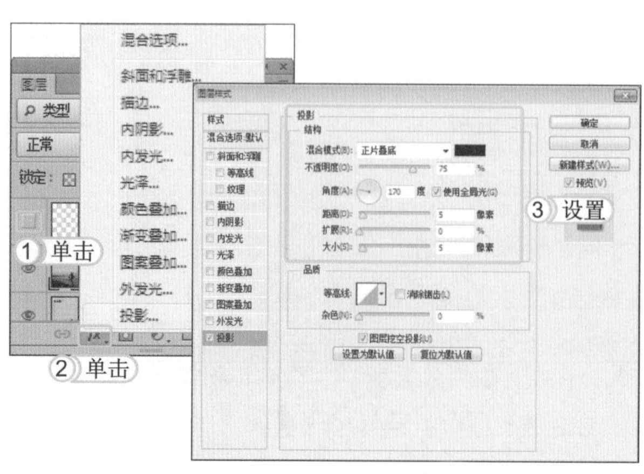

STEP 03： 设置投影

1. 隐藏“图层 1”，选择“图层 0 副本”，使其成为当前图层。
2. 单击“图层”面板中的“选择图层样式”按钮，在弹出的菜单中选择“投影”命令。
3. 打开“图层样式”对话框，设置投影“颜色”为黑色、“距离”和“大小”均为 5，单击确定按钮。

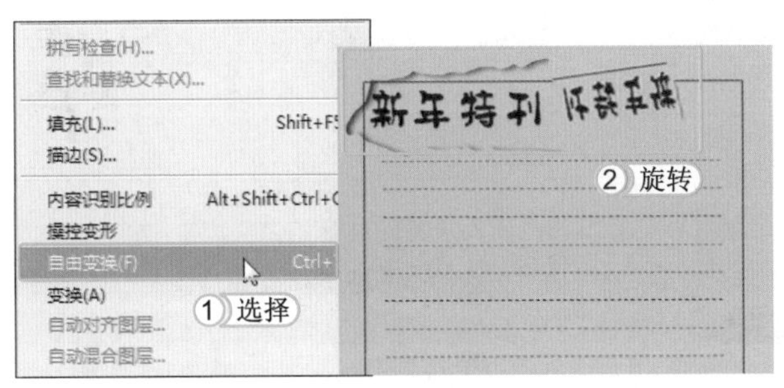

STEP 04：变换图像

1. 选择并显示“图层 1”，选择【编辑】/【自由变换】命令。
2. 使用鼠标将“图层 1”水平旋转 180 度，然后缩短其长度，并微调其角度，再按 Enter 键确认调整。

问题小贴士

问：这里为什么要为图像做变换调整呢？

答：这里调整“图层 1”中图像的位置和角度，是为了使其呈现类似从刊物上撕开的纸条效果。

STEP 05：设置图层样式

1. 选择【图层】/【图层样式】/【投影】命令，打开“图层样式”对话框，设置投影“颜色”为黑色、“距离”为 5、“大小”为 2。
2. 选择“渐变叠加”选项，设置渐变“颜色”从黑色到白色，再设置“角度”为 -150、“缩放”为 100。
3. 单击 确定 按钮，得到添加图层样式后的效果，完成本实例的操作。

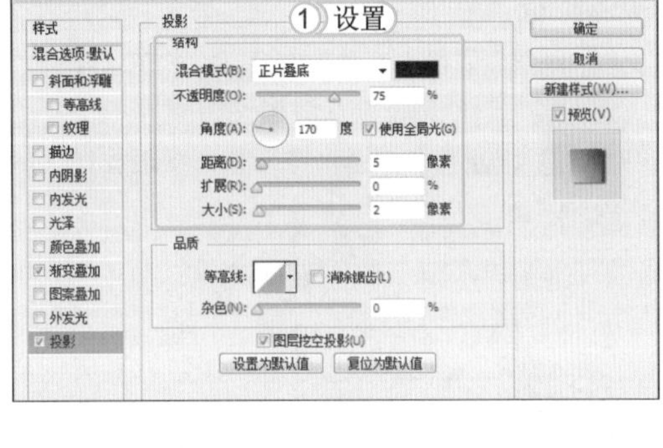

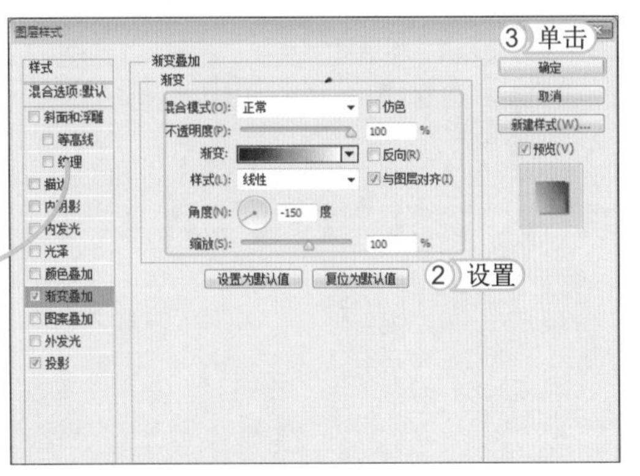

经验一箩筐——Photoshop CS6 中的色彩明度

色彩的明度是指色彩的明暗程度。如果色彩中添加的白色越多，图像明度就越高；如果色彩中添加的黑色越多，明度就越低。

2.2.2 卷页效果

卷页效果是指用 Photoshop CS6 为图片设计出类似纸张卷起的效果，应用的范围和撕纸效果相同，一般用于突出文字的效果，这类设计也是作为陪衬。因此制作出相应的效果即可，不必添加光线、色彩等变化。其最终效果如下图所示。

STEP 01： 转换背景图层

1. 启动 Photoshop CS6，打开素材图像“卷首语.jpg”。
2. 在“图层”面板中双击背景图层，打开“新建图层”对话框，默认各项设置。
3. 单击 确定 按钮，将原有背景图层转换为“图层 0”。

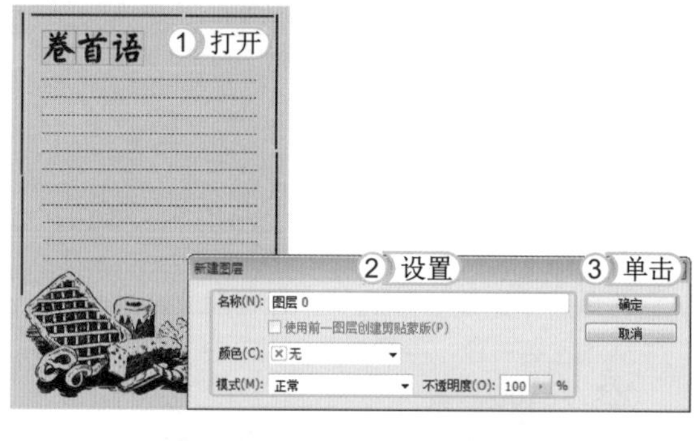

STEP 02： 调整图层位置

1. 单击“图层”面板中的“新建图层”按钮，新建“图层 1”。
2. 将鼠标移动到“图层 1”上，将其拖动到“图层 0”的下方。

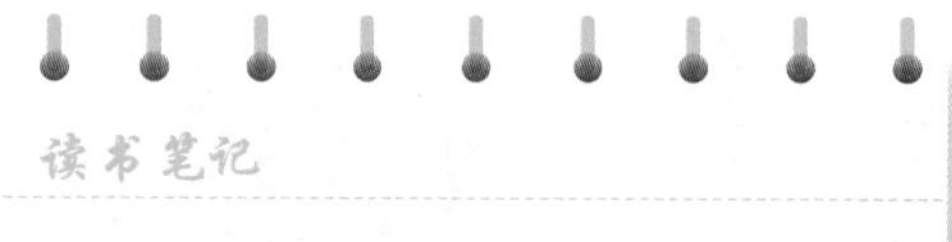

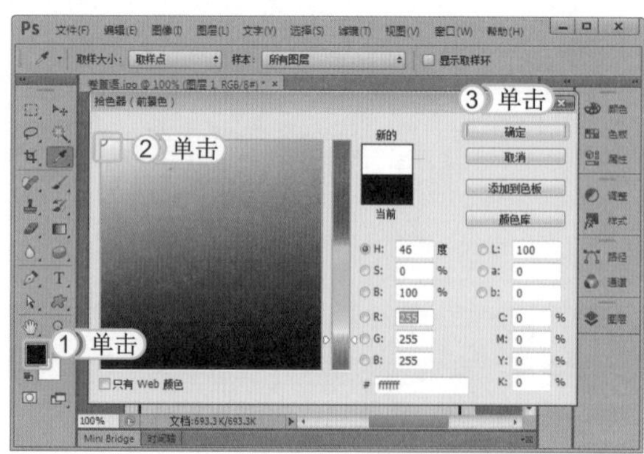

STEP 03： 设置前景色

1. 单击工具箱中的前景色色块■。
2. 打开“拾色器（前景色）”对话框，将鼠标移动到色域的左上角，单击鼠标吸取颜色。
3. 单击 确定 按钮更改前景色。

STEP 04： 填充颜色

1. 在工具箱中选择油漆桶工具。
2. 在"图层"面板中选择"图层 1"，在图像窗口中单击鼠标填充颜色。

提个醒

油漆桶工具除了填充颜色外，还可以填充图案。在填充颜色前应先设置前景色，因为系统默认的是使用前景色对图像进行填充。

STEP 05： 选择选区

1. 选择"图层 0"，使其成为当前图层。
2. 在工具箱中选择矩形选框工具，然后在右上角沿着黑色边框拖动鼠标绘制选区。

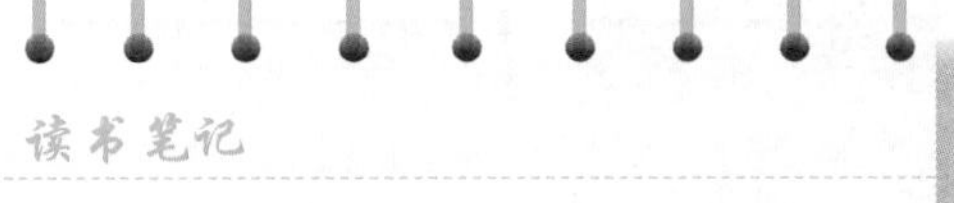

读书笔记

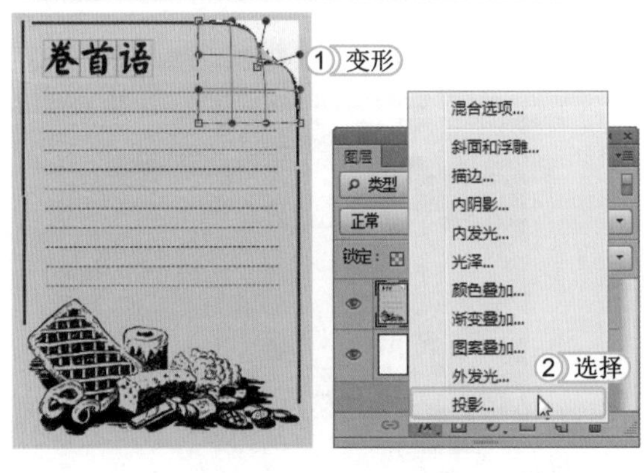

STEP 06： 变换选区

1. 选择【编辑】/【变换】/【变形】命令，将鼠标移动到边框右上角的控制点，向左下方拖动鼠标使其变形，按 Enter 键取消边框。
2. 单击"图层"面板中的"选择图层样式"按钮，在弹出的菜单中选择"投影"命令。

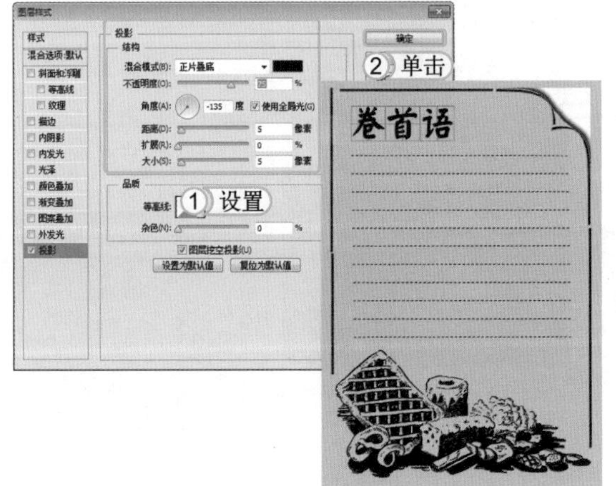

STEP 07： 设置投影参数

1. 打开"图层样式"对话框，设置投影"颜色"为黑色、"不透明度"为 75、"角度"为 -135、"距离"和"大小"为 5。
2. 单击 确定 按钮，得到添加投影后的效果，完成本实例的操作。

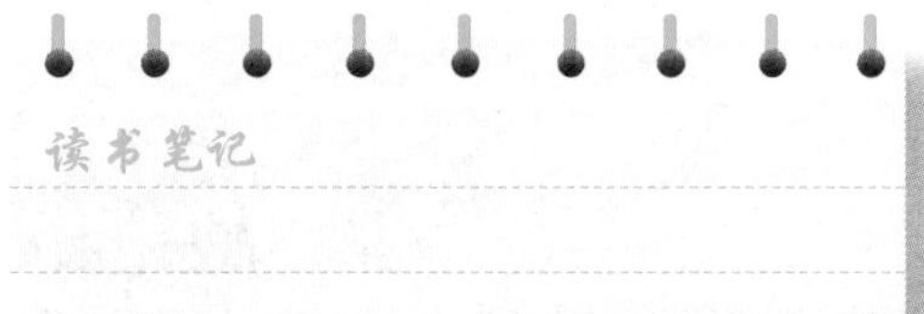

读书笔记

2.3 学习1小时：制作绘画特效

在 Photoshop 中用户可以使用滤镜和其他功能命令，将一幅普通的图像制作成各种绘画效果，这将为后续的设计工作提供多种素材。下面将介绍几种绘画特效的制作方法。

2.3.1 山水画效果

在画纸上浸染出美丽风景是很多喜爱绘画人的梦想，真正绘制一幅山水画需要经过专业的培训，但是我们可以通过 Photoshop 将一幅普通图像制作成山水画效果。其最终效果如下图所示。

STEP 01：打开素材图像

启动 Photoshop CS6，打开素材图像“风景.jpg”。

> 提个醒 在制作山水画效果时，素材图像的选择也很重要，应该选择颜色对比较柔和，画面内容以风景为主的图像，才能制作出效果较好的山水画。

STEP 02：素材图像去色

1. 选择背景图层，按 Ctrl+J 组合键复制背景图层得到“图层 1”。
2. 选择【图层】/【调整】/【去色】命令，为图像去色，得到黑白图像效果。将图像去除颜色的目的是为了增强图像对比度和模糊图像所使用。

> 提个醒 在制作图像效果时，为了防止意外情况，一般都需要复制原图像，在复制的图像中制作新的效果或修改。

STEP 03：模糊图像

1. 选择【滤镜】/【模糊】/【高斯模糊】命令，打开“高斯模糊”对话框，在对话框中设置“半径”为 3。
2. 单击 确定 按钮，得到模糊图像效果。

> **提个醒** 这里设置“高斯模糊”的“半径”参数为 3 像素，主要是为了制作出山水画朦胧的效果。

STEP 04：设置图层混合模式

1. 在“图层”面板中选择“图层 1”，按 Ctrl+J 组合键复制图层，即可得到“图层 1 副本”。
2. 然后单击“图层”面板中的“混合模式”下拉列表框中选择“强光”选项，可以得到颜色对比较强的图像效果。

STEP 05：设置图层混合模式

1. 在“图层”面板中选择背景层，按 Ctrl+J 组合键复制背景层，得到“背景副本”图层。
2. 再选择“背景副本”图层，按住鼠标左键将其移动到图层最上方，然后在“图层”面板中设置“混合模式”为颜色，得到更加形象的山水画效果。

STEP 06：新建图层填充颜色

1. 选择【图层】/【拼合图像】命令，得到背景图层，单击“图层”面板底部的“创建新图层”按钮，得到“图层 1”。
2. 单击工具箱中的前景色色块，打开“拾色器（前景色）”对话框，设置“颜色”为淡黄色（R244,G243,B195），按 Alt+Delete 组合键对“图层 1”进行填充。

STEP 07： 设置图层混合模式

设置"图层 1"的图层"混合模式"为正片叠底，"不透明度"为 55%，得到偏黄色的图像效果。

提个醒

这里为图像添加淡黄色效果，主要是为了体现出纸张的感觉，因为山水画的纸张都是有一些纹理并且偏黄色调的。

STEP 08： 应用纹理化滤镜

1. 选择【滤镜】/【滤镜库】命令，打开"滤镜库"对话框。选择"纹理"/"纹理化"选项，在"纹理"下拉列表框中选择"画布"选项，设置"缩放"为 100、"凸现"为 8、"光照"为上。
2. 单击 确定 按钮，得到底纹效果，完成本实例的制作。

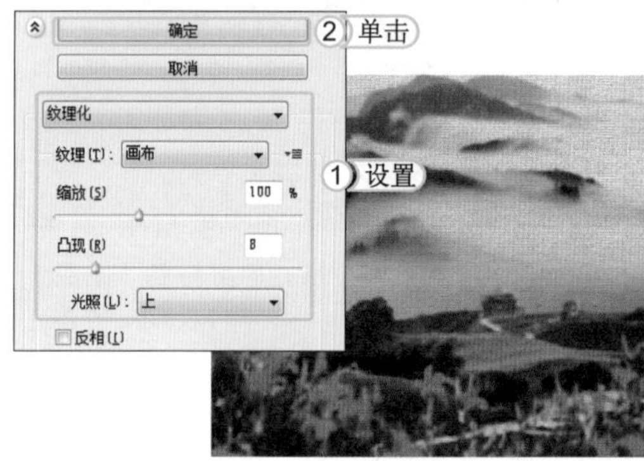

2.3.2 油画效果

要绘制一幅成功的油画，需要较强的美术功底，对于初学绘画的人来说有很大的难度。但是只要熟练掌握 Photoshop 软件操作，同样可以在电脑中绘制出一幅漂亮的油画图像。其最终效果如下图所示。

STEP 01： 创建快照

1. 选择【文件】/【打开】命令，在打开的对话框中打开素材图像"大树 .jpg"。
2. 单击"历史"面板中的"创建新快照"按钮创建快照。

STEP 02：设置画笔属性

1. 选择历史记录艺术画笔工具，单击“属性”栏中画笔旁边的下拉按钮，在弹出的面板中选择“喷溅”画笔样式，设置“大小”为 59 像素。
2. 并在工具栏中设置“样式”为绷紧中。

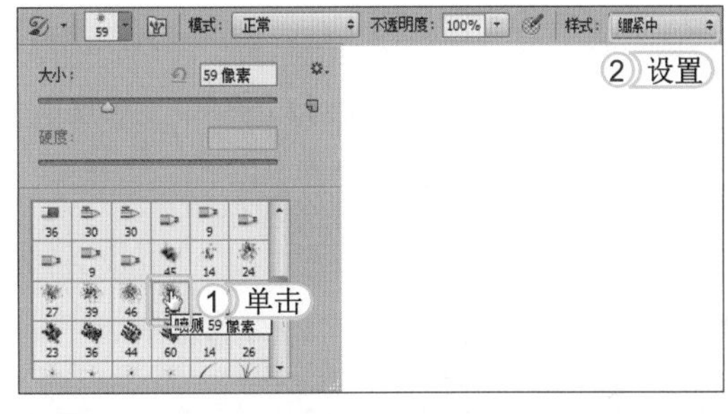

STEP 03：绘制图像

1. 为了使笔刷效果更自然，单击“属性”栏中的“切换到画笔面板”按钮。打开“画笔”面板，选择“湿边”和“杂色”选项。
2. 按 Ctrl+J 组合键复制图像得到“图层 1”，再按三次] 键将扩大画笔，在图像中进行粗略的涂抹。

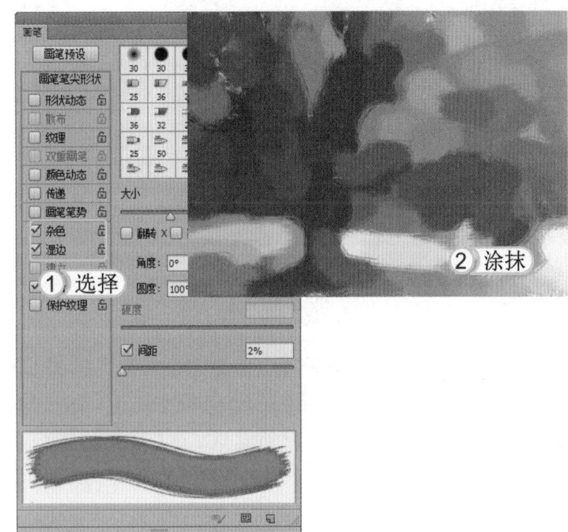

STEP 04：继续涂抹图像

大面积涂抹完后，按下 [键适当缩小画笔，然后对图像细节部分进行涂抹，如一些阴影图像。

提个醒 要制作油画艺术效果图像，最好选择色彩较丰富层次感较强的图像，这样得到的效果才更加真实。

STEP 05：擦除图像

1. 选择工具箱中的橡皮擦工具，在“属性”栏中选择画笔“样式”为柔边、“大小”为 30、“不透明度”为 25%。
2. 然后对树叶、树干和人物的轮廓进行擦除，直至得到满意的图像。

1 设置

STEP 06： 调整亮度 / 对比度

选择【图层】/【新建调整图层】/【亮度 / 对比度】命令，进入“属性”面板，设置“亮度”为 32、“对比度”为 47，完成本实例的操作。

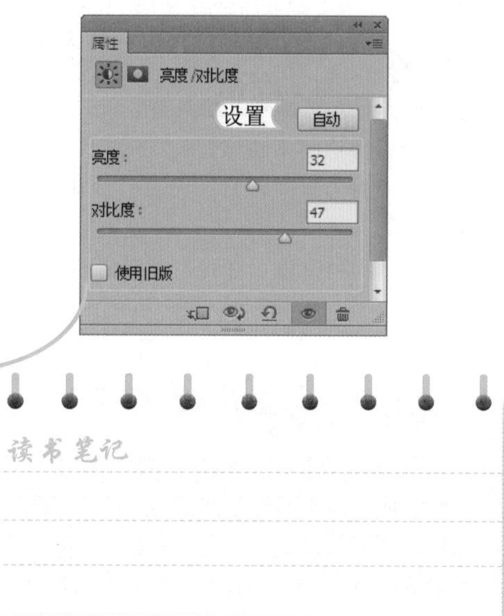

2.3.3　素描效果

素描是绘画的基本功，要画好一张细致的素描作品，需要花很长的时间才能完成。但是在 Photoshop 中就只需要用很短的时间，就可以将一幅图像处理成素描效果。其最终效果如下图所示。

STEP 01： 复制图层

按 Ctrl+O 组合键，打开素材图像“水果 .jpg”。按两次 Ctrl+J 组合键，复制图层，得到“图层 1”和“图层 1 副本”。

提个醒

这里复制多个背景图层，主要是为了方便后面操作，并且不影响原有图像。

STEP 02： 图像去色

在“图层”面板中选择“图层 1 副本”。选择【图像】/【调整】/【去色】命令，将图像去除颜色，得到黑白图像效果。

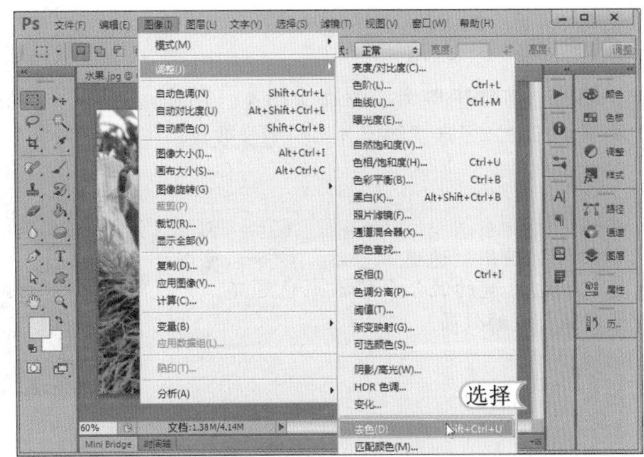

提个醒 “去色”命令是将彩色图像转换为灰度图像，但图像的颜色模式保持不变。

STEP 03： 应用滤镜

1. 选择【滤镜】/【其他】/【高反差保留】命令，打开“高反差保留”对话框，设置“半径”为 6 像素。
2. 单击 确定 按钮，得到反差图像效果。

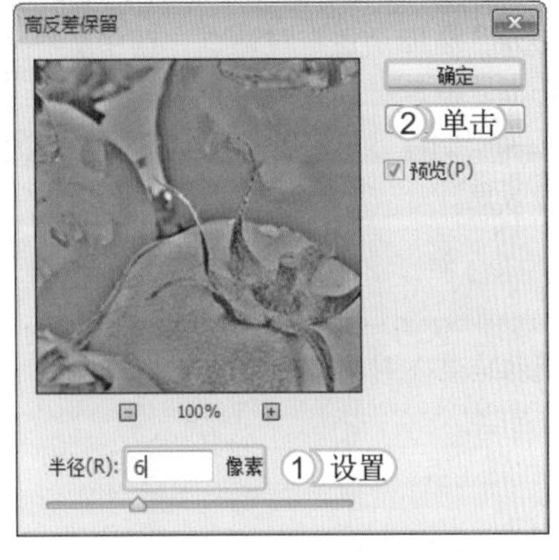

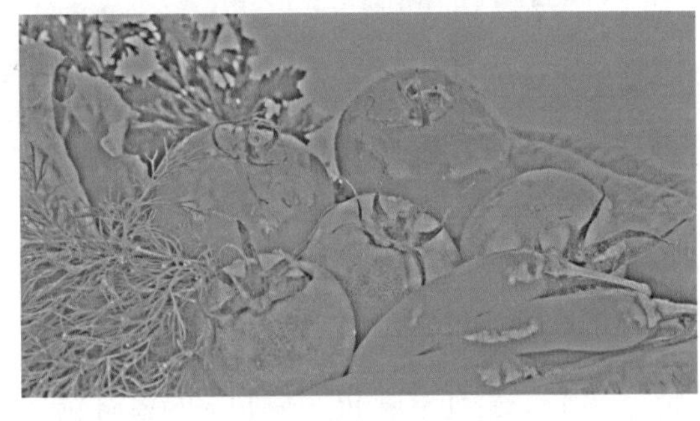

STEP 04： 调整亮度和对比度

1. 选择【图像】/【调整】/【亮度 / 对比度】命令。打开“亮度 / 对比度”对话框，设置“亮度”为 22、“对比度”为 65。
2. 单击 确定 按钮，得到调整画面亮度和对比度后的图像效果。

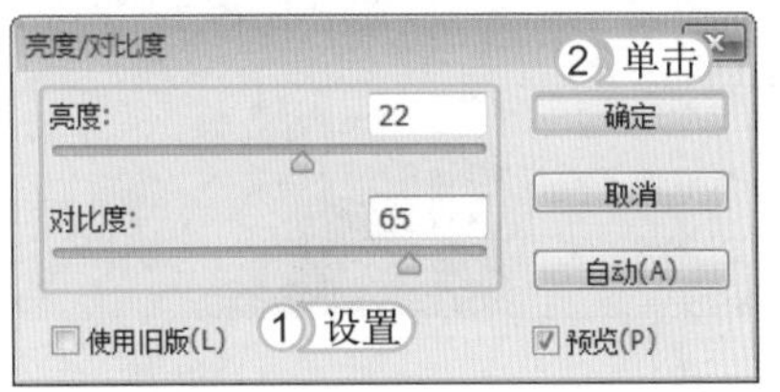

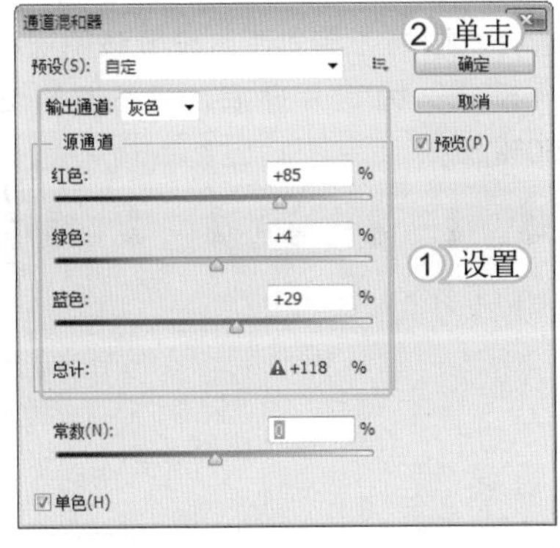

STEP 05： 调整通道混合器

1. 选择“图层 1”，选择【图像】/【调整】/【通道混合器】命令，在打开的“通道混合器”对话框中选择“灰色”选项，然后分别设置参数为“+85、+4、+29”。
2. 单击 确定 按钮。

22 Hours

STEP 06： 隐藏图层

在“图层”面板中单击“图层 1 副本”前面的眼睛图标，显示“图层 1”的图像效果。

提个醒

使用“通道混合器”命令，可以通过颜色通道的混合来修改颜色通道，产生图像合成的效果。

STEP 07： 添加杂色

1. 选择【滤镜】/【杂色】/【添加杂色】命令，打开“添加杂色”对话框，选中 单色(M) 复选框，设置“数量”为 40。
2. 单击 确定 按钮，得到添加杂色的图像效果。

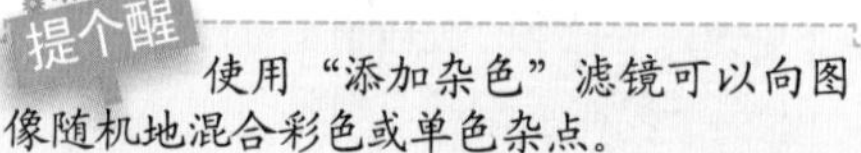

提个醒

使用“添加杂色”滤镜可以向图像随机地混合彩色或单色杂点。

STEP 08： 添加动感模糊

1. 选择【滤镜】/【模糊】/【动感模糊】命令，设置“角度”为 48、“距离”为 18。
2. 单击 确定 按钮，得到动感模糊图像效果。

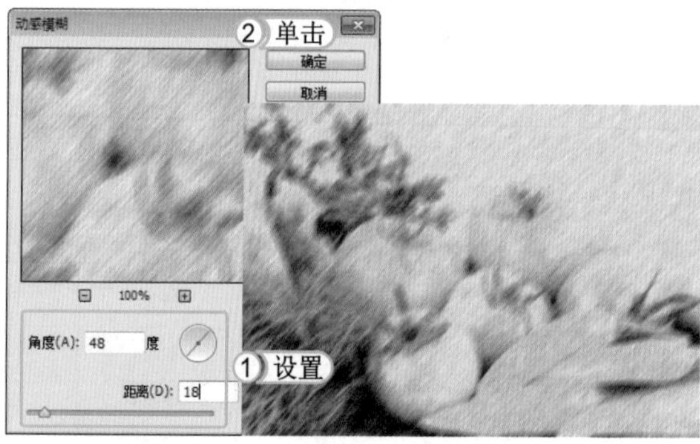

STEP 09： 设置图层属性

选择“图层 1 副本”，设置该图层的“混合模式”为正片叠底，“不透明度”为 50%。

读书笔记

STEP 10：细节处理

1. 按 Ctrl+E 组合键合并“图层 1”和“图层 1 副本”；选择加深工具对水果轮廓的暗部进行涂抹。
2. 选择减淡工具对水果图像中的亮部进行涂抹，增强画面中的明暗对比，完成本例的操作。

提个醒 使用减淡工具可以提高图像中色彩的亮度，常用来增强图像的亮度。

2.4 学习 1 小时：制作自然特效

大自然非常神奇，能够制造出许多漂亮的天然景象。但如果人们没有遇到所喜欢的自然景观，但又想在照片中体现出来，就可以通过 Photoshop 来制作特效。下面将介绍几种特效的制作方法。

2.4.1 露珠效果

露珠效果是指用 Photoshop CS6 为图片添加露珠的特效，即使照片上的木桩类似透过露珠所看到的变形效果，颜色也更加丰富。其最终效果如下图所示。

STEP 01：复制图层

选择【文件】/【打开】命令，打开素材图像“树叶 .jpg”，下面将在图像中添加露珠效果。按 Ctrl+J 组合键复制背景图层，得到“图层 1”。

62 Hours
52 Hours
42 Hours
32 Hours
22 Hours
12 Hours

STEP 02：设置画笔笔尖样式

1. 在工具箱中选择画笔工具。按 F5 键，打开“画笔”面板，选择“画笔笔尖形状”选项，选择画笔“样式”为尖角。
2. 设置“大小”为 55 像素、“间距”为 118%。

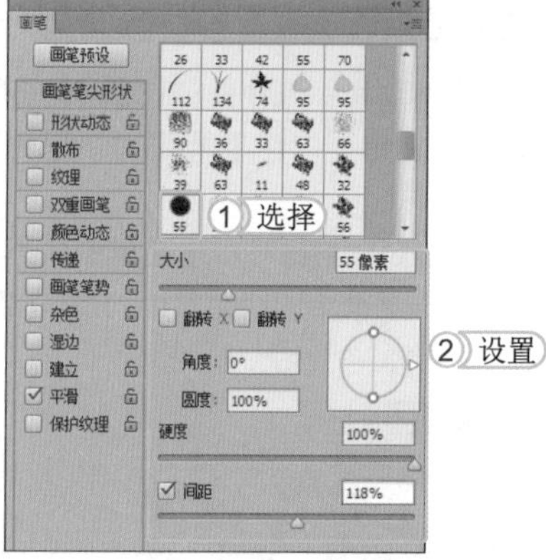

STEP 03：设置画笔样式

1. 在“画笔”面板中选择“形状动态”选项。
2. 设置“大小抖动”为 82%、“最小直径”为 34%、“圆度抖动”为 63%、“最小圆度”为 11%，其他参数为 0%。
3. 选择“散布”选项，设置“散布”参数为 522%、“数量”为 2。

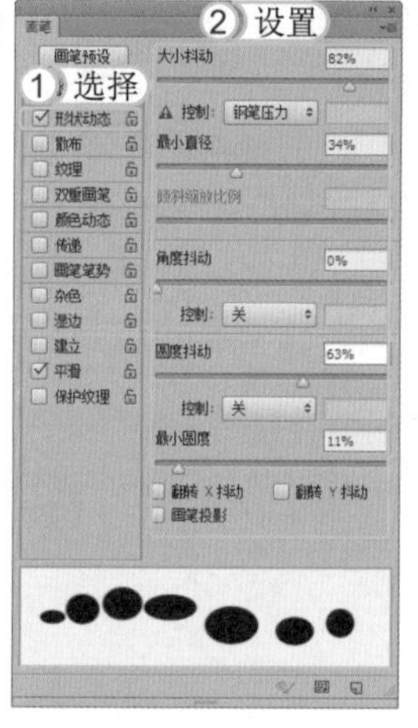

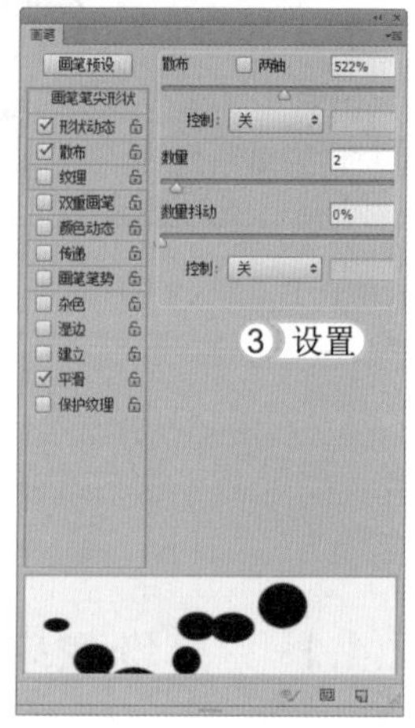

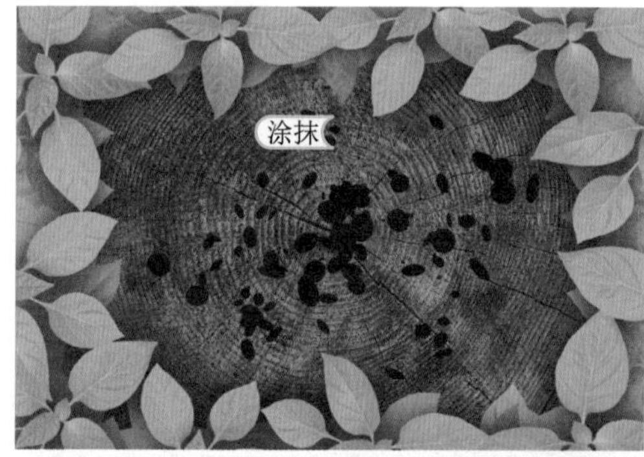

STEP 04：绘制图像

按 D 键复位前景色和背景色。拖动鼠标光标，在图像中间进行绘制。

提个醒

在木桩上拖动鼠标绘制露珠形状时要注意，露珠虽然是圆的，但并不是正圆形，要随着木纹的形状略有变化。

STEP 05：添加投影

1. 选择【图层】/【图层样式】/【混合选项】命令。在打开的“图层样式”对话框中选择“投影”选项。
2. 设置投影“颜色”为黑色，再设置其他参数。

STEP 06： 添加内阴影

1. 在“样式”列表框中选择“内阴影”选项。
2. 设置内阴影“颜色”为黑色、“混合模式”为正片叠底、“不透明度”为73、“距离”为5、“大小”为5。

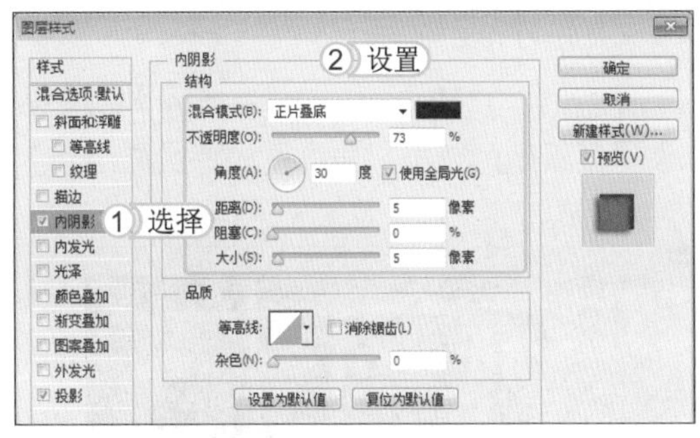

STEP 07： 添加斜面和浮雕

1. 选择“斜面和浮雕”选项。
2. 设置“样式”为“内斜面”、“深度”为368、“大小”为5、“软化”为0。

读书笔记

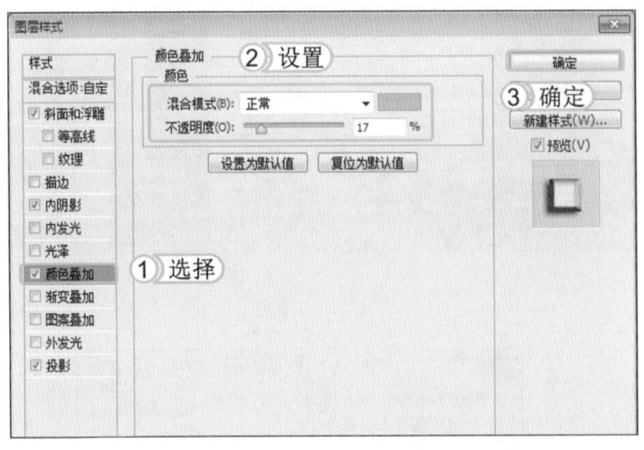

STEP 08： 添加颜色叠加

1. 选择“颜色叠加”选项。
2. 设置“混合模式”为正常、“颜色”为橘黄色(R234,G184,B75)、“不透明度”为17。
3. 单击 确定 按钮，得到添加图层样式后的图像效果。

STEP 09： 设置图层混合模式

在“图层”面板中选择“图层1”，在图层“混合模式”下拉列表框中选择“颜色减淡”选项，得到透明水珠效果，完成本实例的操作。

提个醒

图层就如同堆叠在一起的透明纸。可以透过图层的透明区域看到下面的图层。也可以移动图层来定位图层上的内容，就像在堆栈中滑动透明纸一样。也可以更改图层的不透明度以使内容部分透明。

2.4.2 水波效果

水波效果是指用 Photoshop CS6 为图片添加水面倒影的特效，使照片上的植物像是映射在水波中所看到的效果，显得更加写实与生动。其最终效果如下图所示。

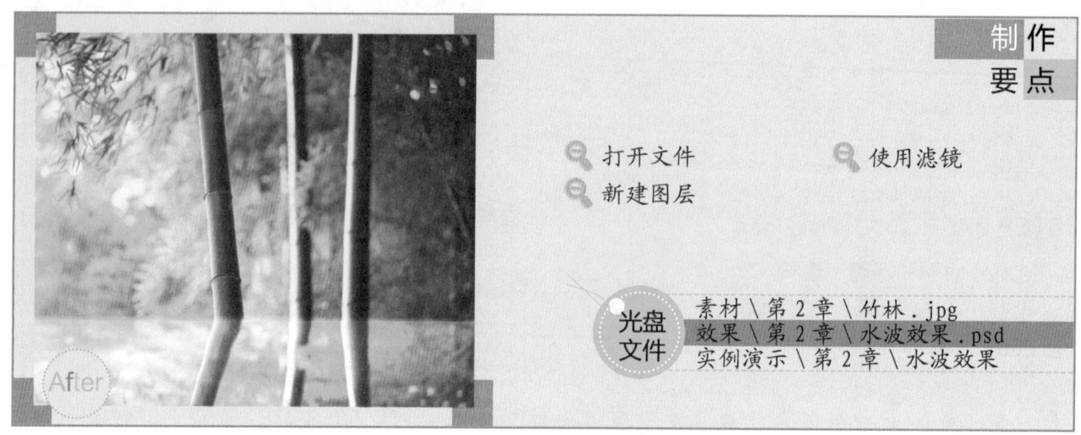

STEP 01：复制图层

启动 Photoshop CS6，打开素材图像“竹林.jpg”。选择【图层】/【新建】/【通过拷贝的图层】命令，得到名为“图层 1”的图层。

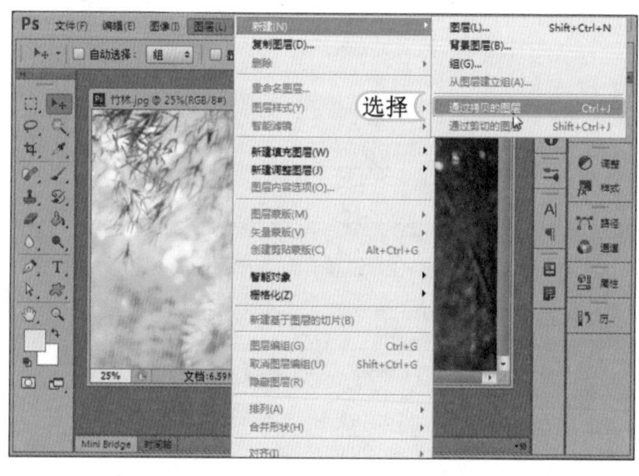

STEP 02：设置画布大小

1. 选择【图像】/【画布大小】命令。在打开对话框的“高度”数值框中输入“40”。单击“定位”栏中的⬆按钮。
2. 单击 确定 按钮，得到扩展的画布。

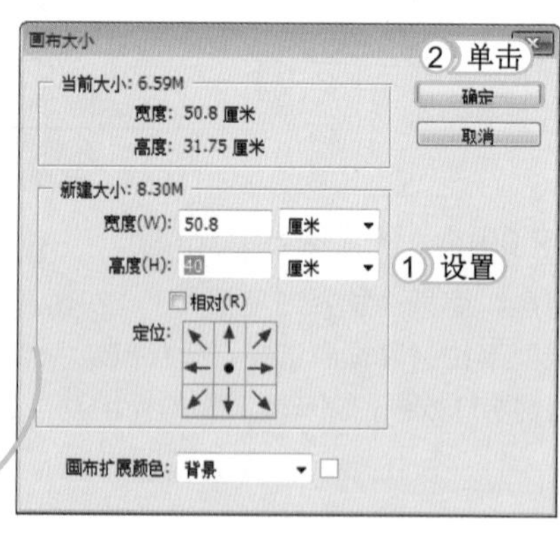

提个醒 在“画布大小”对话框中单击“定位”栏中的⬆按钮，是表示画布大小将向下延长。

STEP 03： 变换图像

1. 选择【编辑】/【变换】/【垂直翻转】命令。在工具箱中选择移动工具，将“图层 1”中的图像向下拖动到画布底端。
2. 选择【编辑】/【变换】/【缩放】命令，向下拖动图像上方的控制按钮至 30% 处，按 Enter 键确定操作。

读书笔记

STEP 04： 使用“水波”滤镜

1. 选择【滤镜】/【扭曲】/【水波】命令，依次在“数量”和“起伏”数值框中输入“9”和“5”，在“样式”下拉列表框中选择“水池波纹”选项。
2. 单击 确定 按钮，得到水波图像。

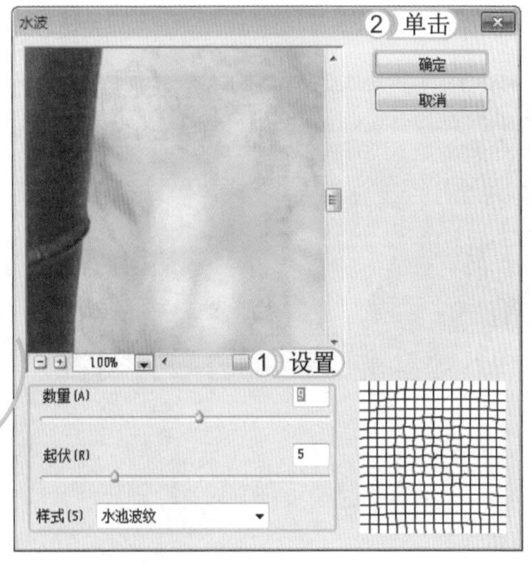

STEP 05： 调整亮度

1. 选择【图像】/【调整】/【亮度 / 对比度】命令，打开“亮度 / 对比度”对话框，设置“亮度”为 80。
2. 单击 确定 按钮。

STEP 06：制作模糊效果

1. 选择【滤镜】/【模糊】/【动感模糊】命令，打开“动感模糊”对话框，设置“角度”为85、“距离”为25。
2. 单击 确定 按钮，完成操作。

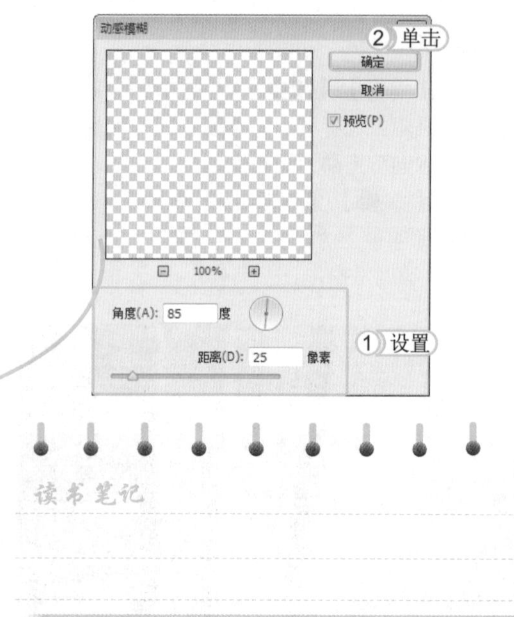

2.4.3 玻璃效果

玻璃效果是指用 Photoshop CS6 为图片添加玻璃的特效，使照片上的图像像是透过玻璃窗所看到的效果。其最终效果如下图所示。

STEP 01：置入图像

启动 Photoshop CS6，打开素材图像“玻璃效果 .psd”，选择【文件】/【置入】命令，打开“置入”对话框，选择素材图像“玻璃效果 - 窗 .jpg”，单击 置入(P) 按钮，置入图像。

提个醒

置入图像就是将目标文件直接打开置入到当前正在编辑的图像图层的上一层。置入文件可以使图片在 Photoshop 中缩小之后，再放大至原来的大小时，仍然保持原分辨率，不会产生模糊现象。

STEP 02：栅格化图层

1. 置入图像后，拖动鼠标将图像调整至铺满整个图像窗口，按 Enter 键确定操作。
2. 在“图层”面板中选择“玻璃效果-窗”图层，单击鼠标右键，在弹出的快捷菜单中选择“栅格化图层”命令。

STEP 03：删除图像并复制图层

1. 选择魔棒工具。在窗口中单击鼠标创建选区，按 Delete 键删除选区中的图像，显示出下一层树林图像。
2. 在“图层”面板中选择“背景”图层，按 Ctrl+J 组合键复制图层，得到背景图层副本。

STEP 04：应用“玻璃”滤镜

1. 选择【滤镜】/【滤镜库】命令，在打开的对话框中选择“扭曲”/“玻璃”选项，在“扭曲度”数值框中输入“4”，在“平滑度”数值框中输入“4”，在“纹理”下拉列表框中选择“块状”选项。
2. 单击 确定 按钮。

STEP 05：删除图像

选择“玻璃效果-窗”图层，使用魔棒工具，在工具“属性”栏中单击“添加到选区”按钮，依次在两侧的窗口单击鼠标创建选区。按下 Delete 键删除选区中的图像。

STEP 06：重复滤镜

选择“背景”图层，选择【滤镜】/【滤镜库】命令，执行上一次滤镜操作，得到玻璃图像效果，完成操作。

2.5 练习1小时

本章主要介绍了多种艺术特效的制作方法，包括视觉特效、材质特效、绘画特效和自然特效。下面再制作两种艺术特效，进一步巩固软件操作。

1. 制作水粉效果

本例将制作水粉效果，先打开素材图像，选择【图层】/【新建】/【通过拷贝的图层】命令，复制图层，然后使用“绘画涂抹”滤镜，并设置滤镜参数，最后渐隐绘画涂抹滤镜，其效果如右图所示。

光盘文件

素材\第2章\白云.jpg
效果\第2章\水粉效果.psd
实例演示\第2章\制作水粉效果

2. 制作灯光效果

本例将制作一个灯光效果，先打开素材图像，再复制背景图层，应用“光照效果”滤镜，使用“点光源”，“灯光颜色”设置为黄色，将图层“混合模式”设置为正片叠底，其效果如右图所示。

光盘文件

素材\第2章\湖水.jpg
效果\第2章\灯光效果.psd
实例演示\第2章\制作灯光效果

读书笔记

第3章 图像合成艺术特效

学习 3 小时

Photoshop 不仅仅只是一个简单的图形图像处理软件，它可以将用户的创意、想法体现并制作出来，其中较为突出的便是图像的合成。如将平面的图形变为 3D 的立体效果、将一个图形拼接在另一个图像中、将不同的元素组合在一起形成新的效果等。

- 制作立体合成效果
- 制作数码合成特效
- 制作趣味合成效果

上机 1 小时

3.1 学习 1 小时：制作立体合成效果

Photoshop CS6 是一款应用非常广泛的图像软件，除了调整图像颜色外，还可以合成多种图像，下面将制作几种立体合成效果，主要通过合成多张图像并添加投影来实现。

3.1.1 制作杯中世界

本例将制作“杯中世界.psd”图像，主要通过添加多张素材图像，将它们巧妙地组合在一起，并为图像添加图层蒙版和投影，得到立体合成效果。其最终效果如下图所示。

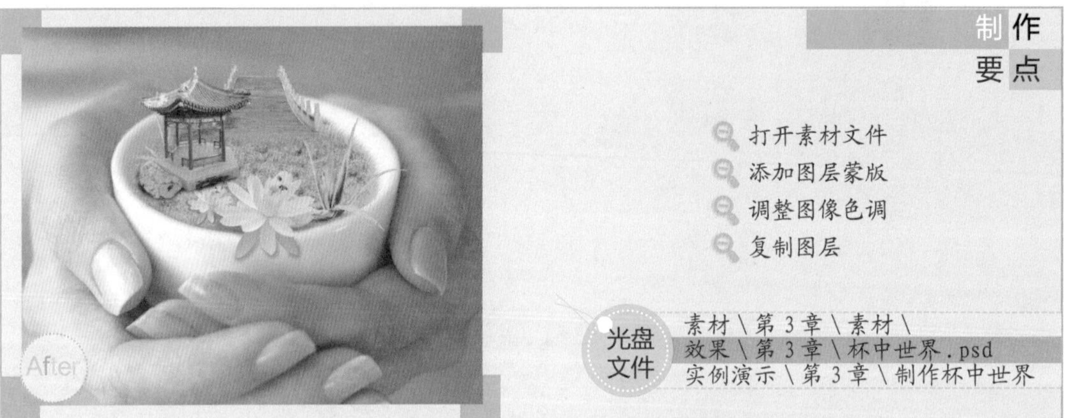

STEP 01：添加素材

1. 打开素材图像“素材 1.jpg”和“素材 2.jpg”。
2. 使用移动工具将素材 2 图像拖拽到素材 1 图像中，并适当调整图像大小，放到画面正中间。

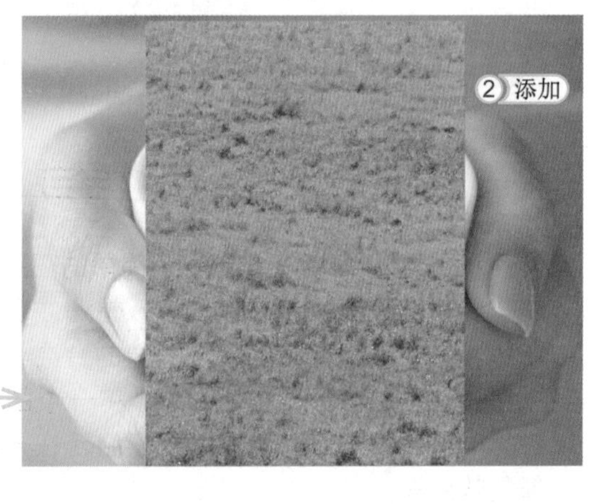

STEP 02：绘制选区

1. 选择椭圆选框工具，在草地图像中绘制一个圆形选区，大小比茶杯杯口略小。
2. 在选区中单击鼠标右键，在弹出的快捷菜单中选择“羽化”命令。打开“羽化选区”对话框，设置“羽化半径”为 20，单击确定按钮。

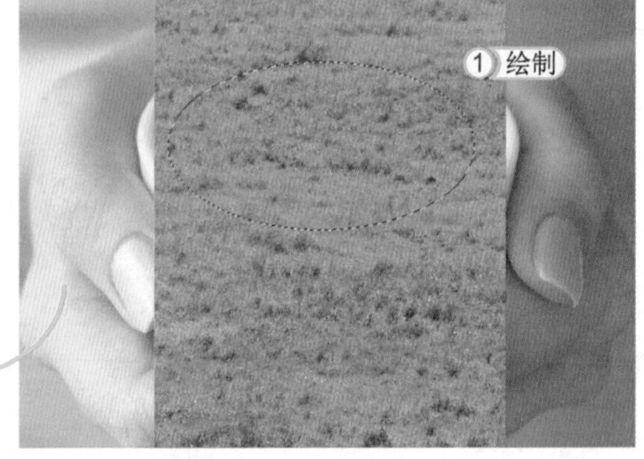

STEP 03：添加图层蒙版

单击“图层”面板底部的“添加图层蒙版”按钮，得到蒙版选区图像效果。

提个醒 添加图层蒙版之前羽化选区，是为了让图像周边有自然过渡的效果。

STEP 04：调整图像颜色

1. 选择【图像】/【调整】/【通道混合器】命令，打开“通道混合器”对话框，在“输出通道”下拉列表框中选择“绿”选项，设置“绿色”为 +116。
2. 在“输出通道”下拉列表框中选择“蓝”选项，设置“蓝色”为 +78。
3. 单击 确定 按钮得到调整后的效果。

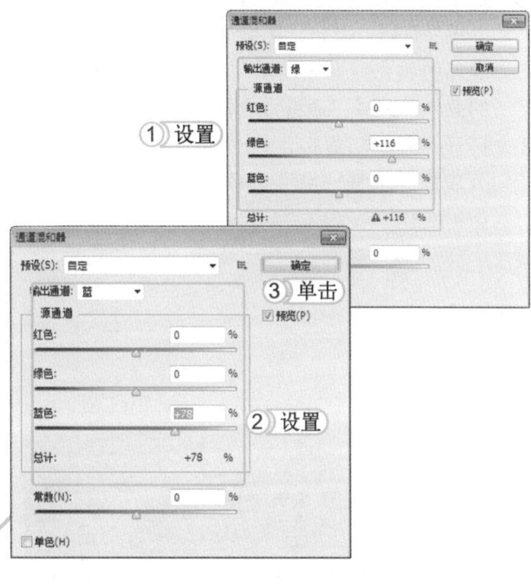

STEP 05：添加素材图像

1. 打开素材图像“素材 3.jpg”，选择移动工具将其直接拖拽到素材 1 图像中，并适当调整图像大小，放到杯子的右侧。
2. 为该图像添加图层蒙版，然后使用画笔工具在图像右下方涂抹，隐藏部分图像。

提个醒 使用图层蒙版的好处就是可以隐藏需要显示的图像，但又不会破坏图像的整体性。

STEP 06：绘制投影

设置“前景色”为黑色，选择画笔工具，在“属性”栏中设置“不透明度”为 80%，在刚刚添加的小草图像底部绘制投影效果。

STEP 07：调整图像颜色

1. 按住 Ctrl 键单击小草图层前的缩略图，载入图像选区。单击“图层”面板底部的“创建新的填充或调整图层”按钮，在弹出的菜单中选择“通道混合器”命令。
2. 打开“属性”面板，在“输出通道”下拉列表框中选择“绿”选项，设置“绿色”为 +156。

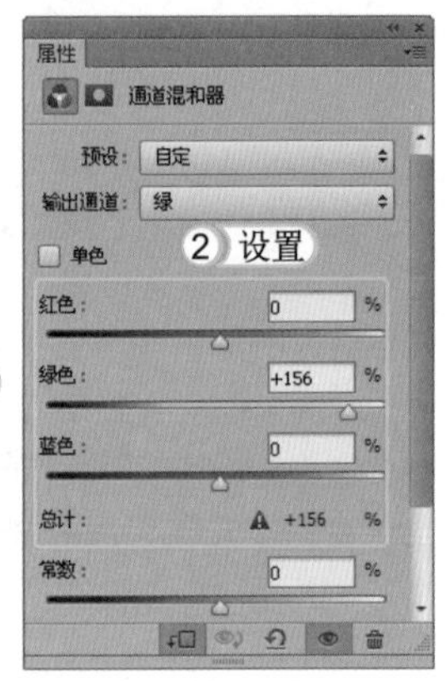

STEP 08：复制并缩小图像

在“图层”面板中选择小草图像和投影所在的所有图层，按 Ctrl+J 组合键复制一次图像，适当缩小图像后，放到杯子的左上方。

STEP 09：添加素材图像

1. 打开素材图像“素材 4.jpg”，使用套索工具勾选花瓣外轮廓，得到花瓣图像选区。
2. 使用移动工具将选区中的图像直接拖拽到当前编辑的图像中，适当调整图像大小，放到杯口下方。

STEP 10： 绘制投影图像

1. 新建一个图层，设置“前景色”为黑色，使用画笔工具，在花瓣图像下方绘制黑色投影图像。
2. 设置该图层“混合模式”为正片叠底、“不透明度”为30%。

STEP 11： 复制图像

在“图层”面板中选择花瓣和投影图像所在图层，按Ctrl+J组合键复制一次图像，适当缩小图像后，放到左侧。

读书笔记

STEP 12： 添加图层蒙版

1. 打开素材图像“素材5.jpg”，使用移动工具将图像直接拖拽到当前编辑的图像中，适当调整图像大小，放到杯子上方。
2. 对该图层添加图层蒙版，然后使用画笔工具在图像周围涂抹，隐藏部分图像。

STEP 13： 绘制路径

打开素材图像“素材6.jpg”，选择钢笔工具对凉亭的外部轮廓绘制路径，按Ctrl+Enter组合键将路径转换为选区，再按Ctrl+C组合键复制选区中的图像。

STEP 14： 粘贴图像并调色

1. 按Ctrl+V组合键粘贴选区中的图像，并使用移动工具适当调整凉亭图像的位置，放到茶杯的左上方。
2. 载入凉亭图像的选区，单击“图层”面板底部的“创建新的填充或调整图层”按钮，在弹出的菜单中选择“色彩平衡”命令。打开“属性”面板，设置“黄色”为-86。

STEP 15： 绘制投影

设置“前景色”为黑色，新建一个图层，选择画笔工具，在凉亭图像下方绘制投影，完成本实例的操作。

提个醒

在合成图像时，首先要注意素材的选择，添加素材图像后，还要应用合适的效果，才能达到自然的合成效果。

3.1.2 制作金色食府

本例将制作“金色食府.psd”图像，首先制作出红色背景，然后添加素材图像，适当调整图层混合模式，得到发亮的楼房效果，产生视觉上的刺激感。其最终效果如下图所示。

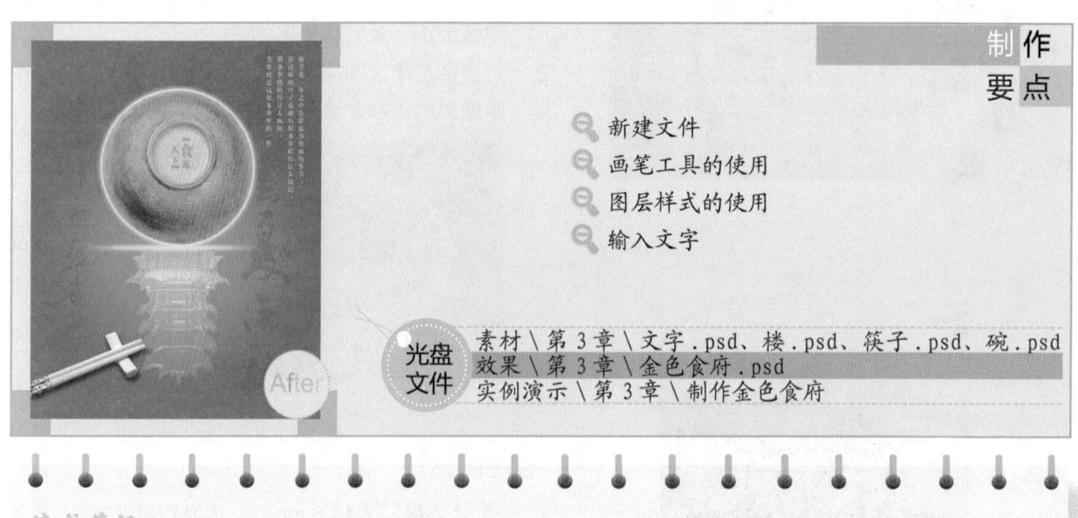

读书笔记

STEP 01： 新建图像文件

1. 选择【文件】/【新建】命令，打开“新建”对话框。设置文件名称为“金色食府”，“宽度”为15厘米，“高度”为18厘米，“分辨率”为150像素/英寸。
2. 单击 确定 按钮，得到一个空白图像文件。

STEP 02： 绘制圆形图像

1. 设置“前景色”为红色(R200,G0,B12)，按Alt+Delete组合键填充背景颜色。
2. 设置“前景色”为橘黄色，选择画笔工具，在“属性”栏中设置画笔“大小”为1000，在图像中间绘制一个较大的圆形图像。

读书笔记

STEP 03： 添加并编辑素材图像

1. 打开素材图像“文字.psd”，使用移动工具将图像直接拖拽到当前编辑的图像中，适当调整图像大小，放到画面中间。
2. 在“图层”面板中设置该图层的“混合模式”为正片叠底、“不透明度”为22%，再使用橡皮擦工具适当擦除中间图像。

经验一箩筐——颜色的搭配

在做任何一个广告时，颜色的搭配将起到关键的作用。色彩的意义与内容在艺术创造和表现方面是复杂多变的，但在欣赏和解释方面又有共通的国际特性，可见它在人们心目中不但是“活”的，也是一种很美的大众语言。所以，通过对色彩的各种心理分析，找出它们的各种特性，可以做到合理而有效地使用色彩。

STEP 04： 翻转图像

1. 打开素材图像“楼.psd”。
2. 使用移动工具将图像直接拖拽到当前编辑的图像中，适当调整图像大小，放到画面下方。然后选择【编辑】/【变换】/【水平翻转】命令和【垂直翻转】命令，得到翻转后的效果。

STEP 05： 编辑图像

在“图层”面板中设置该图层“混合模式”为颜色减淡，并添加图层蒙版。使用画笔工具对上方的底部图像进行涂抹，隐藏该部分图像。

> **提个醒** 在应用图层混合模式时，可以选择多种模式，以便为图像应用并查看其效果，从中选择最为合适的效果。

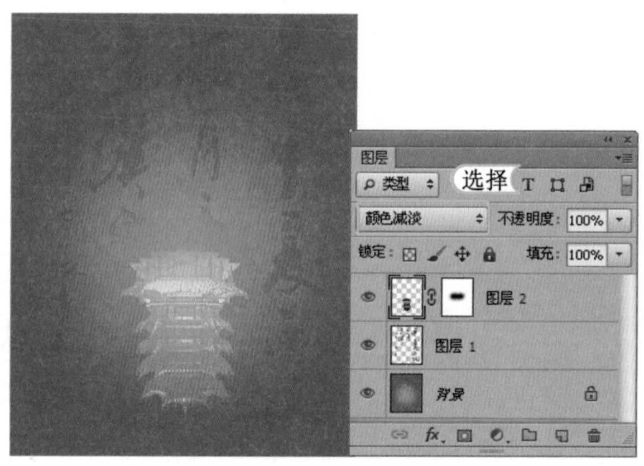

STEP 06： 添加投影

1. 打开素材图像“筷子.psd”，使用移动工具将选区中的图像直接拖拽到当前编辑的图像中，放到画面左下方。
2. 选择【图层】/【图层样式】/【投影】命令，打开“图层样式”对话框，设置投影“颜色”为黑色，再设置其他参数。
3. 单击 确定 按钮，得到图像投影效果。

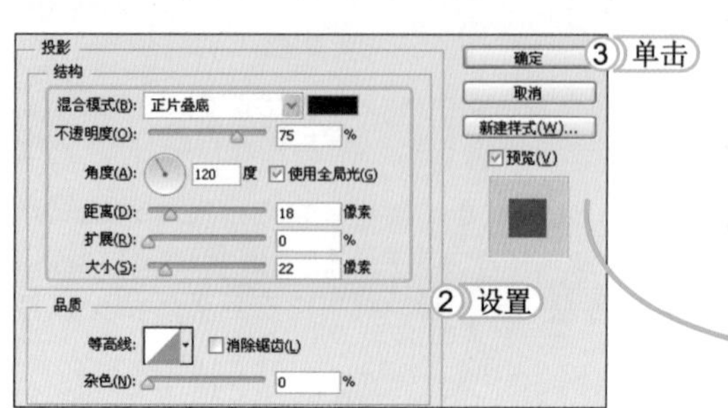

STEP 07: 绘制图像

1. 新建一个图层，设置“前景色”为淡黄色（R255,G243,B141），使用画笔工具在楼房上方绘制一个细长的直线。
2. 打开素材图像“碗.psd”，选择移动工具将图像直接拖拽到当前编辑的图像中，适当调整图像大小，放到画面上方。

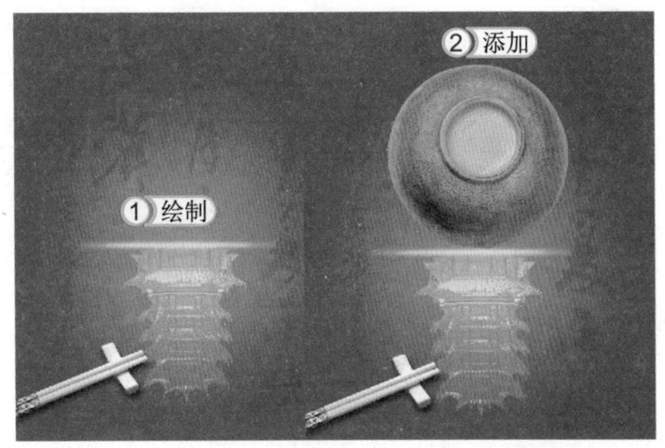

STEP 08: 添加外发光

1. 双击“碗”图层，打开“图层样式”对话框，选择“外发光”选项，设置其“混合模式”为滤色、“扩展”为13、“大小”为30。
2. 单击 确定 按钮。

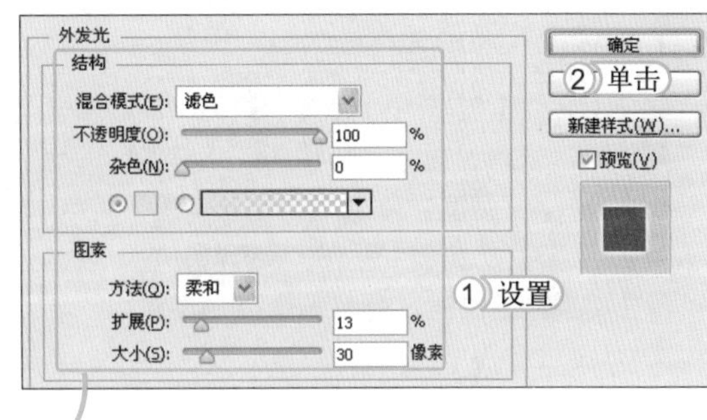

STEP 09: 输入文字

1. 选择直排文字工具，在图像右侧输入一段说明性文字。在“属性”栏中设置输入文字的“字体”为方正大标宋简体、“颜色”为黄色（R255,G228,B100）。
2. 在碗图像中输入两行文字，适当调整文字大小，并填充为土黄色（R216,G145,B23），完成本实例的操作。

3.2 学习1小时：制作数码合成特效

数码特效合成通常会将数字、线条等元素组合在图像中，利用这些具有科技代表性的图案元素，最能体现出数码特效的感觉。下面将对各种数码合成图像的操作方法进行介绍。

3.2.1 汽车数码合成

本例将制作一个“汽车数码合成.psd”图像。主体物为汽车，然后在画面中添加多种颜色，并设置不同的图层混合模式，得到合成效果。其最终效果如下图所示。

STEP 01： 新建图像文件

1. 选择【文件】/【新建】命令，打开“新建”对话框，设置文件名称为“汽车数码合成”，“宽度”为 28 厘米，“高度”为 21 厘米，“分辨率”为 150 像素 / 英寸。
2. 单击 确定 按钮，得到一个空白图像文件。

新建
名称(N): 汽车数码合成
预设(P): 自定
大小(I):
宽度(W): 28 厘米
高度(H): 21 厘米
分辨率(R): 150 像素/英寸
颜色模式(M): CMYK 颜色 8 位
背景内容(C): 白色
高级
确定
取消
存储预设(S)...
删除预设(D)...
图像大小:
7.82M
① 设置
② 单击

STEP 02： 添加素材图像

打开素材图像“背景 .jpg”，选择移动工具 将图像直接拖拽到当前编辑的图像中，适当调整图像大小，将画面调整至布满整个画面。

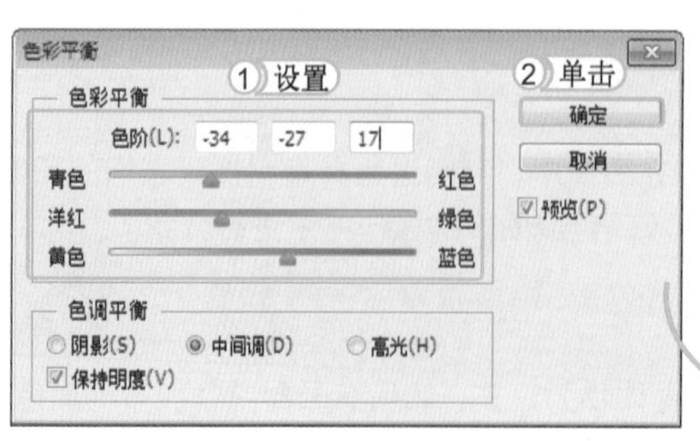

STEP 03： 调整图像颜色

1. 选择【图像】/【调整】/【色彩平衡】命令，打开“色彩平衡”对话框，设置参数分别为 -34、-27、17。
2. 单击 确定 按钮，得到调整后的图像效果。

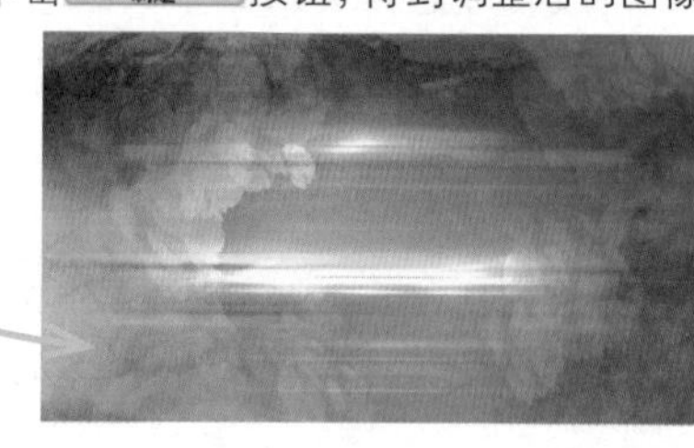

STEP 04：添加汽车图像

1. 打开素材图像“汽车.psd”，选择移动工具将图像直接拖拽到当前编辑的图像中，适当调整图像大小，放到画面中间。
2. 在“图层”面板中设置该图层“混合模式”为叠加，得到混合图像效果。

STEP 05：调整图像颜色

1. 按Ctrl+J组合键复制汽车图像，得到“图层1副本”，并将其移动到“图层1”的下方，设置图层“混合模式”为线性减淡（添加）。
2. 选择【图像】/【调整】/【色彩平衡】命令，打开“色彩平衡”对话框，设置参数为-72、-9、63。
3. 单击[确定]按钮，完成调整。

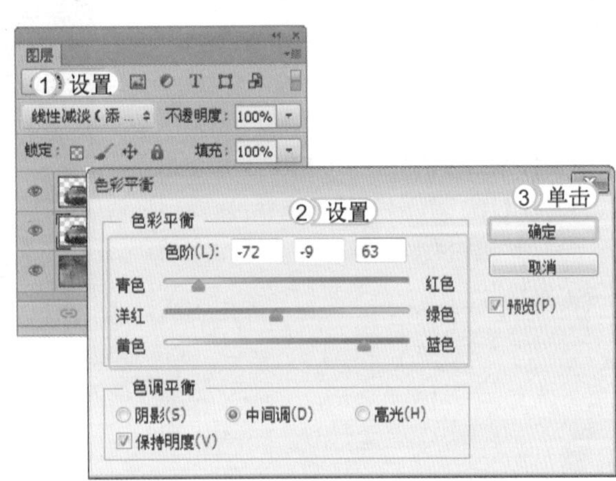

STEP 06：设置动感模糊效果

1. 选择【滤镜】/【模糊】/【动感模糊】命令，打开“动感模糊”对话框，设置“距离”为169。
2. 单击[确定]按钮，得到动感模糊图像效果。

STEP 07：设置投影效果

1. 选择【图层】/【图层样式】/【投影】命令，打开“图层样式”对话框，设置投影“颜色”为黑色，再设置其他参数。
2. 单击[确定]按钮，得到投影效果。

STEP 08： 调整曲线

单击“图层”面板底部的“创建新的填充或调整图层”按钮，在弹出的菜单中选择“曲线”命令，打开“属性”面板，适当调整曲线。

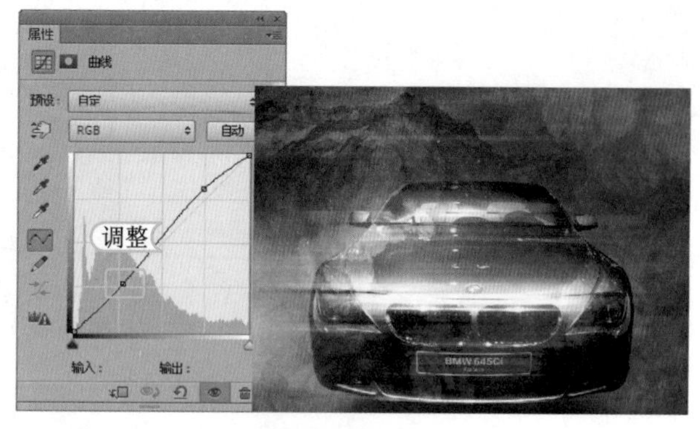

STEP 09： 输入文字

1. 选择横排文字工具，在图像中输入文字，并在“属性”栏中设置“字体”为方正大黑简体，“颜色”为黑色。
2. 选择【图层】/【图层样式】/【斜面和浮雕】命令，打开“图层样式”对话框，设置“样式”为浮雕效果，再设置其他选项参数。

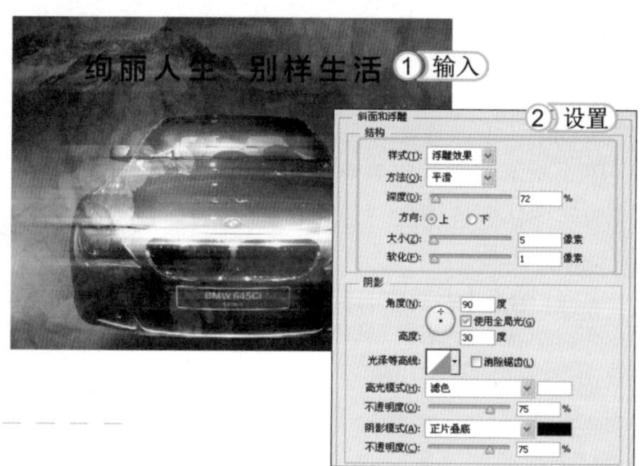

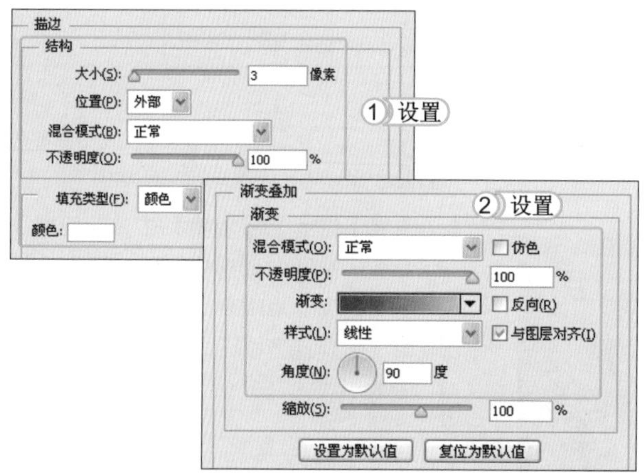

STEP 10： 设置图层样式

1. 选择“描边”选项，设置描边“大小”为 3、“颜色”为白色，再设置其他参数。
2. 选择“渐变叠加”命令，设置渐变“颜色”从红色（R163,G12,B14）到橘黄色（R255,G212,B85），再设置其他参数。

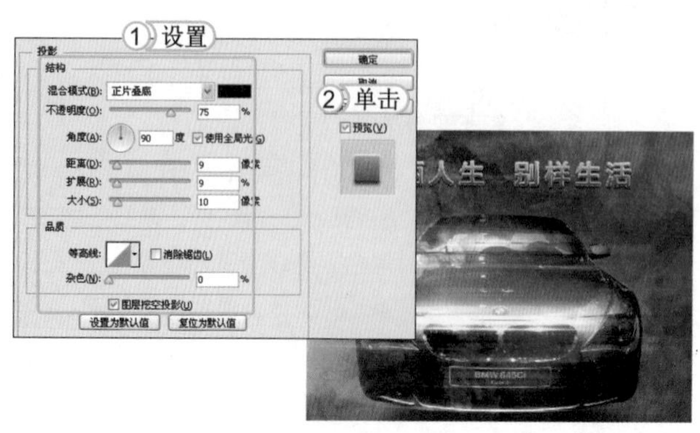

STEP 11： 添加投影效果

1. 选择“投影”选项，设置投影“颜色”为黑色，再设置其他参数。
2. 单击确定按钮，得到投影效果，完成本实例的制作。

3.2.2 科幻的世界

本例将制作“科幻的世界 .psd”图像文件，在制作过程中应用了彩色渐变背景作为背景效果，再添加一些圆环图像和方块图像，组成一幅完整的科幻画面。其最终效果如下图所示。

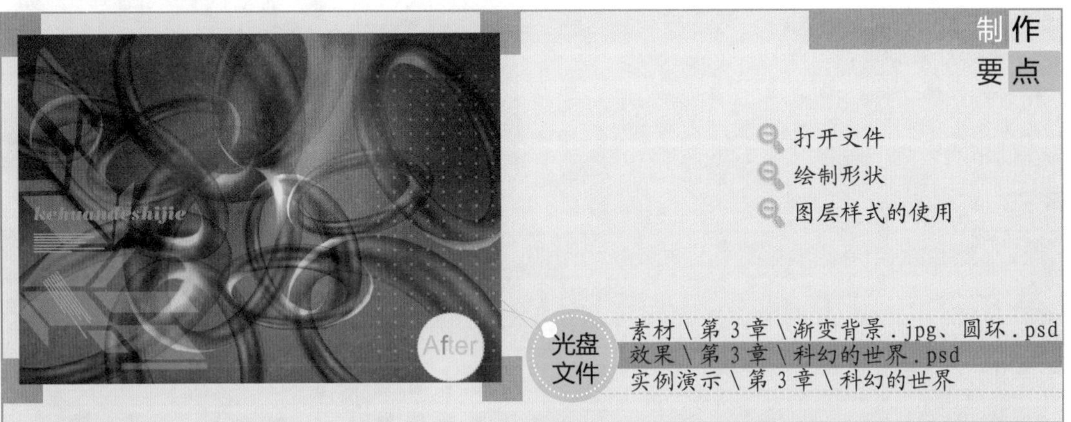

STEP 01： 打开素材图像

启动 Photoshop CS6，打开素材图像“渐变背景 .jpg”。

STEP 02： 设置画笔样式

1. 单击“图层”面板底部的“创建新图层”按钮，创建“图层 1”。
2. 设置“前景色”为蓝色(R30,G94,B144)，选择画笔工具，在“属性”栏中设置画笔“样式”为柔边、“大小”为 150，对图像下方进行涂抹，得到蓝色图像效果。

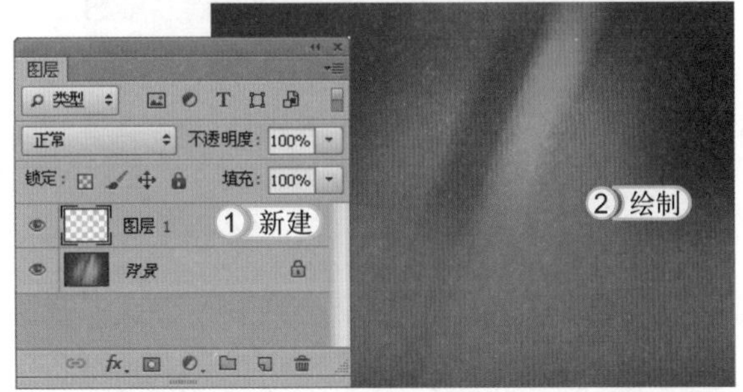

STEP 03： 添加素材图像

打开素材图像“圆环 .psd”，使用移动工具将图像直接拖拽到当前编辑的图像中，适当调整图像大小，将画像调整至布满整个画面。

STEP 04：设置图层混合模式

这时“图层”面板中将得到“图层 2”，设置该图层的图层“混合模式”为叠加，得到与背景图像混合的图像效果。

STEP 05：设置画笔样式

1. 新建一个图层，选择铅笔工具，在“属性”栏中打开“画笔预设”面板，单击右上方的按钮，在弹出的菜单中选择“方头画笔”命令。
2. 打开“画笔”面板，设置画笔“大小”为 10 像素、“间距”为 300%。

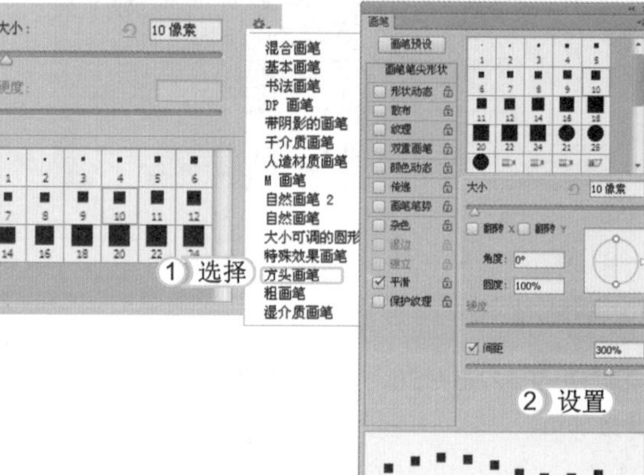

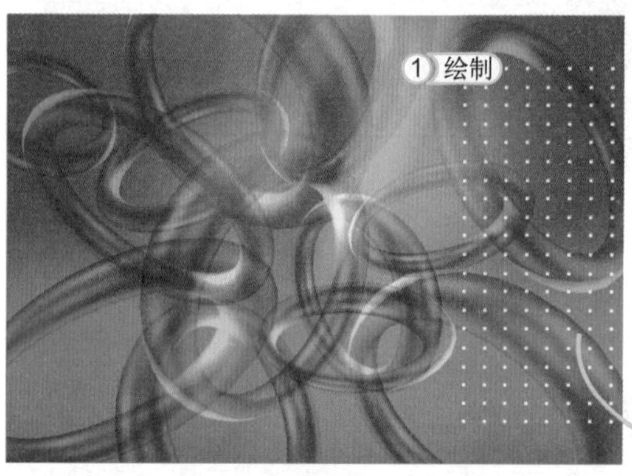

STEP 06：绘制图像

1. 设置“前景色”为白色，按住 Shift 键在图像右侧绘制多个方块图像。
2. 设置该图层的“混合模式”为柔光，得到与背景混合的图像效果。

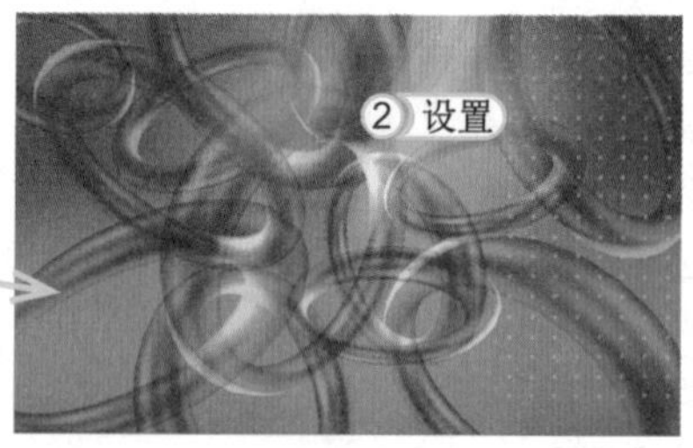

STEP 07：绘制图像

新建一个图层，选择多边形套索工具，在图像左下方绘制多个四边形，并填充为白色。

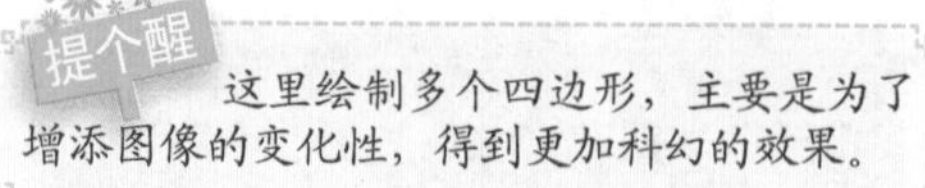

提个醒

这里绘制多个四边形，主要是为了增添图像的变化性，得到更加科幻的效果。

STEP 08： 设置图层属性

1. 在“图层”面板中设置该图层的“混合模式”为柔光、“不透明度”为80%，得到透明图像效果。
2. 复制该图层，按Ctrl+T组合键对图像进行旋转，并将其放到顶层。

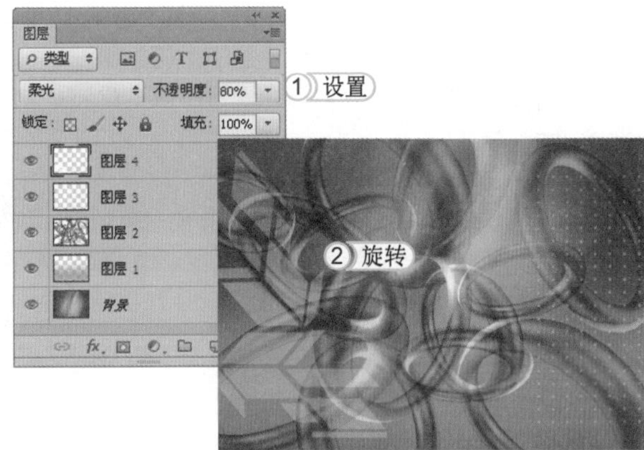

STEP 09： 绘制图像

1. 新建一个图层，选择矩形选框工具。在图像左下方绘制多个细长的矩形选区，并填充为白色，将其排列成长短不一的效果。
2. 选择横排文字工具，在图像左侧输入一行英文文字，并在“属性”栏中设置合适的字体，填充为橘黄色（R247,G148,B29），完成本实例的操作。

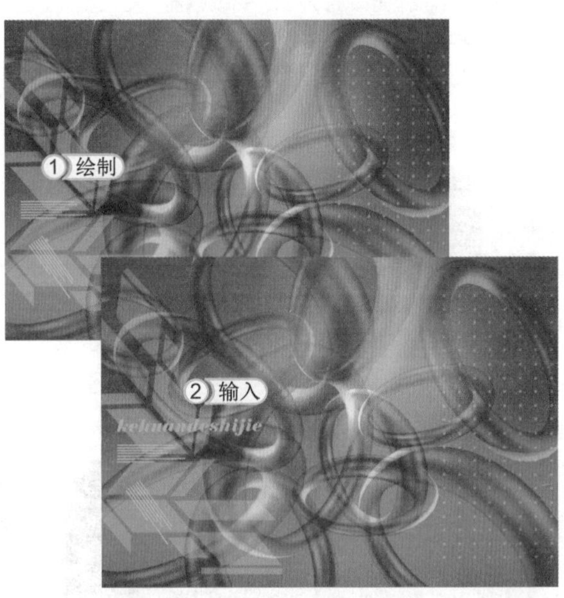

3.2.3 圆环合成图像

本例将制作“圆环合成图像.psd”图像文件，这里主要运用一张普通光盘为主要图像，然后在其中添加其他图像，并制作特效。其最终效果如下图所示。

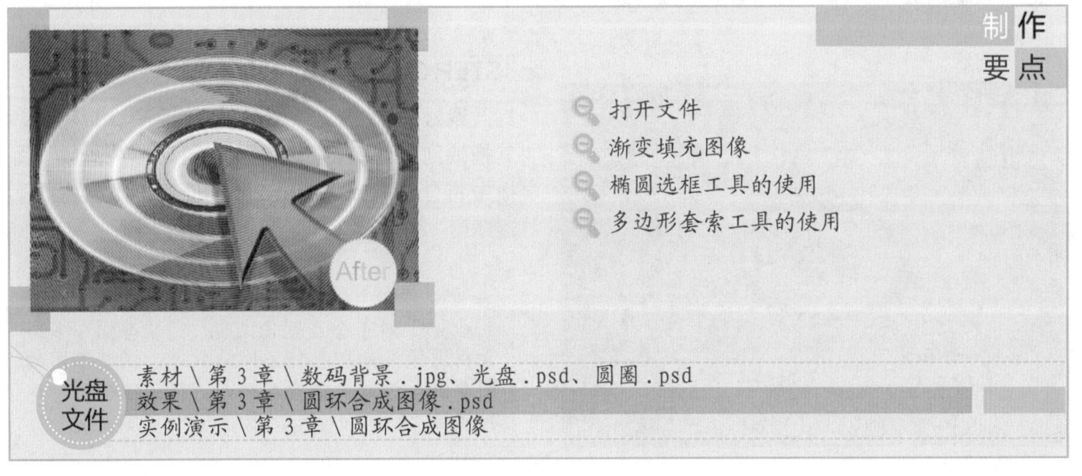

STEP 01： 打开素材图像

选择【文件】/【打开】命令，打开素材图像“数码背景.jpg”。

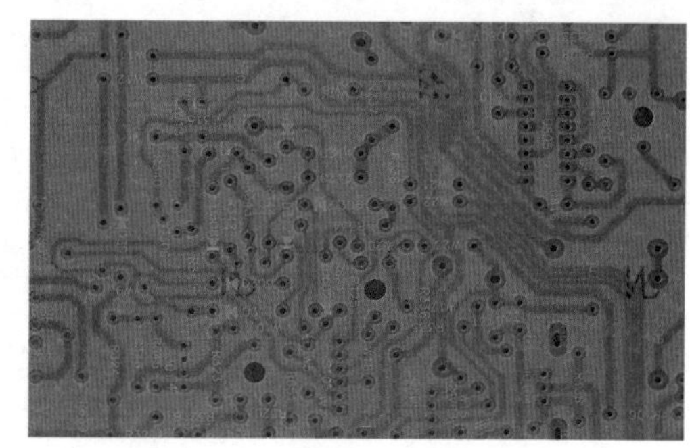

STEP 02： 渐变填充图像

1. 新建一个图层，选择渐变工具，单击“属性”栏中的渐变色条。打开“渐变编辑器”对话框，设置颜色“样式”为铜色渐变。
2. 在属性栏中单击“线性渐变”按钮，对图像右上方到左下方进行拉伸，得到渐变填充效果。

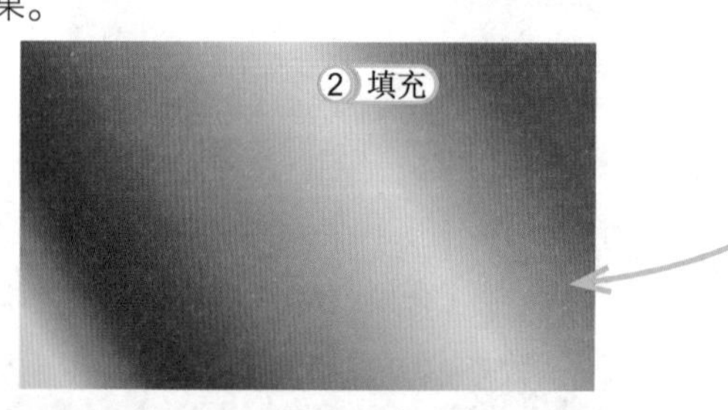

STEP 03： 设置图层属性

在“图层”面板中设置“图层 1”的“混合模式”为正片叠底、“不透明度”为 47%，得到与背景混合的图像效果。

STEP 04： 添加光盘图像

打开素材图像“光盘.psd”，使用移动工具将其拖拽到当前编辑的图像中，这时，“图层”面板中将自动生成“图层 2”，设置该图层的“不透明度”为 83%。

提个醒 对于合成图像来说，通常会组合多个素材图像，分别制作不同的效果，调整不同的图层混合模式来重叠在一起，得到组合的特殊性效果。

STEP 05: 绘制圆环图像

新建一个图层，选择椭圆选框工具，在光盘中绘制一个圆形选区，再按住 Shift 键绘制一个较小的选区，得到圆环选区。设置“前景色”为淡绿色（R150,G179,B92），使用画笔工具对选区边缘进行涂抹，得到圆环图像。

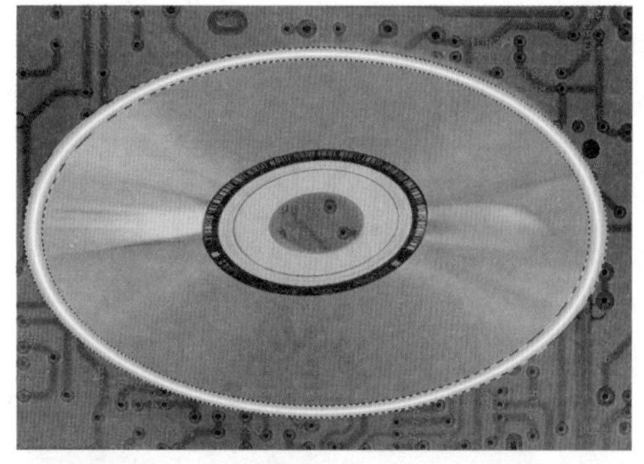

STEP 06: 复制图像

1. 按 Ctrl+J 组合键多次复制对象，适当缩小图像，形成层层缩小的图像效果。
2. 新建图层，选择多边形套索工具，在图像右侧绘制一个三角形选区，填充为洋红色（R241,G31,B130）。

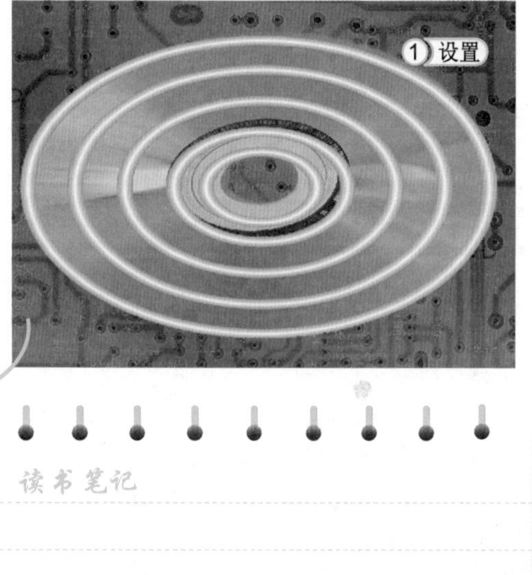

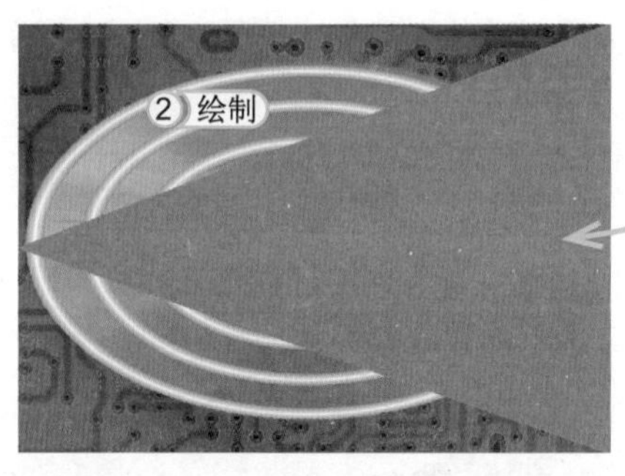

读书笔记

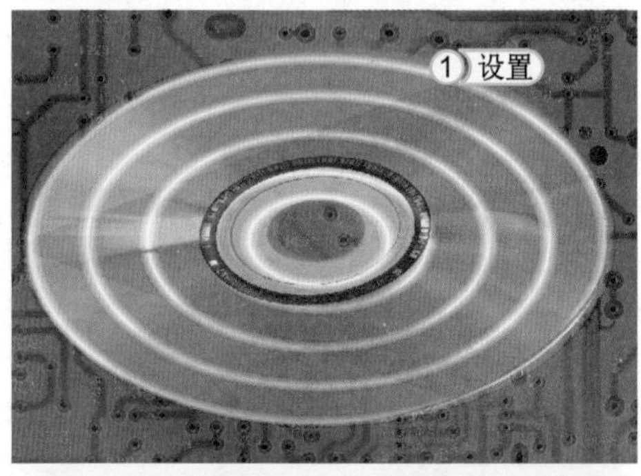

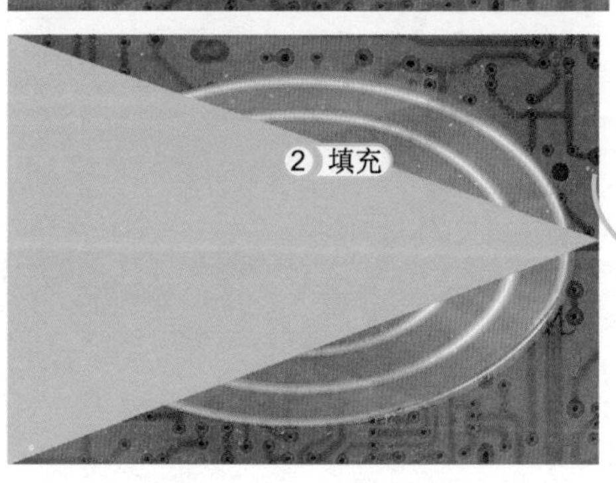

STEP 07: 设置图层属性

1. 在“图层”面板中设置该图层的“混合模式”为叠加、“不透明度”为 64%，得到与底层图像混合的效果。
2. 新建一个图层，选择多边形套索工具，再绘制一个三角形选区，填充为绿色（R28,G234,B63），并设置该图层的“混合模式”为叠加、“不透明度”为 79%。

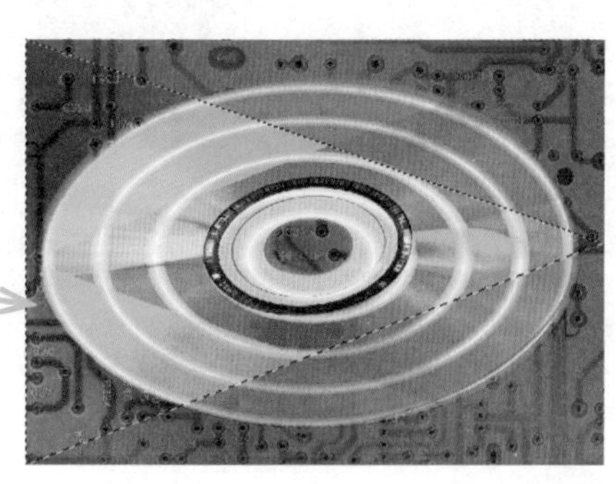

STEP 08：绘制箭头图像

1. 新建一个图层，选择多边形套索工具在图像中绘制一个箭头图像选区，并填充为橘黄色（R255,G117,B29）。
2. 继续使用多边形套索工具，在箭头图像周围绘制边框图像，并填充深浅不一的橘黄色，得到立体效果。

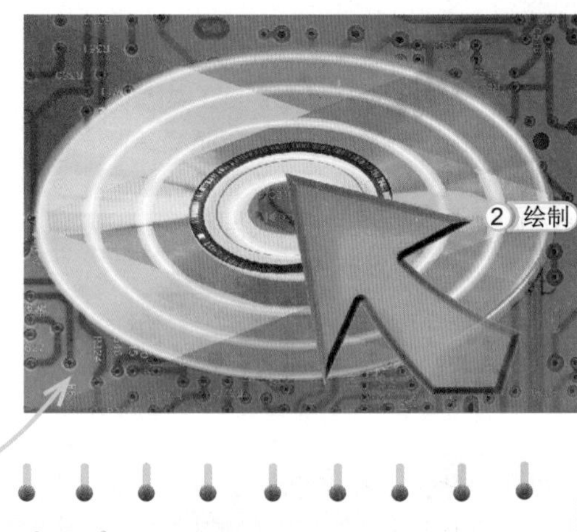

读书笔记

STEP 09：添加图层蒙版

1. 为该图层添加图层蒙版，然后使用画笔工具在箭头图像底端进行涂抹，隐藏尾部图像，得到自然过渡效果。
2. 按住 Ctrl 键单击箭头图层前的缩略图，载入图像选区，选择【选择】/【修改】/【羽化】命令。打开“羽化选区”对话框，设置“羽化半径”为5，单击确定按钮。

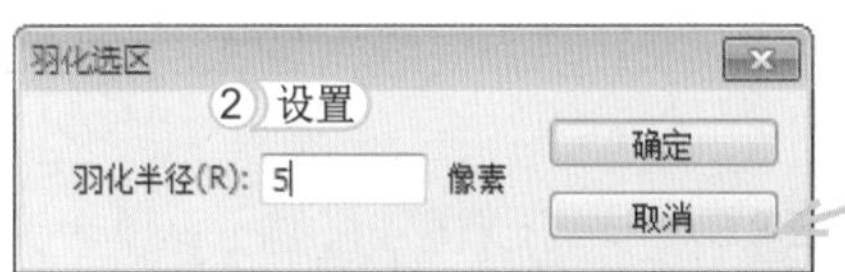

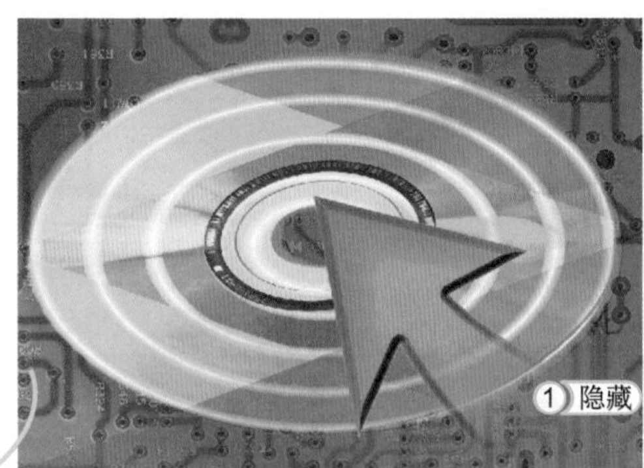

STEP 10：制作投影

1. 新建一个图层，放到立体箭头图像的下方，为羽化后的选区填充黑色，然后设置该图层的“混合模式”为正片叠底、“不透明度”为35%。
2. 使用移动工具适当移动黑色箭头图像，得到投影效果。

经验一箩筐——如何设置图像投影

在制作投影效果时，通常使用的方法是为图层添加投影样式，但对于一些较为特殊的图像，也可以通过在原有图像上绘制选区并填充颜色，然后再设置图层属性来制作。

STEP 11： 添加素材图像

1. 打开素材图像“圆圈 .psd”，选择移动工具将其拖拽到当前编辑的图像中，适当调整图像大小，将其布满整个画面。
2. 在“图层”面板中设置该图层的“混合模式”为叠加、“不透明度”为50%，得到叠加后的效果，完成本实例的操作。

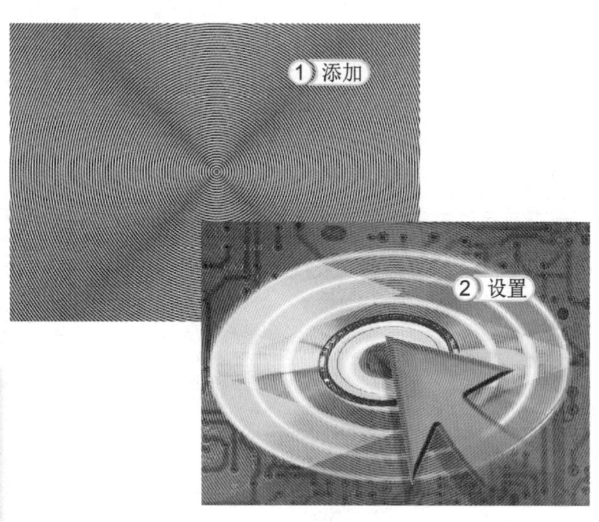

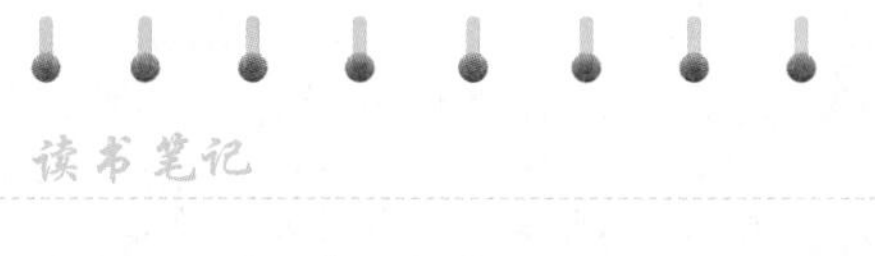

3.3 学习1小时：制作趣味合成效果

运用卡通图像来合成图像，会得到一种富有童趣的图像效果。下面将对几种趣味合成图像的操作方法进行介绍。

3.3.1 艺术摄影

本实例将制作“艺术摄影 .psd”图像效果，在运用图像合成的同时，还可以使用户进一步练习本章所学知识，达到熟练掌握的目的。其最终效果如下图所示。

STEP 01： 新建图像

1. 选择【文件】/【新建】命令，打开“新建”对话框，设置文件名称为“艺术摄影”，“宽度”为15厘米，“高度”为10厘米，“分辨率”为150像素/英寸。
2. 单击 确定 按钮，得到新建的图像文件。

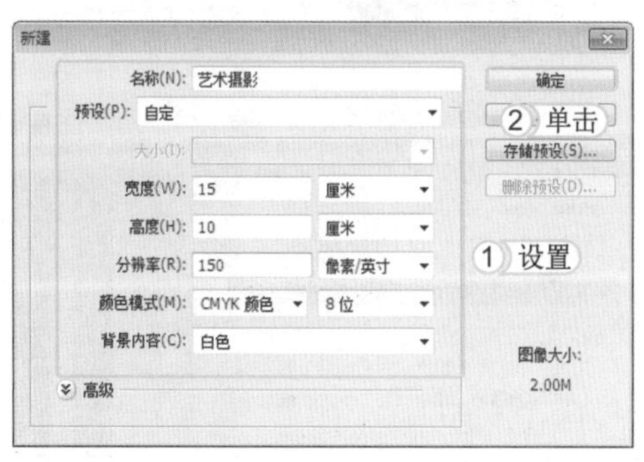

STEP 02： 添加素材图像

打开素材图像“小熊.jpg”，选择移动工具，将图像拖拽到新建图像中，并适当调整图像大小，让其布满整个画面。这时“图层”面板中将自动生成“图层 1”。

STEP 03： 添加图层蒙版

1. 单击“图层”面板底部的“添加图层蒙版”按钮。
2. 选择渐变工具，设置“前景色”为黑色、“背景色”为白色，对图像从左到右应用线性渐变填充。

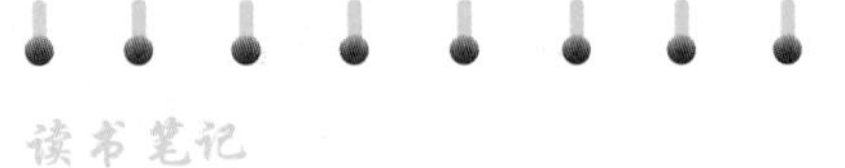

读书笔记

STEP 04： 绘制矩形选区

1. 新建一个图层，使用矩形选框工具在图像最右侧绘制一个矩形选区。
2. 按住 Shift 键再绘制几个相同大小的矩形选区，得到加选绘制的选区效果。

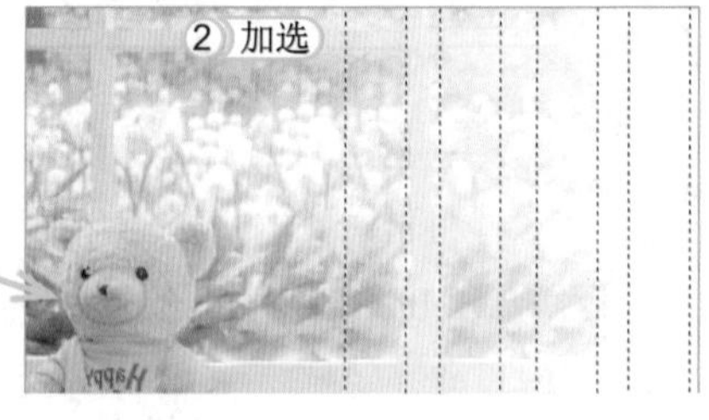

STEP 05： 应用渐变填充

1. 选择渐变工具，在属性栏中设置渐变“颜色”为从棕色（R157,G116,B79）到深棕色（R89,G47,B24）。
2. 在选区中从上到下进行拖动，为其应用线性渐变填充，再按 Ctrl+D 组合键取消选区。

STEP 06：添加杂色

1. 选择【滤镜】/【杂色】/【添加杂色】命令，打开“添加杂色”对话框，设置“数量”为 13。
2. 单击 确定 按钮，得到添加杂色图像效果。

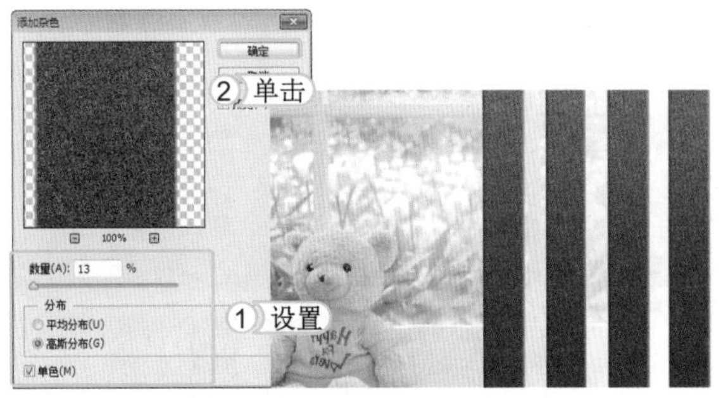

STEP 07：制作动感模糊

1. 按住 Ctrl 键单击“图层 2”的缩略图，载入图像选区。选择【滤镜】/【模糊】/【动感模糊】命令，打开“动感模糊”对话框，设置模糊“角度”为 75，“距离”为 23。
2. 单击 确定 按钮，得到动感模糊图像效果。

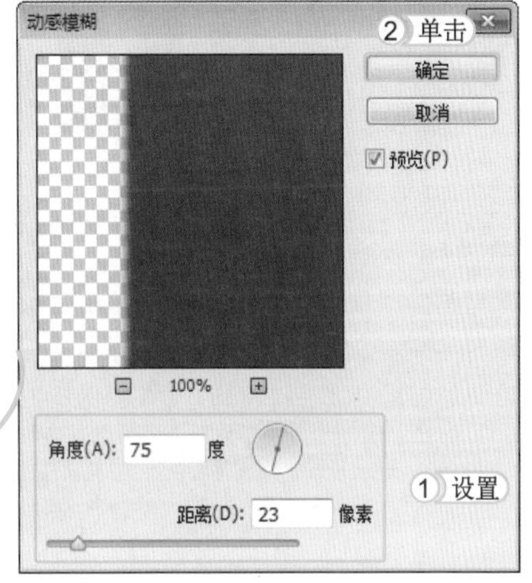

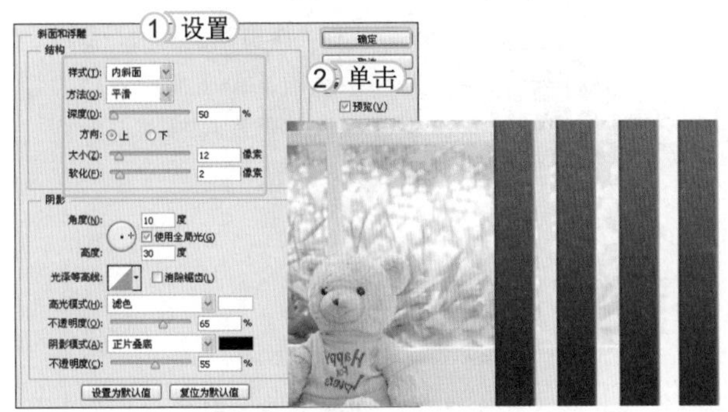

STEP 08：添加浮雕效果

1. 选择【图层】/【图层样式】/【斜面和浮雕】命令，打开“图层样式”对话框，设置“样式”为内斜面，再设置其他参数。
2. 单击 确定 按钮，得到浮雕图像效果。

STEP 09：描边路径

1. 新建“图层 3”，使用钢笔工具在图像中绘制一条曲线路径。
2. 设置前景色为淡黄色（R236,G224,B173），选择画笔工具，在“属性”栏中设置画笔“样式”为尖角 2。然后单击“路径”面板底部的“用画笔描边路径”按钮，得到描边效果。

STEP 10： 设置投影

1. 单击“图层”面板底部的“添加图层样式” 按钮fx，在弹出的菜单中选择“投影”命令。打开“图层样式”对话框，设置投影“颜色”为黑色，再设置其他参数。
2. 单击 确定 按钮后得到投影效果。

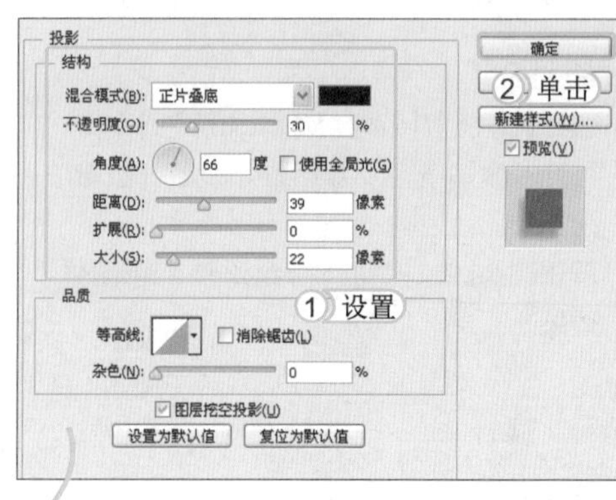

STEP 11： 添加素材图像

打开素材图像“便利贴.psd”和“相机.psd”，使用移动工具将该图像直接拖拽到当前编辑的图层中，将便利贴图像放到绘制的绳索图像的右侧，再将相机图像放到小熊身上。

STEP 12： 粘贴图层样式

在“图层”面板中选择绳索图层，单击鼠标右键，在弹出的快捷菜单中选择“拷贝图层样式”命令。然后再选择便利贴图像图层，单击鼠标右键，在弹出的快捷菜单中选择“粘贴图层样式”命令，即可将投影效果粘贴到该图层中。

STEP 13： 添加素材图像

1. 新建一个图层，在绳子图像中绘制一个矩形选区，并填充为白色。
2. 打开素材图像“铁塔.jpg”，使用移动工具，将该图像拖动到当前图层中，缩小图像后放到白色矩形中。

STEP 14： 绘制图像

1. 使用与步骤 12 相同的方法，将绳索图像中的投影图层样式粘贴到该图层中。
2. 选择多边形套索工具，在绳索图像中再绘制两个矩形选区，填充为白色。

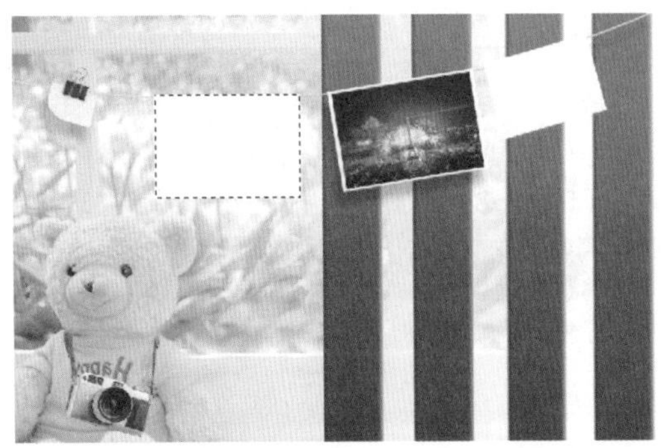

STEP 15： 添加其他素材图像

打开素材图像“花朵 .jpg”和“桥 .jpg”，分别将这两张图像拖拽到当前编辑的图像中，缩小图像后放到白色矩形中，并为其添加投影效果。

读书笔记

STEP 16： 添加夹子图像

1. 打开素材图像“夹子 .psd”，使用移动工具将夹子拖拽到当前图像中，放到制作的照片上方。
2. 选择移动工具，按住 Ctrl 键多次复制并移动图像，分别放到每个照片图像的上方。

STEP 17： 添加画架图像

打开素材图像“画架 .psd”，使用移动工具，将画架拖动到当前文件中，放到画面右下方。选择任意一个照片图像图层，在“图层”面板中复制图层样式，然后选择画架图像图层，粘贴图层样式即可。

STEP 18： 输入文字

选择横排文字工具，在画架中输入文字“我的摄影”，在“属性”栏中设置文字“颜色”为土黄色（R143,G104,B71）、“字体”为华文琥珀，适当调整文字大小，完成本实例的操作。

3.3.2　乘风破浪

本例将制作“乘风破浪 .psd”图像效果，整个画面营造的是一种勇往直前、乘风破浪的感觉，所以选择的素材也都紧跟主题。其最终效果如下图所示。

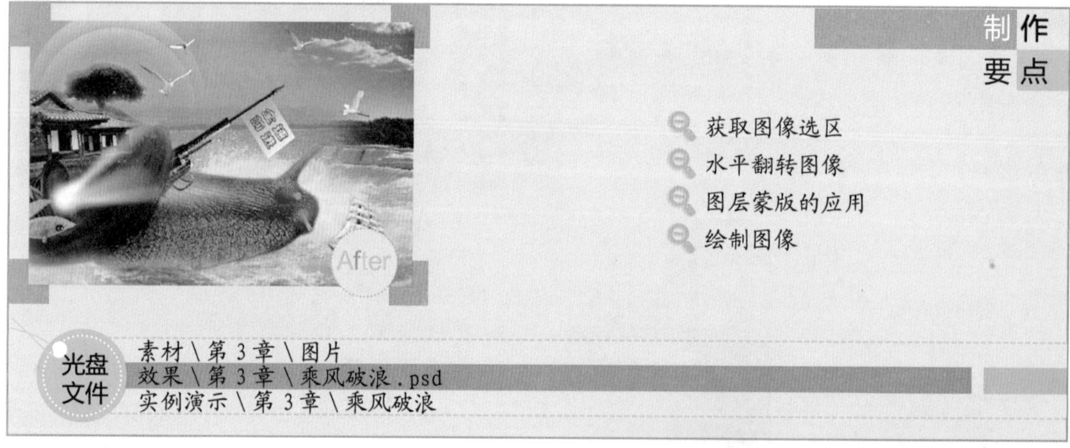

STEP 01： 绘制图像选区

打开素材图像“蜗牛 .jpg”，选择钢笔工具对蜗牛图像的外形绘制路径，然后按 Ctrl+Enter 组合键将路径转换为选区，得到蜗牛图像选区。

STEP 02： 移动图像

打开素材图像“海边 .jpg”，使用移动工具，将刚刚获取选区的蜗牛图像拖拽到该图像中，并按 Ctrl+T 组合键适当调整蜗牛图像的大小，形成组合的效果。

STEP 03：框选并移动图像

1. 打开素材图像“帆船.jpg”，使用矩形选框工具，在图像下方绘制一个矩形选区，框选海水图像。
2. 选择移动工具，将鼠标光标移动到选区中，按住鼠标左键进行拖动，将海水图像直接拖拽到海边图像文件中，并放到蜗牛图像的下方。

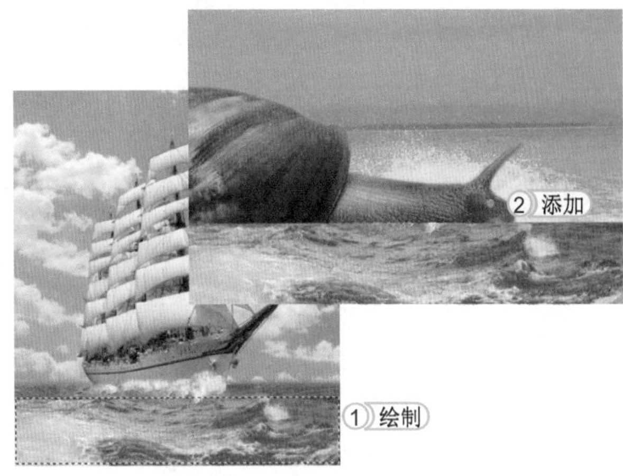

STEP 04：粘贴图像

1. 单击“图层”面板底部的“添加图层蒙版”按钮，然后使用画笔工具，在海水与蜗牛图像交接的位置进行涂抹，将部分海水图像隐藏，与蜗牛图像自然地融合在一起。
2. 切换到帆船图像文件中，使用矩形选框工具框选帆船图像，按Ctrl+C组合键，然后切换到当前图像中，按Ctrl+V组合键粘贴图像。

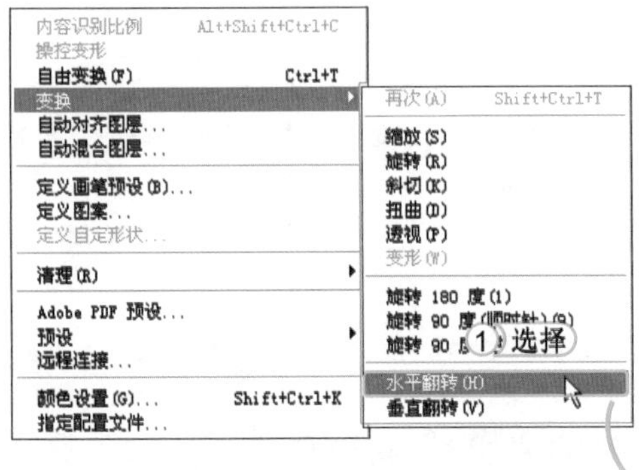

STEP 05：翻转图像

1. 选择【编辑】/【变换】/【水平翻转】命令，将图像翻转。
2. 单击“图层”面板底部的“添加图层蒙版”按钮，使用画笔工具涂抹背景图像，再按Ctrl+T组合键适当缩小图像，放到画面的右下方，得到帆船与蜗牛的大小对比效果。

STEP 06：添加素材图像

1. 打开素材图像“流水.jpg”，使用移动工具，将该图像直接拖拽到当前图像中，并适当缩小图像，放到画面的右侧。
2. 为该图像添加图层蒙版，选择画笔工具，在“属性”栏中设置“画笔”为柔角300像素，在流水左侧涂抹，将流水图像与背景图像自然地融合在一起。

STEP 07：绘制图像

1. 新建一个图层，选择椭圆选框工具，在图像上方绘制一个正圆形选区。
2. 选择渐变工具，在“属性”栏中设置“渐变类型”为线性渐变，再单击颜色渐变条，打开“渐变编辑器”对话框，设置渐变“颜色”从白色到透明。单击 确定 按钮。

STEP 08：复制图像

1. 在选区中从上到下拖动鼠标填充颜色，然后设置图层“不透明度”为40%，得到透明填充图像效果。
2. 选择移动工具，按住Alt键移动并复制该图像，适当放大后移动到其上方。

提个醒 在制作一些透明图像时，可以通过复制并缩小图像的方式，得到重叠图像效果。

STEP 09： 缩小图像

1. 打开素材图像“树.jpg”，使用套索工具，手动框选大树图像，获取选区。
2. 选择移动工具，将鼠标光标移动到选区中，按住鼠标左键将该图像直接拖拽到当前图像中，并适当缩小图像后放到蜗牛壳上。

STEP 10： 隐藏图像

1. 在“图层”面板中为该图像添加图层蒙版，使用画笔工具在大树图像周围涂抹，隐藏周围图像。
2. 打开素材图像“房子.jpg”，使用套索工具手动框选房子图像。

STEP 11： 融合图像

1. 使用移动工具，将选区中的图像拖拽到当前图像中，适当缩小图像后放到蜗牛壳上。
2. 对该图像应用图层蒙版，使用画笔工具在图像周围涂抹，让房子图像能与背景和蜗牛壳图像自然地融合在一起。

读书笔记

问题小贴士

问：怎样才能快速切换到移动工具呢？

答：在选择其他工具的情况下，按V键即可快速切换到移动工具。

STEP 12：添加其他素材图像

1. 打开素材图像“喇叭.jpg”和“瓢虫.jpg”。
2. 选择喇叭图像，使用魔棒工具单击白色背景，获取背景图像选区，然后选择【选择】/【反向】命令，得到喇叭图像的选区，使用移动工具将选区中的图像拖拽到当前图像中，缩小后放到蜗牛壳上。

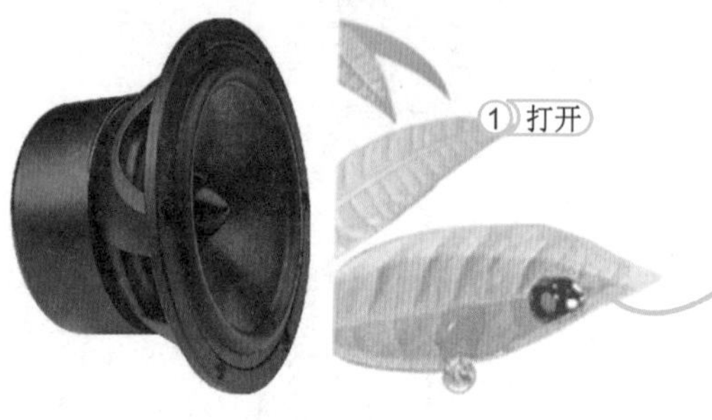

STEP 13：绘制选区

1. 使用相同的方法获取瓢虫图像的选区，然后使用移动工具将图像拖拽到蜗牛壳上。
2. 新建一个图层，选择椭圆选框工具，在喇叭图像中绘制一个椭圆形选区。

STEP 14：羽化选区

1. 按Shift+F6组合键，打开“羽化选区”对话框，设置“羽化半径”为10。
2. 单击确定按钮返回图像中，填充选区为白色，得到羽化填充图像效果。
3. 取消选区。选择多边形套索工具，在白色圆形右侧再绘制一个多边形选区。

STEP 15：制作光束图像

1. 使用渐变工具，在选区中从左到右做白色到透明的线性渐变填充，得到喇叭中射出来的光束效果。
2. 使用同样的方法再制作出两个光束图像，并且分别向不同的方向放射。

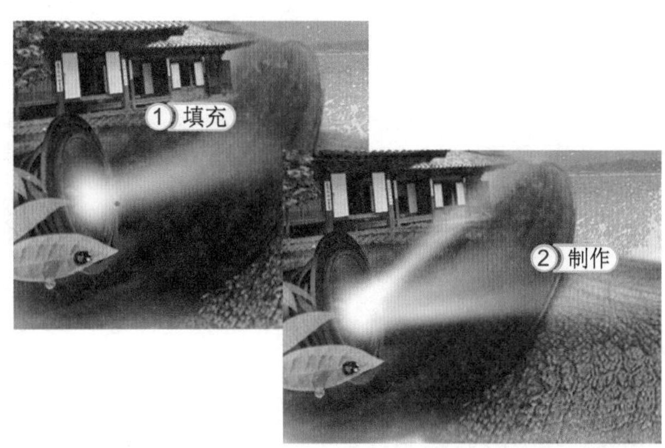

STEP 16：添加枪图像

1. 打开素材图像“枪.jpg”，使用魔棒工具单击图像背景获取选区，然后按Ctrl+Shift+I组合键对选区进行反选，得到枪的选区。
2. 将枪图像拖拽到当前图像中，放到蜗牛身上，并对其添加图层蒙版，使用画笔工具涂抹枪的尾部与蜗牛交接的位置。

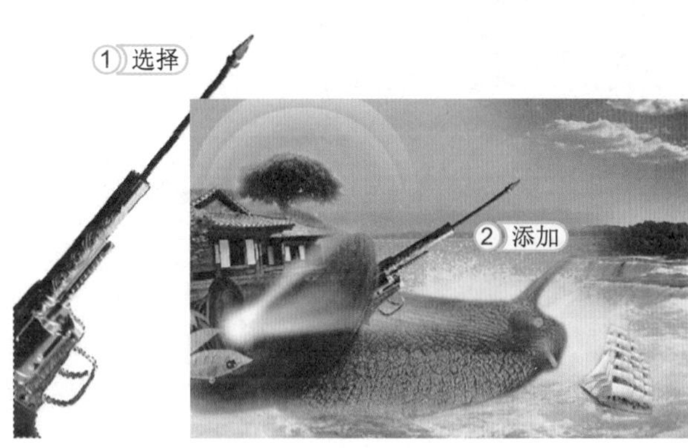

STEP 17：绘制渐变矩形

1. 新建一个图层，使用多边形套索工具，在枪杆上绘制一个矩形选区。
2. 选择渐变工具，在“属性”栏中设置渐变“颜色”为从灰色到白色，渐变“方式”为线性渐变，然后对选区填充颜色。

1 绘制

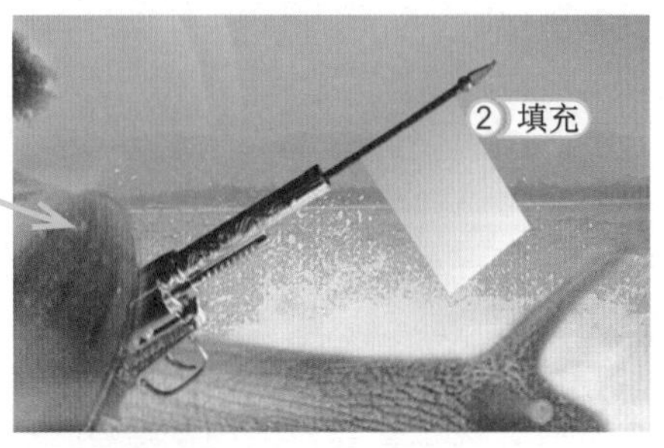

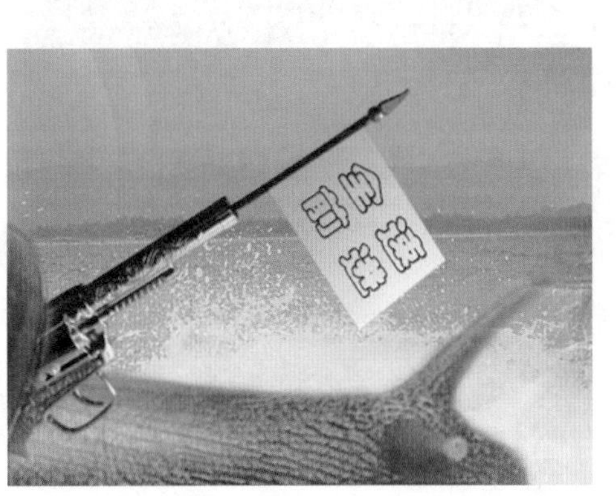

STEP 18：输入文字

选择横排文字工具，在渐变矩形中输入两排文字，在“属性”栏中设置文字“颜色”为黑色、“字体”为方正彩云简体。按Ctrl+T组合键适当旋转文字，让文字与渐变矩形的角度一致。

STEP 19： 添加飞鸟图像

打开素材图像“飞鸟 .psd”，使用移动工具，分别将 3 种鸟类图像拖拽到当前图像中，放到画面上方，并适当调整图像的位置，复制多个鸟类图像放到天空中，完成本实例的制作。

3.4 练习 1 小时

本章主要介绍了使用 Photoshop CS6 合成图像的知识，用户要想在以后快速学会图像合成的各种方法，需要先熟练掌握这些知识。下面通过制作数码背景合成和文字合成来进一步巩固这些知识。

1. 制作数码背景合成

本例将制作数码背景合成，先打开素材图像，再使用多边形套索工具绘制出各种图像，填充为不同深浅的绿色，并设置图层混合模式为叠加，其最终效果如右图所示。

光盘文件
素材 \ 第 3 章 \ 绿色渐变背景 . jpg
效果 \ 第 3 章 \ 数码背景合成 . psd
实例演示 \ 第 3 章 \ 制作数码背景合成

2. 制作文字合成

本例将制作一个文字合成图像，首先使用画笔工具绘制出彩色图像背景，然后应用云彩滤镜，设置图层“混合模式”为叠加。再添加文字和动物等素材图像，组合在一起，其最终效果如右图所示。

光盘文件
素材 \ 第 3 章 \ 动物 . psd、文字 . psd
效果 \ 第 3 章 \ 文字合成 . psd
实例演示 \ 第 3 章 \ 制作文字合成

第4章 风景照片处理

学习 8小时

在 Photoshop CS6 中提供了多种方法来对照片进行处理，如调整图像的颜色、制作特殊场景的照片等。用户可以结合图像调整命令、图层样式、蒙版和液化滤镜等知识，制作出需要的效果。

- 调整照片颜色
- 处理夜晚照片
- 美化场景照和风景照
- 装饰与合成照片

上机 1小时

4.1 学习2小时：调整照片颜色

随着数码相机的普及，越来越多的人喜欢在旅游时拍下美丽的风景，但是对于普通用户而言，所拍摄的风景效果并不是很令人满意，拍摄的照片可能存在着颜色偏差、曝光不足或曝光过度等问题。在这种情况下，我们就可以通过 Photoshop 来解决这些问题。下面将对风景照片的颜色调整方法进行介绍。

4.1.1 调整曝光过度的照片

曝光过度是指由于光圈开得过大、底片的感光度太高或曝光时间过长所造成的影像失常。在曝光过度的情况下，照片会显得发白。另外，有时闪光灯光线太强也会导致出现这种情况。本例将对曝光过度的照片进行调整。其最终效果如下图所示。

STEP 01：打开需要调整的照片

启动 Photoshop CS6，打开需要调整曝光度的照片。

> **提个醒** 在 Photoshop CS6 窗口中按 Tab 键可快速隐藏所有面板和选项栏，按 Shift+Tab 组合键可隐藏所有面板组。

STEP 02：打开“亮度 / 对比度”对话框

选择【图像】/【调整】/【亮度 / 对比度】命令，打开“亮度 / 对比度”对话框。

> **提个醒** 在 Photoshop CS6 中，也可以选择【图像】/【调整】/【色阶】命令，在打开的“色阶”对话框中调整图像的亮度。

STEP 03： 调整亮度和对比度参数

1. 在打开的对话框的“亮度”数值框中输入“-39”，在“对比度”数值框中输入“20”。
2. 单击 确定 按钮。

STEP 04： 打开“曝光度”对话框

选择【图像】/【调整】/【曝光度】命令，打开“曝光度”对话框。

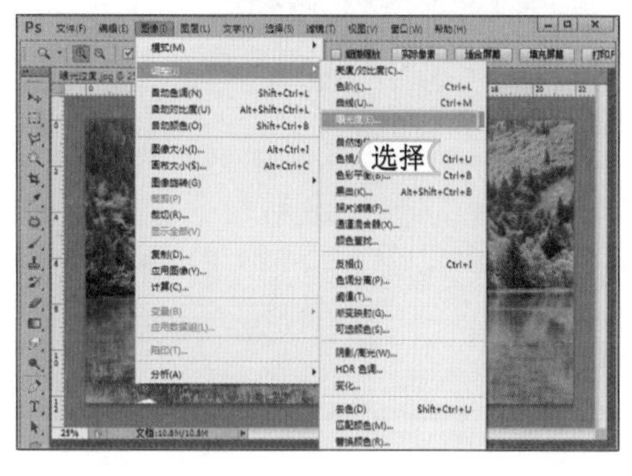

STEP 05： 调整曝光参数

1. 在打开的“曝光度”对话框的“灰度系数校正”数值框中输入“0.85”。
2. 单击 确定 按钮。

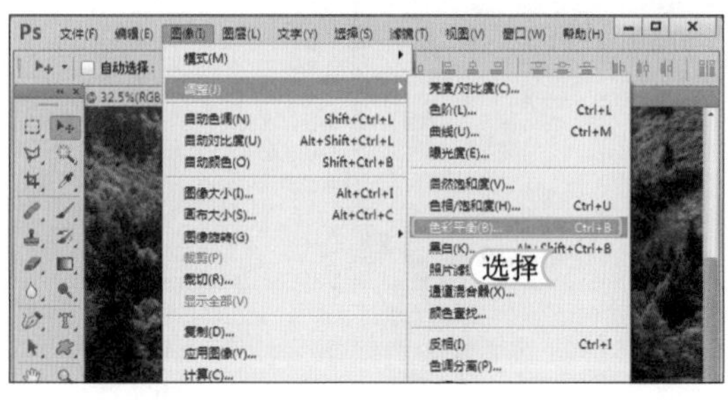

STEP 06： 打开“色彩平衡”对话框

选择【图像】/【调整】/【色彩平衡】命令，打开“色彩平衡”对话框。

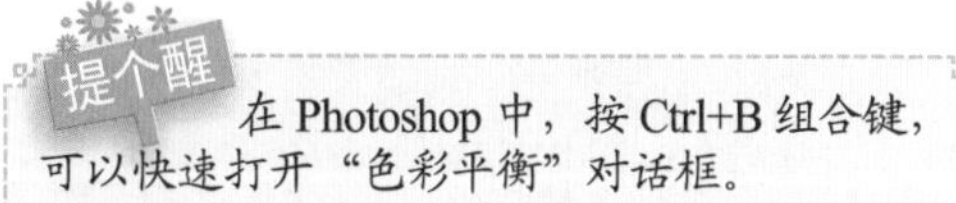

提个醒 在 Photoshop 中，按 Ctrl+B 组合键，可以快速打开“色彩平衡”对话框。

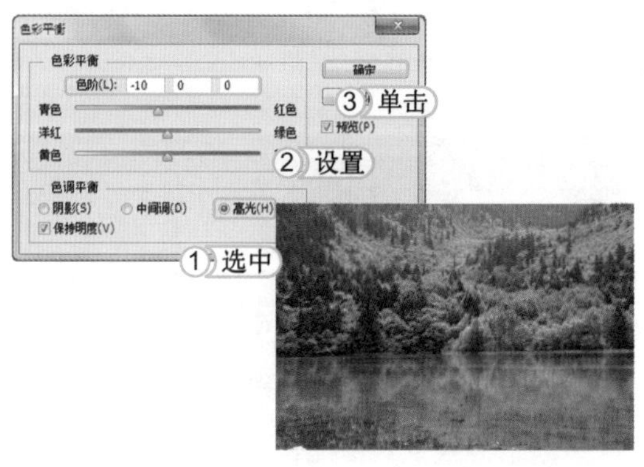

STEP 07： 设置色彩平衡参数

1. 在打开的对话框中，选中 高光(H) 单选按钮。
2. 在“色阶”的第一个数值框中输入“-10”。
3. 单击 确定 按钮，完成本实例的操作。

4.1.2 调整偏暗的照片

偏暗的照片是指由于光圈开得过小、曝光时间过短所造成的影像失常。一般在室内或夜间照出的照片容易发生这样的情况。照片看起来显得发黑，细节模糊不清。本例将对偏暗的照片进行调整。其最终效果如下图所示。

STEP 01： 打开“阴影 / 高光”对话框

启动 Photoshop CS6，打开需要调整偏暗的照片，选择【图像】/【调整】/【阴影 / 高光】命令，打开“阴影 / 高光”对话框。

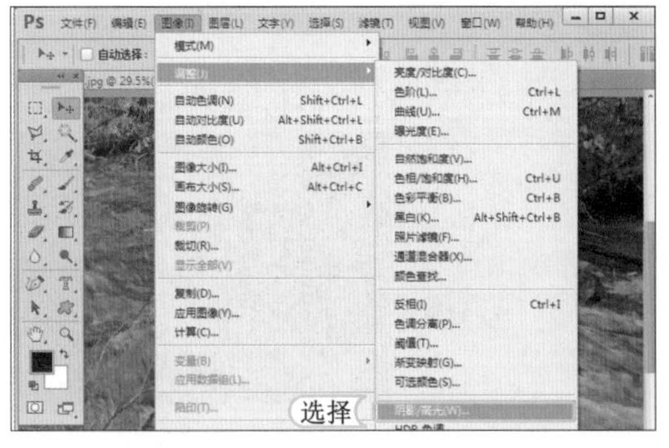

> 提个醒　用户可以选择【图像】/【调整】/【曲线】命令，在打开的对话框中对照片的亮度进行调整。

STEP 02： 调整阴影和高光参数

1. 在“阴影”和“高光”栏的“数量”数值框中分别输入“20”和“5”。
2. 单击 确定 按钮。

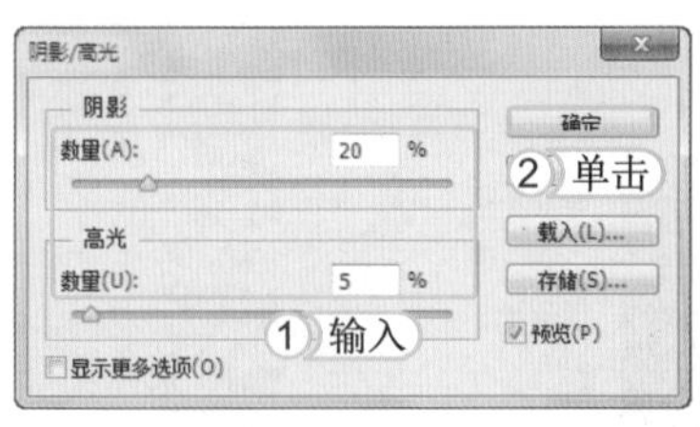

STEP 03： 打开“亮度 / 对比度”对话框

选择【图像】/【调整】/【亮度 / 对比度】命令，打开“亮度 / 对比度”对话框。

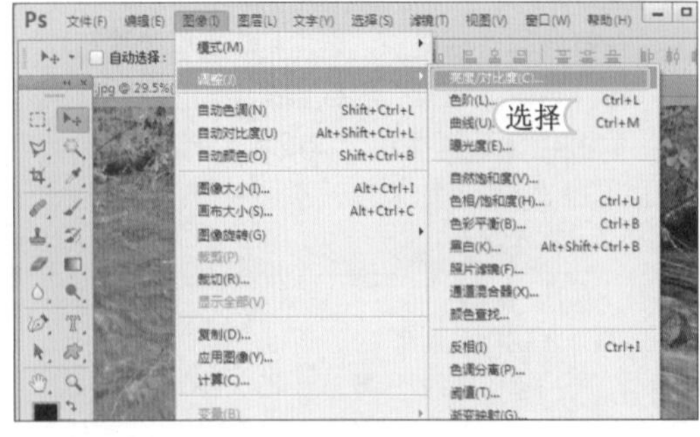

> 提个醒　“亮度 / 对比度”对话框用于对图像的色调范围进行调整。除了直接在数值框中输入数值以外，还可以采用拖动滑块的方法进行操作：将亮度滑块向右移动会增加色调值并扩展图像高光，而将亮度滑块向左移动会减少色调值并扩展阴影。对比度滑块可扩展或收缩图像中色调值的总体范围。

STEP 04: 调整亮度和对比度参数

1. 在打开对话框的“亮度”数值框中输入“30”，在“对比度”数值框中输入“22”。
2. 单击 确定 按钮。

4.1.3 制作偏色艺术照

制作偏色艺术照就是指对照片的颜色进行调整，使其明显显示出自然界以外的颜色效果，实现一种艺术效果。一般用于制作非写实的照片，而不能应用在正式的档案身份照片上。本例将制作偏色艺术照，其最终效果如下图所示。

STEP 01: 打开“色阶”对话框

启动 Photoshop CS6，打开需要制作偏色的照片，选择【图像】/【调整】/【色阶】命令，打开“色阶”对话框。

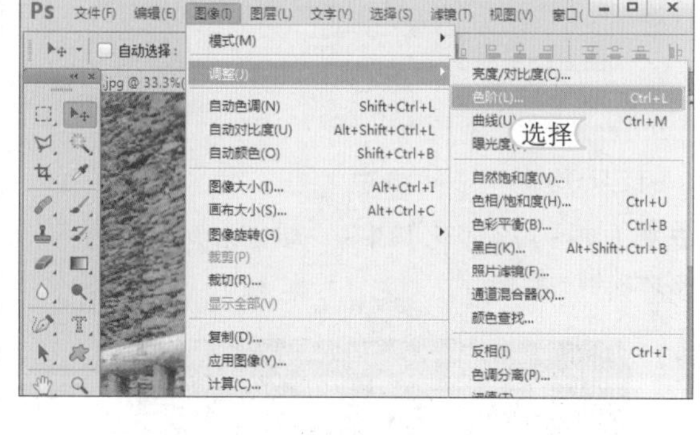

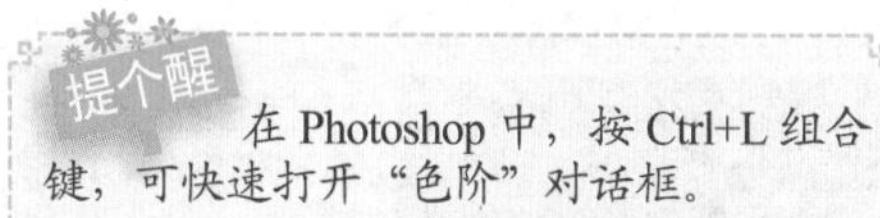

提个醒 在 Photoshop 中，按 Ctrl+L 组合键，可快速打开“色阶”对话框。

STEP 02: 调整色阶参数

1. 在打开的对话框的“输入色阶”栏中间的数值框输入“0.5”。
2. 单击 确定 按钮。

STEP 03： 调整色相 / 饱和度参数

1. 选择【图像】/【调整】/【色相 / 饱和度】命令，打开“色相 / 饱和度”对话框。
2. 选中 ☑着色(O) 复选框。
3. 在“色相”数值框中输入“200”。
4. 单击 确定 按钮。

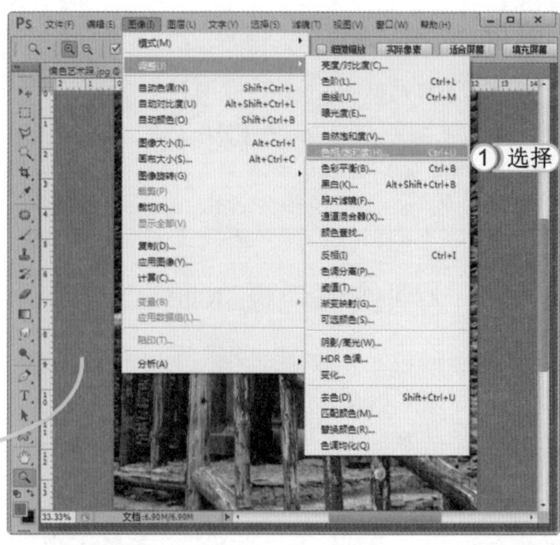

STEP 04： 调整自然饱和度参数

1. 选择【图像】/【调整】/【自然饱和度】命令，打开“自然饱和度”对话框。
2. 在“自然饱和度”数值框中输入“50”。
3. 单击 确定 按钮。

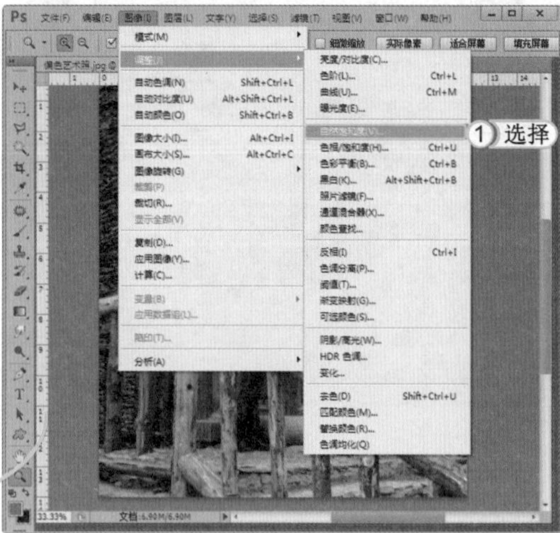

STEP 05： 进一步锐化图像

选择【滤镜】/【锐化】/【进一步锐化】命令，完成本实例的制作。

4.1.4 制作黑白彩色共存的照片

使照片中的颜色出现彩色与黑白并存的效果，可使照片更有艺术效果，同时，该效果也可用于平面设计中。本例将制作一张黑白与彩色共存的照片。其最终效果如下图所示。

STEP 01： 打开“自然饱和度”对话框

启动 Photoshop CS6，打开需要调整饱和度的照片，选择【图像】/【调整】/【自然饱和度】命令，打开“自然饱和度”对话框。

STEP 02： 调整饱和度参数

1. 在打开的对话框的“饱和度”数值框中输入“-100”。
2. 单击 确定 按钮。

STEP 03： 恢复局部颜色

1. 在工具箱中，选择历史记录画笔工具。
2. 图像中拖动鼠标恢复局部颜色，完成本实例的制作。

提个醒

使用 Photoshop CS6 的历史记录画笔工具之前，不能进行图像大小的调整，否则该项功能无法实现。

4.2 学习 2 小时：处理夜晚照片

在拍摄风景照片时，除了常见的白天效果外，一些美妙的夜晚景色也是不可错过的。对于许多非专业的摄影爱好者来说，夜晚风景的拍摄更容易出现问题。本节就介绍一下处理夜晚照片的方法。

4.2.1 增强灯光效果

拍摄了一张清晰的夜景照后，有时会发现没有绚烂的灯光。若是为照片加上一定的灯光，照片会显得更加完美，本实例将学习增强灯光效果的方法。其最终效果如下图所示。

STEP 01： 复制图层

打开素材图像“灯光 .jpg”，按 Ctrl+J 组合键复制图层。

STEP 02： 调整阈值

选择【图像】/【调整】/【阈值】命令，打开“阈值”对话框。保持默认设置，单击 确定 按钮。按 Ctrl+J 组合键，再复制一个图层。

STEP 03: 应用风滤镜

1. 选择【滤镜】/【风格化】/【风】命令，在打开的“风”对话框中选中◉风(W)和◉从右(R)单选按钮。
2. 单击 确定 按钮。
3. 使用相同的方法，打开“风”对话框，选中◉风(W)和◉从左(L)单选按钮，然后单击 确定 按钮。

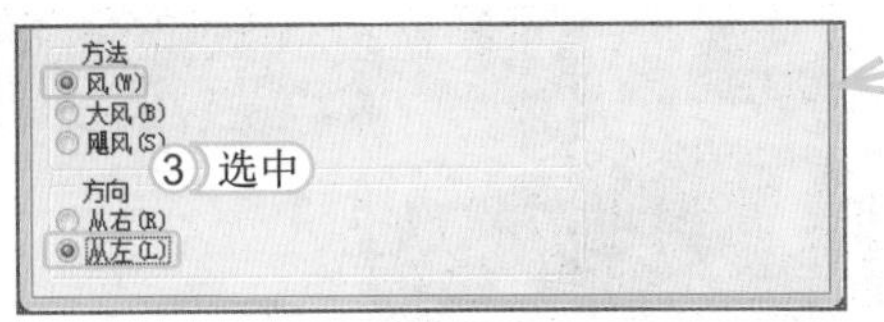

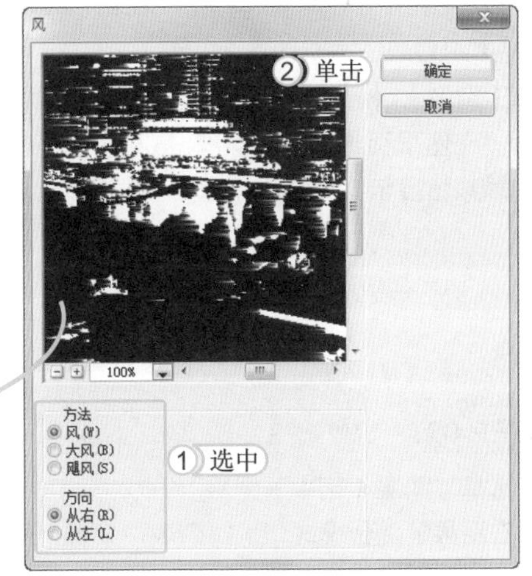

STEP 04: 顺时针旋转画布

1. 选择“图层 1”图层。
2. 选择【图像】/【图像旋转】/【90 度（顺时针）】命令。

读书笔记

STEP 05: 复制“图层 1”

选择“图层 1”，按 Ctrl+J 组合键复制该图层，得到“图层 1 副本”。

STEP 06: 为不同图层使用风滤镜

1. 在“图层”面板列表框中单击“图层 1 副本”前的◉按钮，隐藏该图层。
2. 选择“图层 1”，使用相同的方法分别制作一次从左向右的风效果。

STEP 07： 逆时针旋转画布

选择【图像】/【图像旋转】/【90 度（逆时针）】命令。在图层面板列表框中单击“图层 1 副本”前的按钮显示“图层 1 副本”图层。

STEP 08： 设置混合模式

1. 选择“图层 1 副本”图层。
2. 在图层“混合模式”下拉列表中设置“图层 1 副本”图层为变亮。

STEP 09： 合并图层

1. 按 Shift 键的同时，单击图层，同时选择“图层 1”和“图层 1 副本”图层。按 Ctrl+E 组合键，合并图层。
2. 将“图层 1 副本”图层的“混合模式”设置为滤色，“不透明度”设置为 65%。

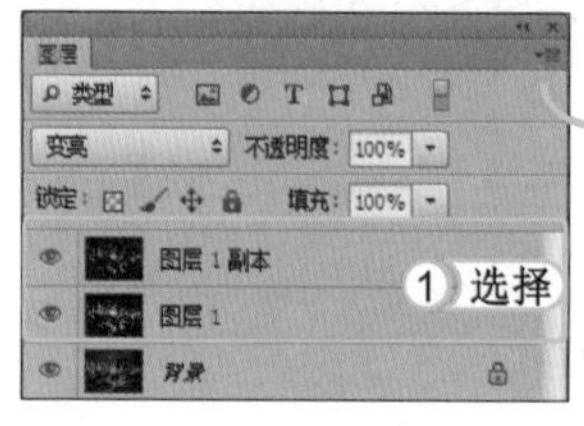

4.2.2 调整灯光颜色

城市的夜景充满了灯光，但单一的灯光颜色会使照片显的毫无层次感。使用 Photoshop 调整灯光颜色可以使照片显得更加出彩，本实例将对灯光颜色的调整进行介绍。其最终效果如下图所示。

STEP 01：复制图层

打开素材图像“灯光颜色 .jpg”，然后按 Ctrl+J 组合键复制背景图层。

提个醒

选择图层，单击鼠标右键，在弹出的快捷菜单中选择“复制图层”命令，也可对图层进行复制。

STEP 02：选择“通道混合器”命令

1. 单击“图层”面板下方的按钮。
2. 在弹出的菜单中选择“通道混合器”命令。

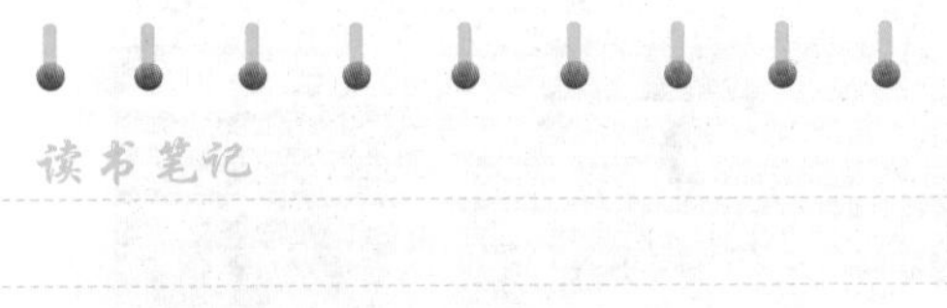

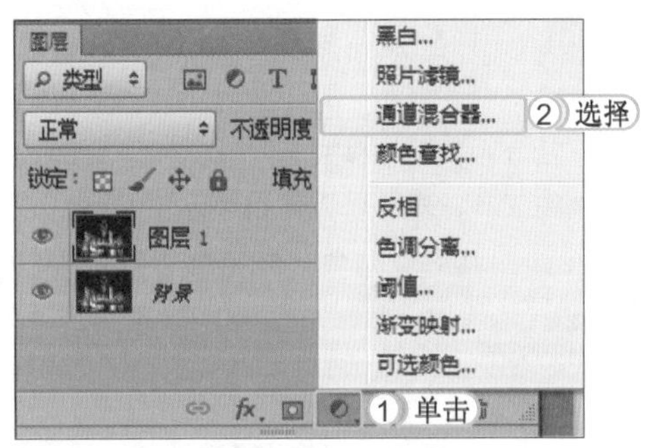

STEP 03：调整图像“红”通道

1. 双击“通道混合器 1”图层中的图层缩览图。
2. 在打开的“属性”面板中的“输出通道”下拉列表框中选择“红”选项。
3. 设置“红色”为 22、“绿色”为 -3、“蓝色”为 123。

STEP 04：擦除多余颜色

1. 将“前景色”设置为黑色。
2. 选择一款柔和的画笔样式。
3. 使用画笔工具，对灯柱以外的地方进行涂抹，擦除多余的颜色。

STEP 05：调整图像“蓝”通道

1. 使用相同的方法新建一个“通道混合器”调整图层。
2. 在打开的“属性”面板中的“输出通道”下拉列表框中选择“蓝”选项。
3. 设置“红色”为-62、“绿色”为-32、“蓝色”为22。

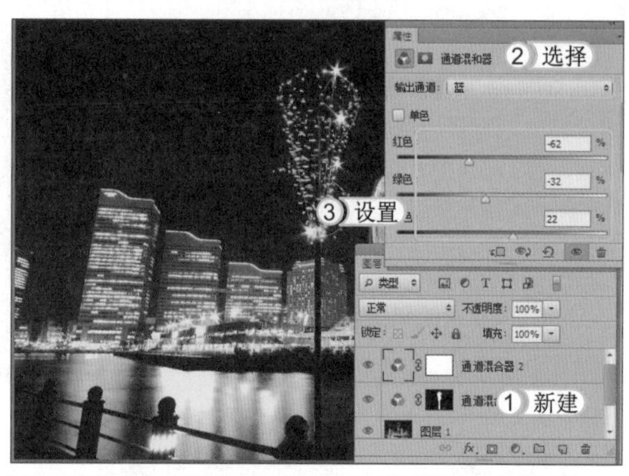

STEP 06：擦除多余颜色

1. 将前景色设置为黑色。
2. 选择一款柔和的画笔样式。
3. 使用画笔工具，对除摩天轮和摩天轮倒影以外的地方进行涂抹，擦除多余的颜色。

> **提个醒**
> 按D键可快速将前景色和背景色恢复到默认状态，按X键可快速切换前景色和背景色。

STEP 07：调整图像“绿”通道

1. 使用相同的方法新建一个“通道混合器”调整图层。
2. 在打开的“属性”面板中的“输出通道”下拉列表框中选择“绿”选项。
3. 设置“红色”为43、“绿色”为85、“蓝色”为22。

STEP 08：擦除多余颜色

1. 将前景色设置为黑色。
2. 选择一款柔和的画笔样式。
3. 使用画笔工具，对除图像右边建筑以外的地方进行涂抹，擦除多余的颜色。

STEP 09：调整色彩平衡

1. 按 Ctrl+Alt+Shift+E 组合键，盖印图层。
2. 选择【图像】/【调整】/【色彩平衡】命令，打开“色彩平衡”对话框，并设置“色阶”为 -10、20、10。单击 确定 按钮。

4.2.3 制作雪夜效果

在下雪时拍摄的照片会显得比较活泼，如果没有拍摄到下雪的照片，使用 Photoshop 也可以将普通的照片制作出降雪效果。本实例将学习制作雪夜效果的方法。其最终效果如下图所示。

制作要点

- 复制图层
- 使用点状化滤镜
- 设置阈值
- 使用动感模糊滤镜
- 新建蒙版

光盘文件

素材 \ 第 4 章 \ 雪夜 . jpg
效果 \ 第 4 章 \ 雪夜 . psd
实例演示 \ 第 4 章 \ 制作雪夜效果

STEP 01：复制图层

打开素材图像“雪夜 .jpg”，然后按两次 Ctrl+J 组合键，复制两次背景图层。

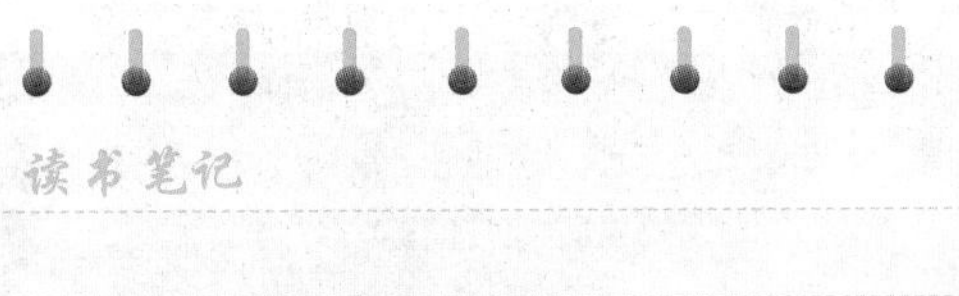

经验一箩筐——制作降雨效果

利用制作降雪效果的方法也可制作降雨效果，只是在制作降雨效果时，动感模糊的“距离”参数值应设置得大一些。

STEP 02：应用点状化滤镜

1. 选择【滤镜】/【像素化】/【点状化】命令，在打开的“点状化”对话框中，设置“单元格大小”为13。
2. 单击确定按钮。

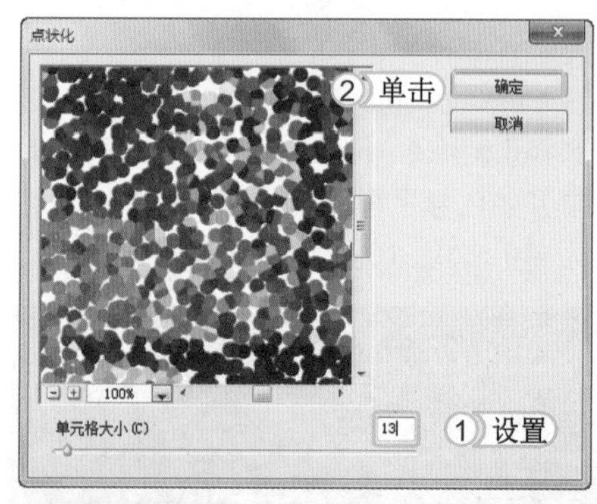

STEP 03：设置阈值

1. 选择【图像】/【调整】/【阈值】命令，在打开的“阈值”对话框中设置“阈值色阶”为255。
2. 单击确定按钮。

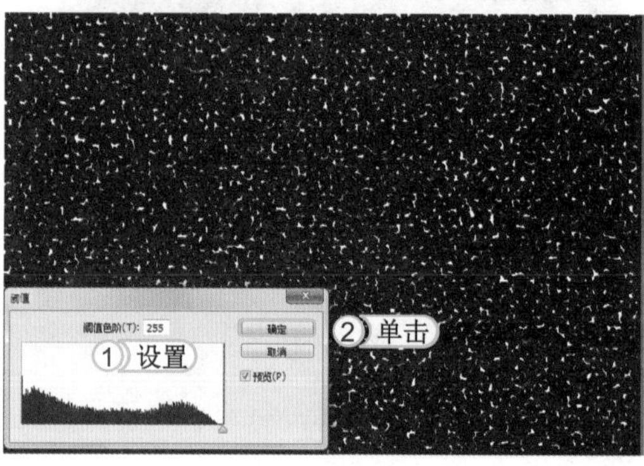

读书笔记

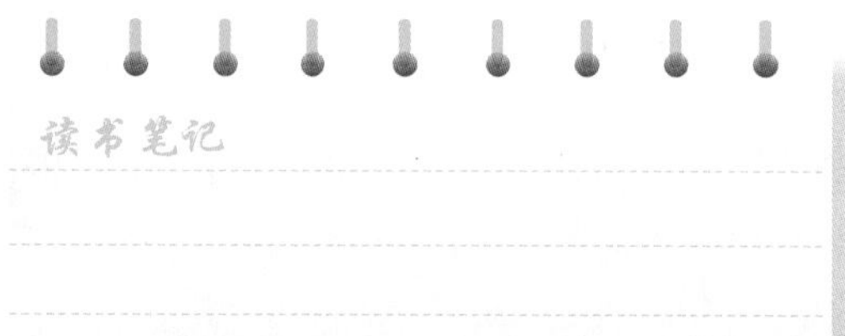

STEP 04：设置图层混合模式

将“图层1副本”图层的图层“混合模式”设置为滤色。

STEP 05：使用动感模糊滤镜

1. 选择【滤镜】/【模糊】/【动感模糊】命令，在打开的“动感模糊”对话框中设置“角度”为58、“距离”为15。
2. 单击确定按钮。

STEP 06：新建蒙版

1. 将“图层1副本”图层的“不透明度”设置为80%。
2. 单击“图层”面板下方的按钮，新建图层蒙版。

STEP 07： 擦除雪花

1. 在工具箱中选择画笔工具，在其工具“属性”栏中设置“不透明度”为 20%。
2. 使用该工具在图像中进行涂抹，完成本实例的制作。

4.2.4 调整背光照片的暗部

在拍摄城市夜景时，有时会因为曝光不够而造成照片阴影部很多或色调暗淡。使辛苦拍摄的照片变得毫无价值，此时使用 Photoshop 调整照片的暗部颜色即可对照片整体效果有所改观，本实例将学习调整背光照片暗部的方法。其最终效果如下图所示。

STEP 01： 复制图层

打开素材图像“暗部 .jpg”，按 Ctrl+J 组合键，复制背景图层。

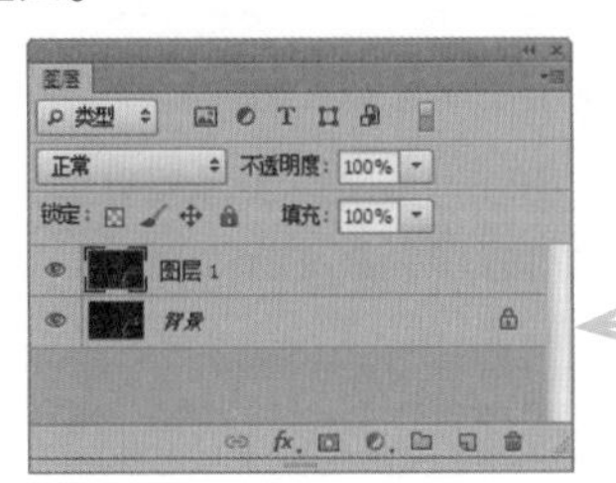

STEP 02： 打开“通道”面板

选择【窗口】/【通道】命令，打开“通道”面板。

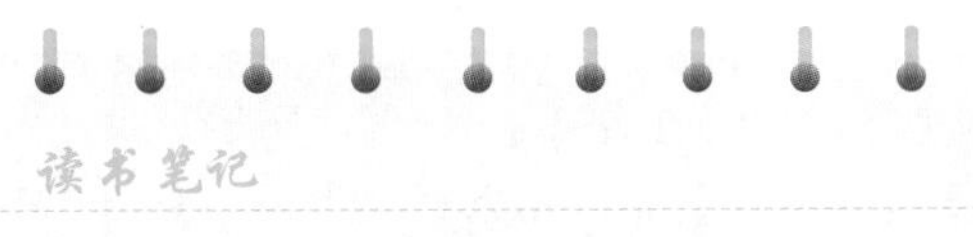

STEP 03：设置计算参数

1. 选择【图像】/【计算】命令，在打开的“计算”对话框中，设置“源 1”和“源 2”栏中的“通道”和“图层”选项。
2. 选中通道栏后的☑反相(V)复选框。
3. 单击 确定 按钮。

STEP 04：涂抹通道

1. 设置完成后生成“Alpha 1”通道，将“前景色”设置为黑色。
2. 使用柔和的画笔样式对图像上方的天空部分进行涂抹。

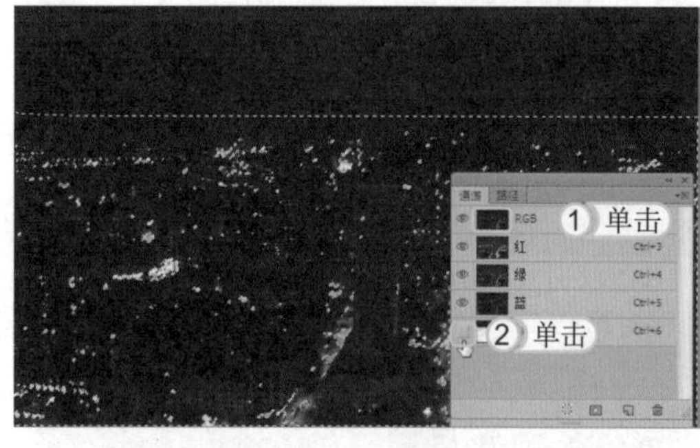

STEP 05：创建选区

按住 Ctrl 键的同时单击“Alpha 1”通道的名称，为通道中的白色区域创建选区。

STEP 06：显示图像

1. 单击“RGB”通道，显示所有通道。
2. 单击“Alpha 1”通道前的👁按钮，隐藏“Alpha 1”通道。

问题小贴士

问：选择【图像】/【调整】/【阴影 / 高光】命令能否调整夜景的暗部？

答：可以。但是，选择【图像】/【调整】/【阴影 / 高光】命令，在打开的“阴影 / 高光”对话框中调整夜景的暗部时，调整后图像颜色会比较生硬。

STEP 07： 调整曲线

1. 返回“图层”面板，选择【图像】/【调整】/【曲线】命令，在打开的“曲线”对话框中调整曲线的形状。
2. 单击 确定 按钮。

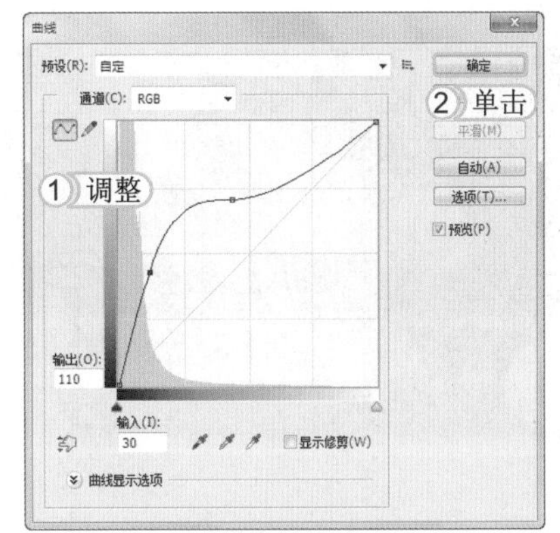

按 Ctrl+M 组合键可快速打开“曲线”对话框。

STEP 08： 设置图层混合模式

在“图层”面板中将“图层 1”的“混合模式”设置为滤色。

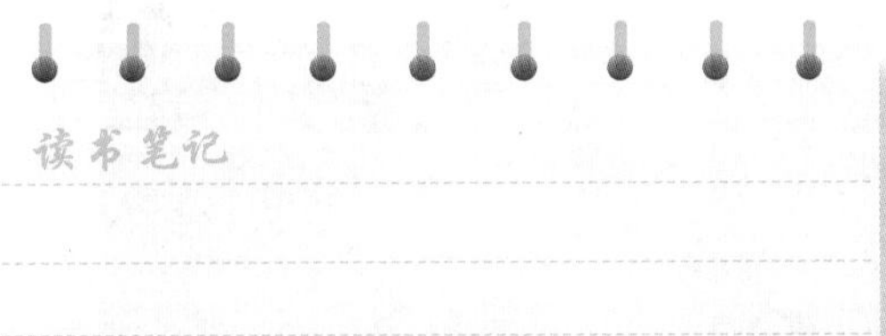

STEP 09： 调整色彩平衡

1. 按 Ctrl+D 组合键，取消选区。然后选择【图像】/【调整】/【色彩平衡】命令，打开“色彩平衡”对话框，在其中设置“色阶”为 2、17、-2。
2. 单击 确定 按钮，完成本实例的制作。

4.3 学习 2 小时：美化场景照和风景照

前面学习了处理风景照片的基础方法，若想做出好的照片，还需要根据照片的主体和内容调整图像，加强照片主体感。下面将以制作魅力舞台气氛、情迷爱琴海和风情逆光雕塑为例，学习美化场景照和风景照的方法。

4.3.1 制作魅力舞台气氛

在拍摄舞台照片时，经常会为拍摄到人物而放大镜头焦距。但是在将人物拍摄清楚的同时会导致背景过小，而丧失舞台的气氛环境，从而影响到照片表达的主题。此时，使用 Photoshop 可以通过调整图像颜色增加背景来加强舞台气氛，本实例将学习制作魅力舞台气氛的方法。其最终效果如下图所示。

制作要点

- 调整图像大小
- 新建图层蒙版
- 使用阈值命令
- 使用色彩平衡命令

光盘文件

素材 \ 第 4 章 \ 魅力舞台 .jpg、舞台灯光 .jpg
效果 \ 第 4 章 \ 魅力舞台 .psd
实例演示 \ 第 4 章 \ 制作魅力舞台气氛

STEP 01：打开图像

1. 启动 Photoshop CS6，打开素材图像“舞台灯光 .jpg”。
2. 打开素材图像“魅力舞台 .jpg”。

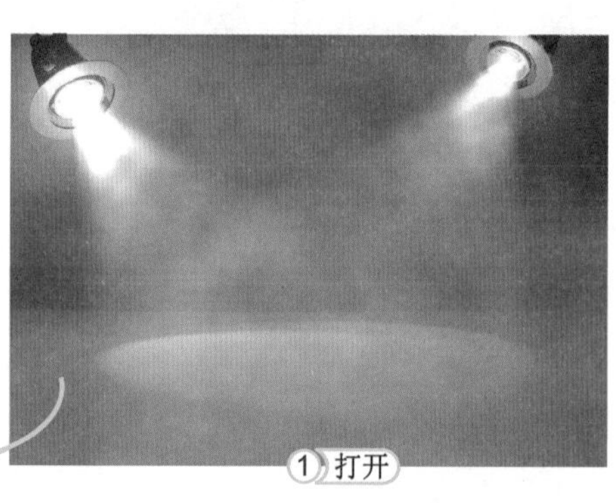

STEP 02：移动图像

1. 单击工具箱中的移动工具。
2. 选择“舞台灯光”图像并按住鼠标左键，将其拖拽到“魅力舞台”图像中，在“图层”面板中将生成一个“图层 1”。

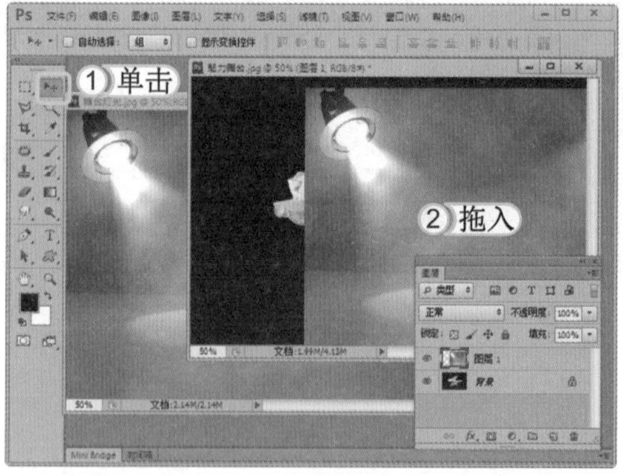

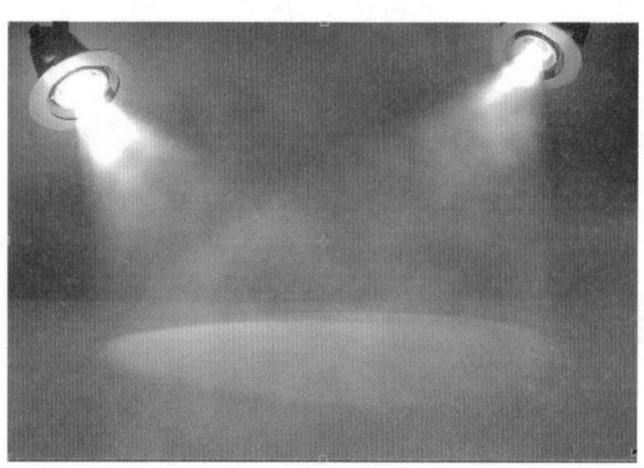

STEP 03：调整图像大小

选择【编辑】/【自由变换】命令，在出现的变换框中，将变换框右下方的控制点向上拖动，调整“图层 1”大小，然后按 Enter 键确定变化。

提个醒 按 Ctrl+T 组合键，可快速执行自由变换命令。

STEP 04： 新建图层蒙版

在“图层”面板下方单击[icon]按钮，为“图层 1”新建图层蒙版。

提个醒

图层蒙版存在于图层之上，图层是它的载体，使用图层蒙版可以控制图层中不同区域的隐藏或显示。

STEP 05： 设置渐变工具

1. 选择工具箱中的渐变工具[icon]。
2. 在其“属性”栏中的渐变样式下拉列表框中选择“黑白渐变”选项。
3. 在“属性”栏中选中☑反向复选框。

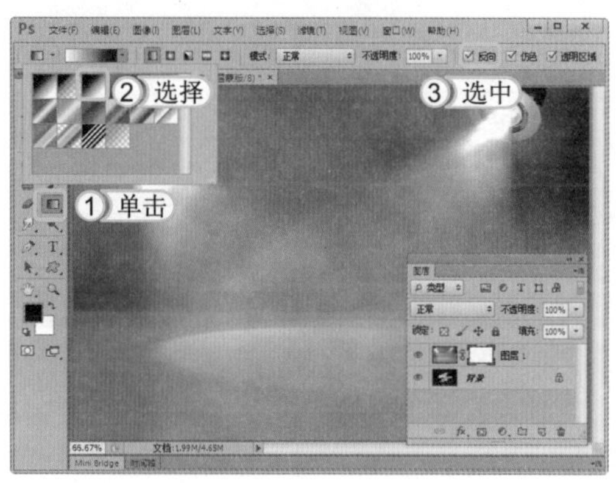

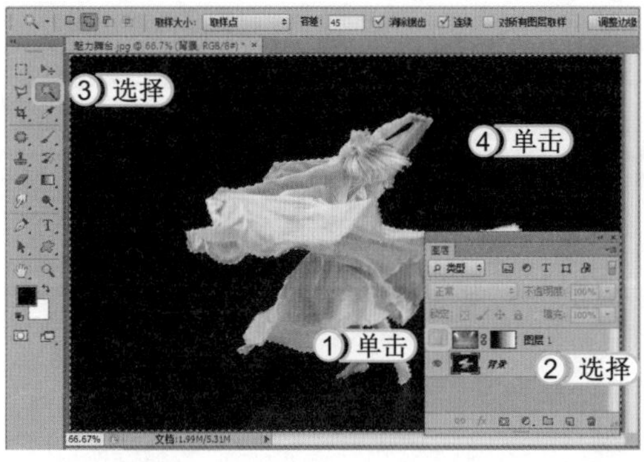

STEP 06： 执行渐变操作

1. 将鼠标光标移动到画像右边。
2. 按住鼠标向左拖动到图像三分之二处，再释放鼠标。

提个醒

渐变是指两种或多种颜色之间的过渡效果，在 Photoshop CS6 中包括了线性、径向、对称、角度对称和菱形 5 种渐变方式。

STEP 07： 建立选区

1. 在“图层”面板中单击“图层 1”前的[icon]图标，隐藏“图层 1”。
2. 选择“背景”图层。
3. 选择魔棒工具[icon]，在其“属性”栏中设置“容差”为 45。
4. 单击背景图层中的背景图像，再按住 Shift 键的同时，单击未被选中的背景。

STEP 08：复制选区图像

选择【选择】/【反向】命令，对选区进行反向选择，然后按两次Ctrl+J组合键复制两次选区中的图像。

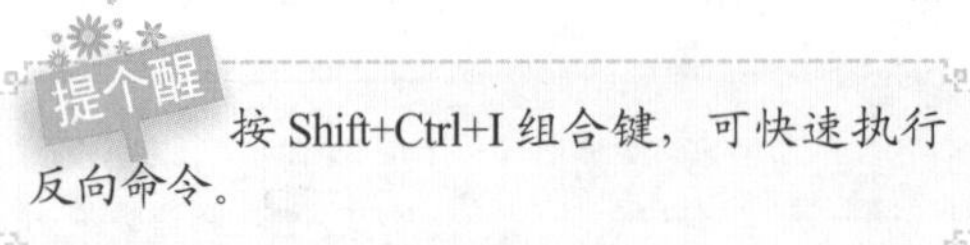
提个醒
按 Shift+Ctrl+I 组合键，可快速执行反向命令。

STEP 09：设置阈值

1. 单击“图层 1”前的图标，显示图层 1。将“图层 1”移动到“背景”图层上方，然后选择“图层 2 副本”图层。
2. 选择【图像】/【调整】/【阈值】命令，在打开的“阈值”对话框中设置“阈值色阶”为 222。
3. 单击确定按钮。

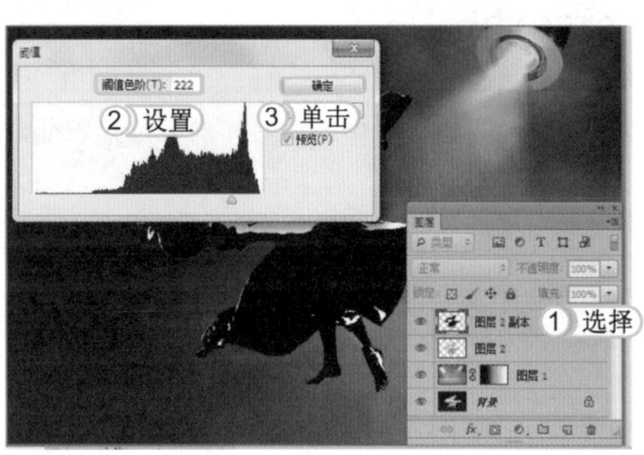

STEP 10：删除图层

1. 使用魔棒工具，单击舞者身上的白色区域，创建选区。
2. 将“图层 2 副本”图层拖动到图层面板中的按钮上，删除图像。

STEP 11：新建调整图层

1. 按 Ctrl+J 组合键，复制选区图像，生成“图层 3”。
2. 选择“图层 2”图层。
3. 单击“图层”面板下方的按钮。在弹出的菜单中选择“色彩平衡”命令。

STEP 12： 设置色彩平衡

1. 在打开的“属性”面板中，设置参数为 19、-44、20。
2. 选择“图层 3”，然后按 Ctrl+Alt+Shift+E 组合键，盖印图层生成“图层 4”，完成本实例的制作。

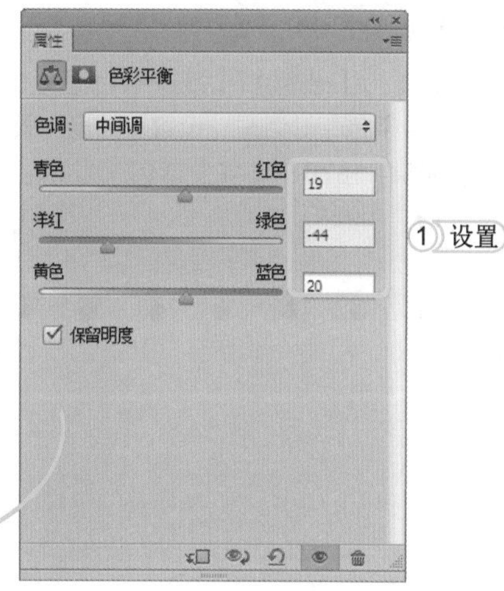

4.3.2 制作情迷爱琴海

爱琴海风格以蓝色的大海和白色的建筑著称，所以在进行处理时一定要巧妙地调整大海的蓝色调。此外，为照片增加黑底更容易将观众视线引入画面，本实例将学习制作情迷爱琴海的方法。其最终效果如下图所示。

STEP 01： 复制图层

打开素材图像“情迷爱琴海 .jpg”，然后按 Ctrl+J 组合键，复制背景图层。

提个醒 本实例中使用的“方正姚体简体”不是 Photoshop 自带的字体，需用户自行下载安装。

STEP 02： 使用减少杂色滤镜

1. 选择【滤镜】/【杂色】/【减少杂色】命令，打开“减少杂色”对话框，设置“强度”为4、“保留细节”为78、“减少杂色”为81。
2. 单击 确定 按钮。

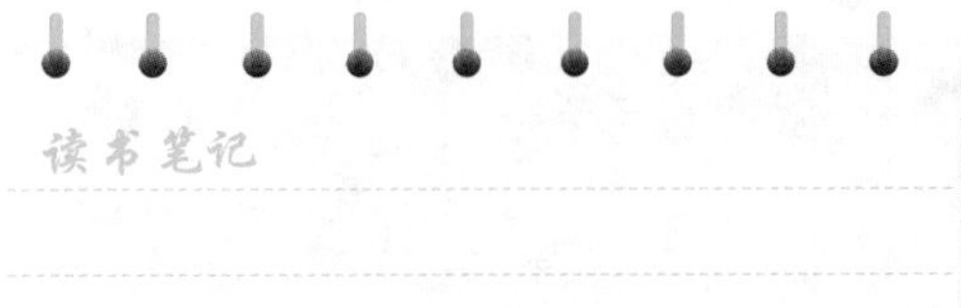

STEP 03： 设置图层混合模式

1. 按Ctrl+J组合键，复制图层1。
2. 将复制得到图层的“混合模式”设置为滤色。
3. 设置“不透明度”为60%。

STEP 04： 新建“曲线”调整图层

1. 在“图层”面板下方单击 按钮。
2. 在弹出的菜单中选择“曲线”命令。

提个醒 调整图层类似于图层蒙版，它由调整缩略图和图层蒙版缩略图组成。

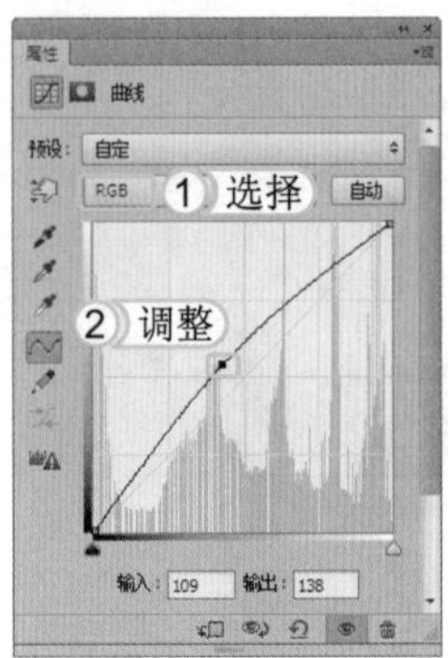

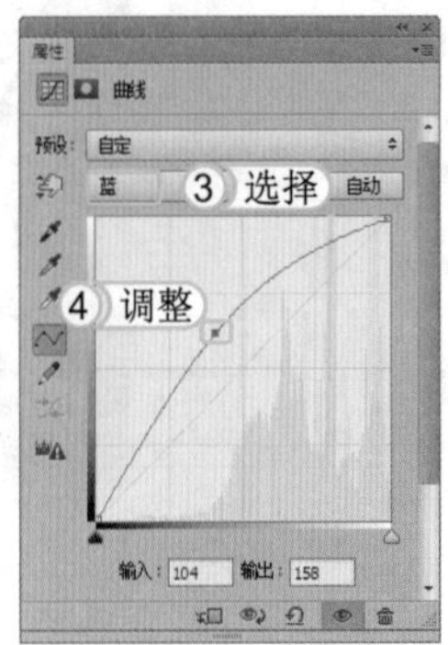

STEP 05： 调整曲线

1. 在打开的“调整”面板的下拉列表框中选择“RGB”选项。
2. 调整曲线形状。
3. 选择“蓝”选项。
4. 调整曲线形状。

STEP 06： 调整亮度 / 对比度

1. 按 Alt+Shift+Ctrl+E 组合键，盖印图层。
2. 选择【图像】/【调整】/【亮度 / 对比度】命令，在打开的对话框中设置“亮度”为 18。
3. 单击 确定 按钮。

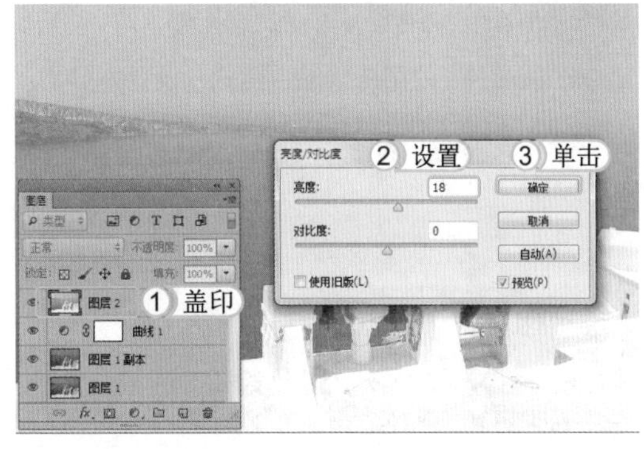

STEP 07： 擦除多余图像

1. 单击“图层”面板下的按钮，为“图层 2”新建图层蒙版。
2. 将“前景色”设置为黑色，选择画笔工具，选择一款柔和的画笔样式，然后对白色建筑进行涂抹。

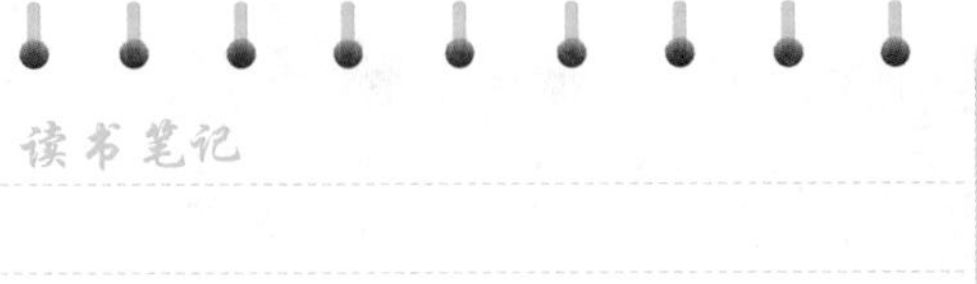

STEP 08： 盖印图层

1. 按 Alt+Shift+Ctrl+E 组合键，盖印图层。
2. 在“图层”面板下方单击按钮，生成“图层 4”。

提个醒

盖印图层，就是把一图层盖住，用画笔在盖印图层下的一个图层涂抹，将会在盖印图层上出现涂抹效果，若在盖印图层上涂抹，涂抹的效果会消失。

STEP 09： 绘制渐变

1. 选择渐变工具，在其工具“属性”栏的样式下拉列表框中选择“黑色透明渐变”选项。
2. 选中 ☑反向 复选框。
3. 将鼠标光标移动到图像中间偏右下的位置，按住鼠标向图像左上角拖动，再释放鼠标。

STEP 10： 设置图层混合模式

1. 将“图层 4”的图层“混合模式”设置为叠加。
2. 设置“不透明度”为 50%。

STEP 11： 创建选区

1. 按 Alt+Shift+Ctrl+E 组合键，盖印图层。
2. 选择矩形选框工具，然后框选图像中的重要部分。

STEP 12： 删除多余图像

选择【选择】/【反向】命令，反向创建选区。按 Delete 键，删除图像。

提个醒 在执行该步骤时，由于“图层 4”下方还有其他可见图层。因此删除图像后效果不明显，只能在“图层”面板中看出效果。

STEP 13： 使用加深工具

1. 按 Ctrl+D 组合键，取消选区。然后选择加深工具，在其工具“属性”栏中设置“画笔大小”为 108、“曝光度”为 50%。
2. 将鼠标光标移动到图像下方的白色建筑上。适当地进行涂抹，增加建筑的粗糙感。

STEP 14： 新建并填充图层

1. 选择“图层 4”，在“图层”面板下方单击按钮，新建“图层 6”图层。
2. 将“前景色”设置为黑色，按 Alt+Delete 组合键使用前景色填充图层。
3. 选择“图层 5”图层，选择移动工具，将爱琴海图像移动到图像中间。

STEP 15： 输入文字

1. 将“前景色”设置为白色，选择横排文字工具T。在其“属性”栏中设置“字体”为 Vladimir Script、“字体大小”为 36 点、“字体样式”为浑厚。
2. 在图像左上角单击鼠标左键，输入“Discovering the Mediterranean”，使用前景色填充图层。

STEP 16： 修改文字的大小

1. 选中输入的“D”文本。
2. 在“属性”栏中设置文字的“字体大小”为 60 点。

提个醒 文字是各类设计作品中不可缺少的元素，或作为点题、说明或装饰，文字都有着不可替代的作用。

STEP 17： 修改文字的样式

1. 选择“ the Mediterranean”文本。
2. 选择【文字】/【面板】/【文字面板】命令，打开“字符”面板，设置“基线偏移”为 -20 点。

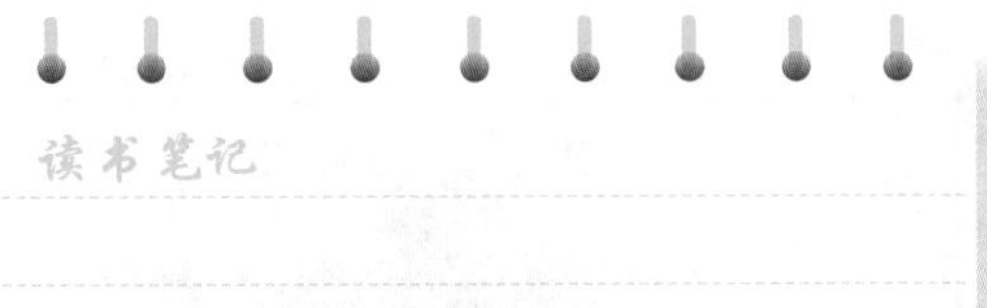

STEP 18： 输入并设置文字

1. 在“属性”栏中，设置“字体”为方正姚体简体、“字体大小”为 24 点。
2. 在“Discovering”文本下方单击鼠标左键，输入“情迷 . 爱琴海”文本。

STEP 19： 绘制直线

1. 选择“图层 5”图层，选择画笔工具。
2. 在画笔“属性”栏中，选择一款硬朗的画笔样式，并设置“画笔大小”为 3px。
3. 在输入的文本下方，按住 Shift 键的同时使用鼠标左键进行拖动。分别在两行文字下方绘制两条直线，完成本实例的制作。

4.3.3 制作风情逆光雕塑

逆光是摄影时常用也是较难掌握的一门摄影技术，而使用 Photoshop 便能轻松地制作出逆光效果。在制作逆光效果时，一定要把握光影关系以及光晕大小和位置。本实例将学习制作风情逆光雕塑的方法。其最终效果如下图所示。

STEP 01： 打开素材图像

打开素材图像“雕塑 .jpg”和“云 .jpg”。

STEP 02： 复制图层

1. 选择“雕塑”图像，按 Ctrl+J 组合键，复制图层。
2. 在“图层”面板中，单击“背景”图层前面的按钮，隐藏背景图层。

STEP 03：创建选区

1. 选择魔棒工具，在其“属性”栏中设置“容差”为 40，并取消选中□连续复选框。
2. 使用鼠标单击白色的天空区域，创建选区。

STEP 04：新建图层蒙版

选择【选择】/【反向】命令。单击“图层”面板下方的按钮，为“图层 1”新建蒙版。

提个醒 用户可通过编辑图层蒙版将各种特殊效果应用于图层中的图像上，且不会影响该图层的像素。

STEP 05：使用高斯模糊滤镜

1. 选择【滤镜】/【模糊】/【高斯模糊】命令，在打开的对话框中设置“半径”为 0.9。
2. 单击 确定 按钮。

STEP 06：移动图像

1. 使用移动工具，将“云”图像拖拽到“雕塑”图像中，生成“图层 2”。
2. 将“图层 2”移动到“图层 1”下方。

STEP 07：设置色阶

1. 选择【图像】/【调整】/【色阶】命令。在打开的“色阶”对话框中设置“输入色阶”为 0、2.7、255。
2. 单击 确定 按钮。

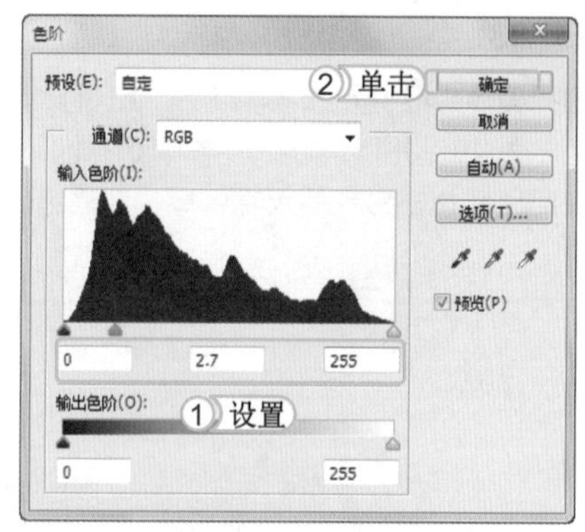

STEP 08：绘制圆形选区

1. 在“图层”面板下方，单击按钮，新建“图层 3”。
2. 选择椭圆选框工具，在其“属性”栏中设置“羽化”为 10 像素。
3. 将鼠标光标移动到中间人物手的位置处。按住 Shift 键的同时拖动鼠标，绘制一个正圆选区。

STEP 09：填充颜色

1. 单击前景色图标，在打开的“拾取色(前景色)”对话框中将“前景色”设置为 #ff7e08。
2. 按 Alt+Delete 组合键，使用前景色填充圆形选区。

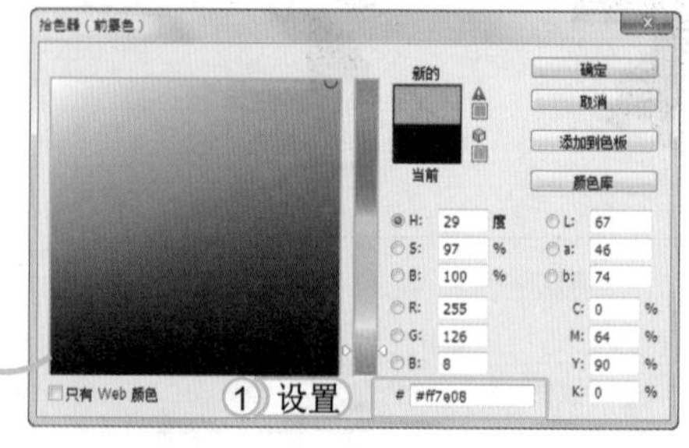

STEP 10：设置图层样式

1. 双击“图层 3”，在打开的“图层样式”对话框中选择“外发光”选项。
2. 在对话框右侧设置“不透明度、大小”等参数。
3. 单击 确定 按钮。

STEP 11： 设置图层混合模式

1. 按 Ctrl+D 组合键取消选区。按 Ctrl+J 组合键复制图层，生成“图层 3 副本”图层。
2. 将其图层“混合模式”设置为正片叠底。

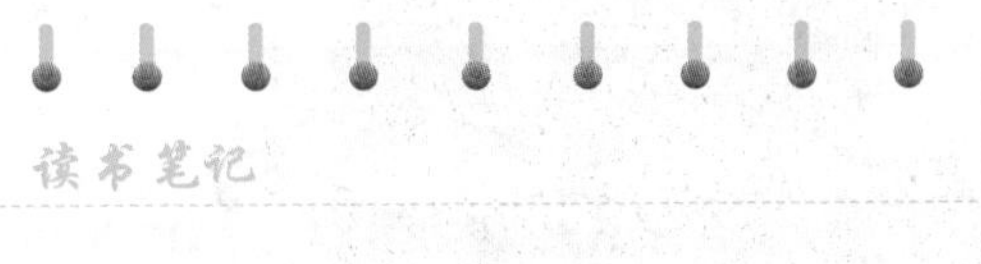

STEP 12： 调整色阶

1. 选择“图层 1”图层。
2. 选择【图像】/【调整】/【色阶】命令。在打开的“色阶”对话框中设置“输出色阶”为 0、83。
3. 单击 确定 按钮。

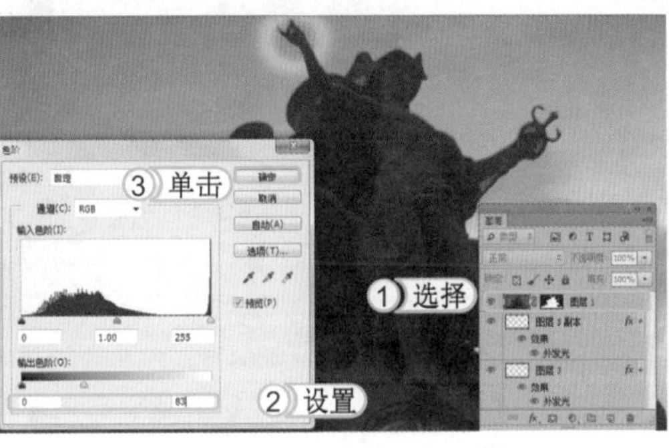

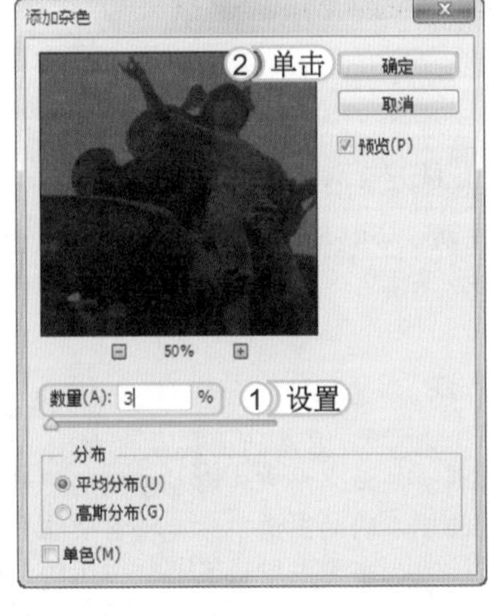

STEP 13： 使用添加杂点滤镜

1. 选择【滤镜】/【杂色】/【添加杂色】命令。在打开的“添加杂色”对话框中设置“数量”为“3”。
2. 单击 确定 按钮。

提个醒 “添加杂色”滤镜用来向图像中随机地混合杂点，并添加一些细小的颗粒状像素。

STEP 14： 使用高斯模糊滤镜

1. 选择【滤镜】/【模糊】/【高斯模糊】命令，在打开的“高斯模糊”对话框中设置“半径”为 0.5。
2. 单击 确定 按钮。

STEP 15： 填充黑色

1. 将“前景色”设置为黑色，单击“图层”面板下方的▣按钮，新建图层4。
2. 按 Alt+Delete 组合键，用前景色填充图层。
3. 将“图层 4”的图层“混合模式”设置为正片叠底、“不透明度”为 20%。

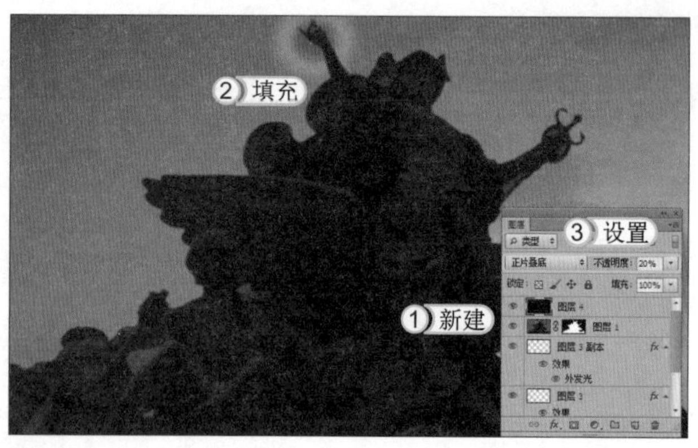

STEP 16： 制作暗角

1. 在“图层”面板下方单击▣按钮，为图层 4 新建图层蒙版。
2. 选择画笔工具▣，在其“属性”栏中设置“不透明度”为 70%。
3. 将鼠标光标移动到图像中进行涂抹，制作暗角。

STEP 17： 盖印图层

按两次 Alt+Shift+Ctrl+E 组合键，盖印两次图层。

提个醒

图层的出现使图像处理变得更简单，用户只需在不同的图层上绘制不同的图像，然后将它们组合到一起，当需要编辑某部分图像时，只需对该部分图像所在的图层进行操作即可。

STEP 18： 使用减淡工具

1. 选择减淡工具▣，在其“属性”栏中设置“画笔大小”、“范围”、“曝光度”等参数。
2. 在雕塑边缘和可能被光线照耀处进行涂抹。
3. 设置“图层 6”的“不透明度”为 50%。

STEP 19： 使用镜头光晕滤镜

1. 按 Alt+Shift+Ctrl+E 组合键，盖印图层。然后选择【滤镜】/【渲染】/【镜头光晕】命令，在打开的“镜头光晕”对话框的预览区域使用鼠标单击定位光点，并将其放到绘制的太阳上。
2. 设置“亮度”为90，选中 105 毫米聚焦(L) 单选按钮。
3. 单击 确定 按钮。

STEP 20： 设置色彩平衡

1. 选择【图像】/【调整】/【色彩平衡】命令，在打开的“色彩平衡”对话框中设置“色阶”为 +10、0、0。
2. 单击 确定 按钮。

4.4 学习 2 小时：装饰与合成照片

在进行平面设计时，也可以把照片当做素材来对待，根据素材照片本身的特点探索一下对其进行设计的可能性，可以用 Photoshop 来重新定义照片，或者对照片进行装饰，或者根据多张照片进行合成，创造出新的视觉效果。

4.4.1 制作相框

现在装修房子流行做照片墙，一般都是在客厅沙发的上面，看起来很悦目。可是制作照片墙不仅要设计位置，还要按照色彩搭配和采购相框，还要在墙上敲一大堆钉子，这实在很麻烦。如果我们用 Photoshop 做照片相框，然后根据自己的需要排列组合一下，找到心仪的设计后打印一张就可以做成照片墙了，本实例将学习制作相框的方法。其最终效果如下图所示。

STEP 01： 打开素材图像

启动 Photoshop CS6，然后打开素材图像“相框.jpg”。

提个醒
在移动面板时，拖动面板对应的选项卡到相应的位置后释放鼠标，即可根据具体情况将其拆分和移动。

STEP 02： 调整亮度 / 对比度参数

1. 选择【图像】/【调整】/【亮度 / 对比度】命令，打开“亮度 / 对比度”对话框。在“亮度”数值框中输入“30”，在“对比度”数值框中输入“30”。
2. 单击 确定 按钮。

STEP 03： 创建矩形选框

1. 在工具箱中选择矩形选框工具。在“属性”栏的“羽化”数值框中输入“0 像素”。
2. 在图像窗口中拖动鼠标创建矩形选框。

读书笔记

STEP 04： 新建图层

选择【选择】/【反向】命令，反选选区。然后选择【图层】/【新建】/【通过拷贝的图层】命令，通过拷贝选区内的图像新建一个图层。

STEP 05：选择“混合选项”命令

1. 单击“图层”面板中的“添加图层样式”按钮fx.。
2. 在弹出的菜单中选择“混合选项”命令。

STEP 06：设置基本样式效果

1. 在打开的“图层样式”对话框中选择左上角的“样式”选项。
2. 选择对话框右侧的“蓝色玻璃（按钮）”选项。

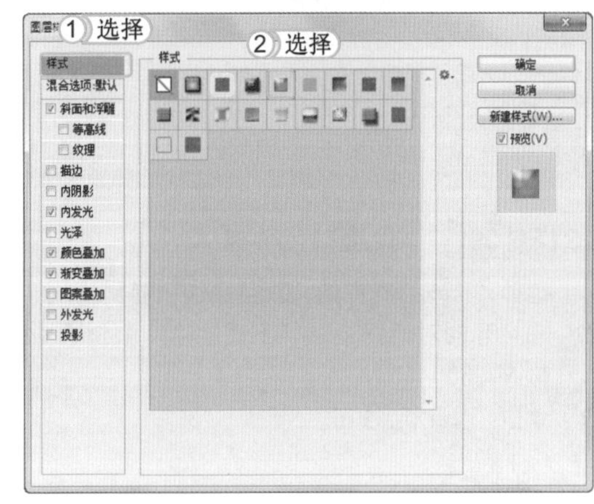

提个醒 可以同时为一个图层添加多种图层样式，只需在样式列表中选中不同样式对应的复选框，并在右侧设置参数即可。

STEP 07：添加投影效果

1. 在“样式”栏中选择“投影”选项。
2. 设置“距离”和“大小”均为 15。

STEP 08： 设置浮雕效果

1. 选择“样式”栏中的“斜面和浮雕”选项。
2. 在对话框右侧的“方法”下拉列表框中选择“雕刻柔和”选项。在“大小”数值框中输入“30”。

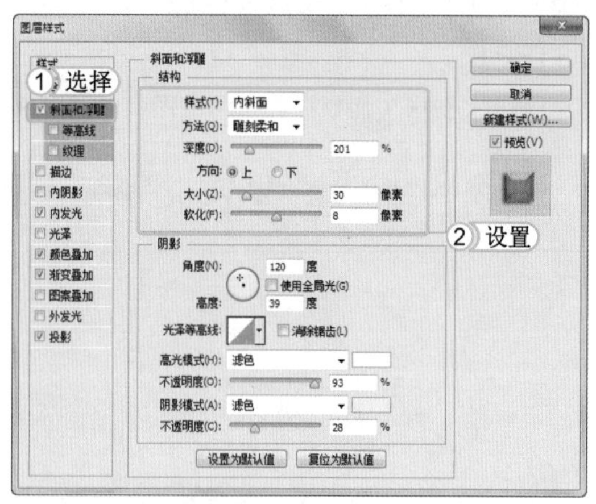

读书笔记

STEP 09： 设置颜色叠加

1. 选择“样式”栏中的“颜色叠加”选项。
2. 在打开的对话框中的“不透明度”数值框中输入“60”。
3. 单击 确定 按钮。

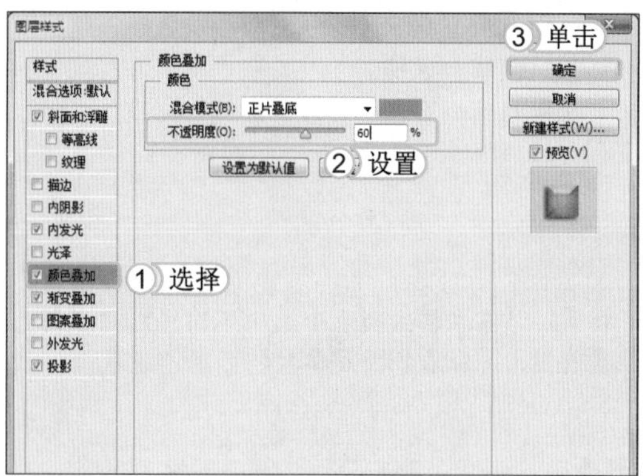

STEP 10： 设置透明效果

在“图层”面板中的“不透明度”数值框中输入“90%”，得到透明图像效果，完成本实例的制作。

提个醒 通过设置不透明度来改变图像透明度时要注意，被调整的图像不能添加图层样式，因为这种设置不能应用到图层样式产生的效果上。

4.4.2 制作拼贴照片

通过拼贴照片的制作，可以展示照片图像错位的效果。在制作拼贴照片效果的过程中，可以通过绘制选区进行复制图像的操作，对复制的图像做“透视”变形效果，得到错位的感觉，然后再添加一些投影效果，让图像更有立体错位的拼贴感觉。本实例将学习制作拼贴照片的方法。其最终效果如下图所示。

STEP 01: 打开素材图像

按 Ctrl+O 组合键，打开素材图像“拼贴 .jpg”。

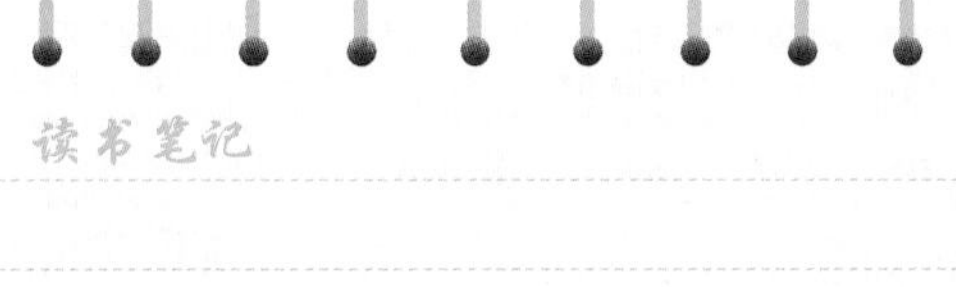

STEP 02: 创建矩形选框

1. 在工具箱中选择矩形选框工具。在“属性”栏的“羽化”数值框中输入“0 像素”。
2. 在图像窗口中拖动鼠标绘制矩形选框。

STEP 03: 拷贝图层

选择【图层】/【新建】/【通过拷贝的图层】命令，通过复制选区内的图像新建一个图层 1。

STEP 04： 透视变化图像

选择【编辑】/【变换】/【透视】命令，将右下角的控制点向上拖动，让画面有错位的感觉。完成后按 Enter 键确定。

STEP 05： 设置内阴影

1. 选择【图层】/【图层样式】/【内阴影】命令，打开“图层样式”对话框，设置“内阴影颜色”为 #0a3202、“角度”为 130，设置“距离”和“大小”均为 5。
2. 单击 确定 按钮。

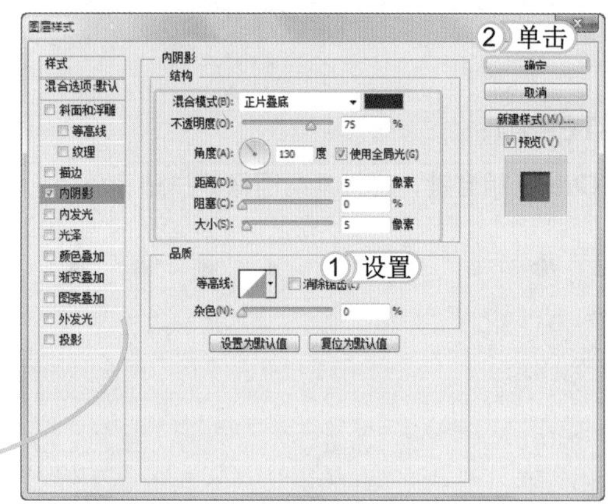

STEP 06： 设置内发光

1. 在“图层样式”对话框中选择“内发光”选项。
2. 在“图素”栏中设置“大小”为 5。
3. 单击 确定 按钮。

STEP 07： 制作其他拼贴图像

使用相同的方法，创建矩形选框并复制图像，制作透视图像效果，再粘贴图层样式，完成拼贴图像效果的制作。

提个醒 创建其他的矩形选框后，无须为每个选框都设置图层样式，只需在刚设置图层样式的图层上单击鼠标右键，在弹出的快捷菜单中选择“拷贝图层样式”命令，在需要设置图层样式的图层上，单击鼠标右键，在弹出的快捷菜单中选择“粘贴图层样式”命令即可。

4.4.3 制作合成照片

通过对照片进行合成，可以将多个照片自然地融合在一幅图像中。在制作合成照片时，可以运用蒙版功能遮住多余的图像，再调整图像色调，让图像的边缘和颜色都能很自然地融合在一起，形成一幅新的照片。本实例将学习制作合成照片的方法，其最终效果如下图所示。

STEP 01： 打开图像文件

打开素材图像“城市.jpg”和“天空.jpg”，下面将在城市图像中加入天空图像元素，并自然地融合在一起。

STEP 02： 拖入并修改图像

使用移动工具，将天空图像直接拖拽到“城市”文件中。然后按下 Ctrl+T 组合键将天空图像拉长，使图像覆盖原图像中的整个天空。

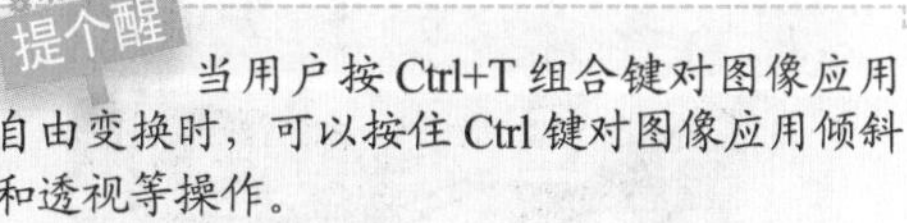

提个醒 当用户按 Ctrl+T 组合键对图像应用自由变换时，可以按住 Ctrl 键对图像应用倾斜和透视等操作。

STEP 03：设置色彩平衡

1. 选择【图像】/【调整】/【色彩平衡】命令，打开“色彩平衡”对话框，设置“色阶”参数为 53、6、33。
2. 单击 确定 按钮。

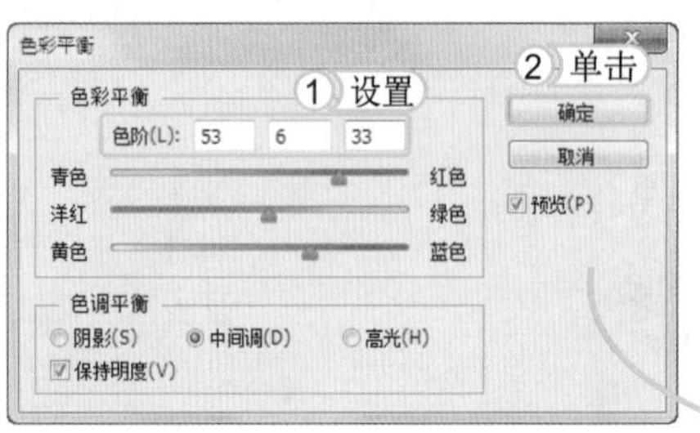

STEP 04：显示背景图像

1. 单击“图层”面板下方的“添加图层蒙版”按钮，为图层添加蒙版。
2. 使用画笔工具，对天空与大楼交界处做隐藏涂抹，使大楼很自然地显现出来。

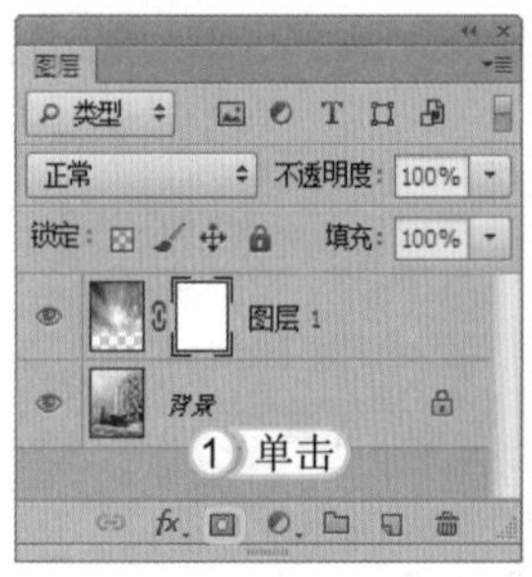

STEP 05：添加并修改图像

打开素材图像“火车.jpg”。将该图像拖拽到当前文件中，然后选择【编辑】/【变换】/【水平翻转】命令，将图像进行翻转。

读书笔记

STEP 06： 应用图层蒙版

1. 对火车图像应用图层蒙版。
2. 使用画笔工具涂抹火车周围图像，使其与周围图像自然过渡，并将其放到公路图像中，让火车呈现在公路上行驶的感觉。

STEP 07： 应用动感模糊滤镜

1. 选择【滤镜】/【模糊】/【动感模糊】命令，在打开的对话框中设置“角度”为 0，“距离”为 12。
2. 单击 确定 按钮。

4.5 练习 1 小时

本章主要介绍了使用 Photoshop CS6 处理风景照片的方法和技巧，用户需要熟练掌握这些方法，以便在处理各类照片效果时能够得心应手。下面通过制作古风古味街道和浪漫艺术效果的风景照来进一步巩固这些知识。

1. 制作古风古味街道

本例将制作带水彩风格的风景照，营造出浓郁的中国味。制作时将使用大量的滤镜功能，通过滤镜将会产生朦胧、写意、融合和抽象的艺术效果。其最终效果如右图所示。

光盘文件
素材 \ 第 4 章 \ 古风古味街道 . jpg、古文 . psd
效果 \ 第 4 章 \ 古风古味街道 . psd
实例演示 \ 第 4 章 \ 制作古风古味街道

2. 制作浪漫艺术效果

本例将使用一张彩色照片制作黑白中带红色的效果，制作时将使用调色命令调整图像的颜色。制作后照片大面积将被调整为带蓝色的黑白照效果，局部为红色效果。其最终效果如右图所示。

光盘文件
素材\第4章\船.jpg
效果\第4章\浪漫艺术照片.psd
实例演示\第4章\制作浪漫艺术效果

读书笔记

第5章 人物照片处理

学习 7 小时

很多人喜欢到专门的影楼公司拍摄艺术照，这是因为影楼的工作人员会对拍摄的人物照片进行美化，使照片效果变得更加美观。其实用户也可以自己在 Photoshop CS6 中进行处理，包括对眼睛、鼻子、嘴部、头发和其他部位的美容，让照片更加赏心悦目。

- 人物眼部美容
- 人物鼻子美容
- 人物嘴部美容
- 人物头发美容
- 人物整体美容

上机 1 小时

5.1 学习 1 小时：人物眼部美容

眼睛是心灵的窗户，是决定人物照片好坏的一个重要部位，如果拍摄人物时，眼睛的效果不好，可以使用 Photoshop 对眼睛进行适当的美化处理。人物眼部处理的方法很简单，下面就介绍几种比较实用的方法。

5.1.1 消除眼袋、黑眼圈

有些数码照片中的人物眼睛存在眼袋或黑眼圈，人物看上去比较沧桑，没有精神，使整个画面失去活力，需要运用 Photoshop 进行美化处理。本例将介绍消除眼袋、黑眼圈的方法。其最终效果如下图所示。

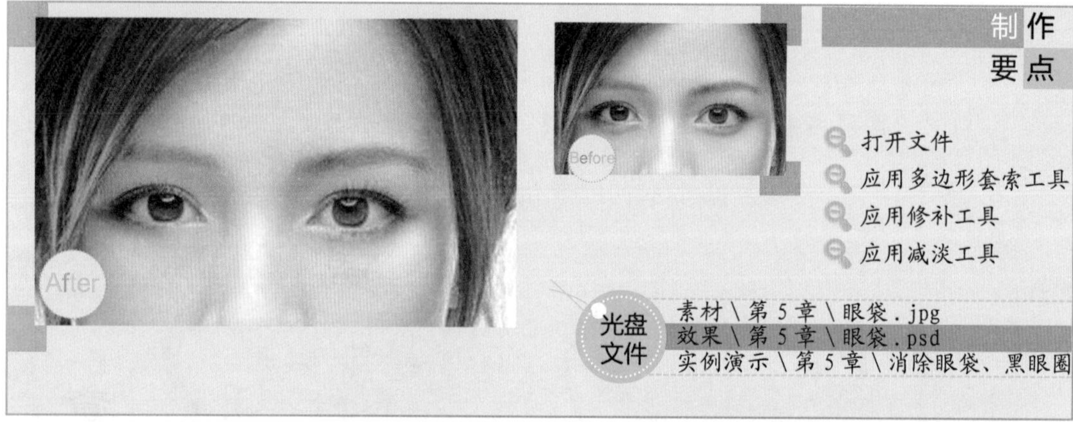

STEP 01： 复制图层

1. 启动 Photoshop CS6，打开素材图像“眼袋 .jpg”。
2. 按 Ctrl+J 组合键复制背景图层，得到“图层 1”图层。

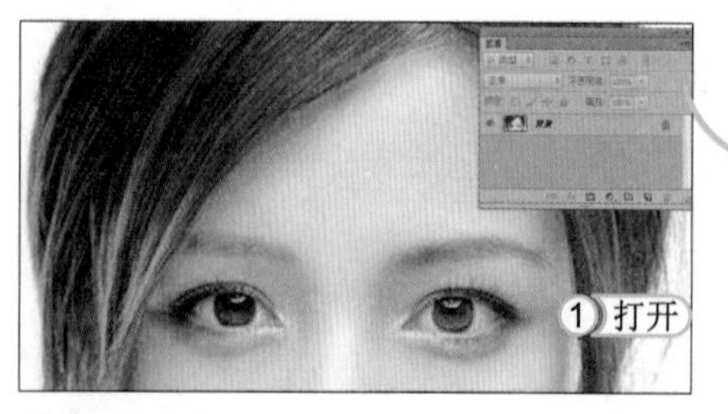

STEP 02： 放大眼睛部位

1. 选择工具箱中的缩放工具。
2. 在“属性”栏中单击按钮。
3. 在一只眼睛处多次单击鼠标，对局部图像进行放大。

STEP 03： 创建并设置眼袋选区

1. 选择多边形套索工具。
2. 沿着眼袋区域绘制出选区。
3. 选择【选择】/【修改】/【羽化】命令，在打开的“羽化选区”对话框中设置“羽化半径”为 2。
4. 单击 确定 按钮。

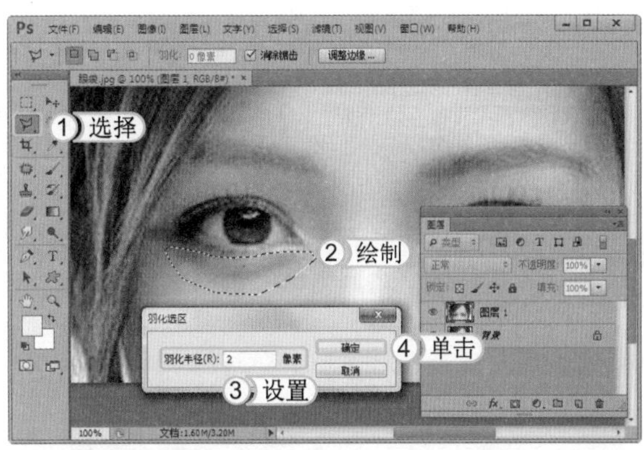

STEP 04： 修补图像

1. 选择修补工具。
2. 在“属性”栏中，选中 源 单选按钮。
3. 将选区拖动到面部光滑区域，然后选择【选择】/【取消选择】命令，取消选区。

提个醒 按 Ctrl+D 组合键可以直接取消选区。

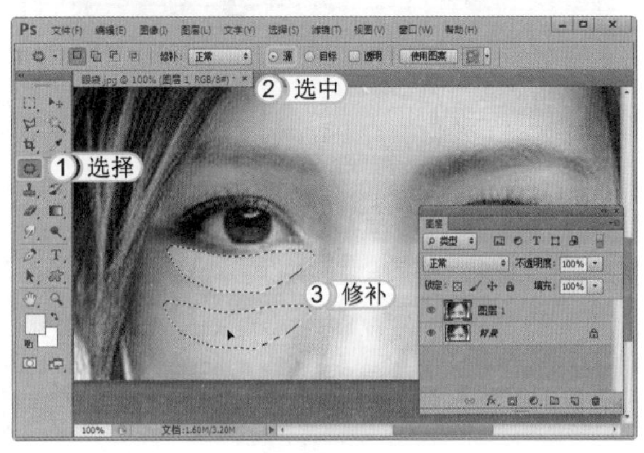

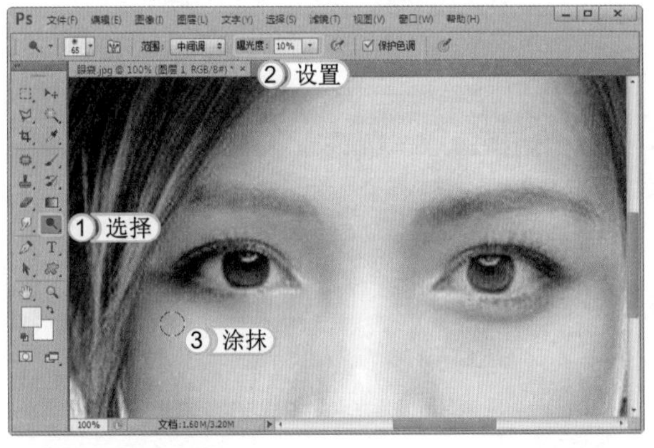

STEP 05： 减淡图像

1. 选择减淡工具。
2. 在“属性”栏中设置“曝光度”为 10%。
3. 涂抹减淡眼袋。

STEP 06： 修复另一只眼睛

对另一只眼睛进行局部放大，然后使用同样的方法对其进行修复处理。

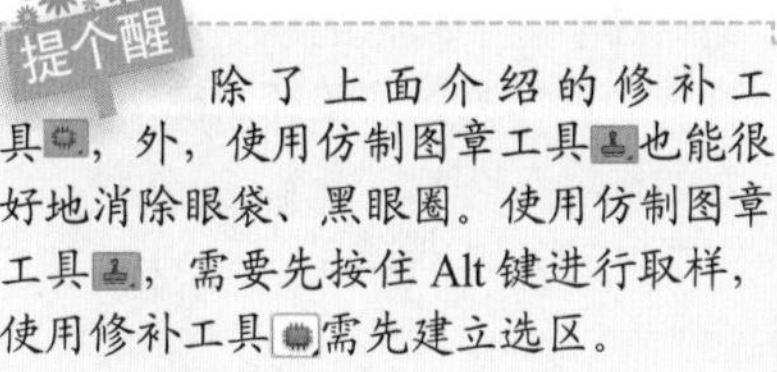

提个醒 除了上面介绍的修补工具外，使用仿制图章工具也能很好地消除眼袋、黑眼圈。使用仿制图章工具，需要先按住 Alt 键进行取样，使用修补工具需先建立选区。

5.1.2 消除红眼、变大眼睛

夜晚拍摄时一般使用闪光灯，由于人眼视网膜无法立刻适应而出现的泛红现象，使被拍者出现红眼。还有的人物眼睛半闭，表情看上去极不自然，影响了照片的整体效果。本例将介绍消除红眼、变大眼睛的方法。其最终效果如下图所示。

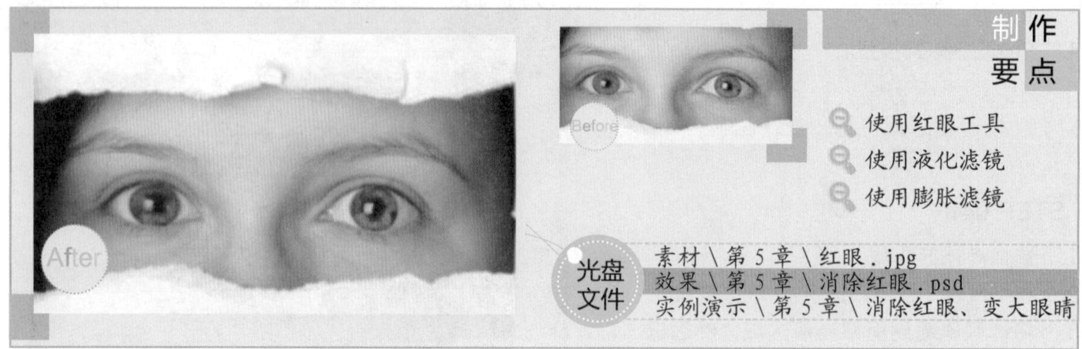

STEP 01：放大眼部区域

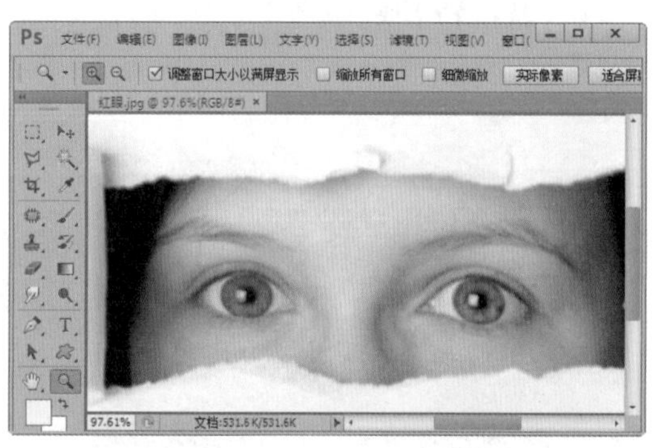

打开素材图像“红眼 .jpg”。选择工具箱中的缩放工具，在“属性”栏中单击按钮，然后对眼部区域进行放大。

> 提个醒 按住 Alt 键，滑动鼠标滚轮，也可以对眼部区域进行放大。

STEP 02：消除红眼

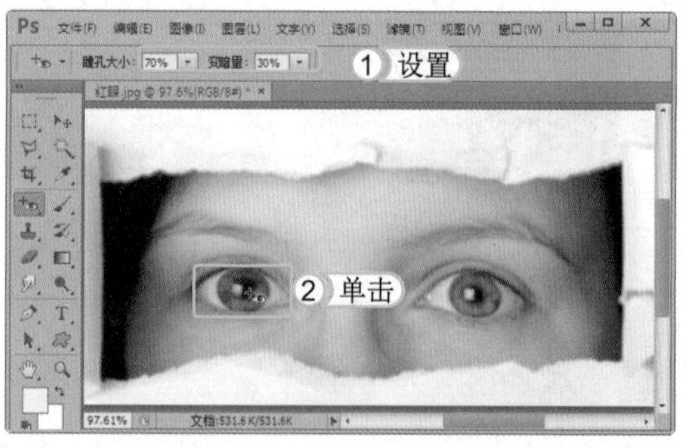

1. 在工具箱中按住污点修复画笔工具不放，在弹出的列表框中选择红眼工具，然后在“属性”栏中，设置“瞳孔大小”和“变暗量”分别为 70%、30%。
2. 使用红眼工具在瞳孔中心单击，即可消除红眼。

> 提个醒 如果消除红眼的效果不太明显，可以重复单击几次，直到满意为止。

STEP 03：使用液化命令

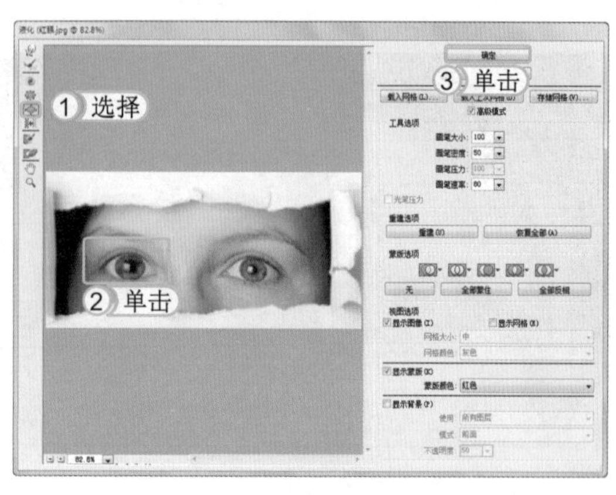

1. 选择【滤镜】/【液化】命令，在打开的“液化”对话框中选择膨胀工具。
2. 在人物眼睛处按住鼠标左键不放，使眼睛变大到合适大小。
3. 单击 确定 按钮。

STEP 04： 消除另一只红眼

1. 使用同样的方法消除另一只红眼。然后选择【滤镜】/【液化】命令，在打开的“液化”对话框中选择向前变形工具。
2. 在人物另一只眼睛处向上轻轻推动眼睛右方的眼皮，对眼睛进行适当的变形。
3. 单击 确定 按钮，完成本实例的制作。

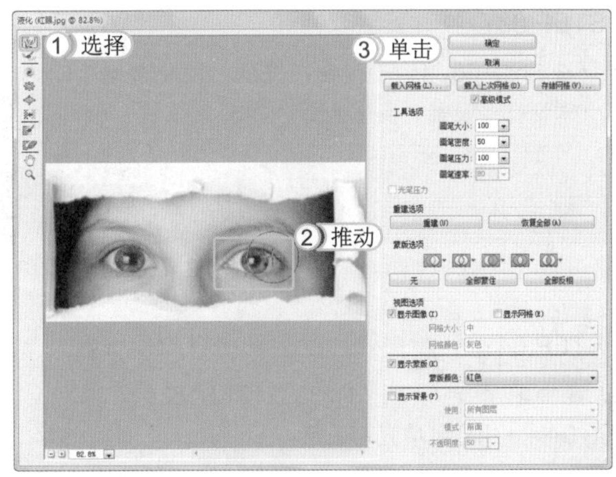

5.1.3 制作双眼皮和睫毛

人的眼皮一般可分为单眼皮和双眼皮，有的人认为双眼皮更好看，通过本例的学习可以轻松实现将单眼皮转变成双眼皮，并对人物的眼睫毛进行美化处理。本例将介绍制作双眼皮和睫毛的方法，其最终效果如下图所示。

STEP 01： 复制背景图层

打开素材图像“单眼皮 .jpg”，按 Ctrl+J 组合键复制背景图层，得到“图层 1”。

提个醒 在“图层”面板中将需要复制的图层拖动到创建新图层按钮上，也可以对其进行复制。

STEP 02： 绘制双眼皮选区

选择钢笔工具，绘制出双眼皮轮廓的封闭路径，然后按 Ctrl+Enter 组合键，将路径转化为选区。

STEP 03：设置羽化选区

1. 按 Shift+F6 组合键，在打开的“羽化选区”对话框中设置“羽化半径”为 3。
2. 单击 确定 按钮。

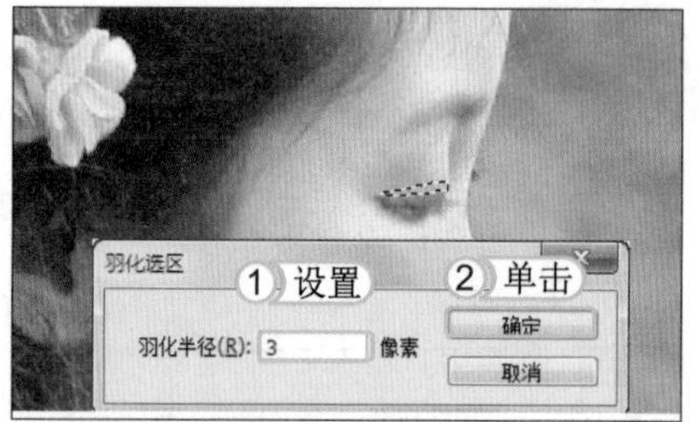

STEP 04：制作双眼皮阴影

设置“前景色”为（R233,G191,B153），按 Alt+Delete 组合键填充前景色。

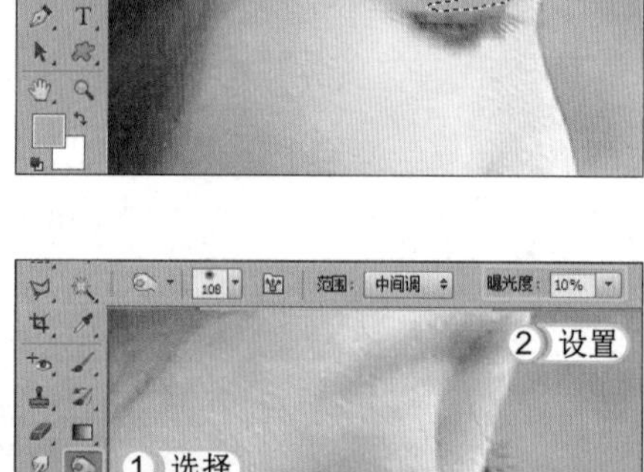

读书笔记

STEP 05：加深双眼皮阴影

1. 选择加深工具。
2. 在“属性”栏中设置“曝光度”为 10%。
3. 涂抹选区内的上边缘。

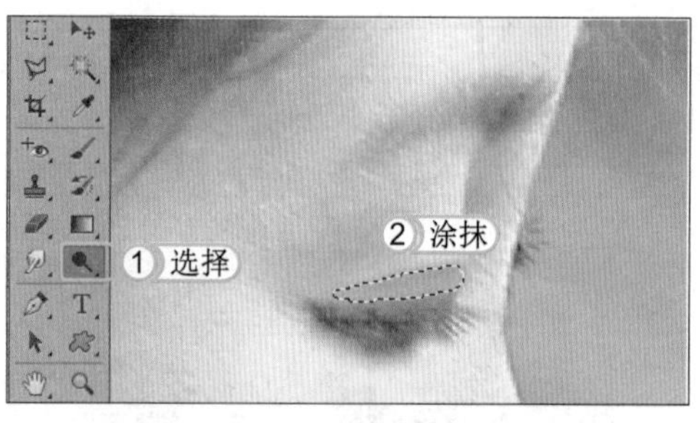

STEP 06：制作双眼皮高光

1. 按 Shift+Ctrl+I 组合键，反选选区，然后选择减淡工具。
2. 涂抹选区的上边缘。

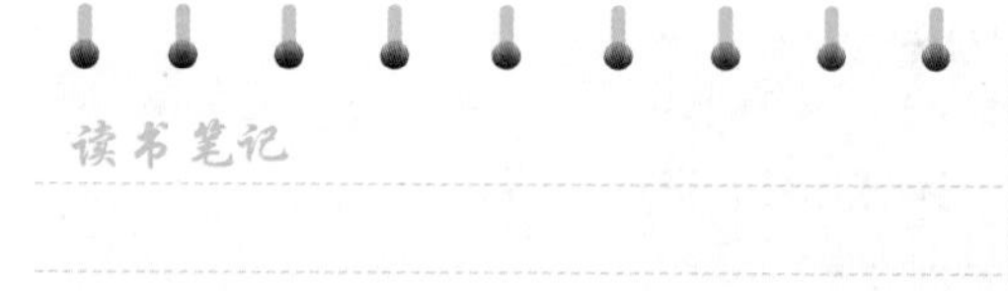

读书笔记

STEP 07：新建图层

1. 单击“图层”面板下方的按钮，新建图层，得到“图层 2”。
2. 按 Ctrl+D 组合键取消选区。

STEP 08：绘制睫毛路径

1. 设置“前景色”为黑色。
2. 选择钢笔工具。
3. 在人物上眼皮下绘制弯曲睫毛路径。

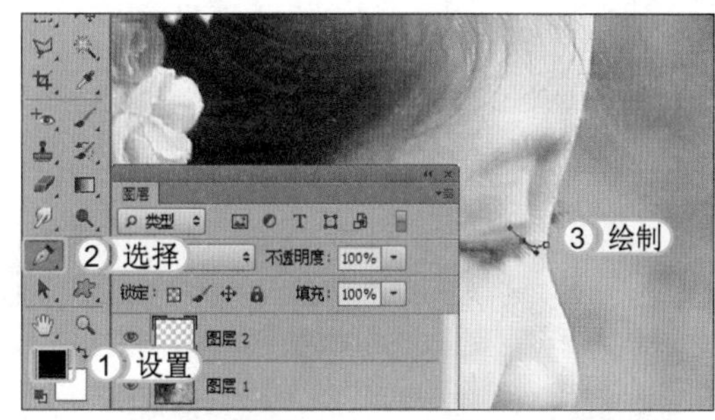

STEP 09：选择描边路径

1. 选择画笔工具。在“属性”栏中设置“画笔大小”为 1。
2. 重新选择钢笔工具，然后在路径上单击鼠标右键，在弹出的菜单中选择“描边路径”命令。

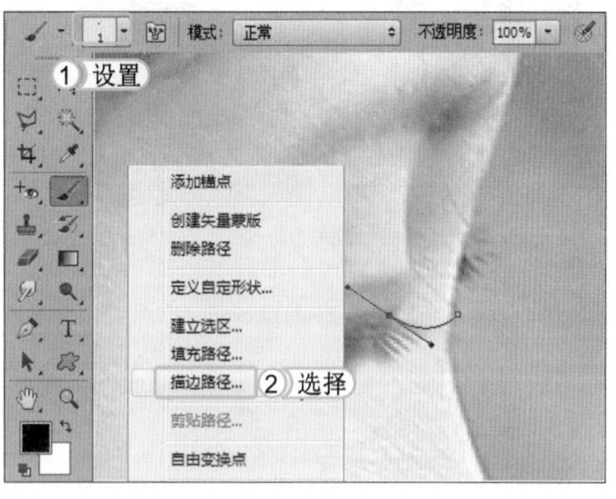

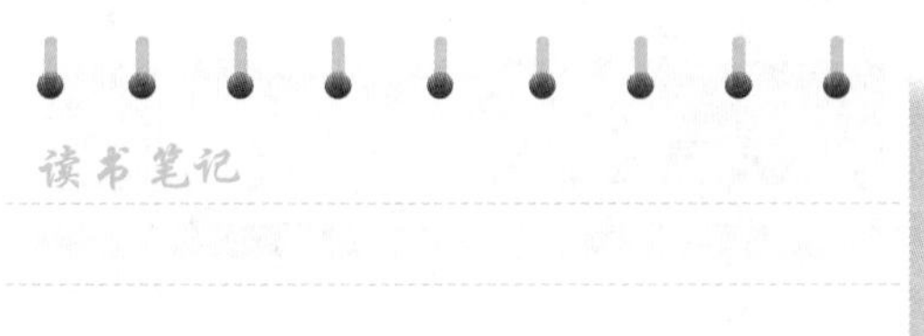

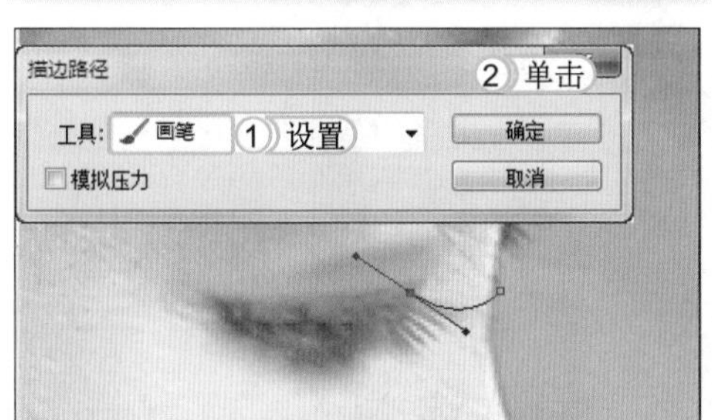

STEP 10：设置描边路径

1. 在打开的“描边路径”对话框中设置“工具”为画笔。
2. 单击 确定 按钮。

STEP 11：绘制其他睫毛

1. 按两次 Delete 键删除睫毛路径，然后使用同样的操作，按睫毛走向绘制其他睫毛。
2. 设置“图层 2”的“不透明度”为 80%，然后按 Ctrl+J 组合键复制该图层并向右移动，放至适当位置，完成本实例的制作。

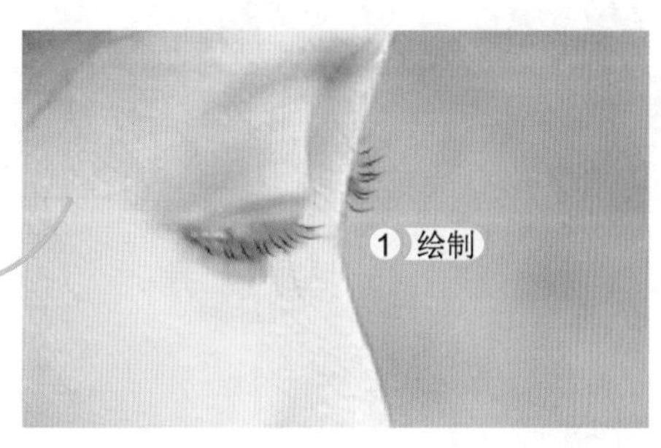

5.1.4 绘制美瞳和眼线

除了前面介绍的几种美化眼部的方法外，还可以使用 Photoshop 制作美瞳、绘制眼线，使人物的眼睛更具神韵。本例将介绍制作美瞳和绘制眼线的方法。其最终效果如下图所示。

STEP 01：复制背景图层

打开素材图像“美瞳.jpg”，按 Ctrl+J 组合键复制背景图层，得到“图层 1”图层。

STEP 02：放大眼睛

1. 选择【滤镜】/【液化】命令，在打开的对话框中选择膨胀工具。
2. 设置合适画笔大小并连续单击眼睛中心使眼睛放大到合适大小。

> **提个醒**
> 使用“液化”滤镜可以对图像的任何部分进行各种类似液化效果的变形处理，是修饰图像和创建艺术效果的有效方法。

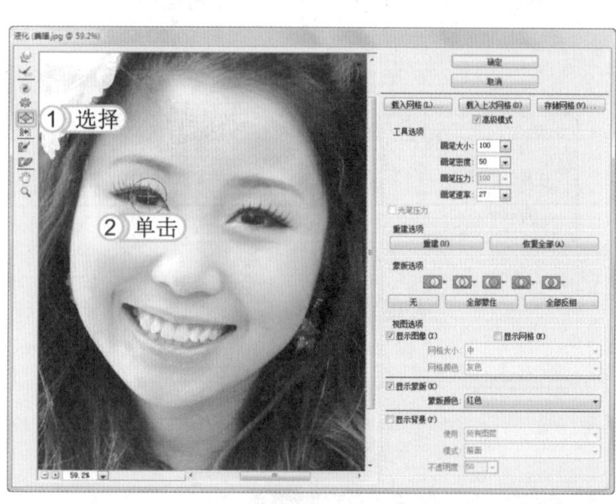

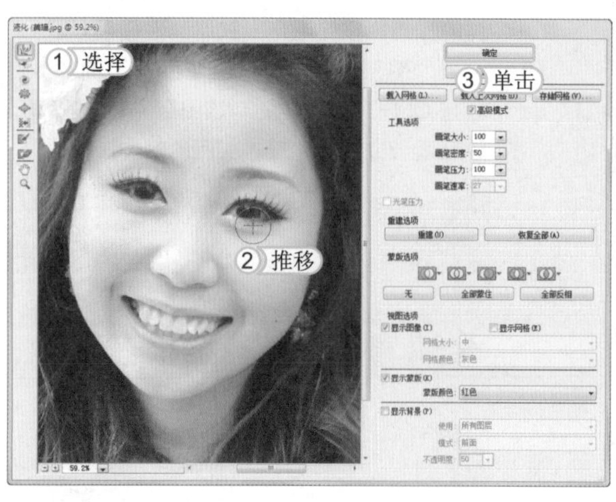

STEP 03：放大瞳孔

1. 选择向前变形工具。
2. 设置合适画笔大小，将瞳孔和下眼睑向下适当推移。
3. 单击 确定 按钮。

STEP 04：设置画笔

1. 在工具箱中选择画笔工具。
2. 在“属性”栏中，单击“画笔”下拉按钮，然后选择“柔边机械 48 像素”画笔。

读书笔记

STEP 05：绘制美瞳

1. 单击“图层”面板下方的按钮，新建图层，得到“图层 2”。
2. 设置前景色为浅蓝色（R4,G81,B186）。
3. 在人物的瞳孔中心单击。

STEP 06：设置图层混合模式

1. 设置“图层 2”的图层“混合模式”为柔光。
2. 设置“图层 2”的图层“不透明度”为 75%。

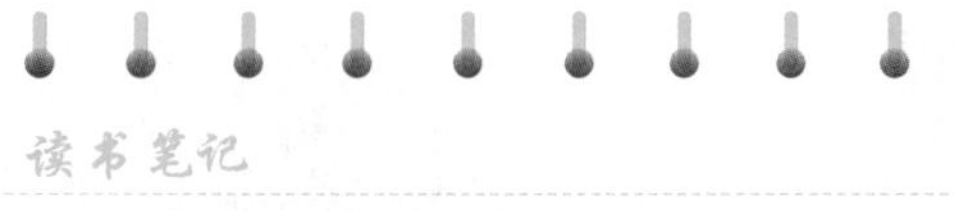

读书笔记

STEP 07：绘制眼线

1. 设置“前景色”为浅紫色（R183,G124,B250）。
2. 在工具箱中选择画笔工具，设置“画笔大小”为 20、“不透明度”为 80%。
3. 在人物上眼睑下绘制眼线，完成本实例的制作。

5.2　学习1小时：人物鼻子美容

前面讲解了美化人物眼睛的方法，本书将学习人物鼻子的美化方法。使用 Photoshop CS6 完全可以为人物的鼻子进行整形，下面将介绍为鼻子美容的常见方法。

5.2.1　去除鼻子黑头及雀斑

在 Photoshop 中极易处理照片中的黑头及雀斑，为照片去除黑头的方法有很多，下面介绍一种较简单实用的方法。本例将介绍去除鼻子黑头及雀斑的方法。其最终效果如下图所示。

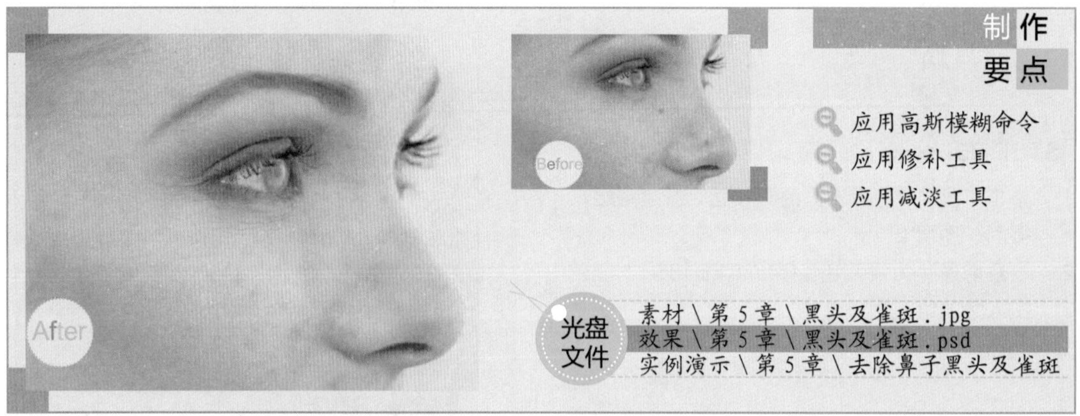

STEP 01： 复制背景图层

打开素材图像“黑头及雀斑.jpg”，按 Ctrl+J 组合键复制背景图层，得到“图层 1”。

读书笔记

STEP 02： 设置高斯模糊

1. 选择【滤镜】/【模糊】/【高斯模糊】命令，在打开的“高斯模糊”对话框中设置“半径”为 2。
2. 单击 确定 按钮。

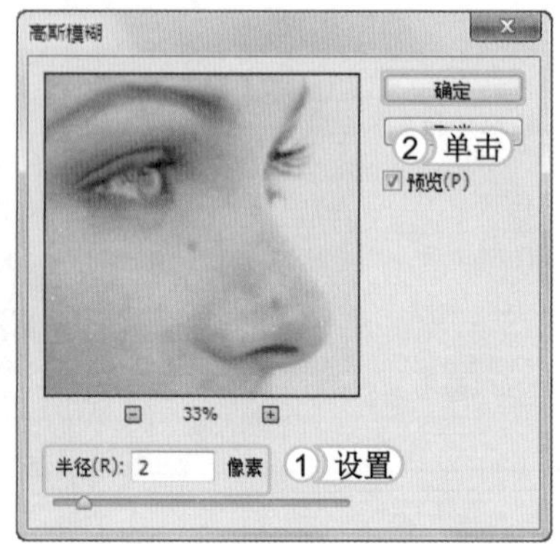

STEP 03： 设置图层混合模式

1. 在“图层”面板中，设置图层“混合模式”为滤色。
2. 设置图层“不透明度”为30%。

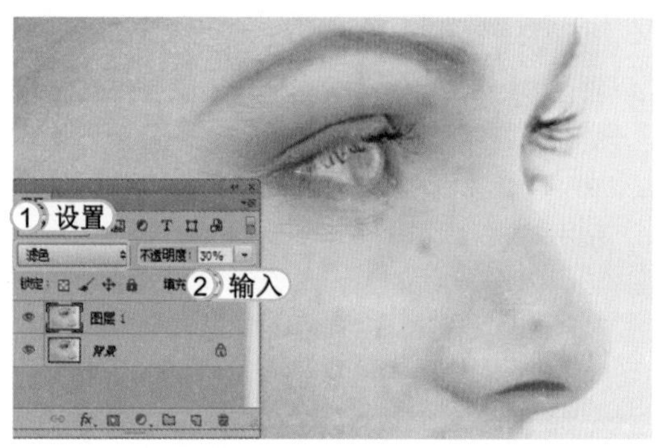

STEP 04： 修复图像污点

1. 按Ctrl+E组合键合并图层，选择污点修复画笔工具，并调整至合适的画笔大小。
2. 在“属性”栏中选中 近似匹配 单选按钮。
3. 使用污点修复画笔工具在人物鼻子和脸部存在黑头或雀斑的位置进行涂抹。

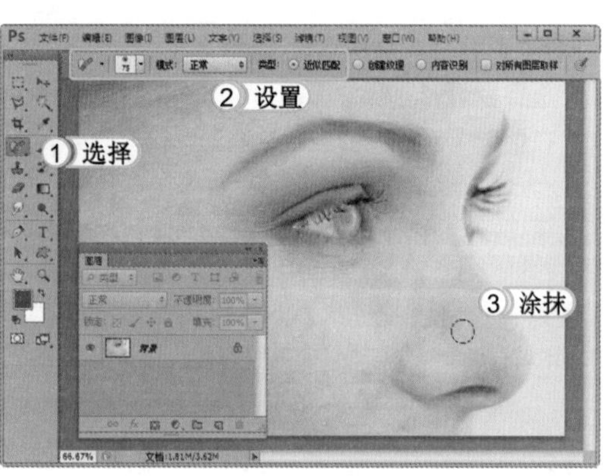

经验一箩筐——多个修复工具的配合使用

在本实例去除黑头及雀斑的过程中，主要使用的是污点修复画笔工具，也可以灵活配合使用仿制图章工具。对于大块的斑点，建议使用修补工具进行修补后，再使用污点修复画笔工具或仿制图章工具进行局部美化。

5.2.2 缩小鼻子

有的人物的鼻子在拍摄时显得特别大，致使面部看上去极不协调，这时可以使用Photoshop将人物鼻子的大小进行适当的调整。本例将介绍缩小鼻子的方法。其最终效果如下图所示。

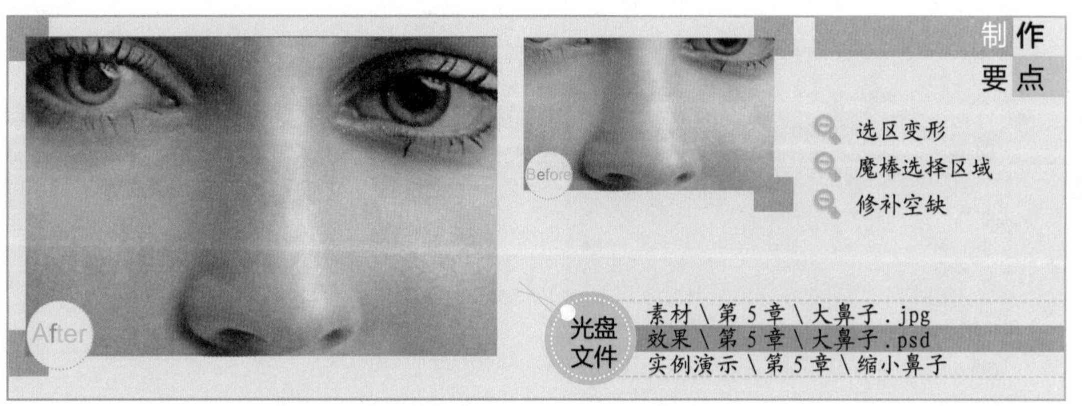

STEP 01：放大鼻子区域

1. 打开素材图像“大鼻子.jpg”，选择工具箱中的缩放工具。
2. 在“属性”栏中单击按钮。
3. 使用缩放工具将鼻子部分调整到合适大小。

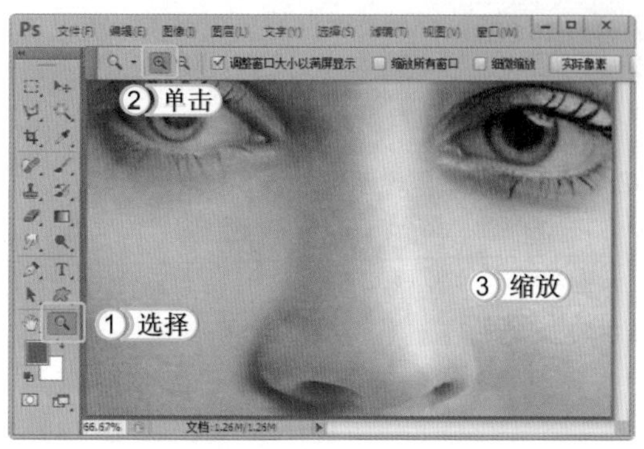

STEP 02：创建鼻子选区

1. 选择多边形套索工具。
2. 在图像中创建鼻子区域的选区。

提个醒 使用多边形套索工具选择图像时，可以按住 Shift 键继续添加选取图像，或按住 Alt 键在选区内减去不需要的图像。

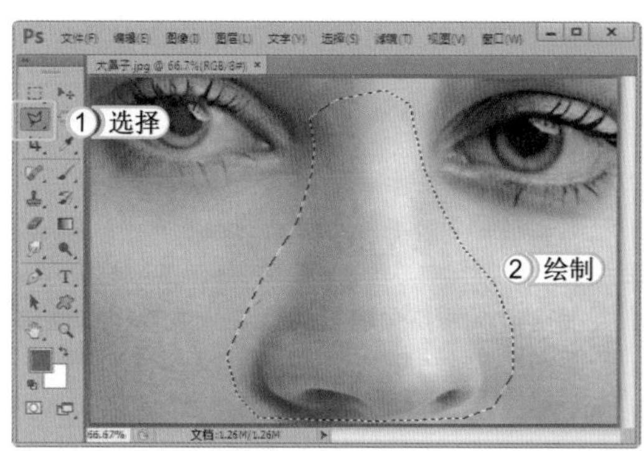

STEP 03：调整鼻子

选择【编辑】/【自由变换】命令，然后按住 Alt+Shift+Ctrl 组合键，同时拖动变形框下方控制点水平向中间拉动，调整选区内的鼻子，然后按 Enter 键结束编辑。

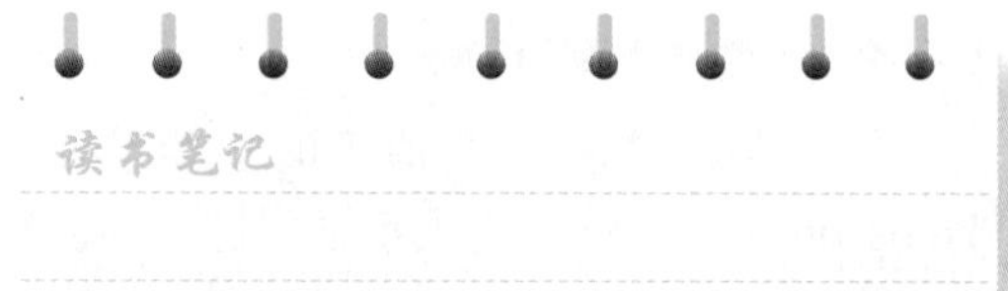

STEP 04：选取空缺区域

1. 按 Ctrl+D 组合键取消选区，然后选择魔棒工具。
2. 在“属性”栏中设置“容差”为 50，选中 连续 复选框。
3. 在右侧空缺处单击鼠标，选取右方空缺选区。

STEP 05： 修补空缺

1. 在工具箱中选择修补工具。
2. 在“属性”栏中选中单选按钮。
3. 将选区拖动到附近皮肤较好的地方，对空缺图像进行修补。

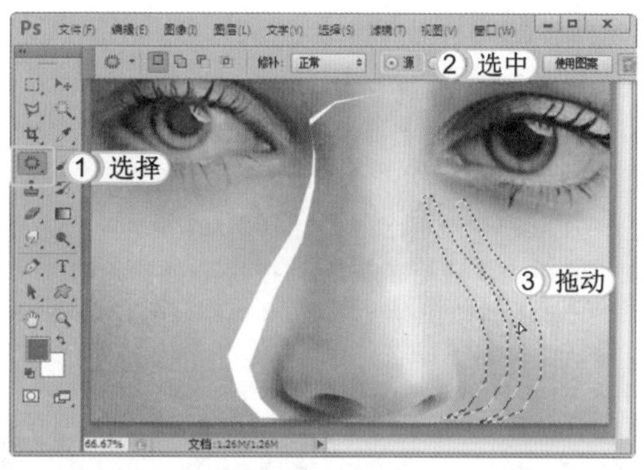

STEP 06： 修补其他空缺

使用同样的方法，继续使用修补工具修补其他空缺，完成本实例的制作。

提个醒 在修补空缺图像时，如果一次不能修补好图像，可以多次对图像进行修补。

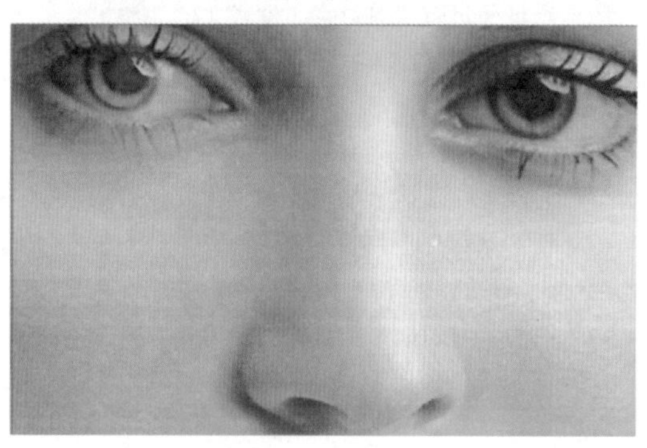

5.2.3 打造性感鼻梁

许多人希望具有明星般的长相，特别是希望有一个能体现气质的鼻子。在 Photoshop 中，只需几步操作就能打造出性感的鼻梁，使鼻子更加美观。本例将介绍打造性感鼻梁的方法。其最终效果如下图所示。

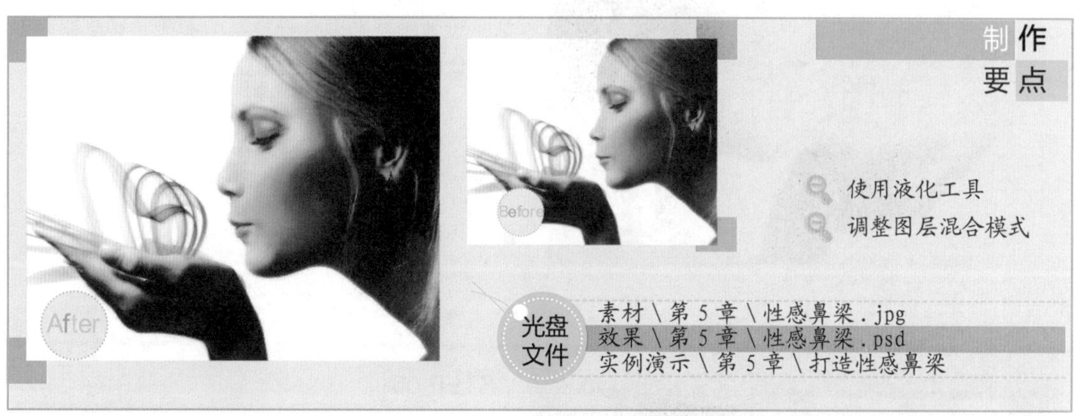

STEP 01： 放大鼻子区域

1. 打开素材图像“性感鼻梁 .jpg”，选择工具箱中的缩放工具。
2. 在“属性”栏中单击按钮。
3. 使用缩放工具将鼻子部分调整到合适大小。

STEP 02： 鼻梁整形

1. 选择【滤镜】/【液化】命令，打开“液化”对话框，选择向前变形工具。
2. 设置“画笔大小”为 50、“画笔密度”为 50、“画笔压力”为 100。
3. 使用向前变形工具，在鼻梁外缘涂抹提高鼻梁。
4. 单击 确定 按钮。

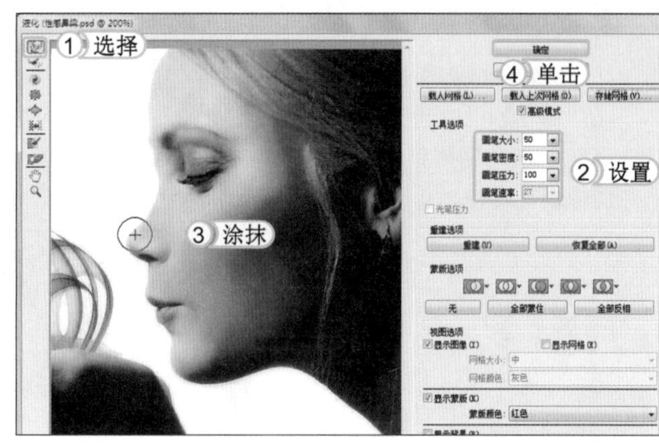

提个醒 使用向前变形工具，在提高鼻梁的操作过程中，可按 [键或] 键调整画笔大小。

STEP 03： 将背景图层转换为普通图层

1. 双击“背景”图层。
2. 在打开的“新建图层”对话框中单击 确定 按钮，得到“图层 0”，将背景层转化为普通图层。

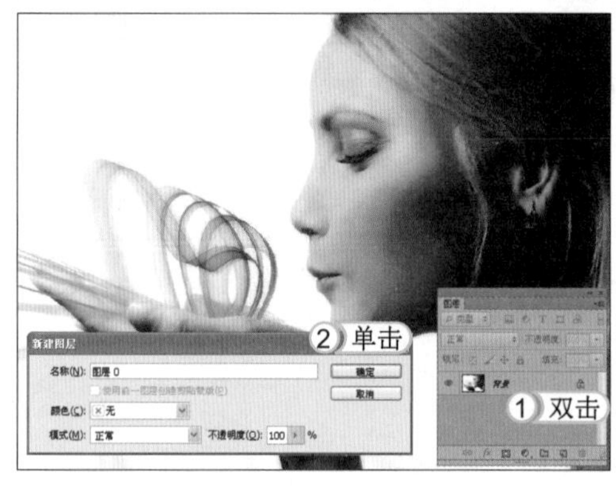

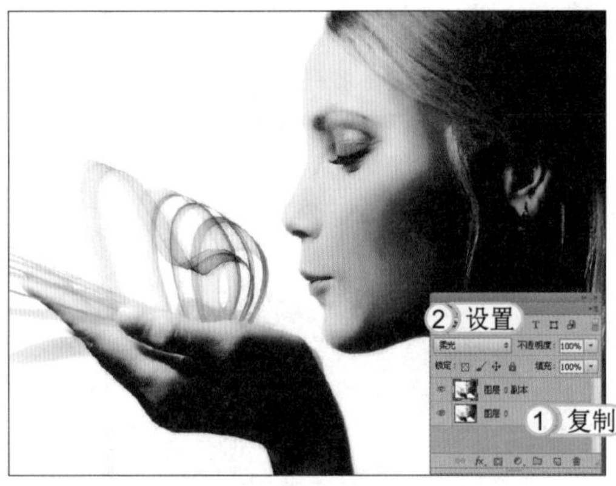

STEP 04： 设置图层混合模式

1. 按 Ctrl+J 组合键复制“图层 0”，得到“图层 0 副本”。
2. 设置图层“混合模式”为柔光，得到强烈对比的图像混合的效果。

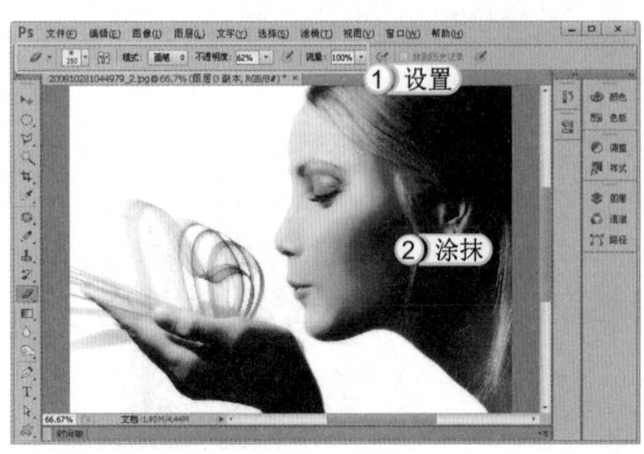

STEP 05： 擦除图像

1. 选择橡皮擦工具，在“属性”栏中设置“画笔大小”为 350、“不透明度”为 62%。
2. 在图像中对人物的鼻子、嘴巴和头发图像进行适当涂抹，使图像对比不那么强烈，完成本实例的制作。

5.3 学习 1 小时：人物嘴部美容

虽然通过前面的学习，可以轻松地美化人物的眼睛和鼻子。但是在处理照片时，还经常会遇到牙齿泛黄、嘴唇干涩等情况。这时，还需要掌握美化人物嘴部的方法，使用 Photoshop 实现的美化效果不逊色于牙膏和唇彩的功效。

5.3.1 美化嘴型

大嘴唇体现出人物的豪迈与大气，樱桃小嘴则可衬托出人物的可爱与温柔。为了突出人物的不同性格和气质，有时需要对人物的嘴型进行修改。在 Photoshop 中改变人物嘴型的方法很简单，下面介绍一种常用的方法。其最终效果如下图所示。

STEP 01：去除嘴角细纹

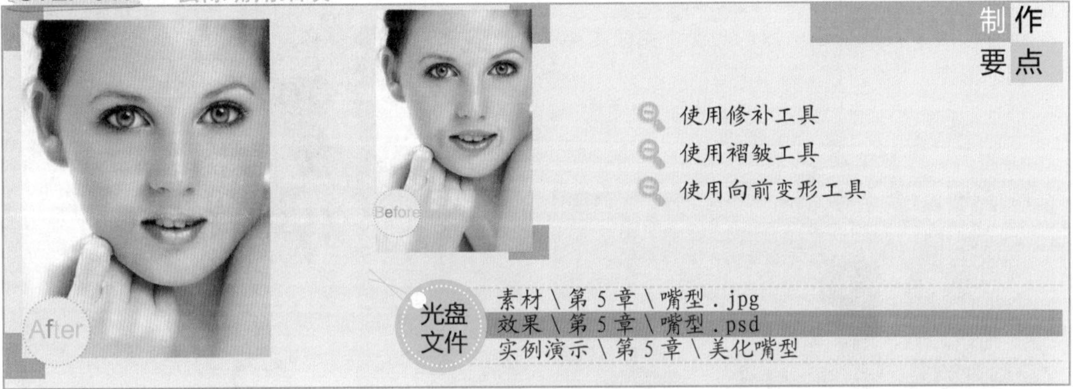

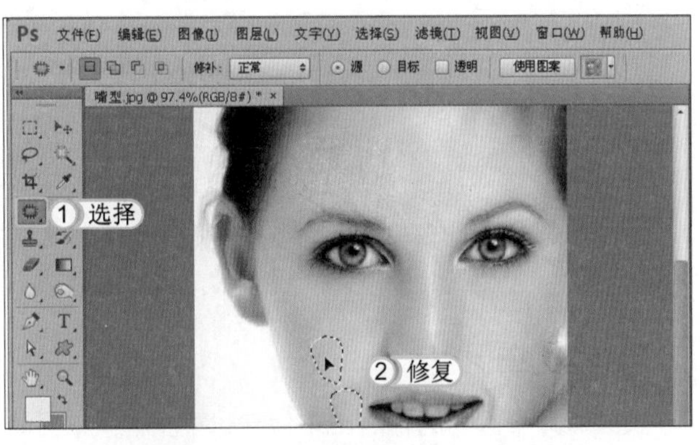

1. 打开素材图像“嘴型 .jpg”，将人物嘴唇放大到合适大小，然后选择修补工具。
2. 按住鼠标左键拖出嘴角纹的选区，再将选区拖动到光滑皮肤处，然后松开鼠标。

STEP 02：缩小嘴型

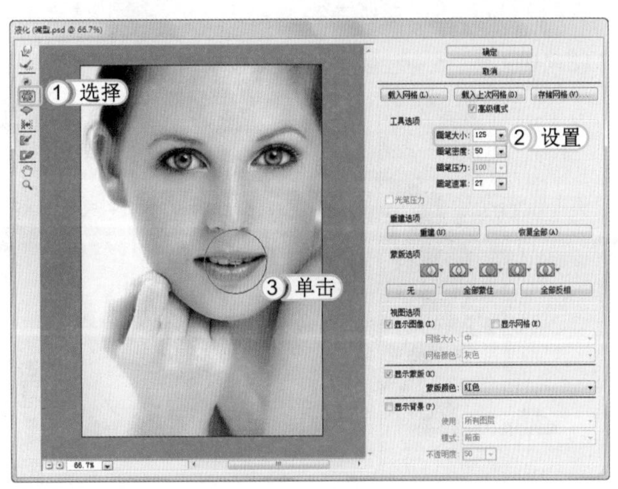

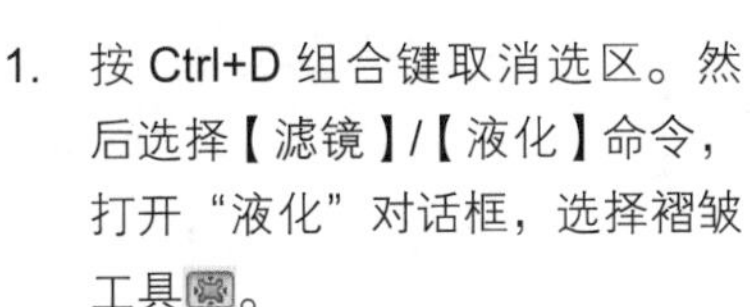

1. 按 Ctrl+D 组合键取消选区。然后选择【滤镜】/【液化】命令，打开“液化”对话框，选择褶皱工具。
2. 适当设置画笔大小。
3. 在嘴部单击鼠标对其进行适当缩小。

STEP 03：美化嘴型

1. 在“液化”对话框中选择向前变形工具。
2. 在嘴角和嘴唇中部处进行美化处理。
3. 单击 确定 按钮。

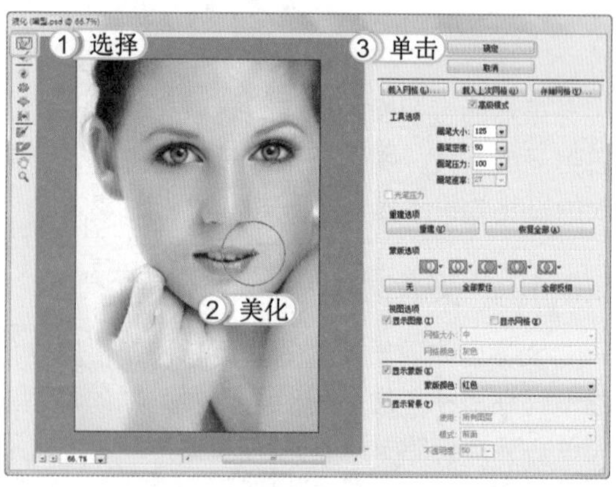

STEP 04： 处理嘴唇的高光和阴影

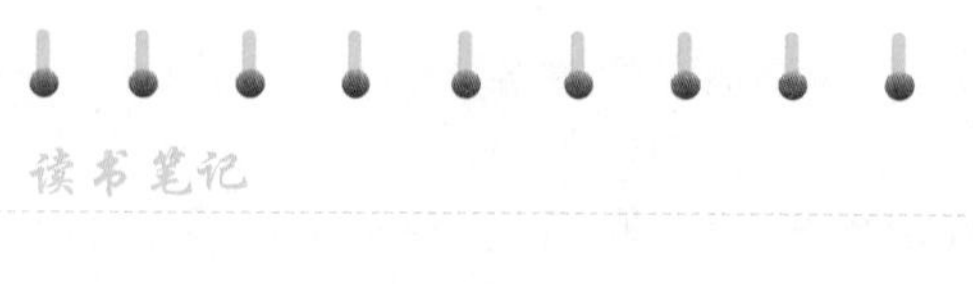

1. 选择加深工具处理嘴唇的高光。
2. 选择减淡工具处理嘴唇的阴影，完成本实例的制作。

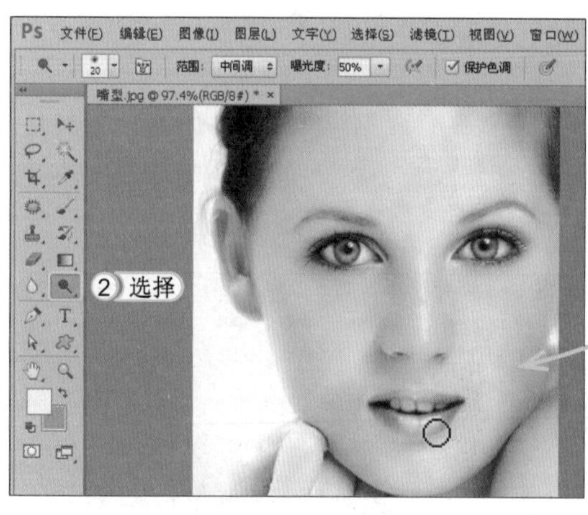

提个醒 如果还需要对牙齿进行美白处理，可以参照下一节的方法对牙齿进行美白。

5.3.2 美白牙齿

如果照片中人物的牙齿出现偏黄、不整齐或缺牙的情况，会直接影响人物的形象。本例将讲解使用 Photoshop 轻松美白修复牙齿的方法。最终效果如下图所示。

STEP 01： 绘制选区

1. 打开素材图像“牙齿.jpg”，将人物嘴部放大到合适大小，在工具箱中选择多边形套索工具。
2. 在“属性”栏中设置选区的“羽化”为3像素。
3. 在图像中绘制牙齿的选区。

STEP 02：调整曲线

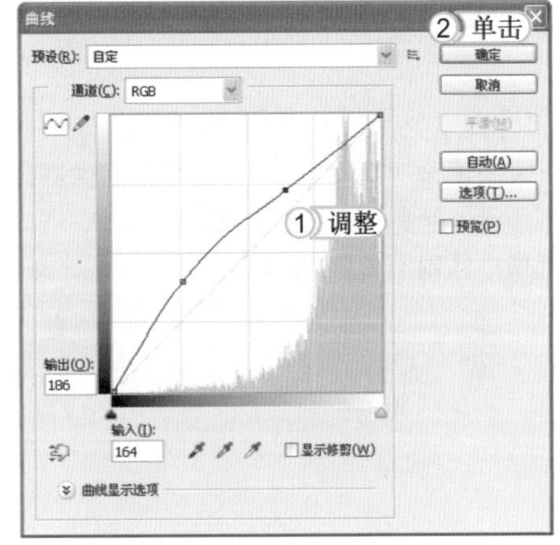

1. 选择【图像】/【调整】/【曲线】命令，打开“曲线”对话框，调整曲线，增加图像细节的对比度和亮度。
2. 单击 确定 按钮，得到调整后的效果。

STEP 03：设置亮度和对比度

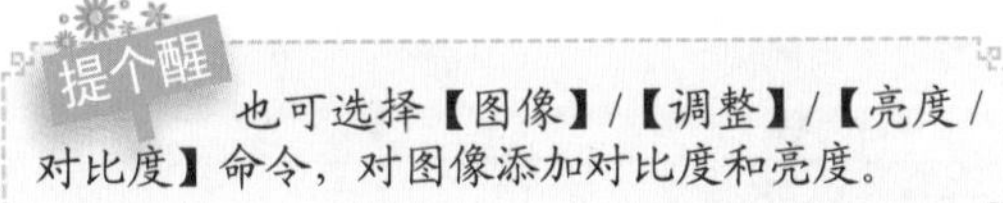

也可选择【图像】/【调整】/【亮度/对比度】命令，对图像添加对比度和亮度。

1. 选择【图像】/【调整】/【亮度和对比度】命令，打开“亮度/对比度”对话框。设置“亮度”为30、“对比度”为25。
2. 单击 确定 按钮，按Ctrl+D组合键取消选区，完成本实例的制作。

经验一箩筐——使用其他方法美白牙齿

美白牙齿还可以通过新建图层，然后用白色画笔涂抹牙齿，再设置图层“混合模式”为柔光，并适当调整图层的不透明度来美白牙齿。

5.3.3 制作绚丽唇彩

绚丽的唇彩已成为当代时尚女性的象征，可以凸显女性的妩媚和性感，张扬个性。为数码照片中的女性增加绚丽的唇彩效果，可使人物个性变得热烈，使整体画面变得灵动、时尚，别有一种风韵。本例将介绍制作绚丽唇彩的方法。其最终效果如下图所示。

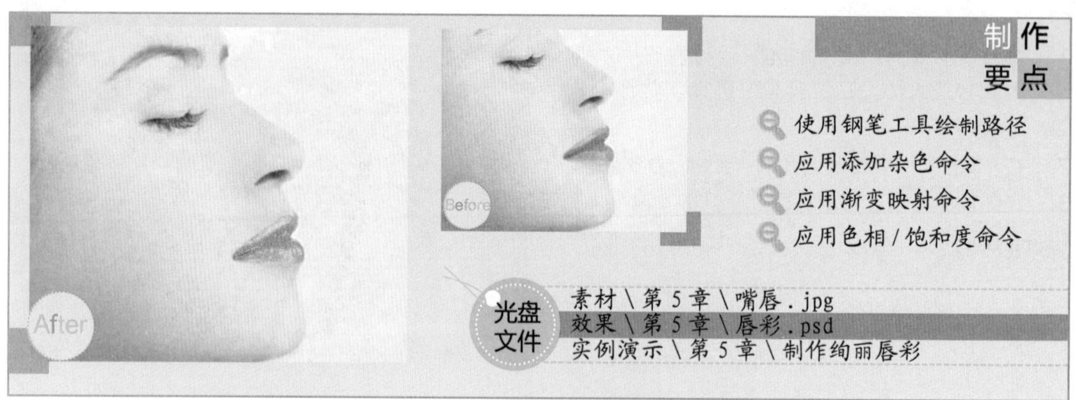

STEP 01：绘制嘴唇路径

1. 打开素材图像“嘴唇 .jpg”，对嘴部图像进行适当放大，然后选择钢笔工具。
2. 在图像中绘制出嘴唇的路径。

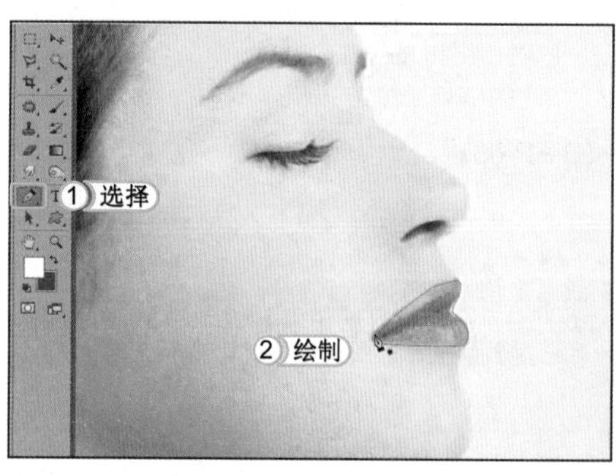

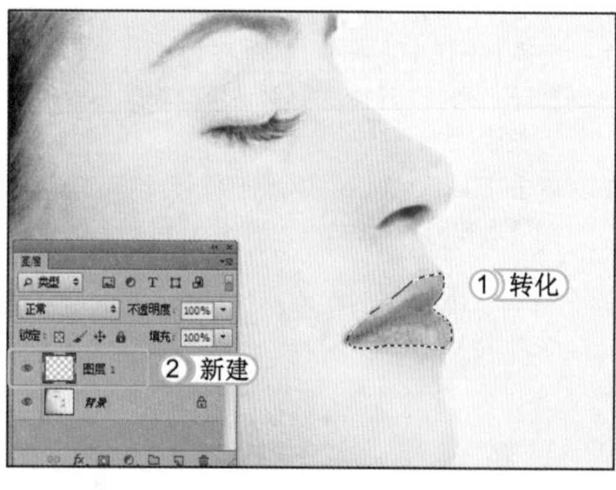

STEP 02：创建新图层

1. 按 Ctrl+Enter 组合键将路径转化为选区。
2. 单击“图层”面板下方的“创建新图层”按钮，新建“图层 1”。

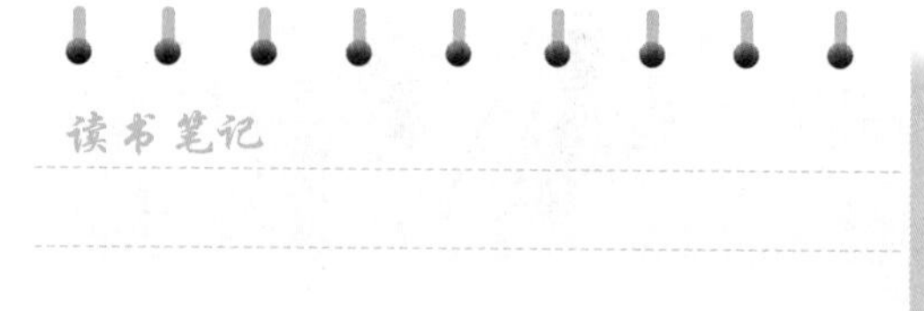

STEP 03：填充图层

1. 按 D 键恢复默认前景色为“黑色”。
2. 按 Alt+Delete 组合键填充选区。

STEP 04: 添加杂色

1. 选择【滤镜】/【杂色】/【添加杂色】命令，在打开的“添加杂色”对话框中设置“数量”为 20。
2. 在“分布”栏选中 高斯分布(G) 单选按钮。
3. 在对话框的下方选中 单色(M) 复选框。
4. 单击 确定 按钮。

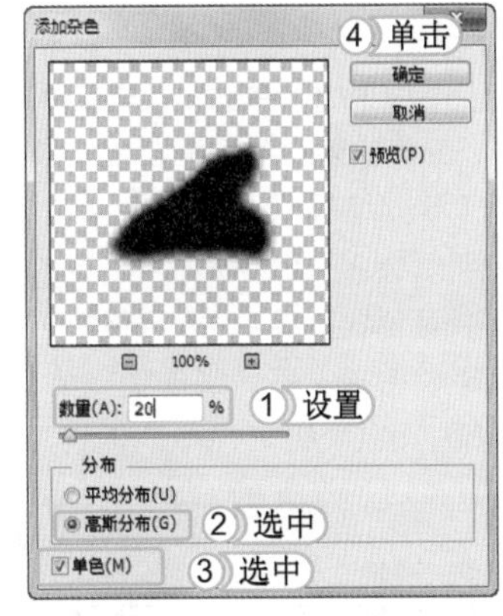

STEP 05: 设置图层

1. 在“图层”面板中选择“图层 1”。
2. 设置“图层 1”的“混合模式”为颜色减淡、“不透明度”为 70%。

读书笔记

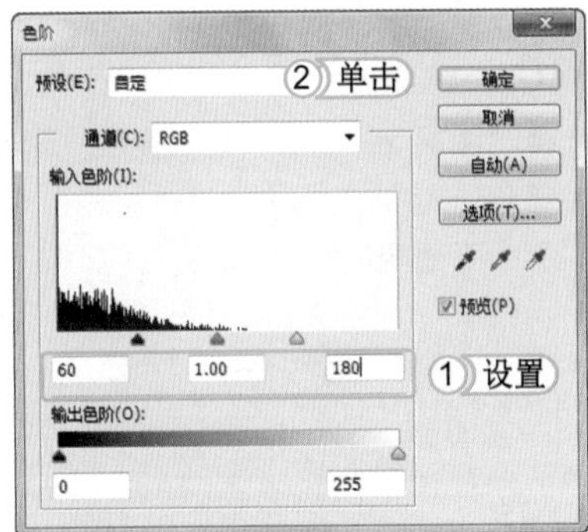

STEP 06: 设置色阶

1. 选择【图像】/【调整】/【色阶】命令，打开的“色阶”对话框，然后设置“色阶”的参数分别为 60、1.00、180。
2. 单击 确定 按钮。

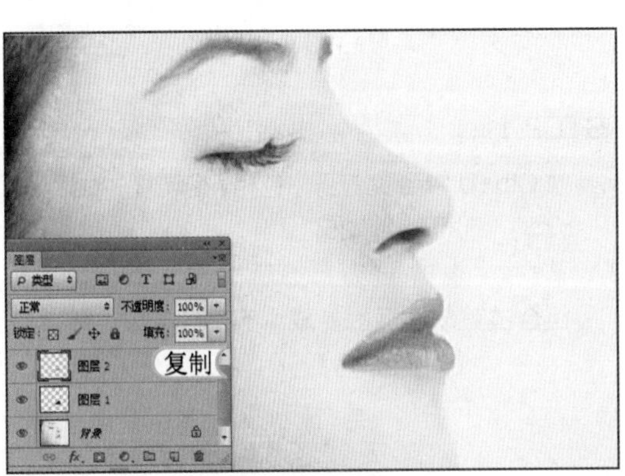

STEP 07: 复制背景层

选择背景图层，按 Ctrl+J 组合键，生成“图层 2”图层，然后按 Shift+Ctrl+] 组合键将该层移至最顶层。

STEP 08：设置渐变映射

1. 选择【图像】/【调整】/【渐变映射】命令，打开“渐变映射”对话框，单击渐变条。
2. 打开“渐变编辑器”对话框，在渐变条上单击鼠标，添加 3 个色块。
3. 选择中间色块，设置为“背景”，然后分别选中 3 个色块，在“位置”数值框中依次设置为 50、55、60。

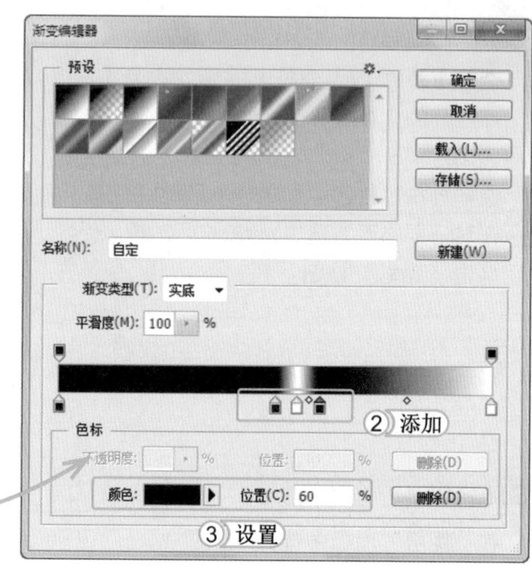

STEP 09：返回主界面进行确定

在“渐变编辑器”对话框中单击 确定 按钮，返回“渐变映射”对话框。此时渐变条已发生改变，单击 确定 按钮。

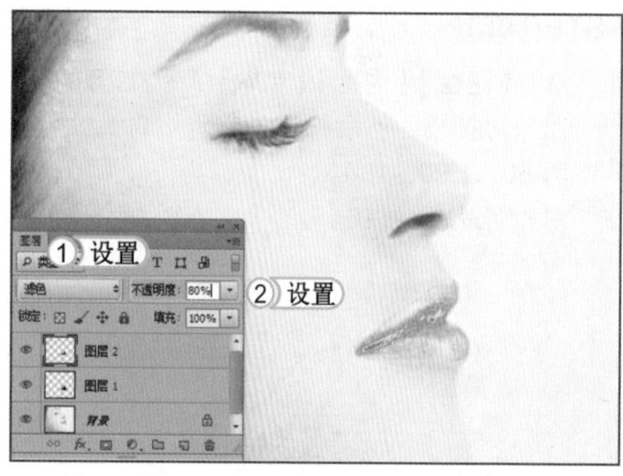

STEP 10：设置图层混合模式

1. 确认选择“图层 2”图层，设置图层“混合模式”为滤色。
2. 设置图层“不透明度”为 80%。

STEP 11：调整色相 / 饱和度

1. 按 Ctrl+U 组合键打开“色相 / 饱和度”对话框，设置“色相”为 -25。
2. 单击 确定 按钮，然后按 Alt+Shift+Ctrl+E 组合键盖印图层，完成本实例的制作。

5.4 学习 2 小时：人物头发美容

前面学习了人物面部的美容和对人物照片的处理，除此之外，读者还需要掌握人物头发和全身的美容方法。本节将学习头发的美容方法。

5.4.1 直发变卷发

有的人喜欢直长发，而有的人却热衷于卷发。随着时代的不同，卷发已成为了一种流行与时尚的表现形式。本例将讲解使用 Photoshop 将人物直发变为卷发的制作方法。其最终效果如下图所示。

STEP 01： 创建头发选区

1. 打开素材图像“直发 .jpg”，用缩放工具将其缩放到合适大小，然后选择工具箱中的多边形套索工具。
2. 使用多边形套索工具勾选出前额的头发，用以改变人物刘海样式。

STEP 02： 旋转头发

1. 按 Ctrl+J 组合键复制选区中的图像，得到“图层 1”。
2. 按 Ctrl+T 组合键，然后将鼠标光标移动到变换框下方控制点处，对复制的头发进行旋转。

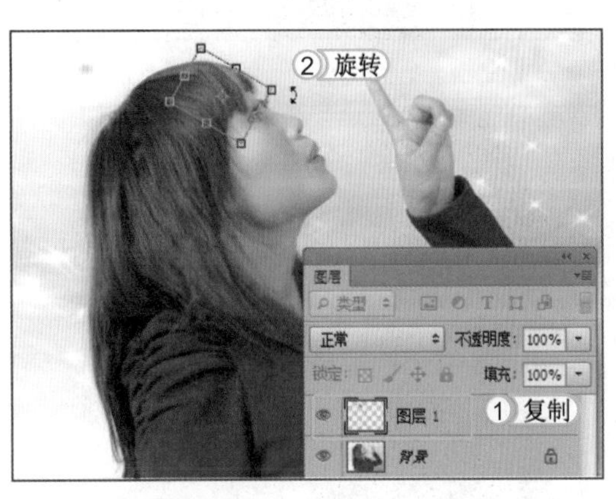

STEP 03： 缩小并移动复制的头发

1. 按住 Shift 键，同时拖动变换框的控制点缩小头发，然后按 Enter 键结束编辑。
2. 选择移动工具，然后将编辑后的头发移动到人物的前额处。

提个醒 这里虽然复制的是前额的头发，但是经过修改后，头发位置发生了变化，所以要重新调整其位置。

STEP 04： 扭曲头发

1. 按 Ctrl+E 组合键合并图层。选择【滤镜】/【液化】命令，在打开的“液化”对话框中，选择顺时针旋转扭曲工具。
2. 设置“画笔大小”为 45，通过在人物头发上单击并按住鼠标左键来扭曲发头，按住左键的时间越长，扭曲效果越明显。
3. 单击 确定 按钮。

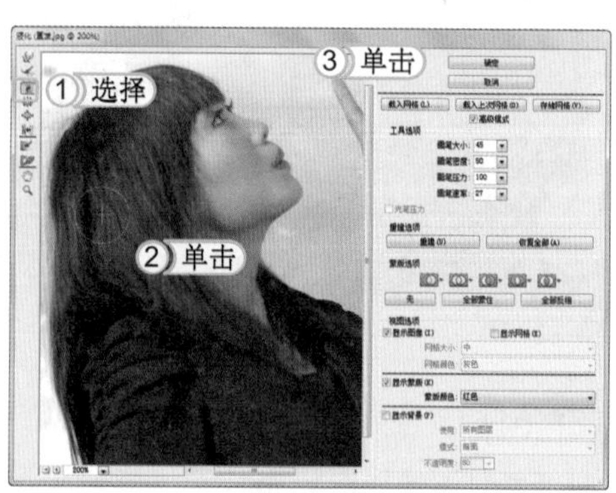

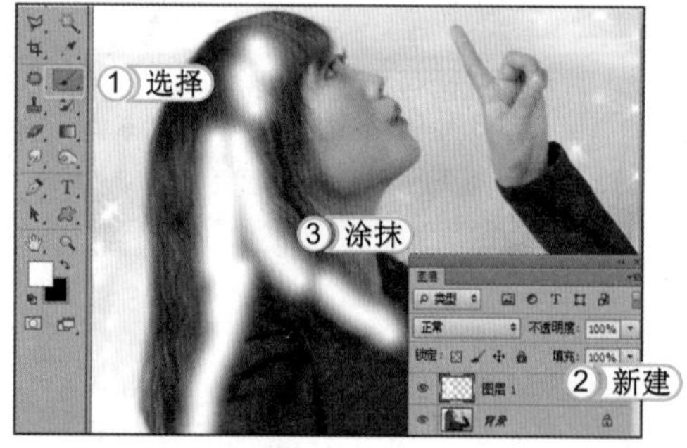

STEP 05： 绘制高光

1. 按 X 键将“前景色”转换为白色，然后选择工具箱中的画笔工具，并调整合适的画笔大小。
2. 单击“图层”面板下方的按钮，新建“图层 1”。
3. 使用画笔工具，在人物头发高光处进行涂抹绘制。

STEP 06： 设置图层

设置“图层 1”的图层“混合模式”为柔光、“不透明度”为 15%，完成本实例的制作。

5.4.2 改变发色

人物头发的色彩更改也是较为常见的照片处理方式。本例将通过较简单的方法对人物发色进行处理。其最终效果如下图所示。

STEP 01： 选择头发

1. 打开素材图像“染发 .jpg”，使用缩放工具将其缩放到合适大小，然后选择快速选择工具。
2. 在头发处进行涂抹，从而选择头发。

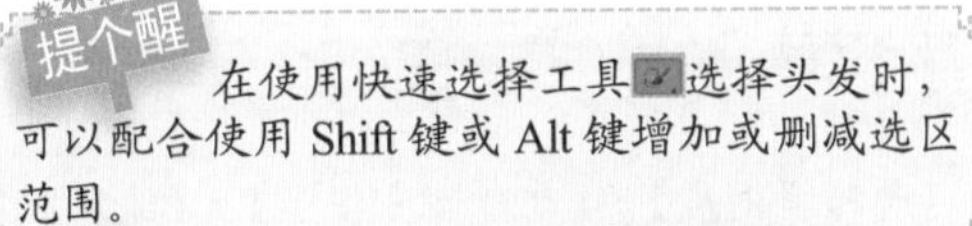

提个醒 在使用快速选择工具选择头发时，可以配合使用 Shift 键或 Alt 键增加或删减选区范围。

STEP 02： 新建并填充图层

1. 单击“图层”面板下方的按钮，新建“图层 1”。
2. 设置“前景色”为 (R235,G169,B123)，按 Alt+Delete 组合键填充头发颜色。
3. 设置图层“混合模式”为叠加、“不透明度”为 60%。

STEP 03： 复制图层

按 Ctrl+J 组合键复制一次“图层 1”，得到“图层 2”。

STEP 04：擦出阴影区域

1. 按 Ctrl+E 组合键对“图层 1”和“图层 2”进行合并。
2. 选择工具箱中的橡皮擦工具。
3. 在头发阴影处进行涂抹。

STEP 05：调整色相 / 饱和度

1. 按 Ctrl+U 组合键打开“色相 / 饱和度”对话框，分别输入“-5、25、0”。
2. 单击 确定 按钮，完成本实例的制作。

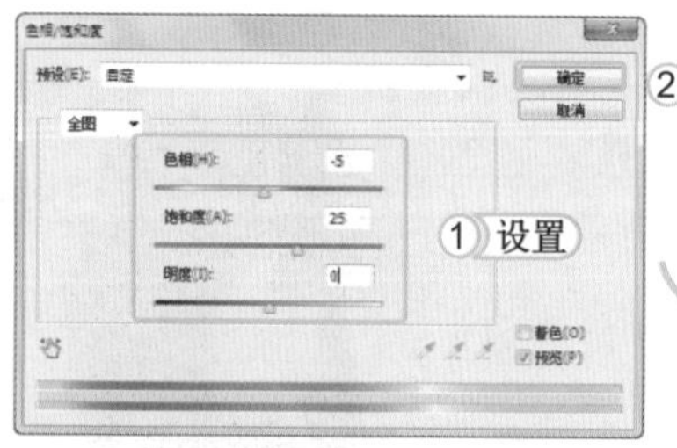

经验一箩筐——更改发色的其他方法

除了前面介绍的方法外，还可以在创建头发选区后，选择【图层】/【创建填充图层】/【纯色】命令，选择喜欢的颜色进行填充，再调整图层混合模式和不透明度即可。

5.4.3 改变发型

改变发型可以更改个人风格。使用 Photoshop 处理数码照片，可以轻松实现发型改变。下面将介绍改变发型的常用操作方法。其最终效果如下图所示。

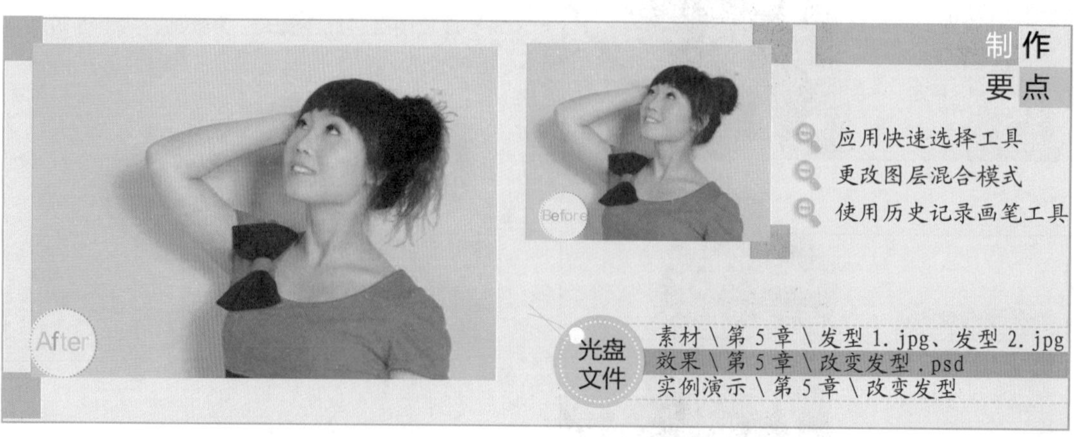

STEP 01： 创建头发选区

1. 打开素材图像“发型 1.jpg”和“发型 2 .jpg”，并将“发型 2.jpg”设置为当前文件，然后使用缩放工具将其缩放到合适大小，再选择工具箱中的快速选择工具。
2. 通过在头发处进行涂抹，从而选择头发，创建头发选区，然后按 Ctrl+C 组合键复制选区。

STEP 02： 切换窗口并粘贴图像

按 Ctrl+~ 组合键将窗口切换到“发型 2”窗口，然后按 Ctrl+V 组合键粘贴选区。

STEP 03： 变形新头发

按 Ctrl+T 组合键对选区进行变形，按住 Shift 键和 Alt 键不放，向中心拖动四周的控制点使新头发缩放到合适大小。

STEP 04： 放置新头发

将鼠标光标移到变换框中心，将新头发移至合适位置，再拖动四周控制点旋转新头发，按 Enter 键结束编辑。

STEP 05： 调整图层混合模式

选择“图层 2”，设置图层“混合模式”为正片叠底，“不透明度”为 100%。

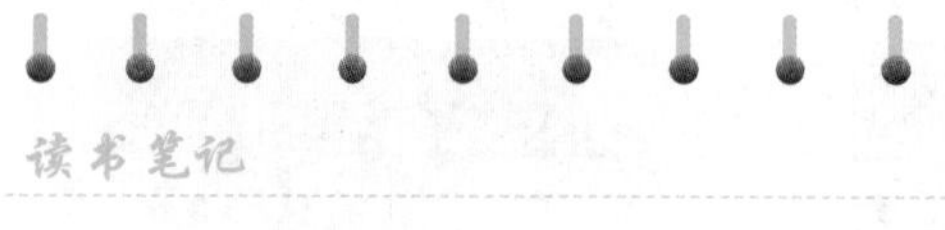

STEP 06： 还原头发边缘

1. 按 Ctrl+E 组合键合并图层。
2. 在工具箱中选择历史记录画笔工具，对头发边缘进行还原，完成本实例的制作。

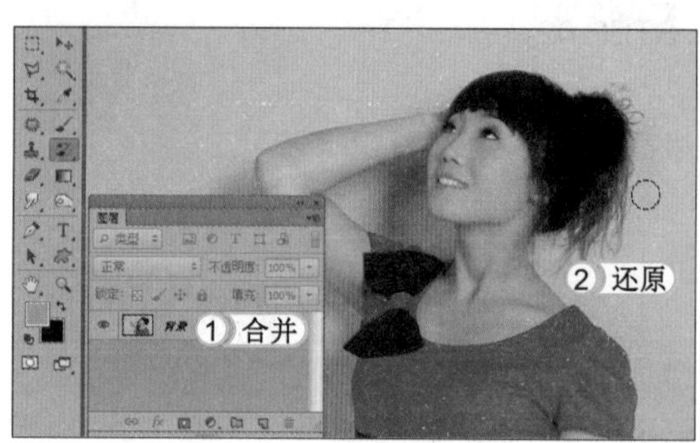

5.5 学习 2 小时：人物整体美容

通过前面的讲解，学习了人物美容的基本方法。如果要灵活处理人物照片，还需要继续学习人物整体美容的方法。对人物整体进行美容可以从易到难，也可以从难到易，只要处理的效果好即可，没有固定的处理顺序。

5.5.1 人物瘦身

有的人喜欢胖，显得强壮，有的人喜欢瘦，看上去苗条。在实际生活中减肥增胖并不是容易的事，而借助 Photoshop，一切都变得简单快捷。下面就以为人物瘦身为例，讲解美化人物身材的方法。其最终效果如下图所示。

STEP 01： 局部放大

打开素材图像“瘦身.jpg”，使用放大工具将人物较胖的部位放大。

STEP 02： 向前变形较胖区域

1. 选择【滤镜】/【液化】命令，在打开的“液化”对话框中选择向前变形工具。
2. 使用向前变形工具，在人物腰部较胖区域的外侧按住鼠标左键向内推移。

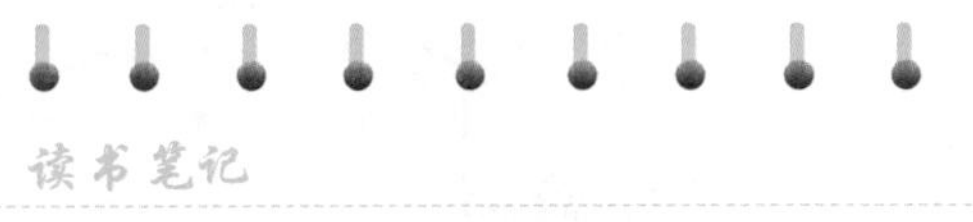

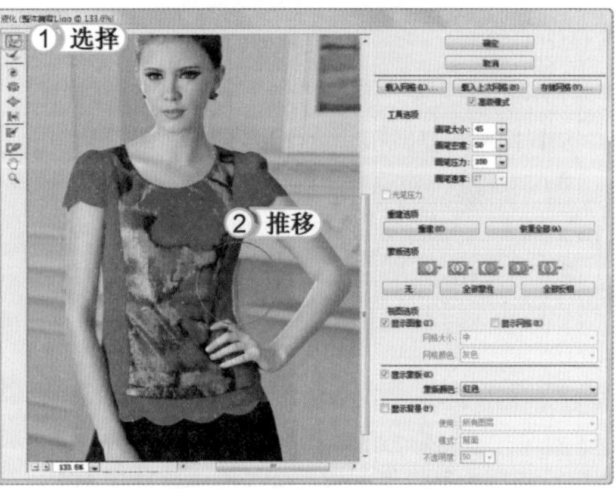

STEP 03： 向前变形较胖区域

1. 继续使用向前变形工具，对人物另一侧的腰部图像进行处理，使其变瘦。
2. 单击 确定 按钮，完成本实例的制作。

5.5.2 为人物美肤

如果照片上的人物看起来皮肤暗沉、发黄。可以借助 Photoshop 有针对地进行后期处理。但是需要注意的是，Photoshop 不是智能软件，并不能辨别处理的对象，所以需要用户对色彩和光线进行修改才能实现最终的目的。本例将通过较简单的方法对人物进行磨皮美白。其最终效果如下图所示。

STEP 01：调整亮度 / 对比度参数

1. 打开素材图像“美肤 .jpg”，然后选择【图像】/【调整】/【亮度 / 对比度】命令，打开“亮度 / 对比度”对话框。在“亮度”数值框中输入“21”，在“对比度”数值框中输入“4”。
2. 单击 确定 按钮。

提个醒

该操作的目的是增加人物皮肤的亮度，起到美白作用，这里也可以选择【图像】/【调整】/【曲线】命令，调整皮肤的亮度来对皮肤进行美白。

STEP 02：修复面部暗沉

1. 在工具箱中选择缩放工具，将鼠标光标移动到面颊处，两次单击鼠标放大图像。
2. 在工具箱中选择仿制图章工具，设置“流量”为 65%。
3. 按住 Alt 键，在脸颊下方光洁的皮肤处单击鼠标，定义仿制图章。然后连续在脸颊上的暗沉处单击鼠标进行遮盖修复。

STEP 03： 修复身上的斑点

1. 在工具箱中选择修补工具，在"属性"栏中选中 源 单选按钮。
2. 在肩膀处拖动鼠标框选暗沉所在的范围。
3. 向左方的肌肤处拖动鼠标，待右边边框内的肌肤上没有斑点时释放鼠标，对身上的斑点进行修复，完成本实例的制作。

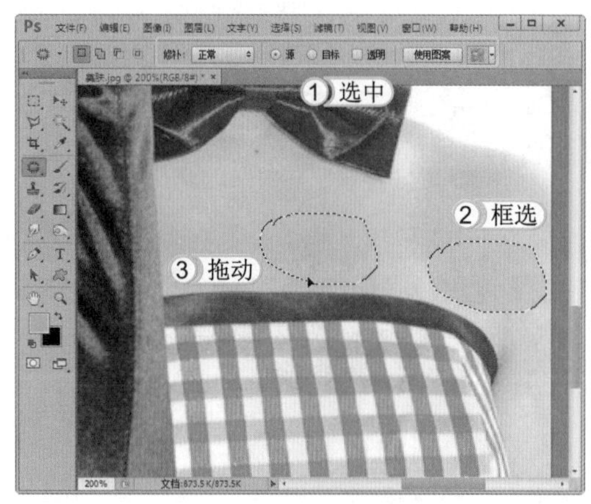

5.5.3 为人物添加纹身

纹身能够突出地展现人物个性，但纹身也是件非常痛苦的事情。运用 Photoshop 为数码照片添加纹身则十分轻松、简单。下面将介绍添加纹身的一般方法。其最终效果如下图所示。

STEP 01： 复制花纹图案

打开素材图像"纹身 .jpg"和"花纹 .jpg"。切换到"花纹"图案窗口中，按 Ctrl+A 组合键全选花纹，然后按 Ctrl+C 组合键进行复制。

STEP 02： 粘贴花纹图像

按 Ctrl+~ 组合键切换到“纹身”窗口中，然后按 Ctrl+V 组合键粘贴花纹图像，得到“图层 1”。

> 提个醒
> 纹身所用的花纹图片素材有很多，在选取素材时最好选择白底或透明背景，以便使处理后的融合效果更好。

STEP 03： 变换并旋转花纹图像

1. 按 Ctrl+T 组合键对复制的纹身图层进行自由变换，拖动四周控制点对其进行旋转，并将花纹图案移动到人物手臂处。
2. 将其缩放到合适大小，按 Enter 键结束编辑。

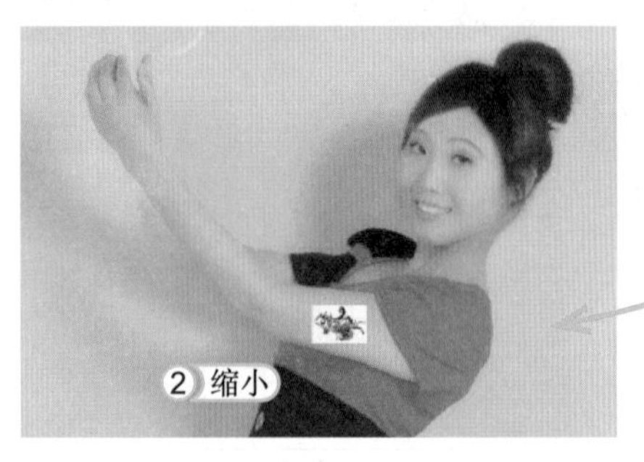

STEP 04： 设置图层混合模式

设置图层“混合模式”为正片叠底、“不透明度”为 70%，完成本实例的制作。

> 提个醒
> 在上面的制作过程中，如果想要制作纯黑色纹身效果，可以先将纹身素材图片进行去色处理。其方法是：选择【图像】/【调整】/【去色】命令，再进行本例中的操作。

5.5.4 为人物衣服换色

常言道：佛靠金装，人靠衣装。对于女性而言，购买新衣服是一件非常愉快的事情，但并不是所有的衣服都令自己满意，这时就可以运用 Photoshop 对衣服进行换色处理，让自己天天穿上新衣服。下面将介绍更改衣服颜色的一般方法。其最终效果如下图所示。

STEP 01： 选择衣服颜色

1. 打开素材图像“红色衣服.jpg”，将需要换色的衣服区域进行放大。然后选择魔棒工具。
2. 在“属性”栏中设置“容差”为50。
3. 在衣服红色区域单击鼠标，创建红色衣服的选区。

STEP 02： 扩展选区

1. 选择【选择】/【修改】/【扩展】命令，在打开的“扩展选区”对话框中输入“3”。
2. 单击 确定 按钮。

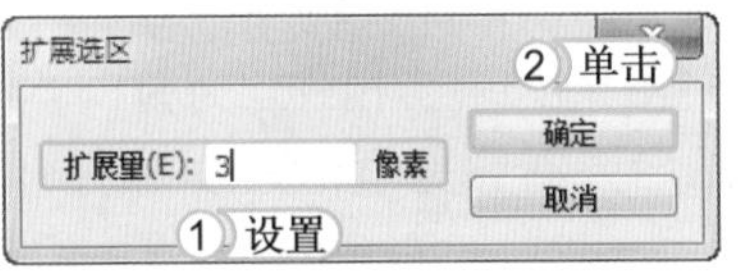

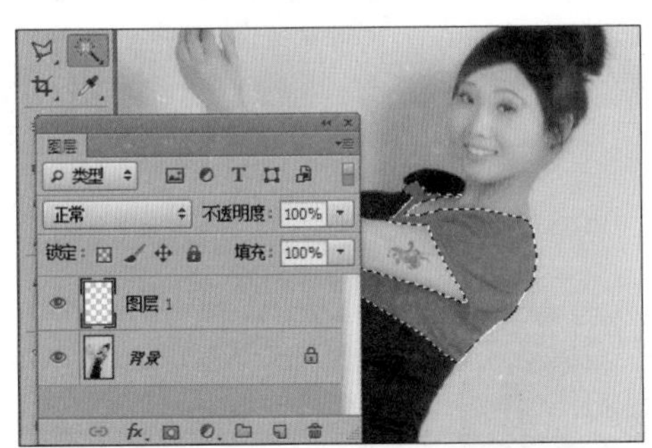

STEP 03： 新建图层

单击"图层"面板下的按钮，创建新的空白图层，得到“图层1”。

STEP 04： 填充选区

1. 设置前景色为紫色（R227,G7,B131)。
2. 按Alt+Delete组合键填充选区。

STEP 05： 设置混合模式

按 Ctrl+D 组合键取消选区，设置图层“混合模式”为色相、“不透明度”为 70%，完成本实例的制作。

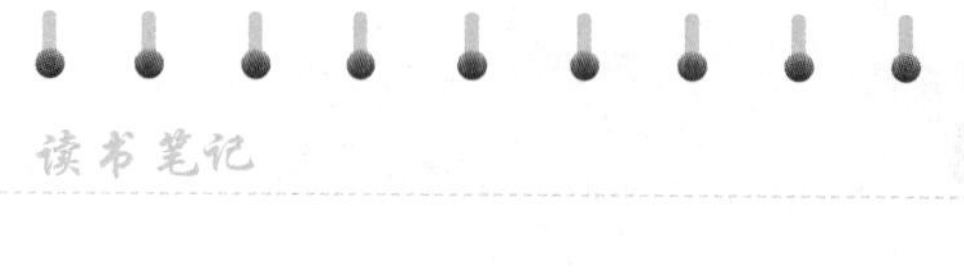

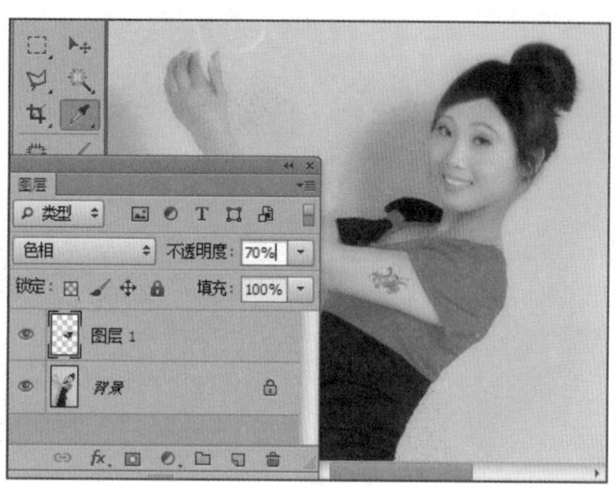

5.6 练习 1 小时

本章主要介绍了使用 Photoshop CS6 处理人物照片的常用方法，用户要想随心所欲地处理各种照片效果，必须要熟练掌握本章所学的知识。下面通过美白光滑肌肤和制作丝袜效果来进一步巩固这些知识。

1. 美白光滑肌肤

本例将使用 Photoshop 美白人物肌肤。首先使用套索工具对人物脸部图像进行选择，然后使用高斯模糊滤镜功能模糊图像效果，再调整图层“混合模式”为叠加，最后增强图像亮度，其效果如右图所示。

光盘文件

素材 \ 第 5 章 \ 黑皮肤美女 . jpg
效果 \ 第 5 章 \ 美白光滑肌肤 . psd
实例演示 \ 第 5 章 \ 美白光滑肌肤

2. 制作丝袜效果

本例将为人物照片制作丝袜效果。首先打开素材图像“美腿.jpg”和“丝袜纹理.jpg”，切换到美腿图像中，对其背景图层进行复制。然后应用“高反差保留”滤镜和“计算”命令对图像进行调整，再将丝袜纹理复制到美腿图像中，并设置图层“混合模式”为正片叠底，“不透明度”为 25%，其效果如右图所示。

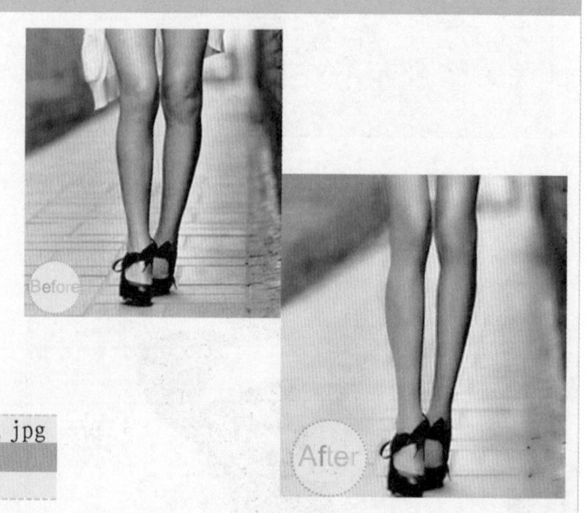

光盘文件

素材 \ 第 5 章 \ 美腿 . jpg、丝袜纹理 . jpg
效果 \ 第 5 章 \ 美腿 . psd
实例演示 \ 第 5 章 \ 制作丝袜效果

第6章 标志与艺术字设计

学习 5小时

Photoshop CS6 除了可对图像进行处理外，还可用来绘制图形，如较为常用的公司标志、艺术字设计等。用户可以通过 Photoshop 的钢笔工具来绘制需要的图形，也可结合文字工具来设计需要的字体，使图像效果更具有个性。

- 制作商业标志
- 制作机构标志
- 制作可爱卡通文字
- 制作另类文字特效

上机 1小时

6.1 学习 1 小时：制作商业标志

Photoshop CS6 的用处非常广泛，除了对图像的处理外，还可以用来绘制标志，用户可以通过钢笔工具等制作出矢量图形，这样标志就可以无限度地放大，并且不会模糊。下面将介绍几种商业标志的制作方法。

6.1.1 企业标志

“企业标志”是企业视觉识别系统中的核心部分，将企业的文化经过抽象和具象的结合，最后创造出简洁的图形符号，要求既能展示企业的经营理念，又能在实际应用中保持一致，标志一般由符号和图案组成。其最终效果如下图所示。

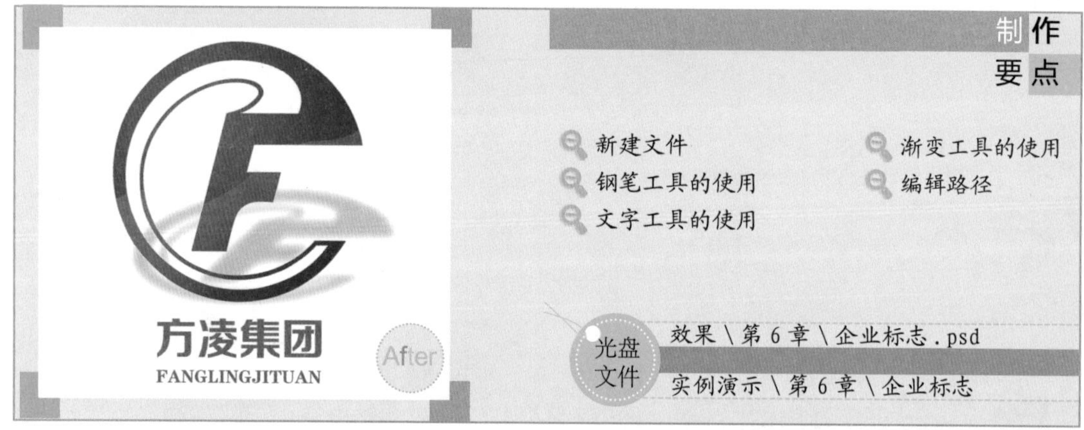

STEP 01： 新建图像

1. 启动 Photoshop CS6，选择【文件】/【新建】命令，打开“新建”对话框。设置文件名称为“企业标志”，“宽度”为 8.5 厘米，“高度”为 7.5 厘米，“分辨率”为 250 像素 / 英寸。
2. 单击 确定 按钮，得到一个空白图像文件。

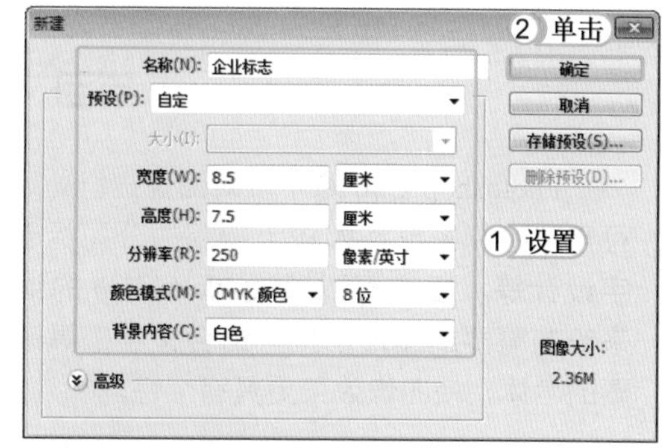

STEP 02： 输入文字

1. 选择工具箱中的横排文字工具，在图像中单击鼠标并输入文字“F”，在“属性”栏中设置“字体”为方正超粗黑简体，并适当调整文字大小，填充“颜色”为蓝色（R0,G100,B160）。
2. 这时“图层”面板将自动生成文字图层“F”，按住 Ctrl 键单击“文字”图层前的缩略图，载入图像选区。再切换到“路径”面板，单击面板底部的“从选区生成工作路径”按钮，得到文字选区。

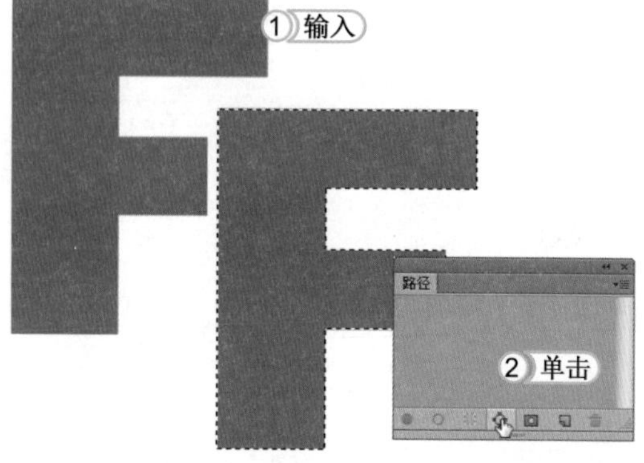

STEP 03： 编辑路径

1. 在“图层”面板中单击文字图层左侧的图标隐藏文字图层。
2. 选择钢笔工具，按住 Ctrl 键调整路径，绘制得到一个变形的 F 造型。再继续编辑路径，在外面添加圆圈，得到一个圆形与 F 字形结合的路径效果。

STEP 04： 渐变填充

1. 单击“图层”面板底部的“创建新图层”按钮，得到“图层 1”。
2. 按 Ctrl+Enter 组合键将路径转换为选区，选择渐变工具，在“属性”栏中设置“颜色”从宝蓝色（R0,G84,B153）到深蓝色（R0,G19,B94），然后对选区应用径向渐变填充。

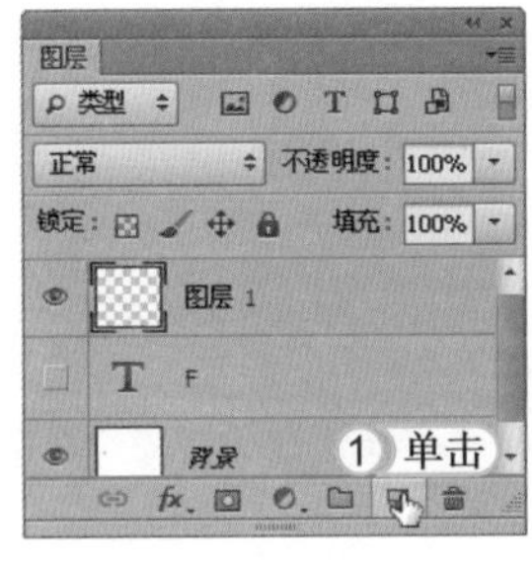

STEP 05： 绘制路径

1. 选择钢笔工具，在渐变图像下半部分绘制一个不规则图形，将渐变图形分为两部分。
2. 按 Ctrl+Enter 组合键将路径转换为选区，再按 Ctrl+J 组合键复制选区中的图像，得到新的“图层 2”。

STEP 06： 设置渐变填充

按住 Ctrl 键单击“图层 2”前的缩略图，载入图像选区，选择渐变工具，对选区应用线性渐变填充，设置“渐变颜色”从蓝色（R0,G99,B159）到深蓝色（R0,G19,B94）。

STEP 07：合并图层

1. 按住 Ctrl 键单击“图层 1”和“图层 2”，同时选择这两个图层。按 Ctrl + J 组合键复制所选择的图层，选择【图层】/【合并图层】命令，将其命名为“阴影”。
2. 按住 Ctrl 键单击“阴影”图层前的缩略图，载入图像选区。

STEP 08：制作投影造型

1. 隐藏“阴影”图层，新建一个图层，选择【选择】/【变换选区】命令。
2. 这时选区周围将出现一个变换框，按住 Ctrl 键对选区进行变换，压缩成投影的形状。

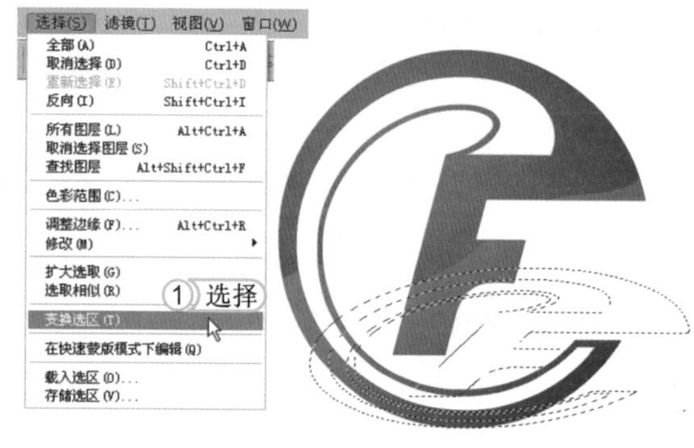

STEP 09：羽化图像

1. 选择【选择】/【修改】/【羽化】命令，打开“羽化选区”对话框，设置“羽化半径”为 10。
2. 单击 确定 按钮，得到羽化选区图像，并填充为浅灰色。

STEP 10：输入文字

1. 选择横排文字工具 T，在标志下方输入一行中文文字，并在“属性”栏中设置“字体”为方正正粗黑简体，适当调整大小后，填充“颜色”为深蓝色（R0,G19,B94）。
2. 再输入一行英文文字，在“属性”栏中设置“字体”为方正粗活意简体，同样填充为深蓝色（R0,G19,B94），适当调整文字大小，完成本实例的制作。

6.1.2 商品标志

商品标志是指商品的生产者或经营者为了将自己生产或经营的商品与他人生产或经营的商品区别开来，而使用的文字、图形或其他元素组合的图像标志。其最终效果如下图所示。

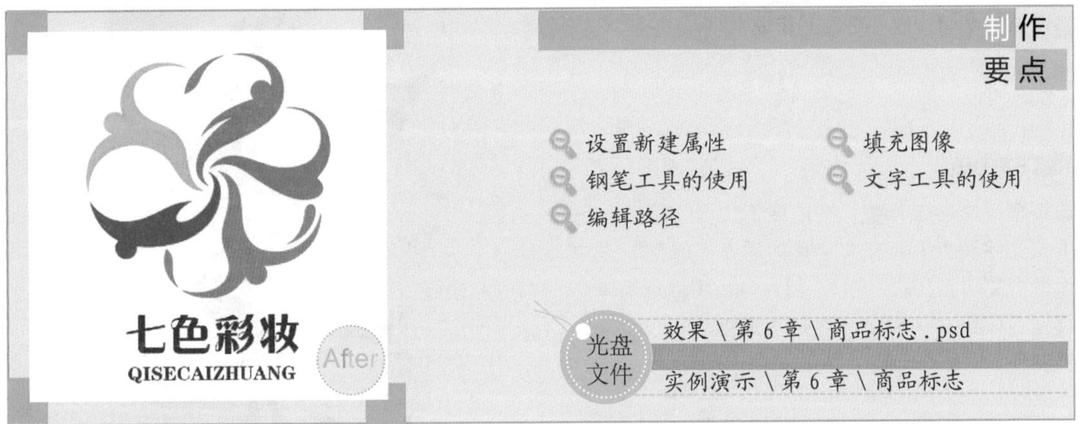

STEP 01：新建文件

1. 选择【文件】/【新建】命令，打开“新建”对话框，设置文件名称为“商品标志”，“宽度”为7.5厘米，“高度”为8厘米，“分辨率”为250像素/英寸。
2. 单击 确定 按钮，得一个空白图像文件。

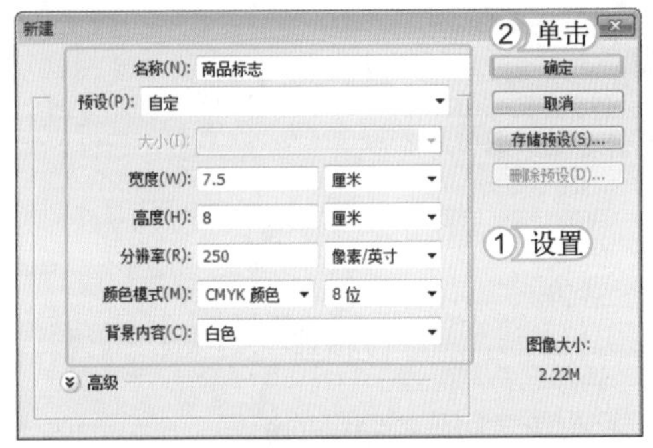

STEP 02：绘制图形

1. 新建“图层 1”，选择钢笔工具，在图像中绘制一个类似人物的有弧度的路径。
2. 按Ctrl+Enter组合键将路径转换为曲线，填充为黄色（R255,G178,B0）。

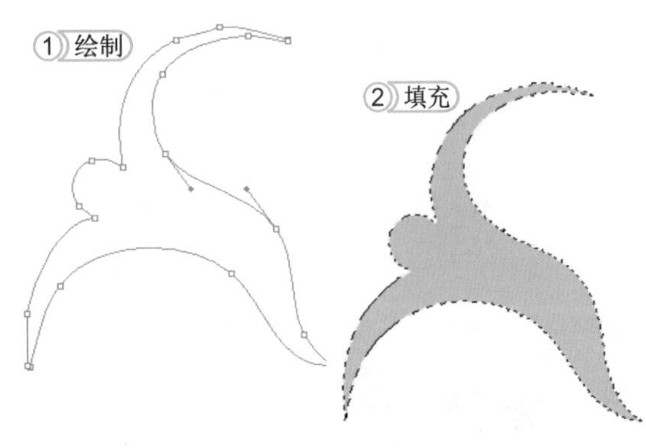

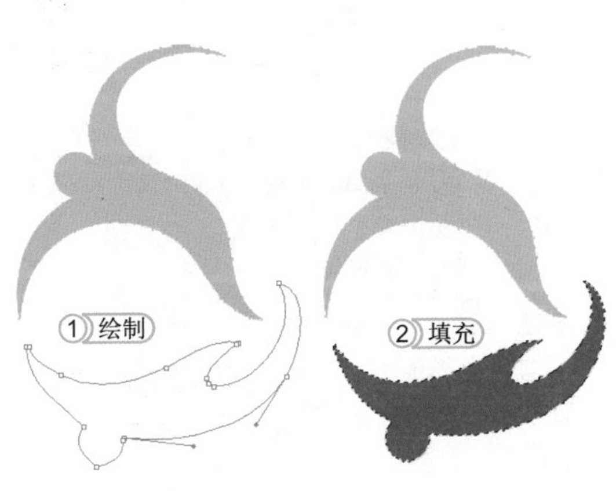

STEP 03：绘制紫色图像

1. 新建“图层 2”，选择钢笔工具，在人形图像下方再绘制一个抽象人物路径。
2. 按Ctrl+Enter组合键将路径转换为曲线，填充为紫色（R255,G0,B178）。

STEP 04： 绘制其他图像

使用同样的方法，再绘制3个抽象人物造型，分别填充为蓝色（R4,G127,B184）、绿色（R28,G148,B50）和红色（R250,G0,B3），并将所有图像组合成一个圆形花瓣造型。

STEP 05： 输入文字

选择横排文字工具T，在图像下方分别输入一行中文文字和大写英文文字，然后在“属性”栏中设置中文和英文的“字体”都为方正粗活意简体，再适当调整文字大小，填充为灰色，完成本实例的制作。

提个醒 制作这种抽象图像之前，应事先想好要将这些图形组合成一个什么样的形状，才可以对图像边缘进行造型。

6.2 学习1小时：制作机构标志

标志是表明事物特征的记号，它以单纯、显著、易识别的物象、图形或文字符号为直观语言，并且具有表达意义、情感和指令等作用。下面将介绍几种机构标志的制作方法。

6.2.1 运动会标志

所谓“运动会标志”一般用于商品、商品包装或者容器上，以及在商品交易文书上和服务项目中；或是经运动会组委会授权的广告宣传、商业展览、营业性演出以及其他商业活动中。其最终效果如下图所示。

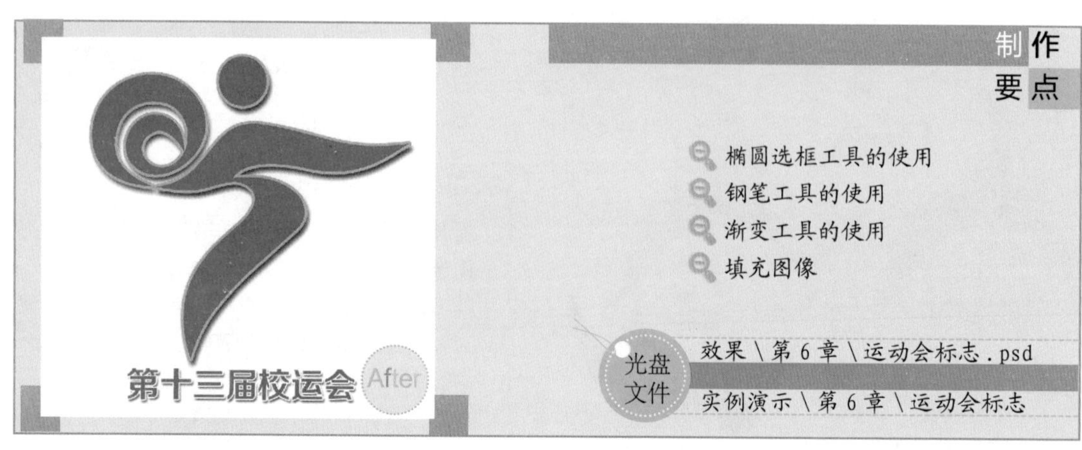

STEP 01：绘制圆

1. 新建一个图像文件，在“图层”面板中单击“创建新图层”按钮，新建“图层 1”。
2. 选择椭圆选框工具，按住 Shift 键在图像中绘制一个圆形选区，填充为红色（R254,G0,B0）。

STEP 02：添加图层样式

1. 选择【图层】/【图层样式】/【描边】命令，打开“图层样式”对话框，设置描边“大小”为 6，“位置”为外部，再设置颜色为橘黄色（R247,G186,B41）。
2. 在对话框左侧选择“投影”选项，设置投影“距离”为 12、“扩展”为 19、“大小”为 13，“投影颜色”为黑色。
3. 单击 确定 按钮，得到添加图层样式后的效果。

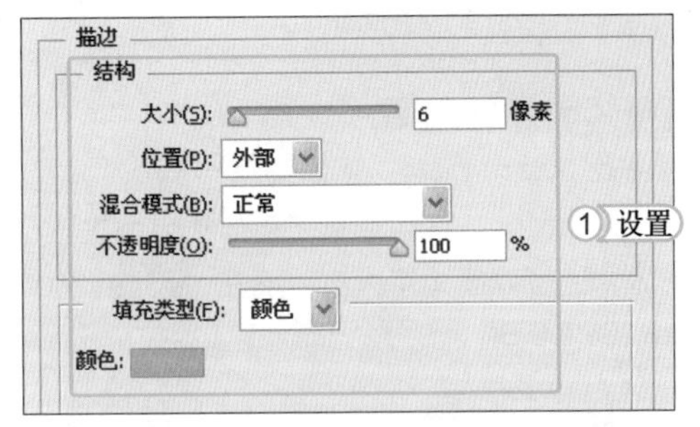

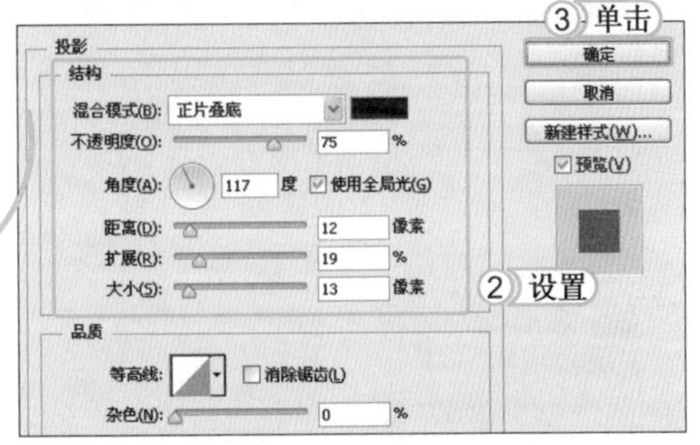

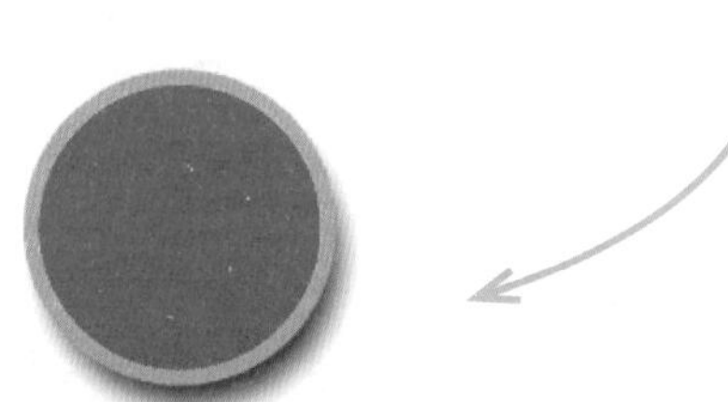

STEP 03：绘制路径

1. 新建“图层 2”，选择钢笔工具，在圆形图像下方绘制一个类似奔跑的路径。
2. 单击“路径”面板底部的“将路径作为选区载入”按钮，得到选区。

STEP 04：拷贝图层样式

将选区填充为红色（R254,G0,B0），在“图层”面板中选择“图层 1”，单击鼠标右键，在弹出的快捷菜单中选择“拷贝图层样式”命令。

STEP 05：粘贴图层样式

1. 选择“图层 2”，单击鼠标右键，在弹出的快捷菜单中选择“粘贴图层样式”命令，“图层 2”将得到与“图层 1”相同的图层样式效果。
2. 新建一个图层，使用钢笔工具绘制一个螺丝图形，将路径转换为选区后，填充为红色（R254,G0,B0），并为该图层粘贴图层样式。

STEP 06：输入文字

选择横排文字工具，在图像下方输入一行文字，并在“属性”栏中设置“字体”为方正正中黑简体，适当调整文字大小，填充“颜色”为红色（R254,G0,B0）。

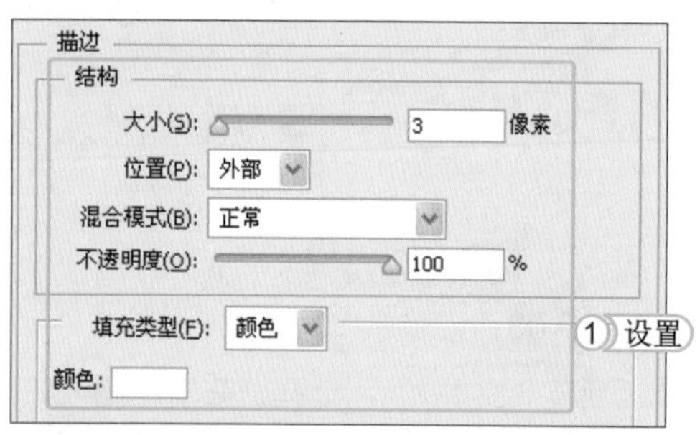

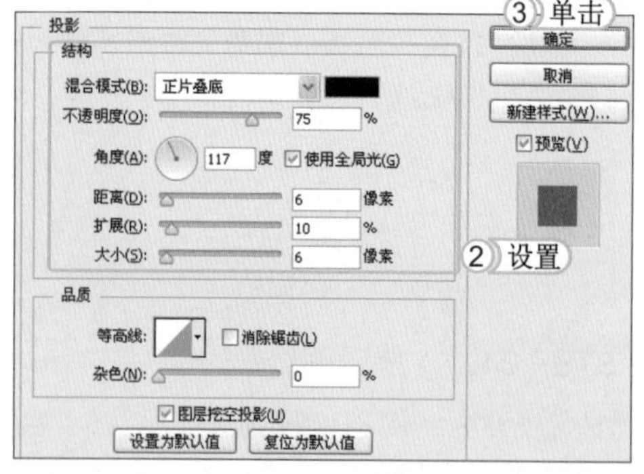

STEP 07：设置图层样式

1. 选择【图层】/【图层样式】/【描边】命令，打开“图层样式”对话框，设置描边“大小”为 3、“位置”为外部，“颜色”为白色。
2. 再选择“投影”选项，设置投影的“距离”为 6、“扩展”为 10、“大小”为 6，“颜色”为黑色。
3. 单击 确定 按钮，得到添加图层样式后的效果，完成本实例的制作。

经验一箩筐——设置投影效果

Photoshop CS6 中的投影效果，可以单击“等高线”右侧的三角形按钮，在弹出的列表框中选择和编辑等高线样式，得到特殊效果投影。

6.2.2 俱乐部标志

一般来说，由于机构的性质不同，其标志的表现形式也有所差异，因此，“俱乐部标志”和组织机构的标志相比要更随意，不必具备过于宏大的象征意义，所以在设计俱乐部标志的时候，可以考虑采用比较丰富的色彩和图案。其最终效果如下图所示。

STEP 01： 新建文件

1. 选择【文件】/【新建】命令，打开“新建”对话框，设置文件名称为“俱乐部标志”，“宽度”为 21 厘米，“高度”为 17 厘米，“分辨率”为 200 像素 / 英寸。
2. 单击 确定 按钮，得到一个空白图像文件。

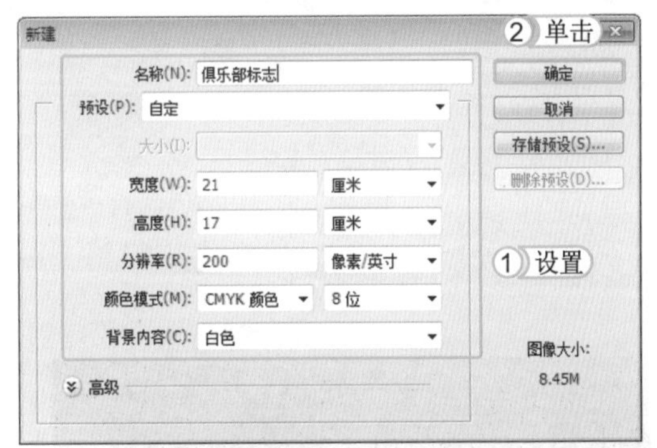

STEP 02： 绘制图形

1. 设置“前景色”为深蓝色，按 Alt+Delete 组合键使用前景色填充背景。
2. 单击“图层”面板底部的“创建新图层”按钮，新建“图层 1”。
3. 选择钢笔工具，在图像右上方绘制一个带弧度的三角形。

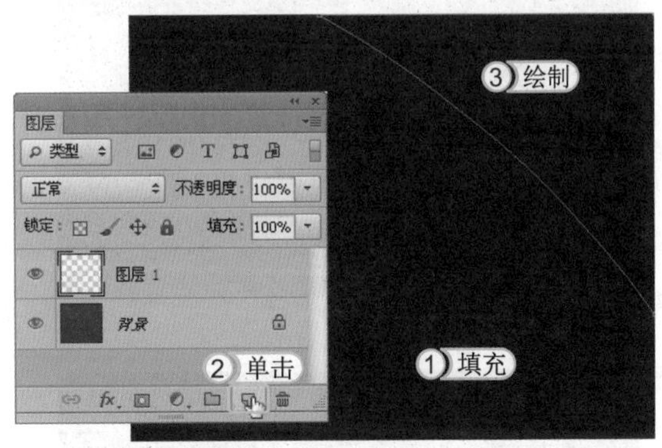

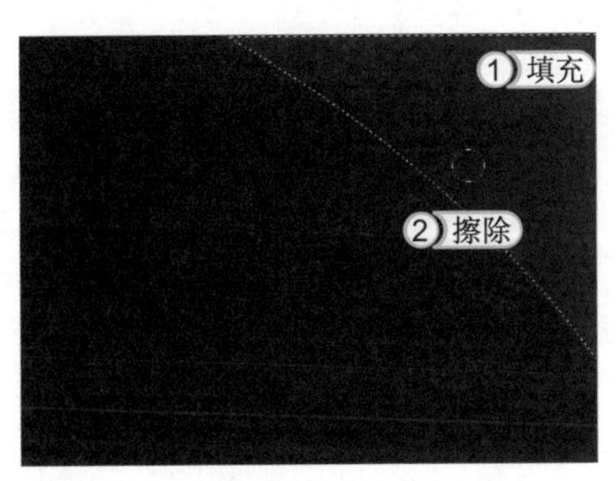

STEP 03： 填充颜色

1. 按 Ctrl+Enter 组合键将路径转换为选区，填充为蓝色（R0,G0,B48）。
2. 按 Ctrl+D 组合键取消选区，选择橡皮擦工具，在有弧度的造型中间进行涂抹，擦除部分图像。

STEP 04：绘制左下角图像

1. 新建一个图层，选择钢笔工具，在画面左下方再绘制一个弧线造型。
2. 按 Ctrl+Enter 组合键将路径转换为选区，并填充为蓝色（R0,G0,B48），并使用橡皮擦工具对图像左下方进行擦除。

> 提个醒
> 钢笔工具可以随意制作出很多种造型，但在编辑时，应注意节点的添加和删除，合理地编辑路径。

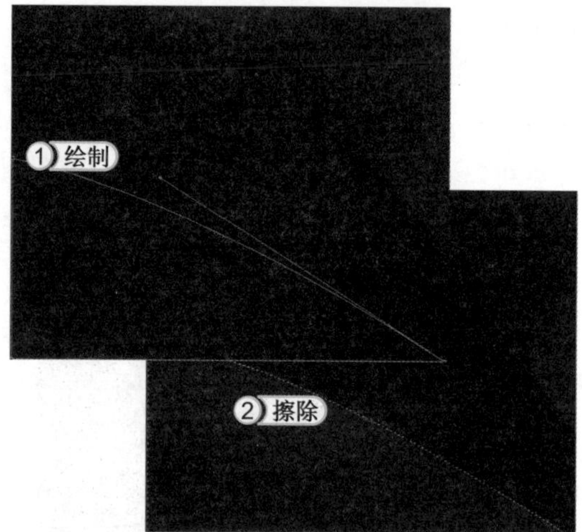

STEP 05：绘制其他图形

1. 新建图层，使用钢笔工具，分别绘制两个不规则图形，将路径转换为选区后填充为蓝色（R0,G29,B68）。
2. 新建一个图层，选择钢笔工具，绘制一个抽象的人形图像。

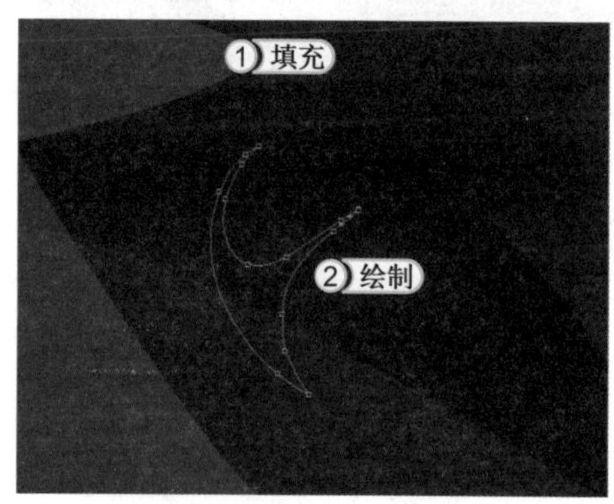

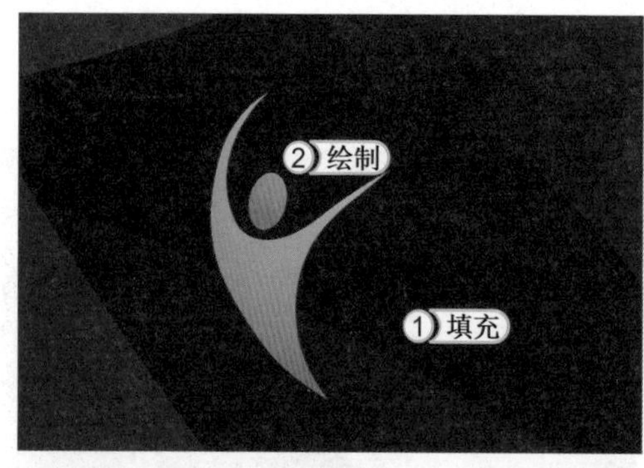

STEP 06：渐变填充

1. 按 Ctrl+Enter 组合键将路径转换为选区，然后使用渐变工具对其应用线性渐变填充，设置“颜色”从橘红色（R255,G69,B0）到橘黄色（R255,G178,B31）。
2. 选择椭圆选框工具，在抽象人物上方绘制一个椭圆选区，并使用渐变工具对图像应用线性渐变填充，设置与人物图像相同的渐变颜色。

STEP 07：绘制立体图像

选择钢笔工具，在人形图像周围绘制一个边缘图形，让人形图像显得更有立体感。然后按 Ctrl+Enter 组合键将路径转换为选区，使用渐变工具对其应用线性渐变填充，设置“颜色”从土红色（R129,G60,B0）到橘黄色（R255,G149,B0）。

STEP 08：绘制抽象图像

1. 选择钢笔工具，再绘制一个抽象人形图像，然后将路径转换为选区，使用渐变工具，对其应用径向渐变填充，设置颜色从蓝色（R7,G197,B254）到深蓝色（R0,G100,B201）。
2. 选择椭圆选框工具，在人形图像上方绘制一个椭圆选区，使用渐变工具对其应用径向渐变填充，设置“颜色”从蓝色（R7,G197,B254）到深蓝色（R0,G100,B201）。

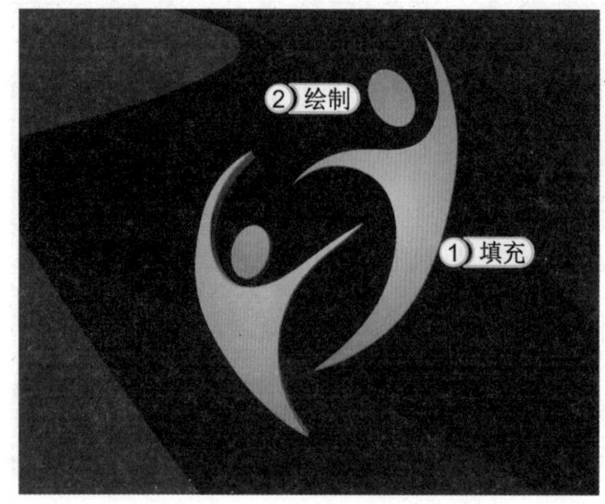

STEP 09：绘制立体图像

选择钢笔工具，为蓝色人形图像绘制立体造型，并填充为深蓝色（R0,G100,B201）。

> **提个醒** 在制作立体图像时，填充颜色后，还可以使用加深工具或减淡工具对图像进行涂抹，让颜色更富有变化。

STEP 10：绘制渐变圆形

1. 选择椭圆选框工具，在两个抽象人形之间绘制一个圆形选区，并使用渐变工具对其应用径向渐变填充，设置“颜色”从淡绿色（R212,G213,B52）到草绿色（R58,G110,B25）。
2. 选择钢笔工具，在圆形图像中绘制一个“C”字造型，将前景色设置为淡黄色（R218,G211,B147），使用前景色为路径描边。

STEP 11：输入文字

1. 选择横排文字工具，在图像下方分别输入一行中文文字和一行英文文字，在“属性”栏中设置“字体”都为方正大黑简体，填充为白色。
2. 选择钢笔工具，在蓝色图像右侧绘制一条弧线路径，选择横排文字工具，在弧线中单击并输入文字，即可得到路径文字，完成本实例的制作。

6.3 学习 1 小时：制作可爱卡通文字

对于一些有创意的文字效果，如透明文字和积雪文字等，都可以通过 Photoshop CS6 制作出来。Photoshop CS6 中的“图层样式”对话框，拥有“描边”和“斜面和浮雕”等功能，能够制作出许多特殊效果。下面将介绍一些可爱卡通文字的制作方法。

6.3.1 半透明文字

半透明文字就是运用图层样式功能，制作出能透视底层图像的文字效果，并且让文字具有凸出的立体感。其最终效果如下图所示。

STEP 01：打开素材图像

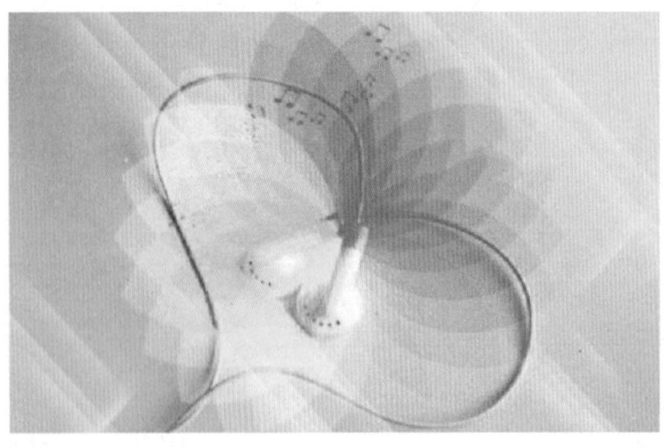

启动 Photoshop CS6，选择【文件】/【打开】命令，打开素材图像“彩色背景 .jpg”。

STEP 02：输入文字

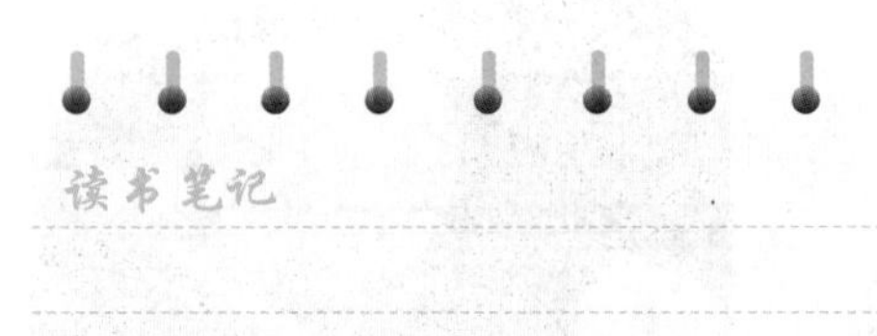

选择横排文字工具T，在图像中输入英文文字“HAPPY”，并在“属性”栏中设置“字体”为Arial，填充为白色。

STEP 03： 设置图层样式

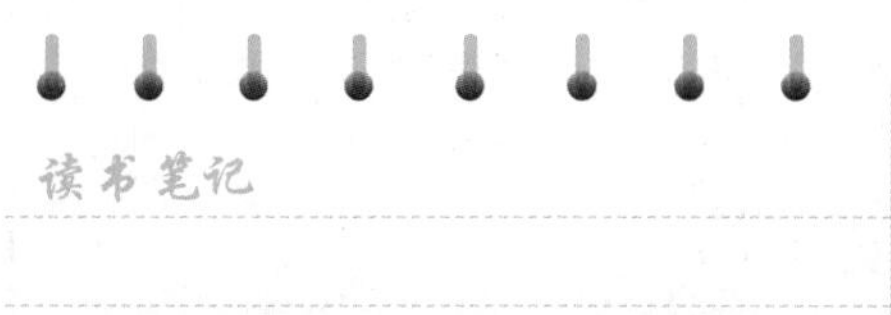

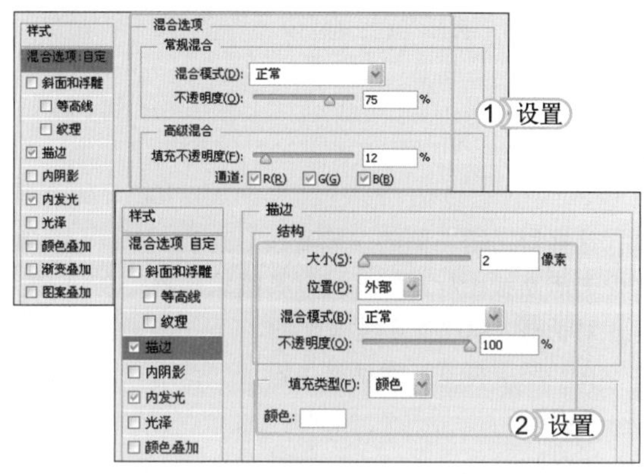

1. 选择【图层】/【图层样式】/【混合选项】命令，打开“图层样式”对话框，设置“不透明度”为75、“填充不透明度”为12。
2. 选择对话框左侧的“描边”选项，设置描边“大小”为2，“位置”为外部、“不透明度”为100、“颜色”为白色。

STEP 04： 添加内发光样式

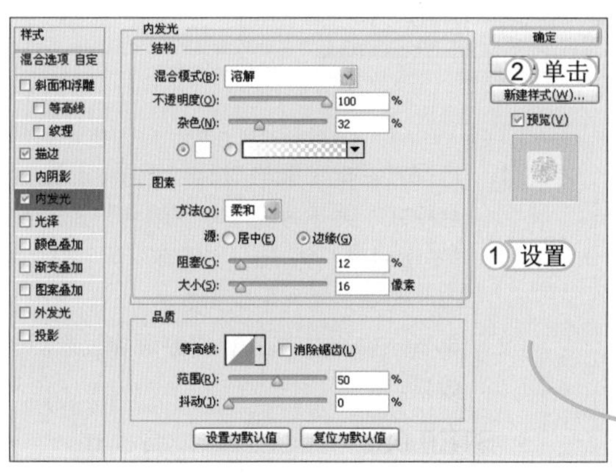

1. 选择“内发光”选项，设置“混合模式”为溶解、“不透明度”为100、“杂色”为32、“内发光颜色”为白色，再设置其他参数。
2. 单击 确定 按钮，得到添加图层样式后的文字效果。

STEP 05： 栅格化图层样式

经验一箩筐——Photoshop CS6 的图层样式

Photoshop CS6 中的图层样式可以帮助用户制作出多种特殊效果图像，其中应用较多的是描边、内发光、投影、斜面和浮雕效果，用户在设置参数时，可以对“混合模式”、“不透明度”和“大小”等参数进行细微的调整，以达到最佳的视觉效果。

1. 按Ctrl+J组合键复制文字图层，选择【图层】/【栅格化】/【图层样式】命令，清除复制图层中的图层样式。
2. 选择【图层】/【图层样式】/【斜面和浮雕】命令，打开“图层样式”对话框，设置“样式”为内斜面、“深度”为101、“大小”为14、“软化”为0。
3. 单击“光泽等高线”右侧的按钮，在弹出的列表框中选择“环形”选项。

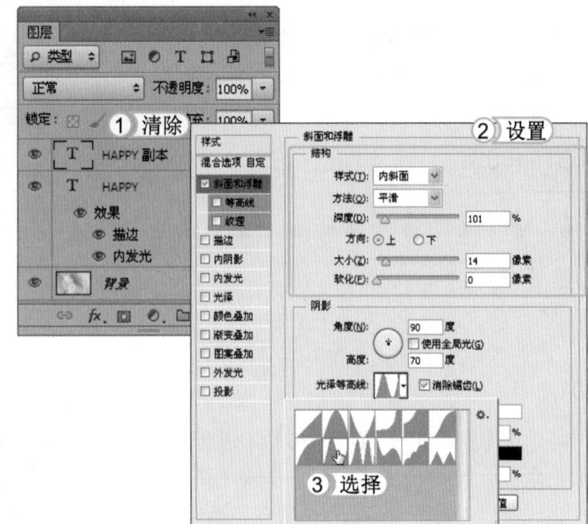

STEP 06： 设置等高线样式

1. 选择对话框左侧的“等高线”选项，单击等高线图标，打开“等高线编辑器”对话框，编辑等高线样式。
2. 在“图层样式”对话框中设置“范围”为22。

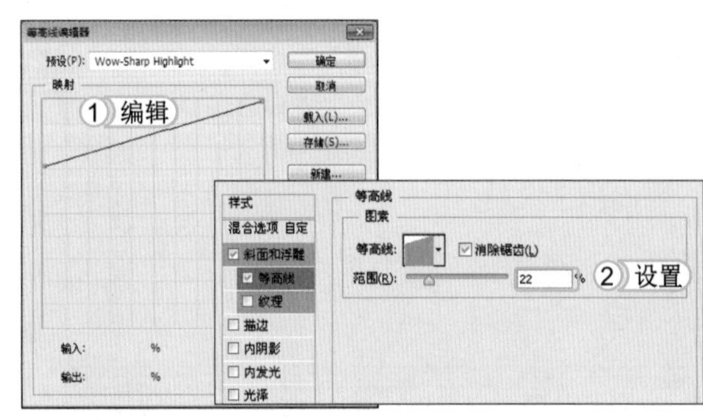

STEP 07： 添加投影样式

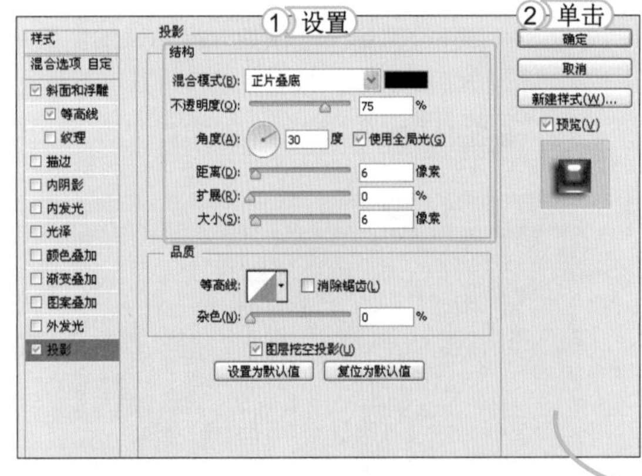

1. 选择对话框左侧的“投影”选项，设置“混合模式”为正片叠底、“颜色”为黑色，“不透明度”为75、“距离”为6、“扩展”为0、“大小”为6。
2. 单击确定按钮，得到添加投影后的效果。

STEP 08： 设置图层混合模式

提个醒 制作具有玻璃透明效果的图像时，最为常用的就是为图像或文字添加斜面和浮雕样式，然后再通过调整等高线等方式，制作得到更加通透的图像效果。

在“图层”面板中选择文字副本图层，设置其图层“混合模式”为正片叠底，“填充”为60%，完成本实例的制作。

6.3.2 积雪字

积雪字是指在图片中输入文字，然后用 Photoshop CS6 为文字设计出类似积雪的效果，主要应用在冬季节假日宣传广告、科普读物或者与天气有关的趣味文章中，用于烘托气氛，或营造活泼的氛围。其最终效果如下图所示。

STEP 01：打开素材图像

启动 Photoshop CS6，选择【文件】/【打开】命令，打开素材图像“圣诞老人 .jpg”。

STEP 02：输入文字

1. 在工具箱中选择横排文字工具T，然后在“属性”栏中设置“字体”为华文琥珀，“字号”为 72 点。
2. 在图像区域输入文字“圣诞快乐”。

STEP 03： 设置图层样式

1. 选择【图层】/【图层样式】/【斜面和浮雕】命令，打开“图层样式”对话框，设置斜面和浮雕“样式”为内斜面、“深度”为100、“大小”为5、“软化”为0。
2. 单击 确定 按钮，得到添加斜面和浮雕样式后的效果。

STEP 04： 设置颜色

1. 单击“图层”面板底部的“创建新图层”按钮，创建一个新的图层。
2. 单击前景色色块，打开“前景色（拾色器）”对话框，设置“前景色”为白色，单击 确定 按钮。

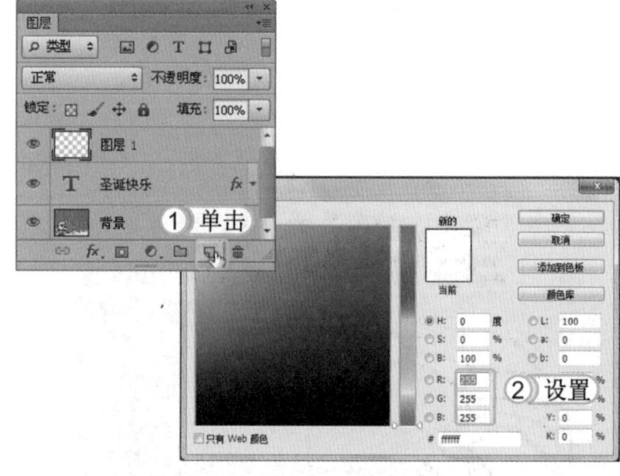

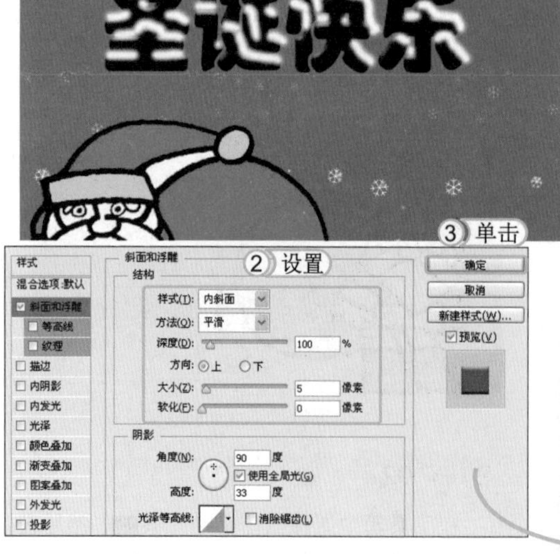

STEP 05： 绘制图像

1. 选择画笔工具，在“属性”栏中将画笔设置为默认画笔样式中的“柔边圆”，在文字上方绘制积雪效果。
2. 选择【图层】/【图层样式】/【斜面和浮雕】命令，打开“图层样式”对话框，设置斜面和浮雕“样式”为内斜面、“深度”为100、“大小”为5、“软化”为0。
3. 单击 确定 按钮，完成本实例的制作。

6.3.3 父亲节艺术字

父亲节艺术字是一种节日艺术文字，有独特的针对性。本实例制作的文字为组合设计，将日期和主要文字结合在一起，形成了独特的形状，最后将颜色和效果也进行了统一调整，使结构更加紧密。其最终效果如下图所示。

STEP 01: 新建文件

1. 选择【文件】/【新建】命令，打开"新建"对话框，设置文件名称为"父亲节艺术字"，"宽度"为50厘米、"高度"为20厘米，"分辨率"为72像素/英寸。
2. 单击 确定 按钮，得到一个空白图像文件。

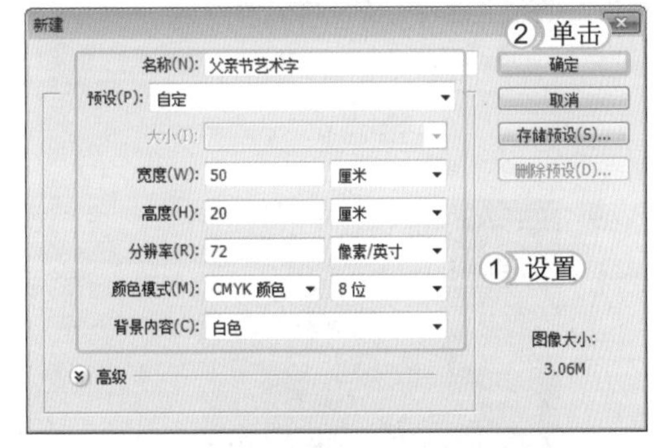

STEP 02: 输入文字

1. 选择横排文字工具T，在"属性"栏中设置"字体"为方正综艺_GBK，"颜色"为黑色。
2. 在图像中单击鼠标左键定位光标，输入文字，适当调整文字大小。

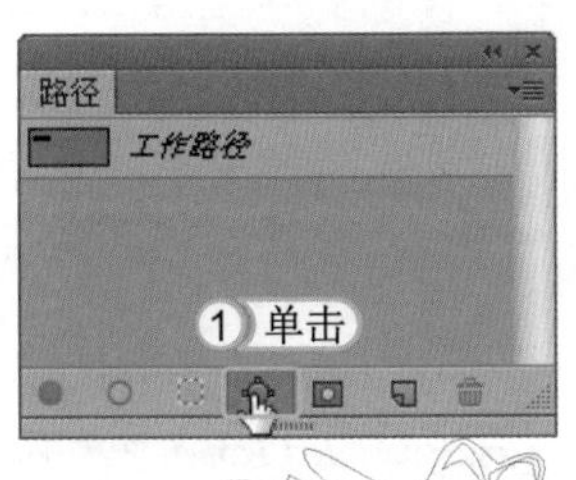

2 编辑

STEP 03: 编辑路径

1. 按住Ctrl键单击文字图层前的缩略图，载入文字选区，再单击"路径"面板底部的"将路径转换为选区"按钮，得到文字选区。
2. 隐藏文字图层，选择钢笔工具，对文字路径进行编辑，得到艺术字效果。

STEP 04：设置描边样式

新建一个图层，按Ctrl+Enter组合键将路径转换为选区，填充选区为黑色。选择【图层】/【图层样式】/【描边】命令，打开“图层样式”对话框，设置描边“大小”为12、“位置”为外部、“颜色”为白色。

STEP 05：设置其他图层样式

1. 选择“图层样式”对话框左侧的“渐变叠加”选项，设置渐变叠加颜色从深蓝色（R29,G32,B136）到天蓝色（R0,G157,B230），再设置其他参数。
2. 选择“外发光”选项，设置外发光“颜色”为蓝色（R29,G36,B136），设置“扩展”为75、“大小”为26。
3. 单击确定按钮，完成样式的添加。

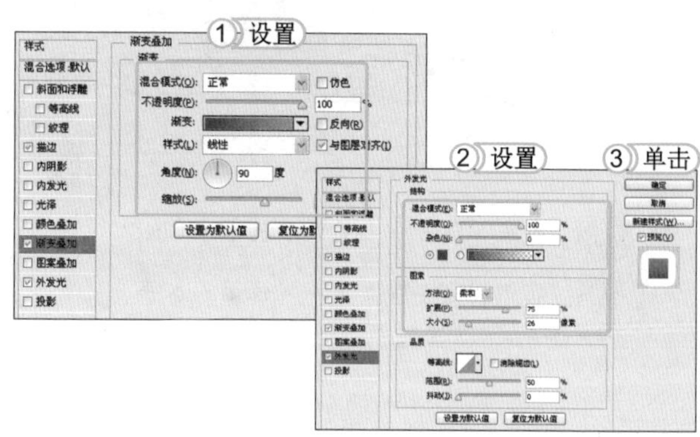

STEP 06：输入文字

1. 选择横排文字工具T，打开“字符”面板，设置“字体”为方正粗圆简体，“颜色”为深蓝色（R29,G32,B136），再在图像右下方再输入一行文字。
2. 单击“倾斜”按钮T，得到倾斜的文字效果。

STEP 07：设置其他图层样式

1. 选择【图层】/【图层样式】/【描边】命令，打开“图层样式”对话框，设置描边“大小”为7、“位置”为外部、“颜色”为白色。
2. 选择“外发光”选项，设置“外发光颜色”为深蓝色（R29,G32,B136）、“不透明度”为100、“扩展”为83、“大小”为12。
3. 单击确定按钮，完成图层样式的编辑。

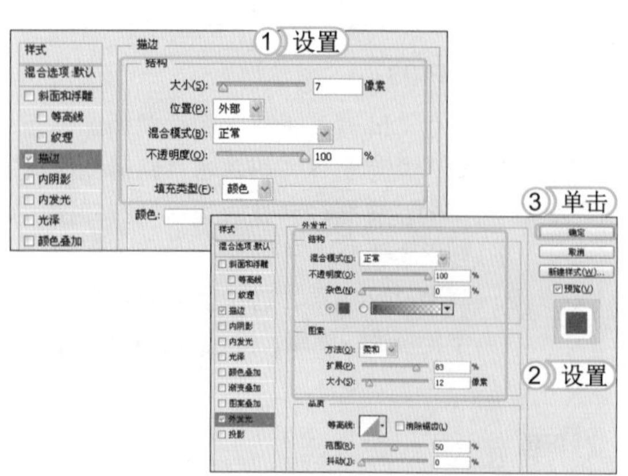

STEP 08： 输入文字

1. 选择横排文字工具，打开“字符”面板，设置“字体”为方正粗圆简体，“颜色”为深蓝色(R29,G32,B136)，再单击“仿倾斜”按钮。
2. 然后在图像左上方输入文字，并调整文字大小。

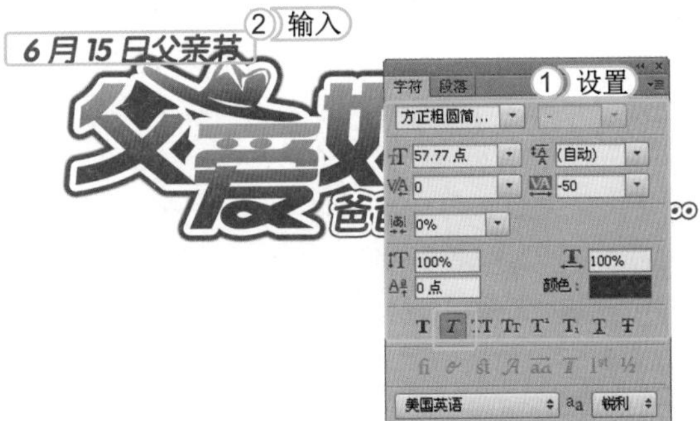

STEP 09： 调整文字

分别选择数字“6”和“15”，设置“字体”为方正大黑简体，再选择“月”和“日”，适当缩小字号，得到不同的排列效果。

STEP 10： 拷贝图层样式

1. 选择“爸爸，您辛苦了”文字图层，在“图层”面板中单击鼠标右键，在弹出的快捷菜单中选择“拷贝图层样式”命令。
2. 选择“6月15日父亲节”文字图层，单击鼠标右键，在弹出的快捷菜单中选择“粘贴图层样式”命令，得到粘贴样式后的文字效果。

经验一箩筐——图层样式的拷贝与粘贴

Photoshop CS6 中的“拷贝图层样式”和“粘贴图层样式”命令，能够为用户的操作带来极大的方便。

6.4 学习 2 小时：制作另类文字特效

另类文字特效就是制作一些具有特殊效果的文字效果，在设计的时候，要注意制作出文字的质感，让人有眼前一亮的感觉。下面将介绍几种另类文字效果的制作方法。

6.4.1 糖果文字

糖果文字就是制作一种具有糖般丝滑感觉的文字效果，再添加一些水珠效果，让文字更有质感。其最终效果如下图所示。

STEP 01: 渐变填充图像

1. 新建一个图像文件，选择渐变工具■，单击“属性”栏左侧渐变色条，打开“渐变编辑器”对话框，设置颜色从淡黄色（R224,G219,B185）到白色。
2. 单击[确定]按钮。
3. 在图像中应用径向渐变填充，按住鼠标左键从图像中上方拖动到右下方。

STEP 02: 添加杂色

1. 选择【滤镜】/【杂色】/【添加杂色】命令，打开“添加杂色”对话框，设置“数量”为 20，在分布栏选中◉平均分布(U)单选按钮，再选中☑单色(M)复选框。
2. 单击[确定]按钮，得到添加杂色后的图像。

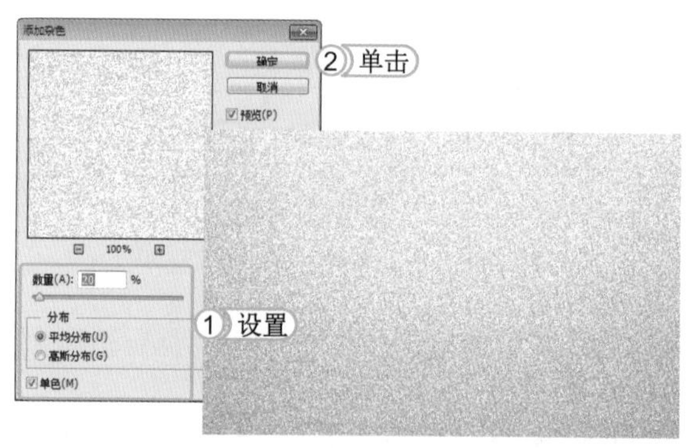

STEP 03: 输入文字

1. 选择横排文字工具■，在“属性”栏中设置“字体”为 Pacifico，“颜色”为黑色。
2. 在图像中单击鼠标左键，插入光标并输入文字，并适当调整文字大小。

STEP 04： 输入文字

1. 选择【图层】/【图层样式】/【斜面和浮雕】命令，打开“图层样式”对话框，设置“样式”为内斜面、“深度”为 72、“大小”为 15、“软化”为 0。
2. 再设置“高光模式”为线性减淡（添加）、“颜色”为白色，“阴影模式”为颜色减淡、“颜色”为白色，再分别设置其他参数。
3. 单击“光泽等高线”图标，打开“等高线编辑器”对话框，调整曲线。

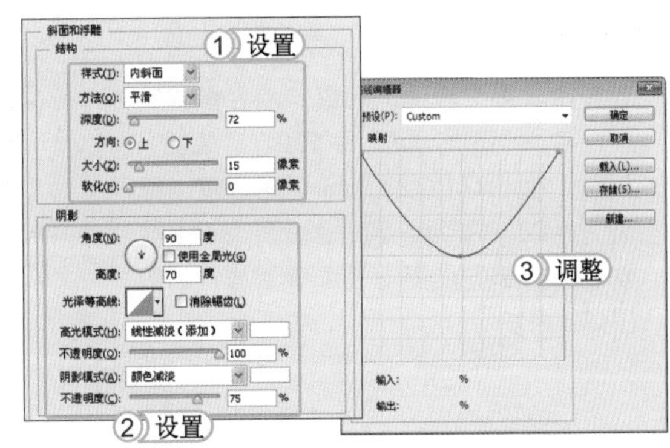

STEP 05： 设置斜面和浮雕

1. 选择“等高线”选项，单击“等高线”图标右侧的下拉按钮，在弹出的列表框中选择“高斯”选项。
2. 选择“描边”选项，设置描边“大小”为 1、“位置”为内部、“填充类型”为渐变，并设置“颜色”从深红色（R92,G0,B0）到酒红色（R135,G2,B0）。

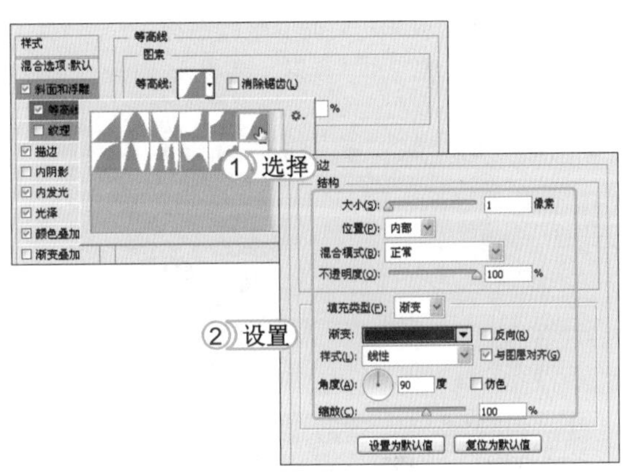

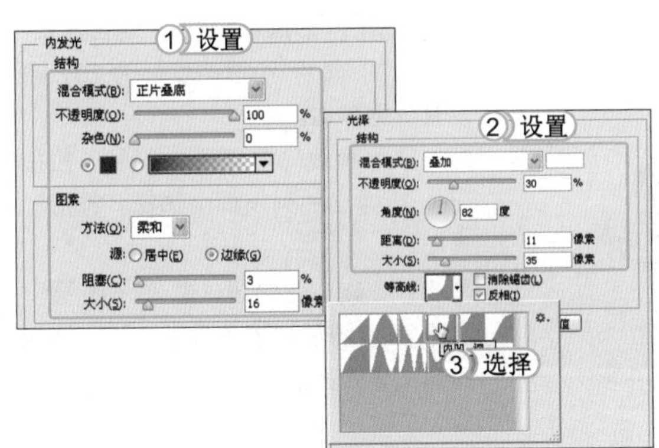

STEP 06： 设置内发光和光泽样式

1. 选择“内发光”选项，设置“混合模式”为正片叠底、“不透明度”为 100、“颜色”为红色（R114,G11,B0）、“杂色”为 0、“阻塞”为 3、“大小”为 16。
2. 选择“光泽”选项，设置“混合模式”为叠加、“颜色”为白色、“不透明度”为 30。
3. 单击“等高线”图标右侧的下拉按钮，在弹出的列表框中选择“内凹 - 深”选项。

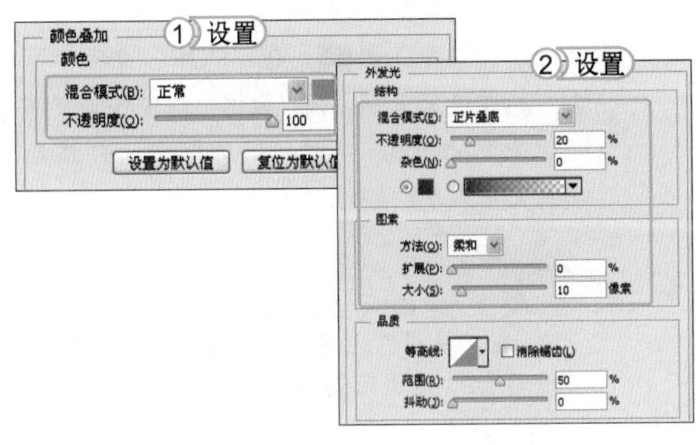

STEP 07： 设置颜色叠加和外发光

1. 选择“颜色叠加”选项，设置“混合模式”为正常、“不透明度”为 100、“颜色”为橘红色（R244,G124,B5）。
2. 选择“外发光”选项，设置“混合模式”为正片叠底、“不透明度”为 20、“杂色”为 0，再设置“颜色”为（R102,G41,B0）。

STEP 08： 设置颜色叠加和外发光

1. 选择“投影”选项，设置“混合模式”为正常、“不透明度”为100、“颜色”为深红色（R71,G23,B0），再设置“距离”为2、“扩展”和“大小”为0。
2. 单击 确定 按钮，得到设置样式后的图像效果。

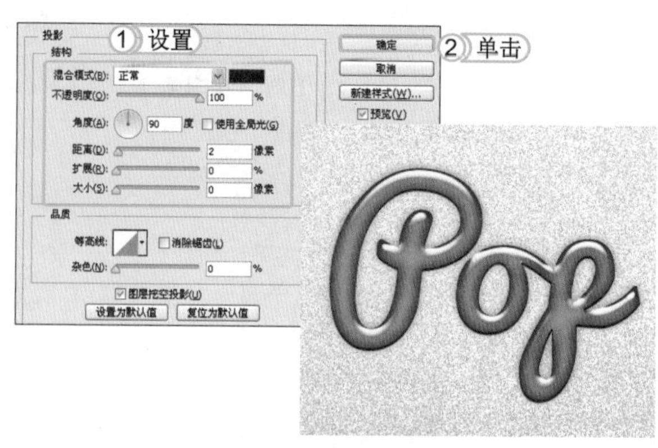

STEP 09： 隐藏图层样式

按Ctrl+J组合键复制文字图层，得到副本图层。关闭其他图层样式前面的眼睛图标，只保留“斜面和浮雕”和“投影”选项。

STEP 10： 设置内阴影样式

1. 双击文字图层，打开“图层样式”对话框，选择“内阴影”选项，设置内投影“颜色”为黑色，设置“混合模式”为线性加深、“不透明度”为15，再设置其他参数。
2. 单击“等高线”图标右侧的下拉按钮，在弹出的列表框中选择“锥形”选项。
3. 单击 确定 按钮，并在“图层”面板设置图层“填充”为0%，得到透明文字效果。

STEP 11： 输入文字

选择横排文字工具，在“POP”文字下面输入其他英文文字，在“属性”栏中设置“字体”为Pacifico，“颜色”为黑色，并适当调整文字大小。

提个醒

在输入文字后，文字大小除了可以在“属性”栏中进行调整，还可以按Ctrl+T组合键进行调整。

STEP 12：拷贝图层样式

1. 在“图层”面板中选择“POP”文字图层，单击鼠标右键，在弹出的快捷菜单中选择“拷贝图层样式”命令。
2. 再选择“Candy”文字图层，单击鼠标右键，在弹出的快捷菜单中选择“粘贴图层样式”命令。

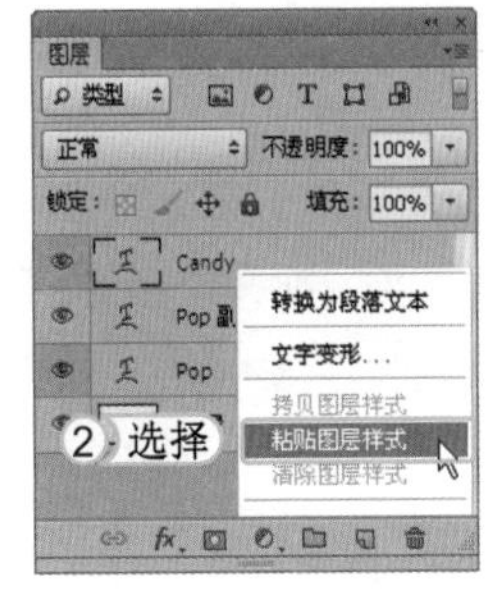

STEP 13：复制并拷贝图层样式

1. 按Ctrl+J组合键复制“Candy”文字图层，得到“Candy 副本”图层。
2. 选择“POP 副本”图层，单击鼠标右键，选择“拷贝图层样式”命令，再选择“Candy 副本”图层，选择“粘贴图层样式”命令，得到糖果文字效果。

STEP 14：绘制椭圆形

1. 单击“图层”面板底部的“创建新图层”按钮，得到一个新的图层。
2. 选择工具箱中的椭圆选框工具，在文字中间绘制一个圆形选区，设置“前景色”为白色，按Alt+Delete组合键填充选区。

提个醒 在绘制圆形选区时，可按住Shift键，然后绘制两个相交的圆，可得到一个不规则的圆形选区。

STEP 15：绘制其他椭圆形

参照步骤12和步骤13的操作，拷贝文字图层样式，对椭圆形应用相同的样式，得到糖果水珠图像。绘制多个椭圆形选区，通过“拷贝图层样式”和“粘贴图层样式”命令的操作，制作出多个糖果圆形图像，并排列在文字周围。

STEP 16：绘制黑色圆形

新建一个图层，选择椭圆选框工具，在“P”字中绘制一个椭圆形选区，设置前景色为黑色，按 Alt+Delete 组合键填充选区。

STEP 17：添加图层样式

1. 选择【图层】/【图层样式】/【斜面和浮雕】命令，打开“图层样式”对话框，设置“样式”为内斜面、“大小”为 38、“软化”为 0。
2. 再选择“内阴影”选项，设置“混合模式”为叠加、内阴影“颜色”为黑色、“不透明度”为 28、“距离”为 7、“阻塞”和“大小”为 0。

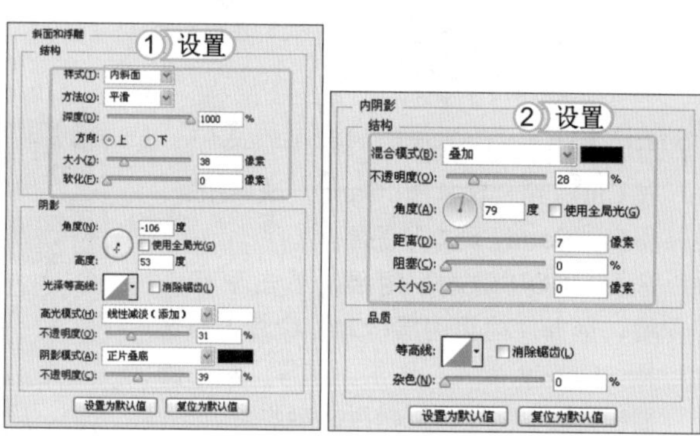

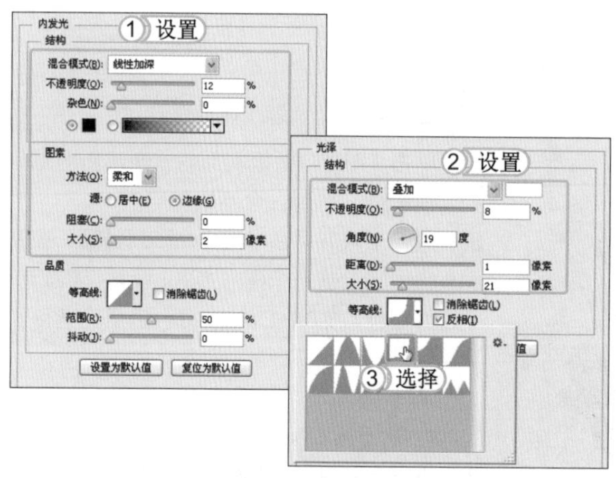

STEP 18：添加其他图层样式

1. 选择“内发光”选项，设置“混合模式”为线性加深，“不透明度”为 12、阴影“颜色”为黑色，“大小”为 2。再设置其他参数。
2. 选择“光泽”选项，设置“混合模式”为叠加、“颜色”为白色、“不透明度”为 8，再分别设置其他参数。
3. 单击“等高线”图标右侧的下拉按钮，在弹出的列表框中选择“内凹 - 深”选项。

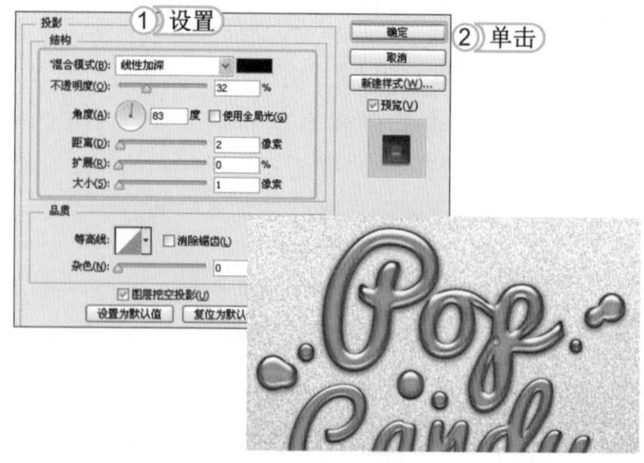

STEP 19：添加投影样式

1. 选择“投影”选项，设置“混合模式”为线性加深，“不透明度”为 32、阴影“颜色”为黑色，“距离”为 2、“扩展”为 0、“大小”为 1，再设置其他参数。
2. 单击 确定 按钮，在“图层”面板中设置“填充”为 0%，得到透明水珠图像。

STEP 20： 复制图层

复制多个透明水珠图层，分别排列在文字中，完成本实例的制作。

> **提个醒**
> 制作文字的时候，底纹也非常重要，用户可以直接找合适的底纹，也可以自己制作，达到最好的效果。

6.4.2 炫彩文字

本实例所制作的炫彩文字重点在于背景效果。通过绘制多种颜色图像重叠来制作出彩色背景，并添加滤镜样式，得到拥有闪光点的图像效果，然后再添加文字边缘光亮，得到炫彩文字。其最终效果如下图所示。

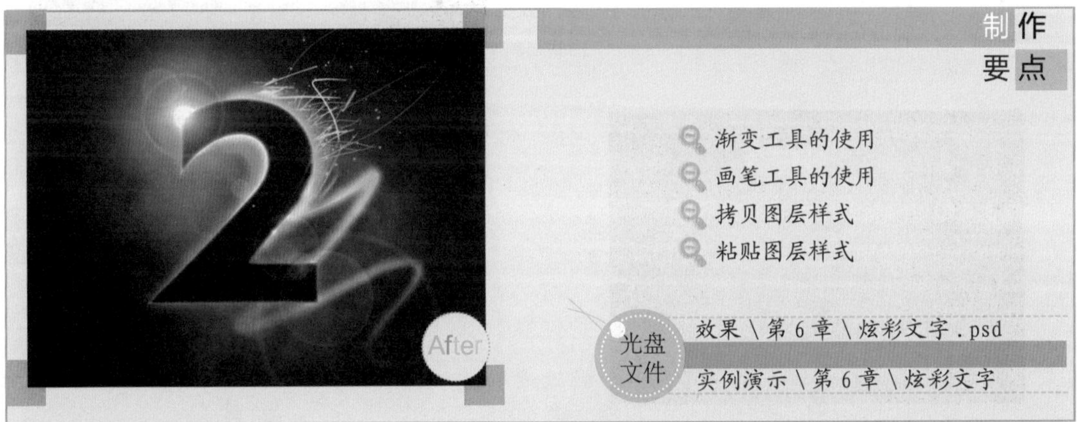

STEP 01： 新建图像

1. 选择【文件】/【新建】命令，打开“新建”对话框，设置文件名称为“炫彩文字”、“宽度”为30厘米，“高度”为22厘米，“分辨率”为72像素/英寸。
2. 单击 确定 按钮，得到一个空白图像文件。

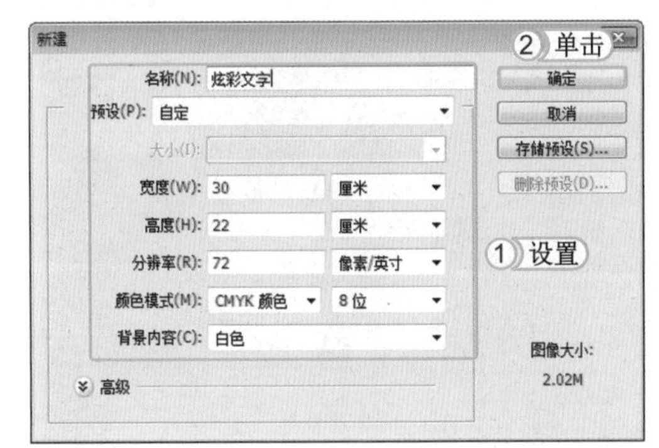

STEP 02： 设置渐变样式

选择渐变工具，在“属性”栏中设置“渐变颜色”从黑色到深蓝色（R17,G36,B48），并设置填充方式为“径向渐变”。

STEP 03： 绘制图像

1. 新建一个图层，设置“前景色”为绿色（R54,G205,B4）。选择画笔工具，在“属性”栏中打开画笔面板，选择“画笔样式”为柔边、“大小”为300像素。
2. 使用设置好的画笔工具，在图像中间绘制一个绿色图像。

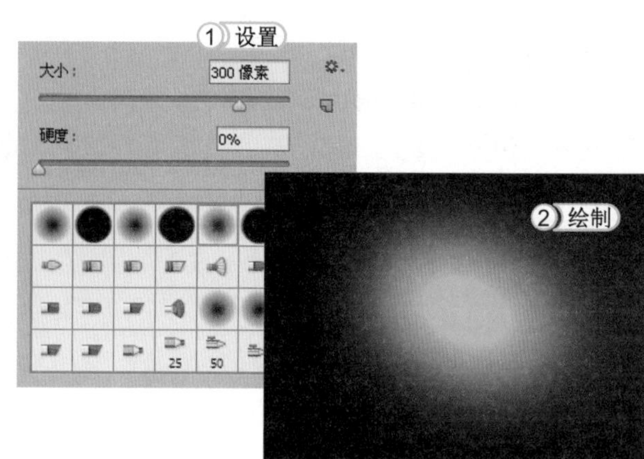

STEP 04： 绘制其他颜色图像

1. 设置“前景色”为红色（R7,G54,B165），使用画笔工具再绘制一个蓝色图像。
2. 再设置前景色为红色（R153,G4,B6），在图像中绘制出红色图像。

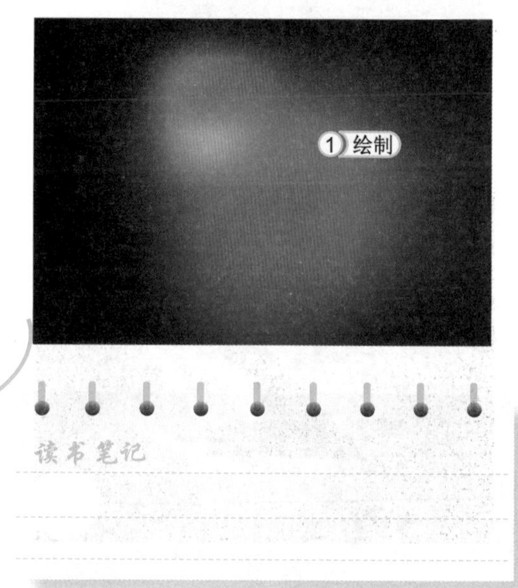

STEP 05： 添加云彩图像效果

1. 新建一个图层，设置“前景色”为白色，“背景色”为黑色。选择【滤镜】/【渲染】/【云彩】命令，得到黑白云彩效果。
2. 在“图层”面板中设置图层“混合模式”为叠加，设置“不透明度”为69%，得到半透明图像效果。

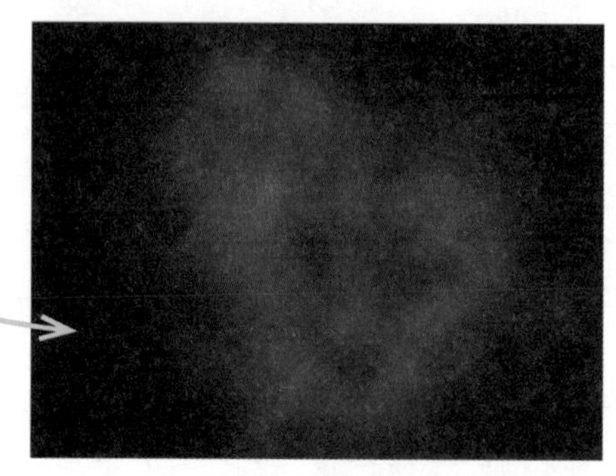

STEP 06：绘制白色线条

1. 新建一个图层，设置“前景色”为白色，选择画笔工具，在“属性”栏中设置“画笔大小”为 4 像素，“硬度”为 100%。
2. 在图像中手动绘制出一条白色曲线。

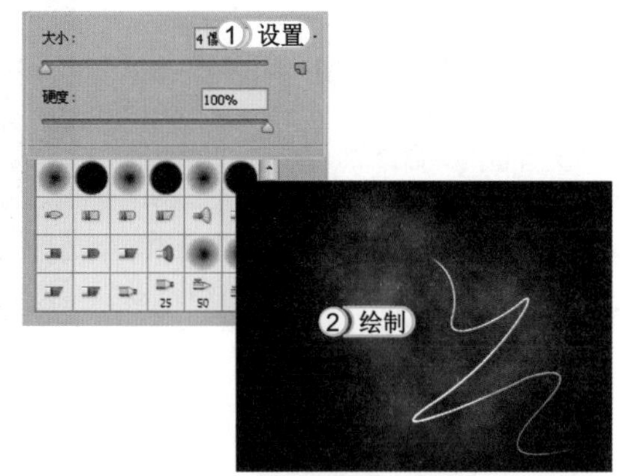

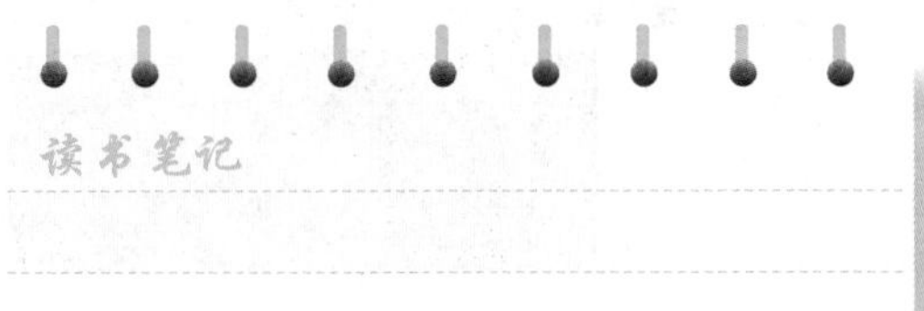

STEP 07：添加外发光样式

选择【图层】/【图层样式】/【外发光】命令，打开“图层样式”对话框，设置“混合模式”为叠加、“不透明度”为 100、“杂色”为 3、外发光“颜色”为蓝色（R190,G245,B255），“扩展”和“大小”都为 16。

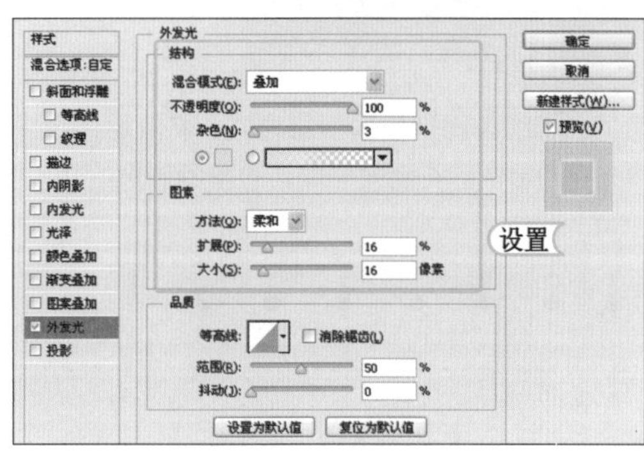

STEP 08：添加内发光样式

1. 选择“内发光”选项，设置“混合模式”为叠加、“不透明度”为 26、“杂色”为 0、“外发光颜色”为白色，“阻塞”为 0、“大小”为 3。
2. 单击 确定 按钮，在“图层”面板中设置“混合模式”为叠加，“不透明度”为 66%，得到透明线条效果。

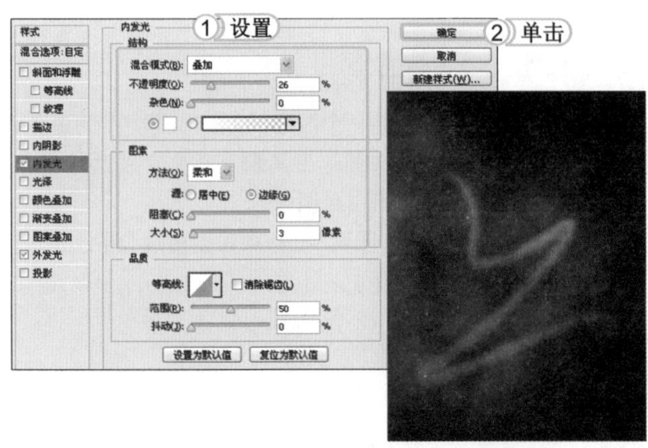

STEP 09：复制图像

按两次 Ctrl+J 组合键，复制两次白色线条，并适当调整每一个图层的不透明度参数，得到更加漂亮的白色图像效果。

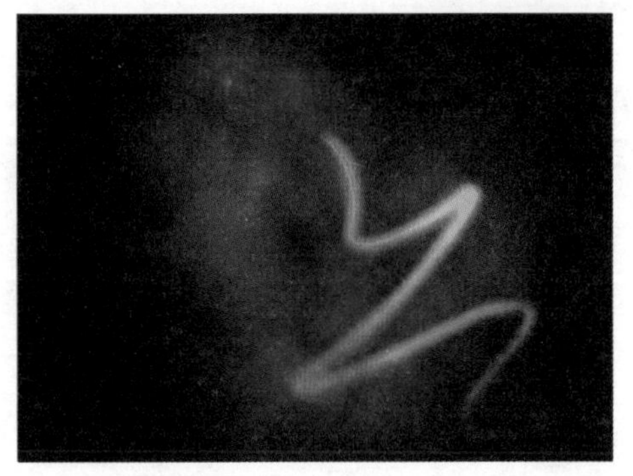

STEP 10： 输入文字

1. 选择横排文字工具，在图像中输入文字2，并在“属性”栏中设置“字体”为方正粗黑简体，“颜色”为黑色，并适当调整文字大小。
2. 选择【文字】/【转换为形状】命令，将文字转换为形状，再使用钢笔工具对图形进行编辑，得到变形的文字效果。

STEP 11： 复制图层样式

拷贝白色线条图像中的图层样式，将其粘贴到文字图层中，得到内外发光的图像效果。

STEP 12： 绘制图像

1. 新建一个图层，设置“前景色”为白色，选择画笔工具，在文字的边缘处绘制出白色图像。
2. 在“图层”面板中设置图层“混合模式”为叠加。

STEP 13： 绘制其他图像

再次新建图层，使用画笔工具，在文字周围绘制白色图像，并在“图层”面板中设置图层“混合模式”为叠加，并适当调整图层不透明度，得到文字周围的阴影效果。

STEP 14： 绘制图像

1. 新建图层，使用画笔工具，在“属性”栏中打开“画笔”面板，设置画笔“大小”为2像素，“硬度”为100%。
2. 设置“前景色”为白色，在文字右上方绘制多个细长的线条。

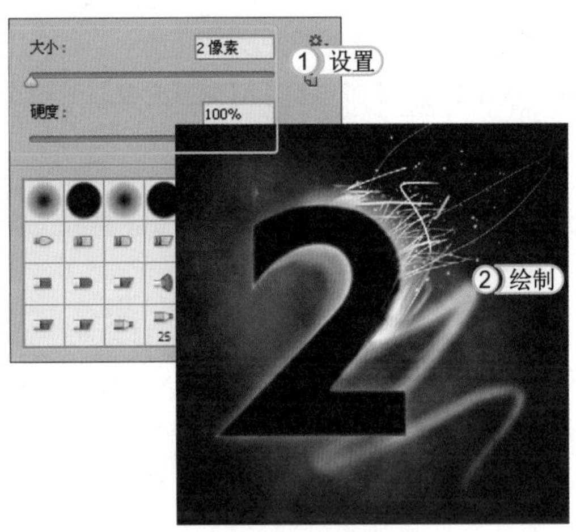

STEP 15： 设置图层样式

1. 选择【图层】/【图层样式】/【内发光】命令，打开“图层样式”对话框，设置内发光“不透明度”为75、“内发光颜色”为橘黄色（R255,G144,B89）。
2. 选择“颜色叠加”选项，设置“叠加颜色”为黄色（R255,G243,B145）。
3. 单击 确定 按钮，得到叠加颜色的效果。

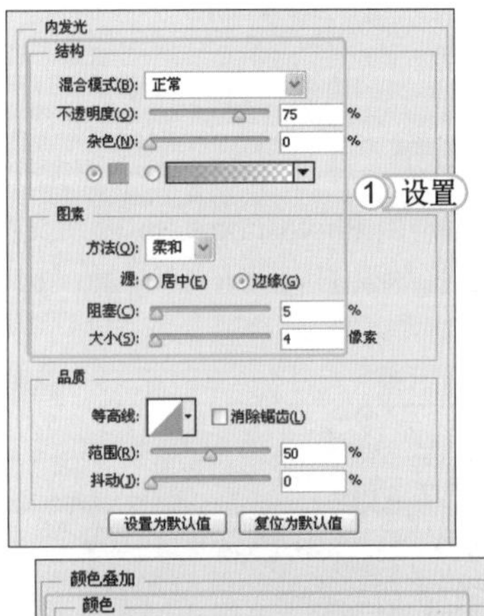

STEP 16： 绘制矩形图像

选择多边形套索工具，在图像中绘制一个倾斜的矩形选区，设置“前景色”为黑色，按Alt+Delete组合键将选区填充为黑色。

> **提个醒** 这里也可以通过矩形选框工具绘制矩形选区，然后通过“变换选区”命令旋转选区。

STEP 17： 设置镜头光晕

1. 选择【滤镜】/【渲染】/【镜头光晕】命令，打开“镜头光晕”对话框，设置“亮度”为109，在“镜头类型”栏中选中◉ 50-300 毫米变焦(Z)单选按钮，再确定光源点。
2. 单击[确定]按钮，设置图层“混合模式”为线性减淡，得到镜头光晕效果。

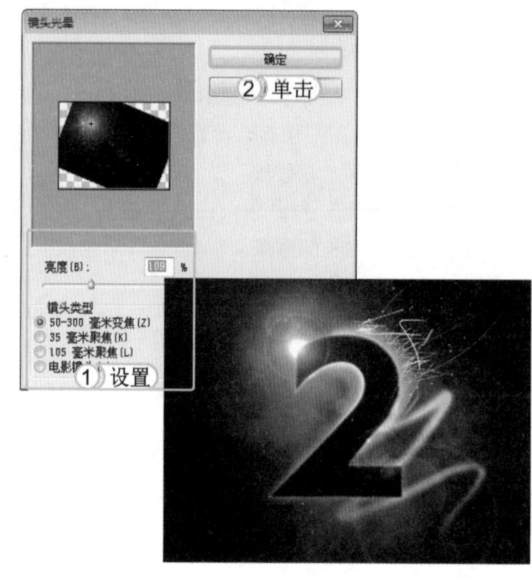

6.4.3 融化字

融化字是指先用 Photoshop CS6 输入文字，然后为其设计出类似融化的效果，主要应用在食品广告、科普读物和动画类的网站中。其最终效果如下图所示。

STEP 01： 输入文字

启动 Photoshop CS6，打开素材图片“花朵.jpg”。选择工具箱中的横排文字工具[T]，在“属性”栏中将“字体”设置为华文琥珀，并适当调整文字大小，最后输入文字。

提个醒

制作图像时操作失误是难免的，选择【编辑】/【后退一步】命令，可以将图像即时返回到上一次操作状态。

STEP 02： 变形文字

1. 在“图层”面板中单击鼠标右键，在弹出的快捷菜单中选择“栅格化文字”命令。
2. 选择【滤镜】/【液化】命令，打开“液化”对话框，选择向前变形工具，使用鼠标在文字上拖动使其变形。选择膨胀工具后，在文字上按住鼠标左键不放使其膨胀变形。选择湍流工具后，使用鼠标在文字上拖动使其呈波浪状变形。

STEP 03： 选择样式

1. 返回“图层”面板中，单击面板底部的“选择图层样式”按钮，在弹出的菜单中选择“混合选项”命令。
2. 打开“图层样式”对话框，选择对话框左上方的“样式”选项，选择“带投影的蓝色凝胶”命令。

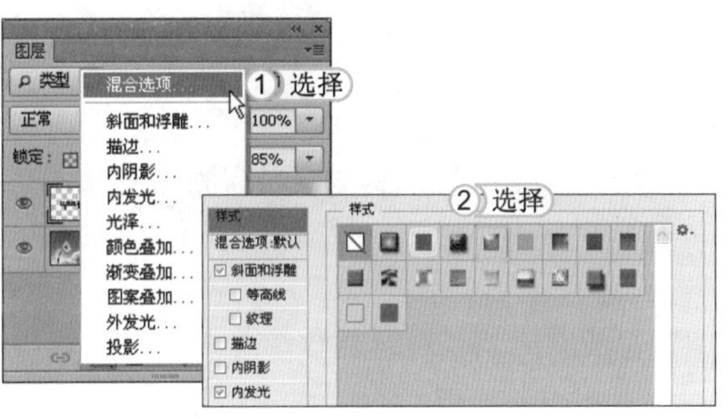

STEP 04： 缩放图层样式

1. 选择【图层】/【图层样式】/【缩放效果】命令，打开“缩放图层效果”对话框，设置“缩放”为50。
2. 单击 确定 按钮，得到文字效果。

问题小贴士

问：在 Photoshop CS6 中，能够打开图像文件的格式有多少？而矢量图又有什么特征呢？

答：使用 Photoshop CS6 能够打开图像的格式有很多种，其中最常用的 JPEG 图像文件格式主要用于图像预览及 HTML 文档，它支持 RGB、CMYK 及灰度等色彩模式。而矢量图具有无限缩放特征，即放大后的图像不会产生锯齿或变得模糊。矢量图不论被放大或缩小多少倍，都不会使画面失真或变得不清晰，但本身色彩不够丰富。

6.5 练习 1 小时

本章主要介绍了使用 Photoshop CS6 制作和处理标志与艺术字的基本知识，用户要想在以后快速学会制作标志和艺术字的各种方法，需要先熟练掌握这些知识。下面通过制作冰块文字和花瓣文字来进一步巩固这些知识。

1. 制作冰块文字

本例将制作冰块文字，打开素材图像“背景图 .jpg”，将“字体”设置方正超黑体简体，“字号”为 240 点，输入文字“冰镇饮料”，为文本图层叠加颜色为类似冰块的淡青色，为文本图层设置纹理效果和“内投影”效果，将投影默认的黑色改为天蓝色。其效果如右图所示。

光盘文件
素材 \ 第 6 章 \ 背景图 . jpg
效果 \ 第 6 章 \ 冰块文字 . psd
实例演示 \ 第 6 章 \ 制作冰块文字

2. 制作花瓣文字

本例将制作花瓣文字，新建一个图像文件，输入文字“Secret”，为文字添加“斜面和浮雕”、“内发光”等图层样式，得到立体字效果，然后添加素材图像“花瓣 .psd”，在图层中直接创建剪贴蒙版，得到花瓣与文字叠加的图像效果。其效果如右图所示。

光盘文件
素材 \ 第 6 章 \ 花瓣 . psd
效果 \ 第 6 章 \ 花瓣文字 . psd
实例演示 \ 第 6 章 \ 制作花瓣文字

读书笔记

第7章 商业卡片设计

学习 3 小时

卡片设计包括名片、VIP 卡和会员卡等的设计。在进行名片的制作时，要将卡片持有者的姓名、职业、工作单位、联络方式、个人信息或公司信息等内容标注清楚，以向外传播；此外，还需要包含企业的名称、地址、业务领域、企业标志等信息，以宣传企业形象。在制作 VIP 或会员卡等卡片时，要注意其实用性，以达到吸引客户的目的。同时还要注意卡片的整体配色、字体是否标准等，保证卡片外观的整洁、美观。

- 制作公司名片
- 制作 VIP 卡
- 制作会员卡

上机 1 小时

7.1 学习1小时：制作公司名片

现代社会，名片的使用相当普遍，分类也比较多，而且没有统一的标准。名片不仅是给人传达公司基本信息，更重要的是，名片还体现了该企业的文化。下面将对名片设计的操作方法进行介绍。

7.1.1 酒店名片

本例将制作一张酒店的名片，在底色上采用了大红色，给人喜庆的感觉，体现了酒店文化，在图案的选择上也应用了较为古典的图案，让名片更具有设计感。其最终效果如下图所示。

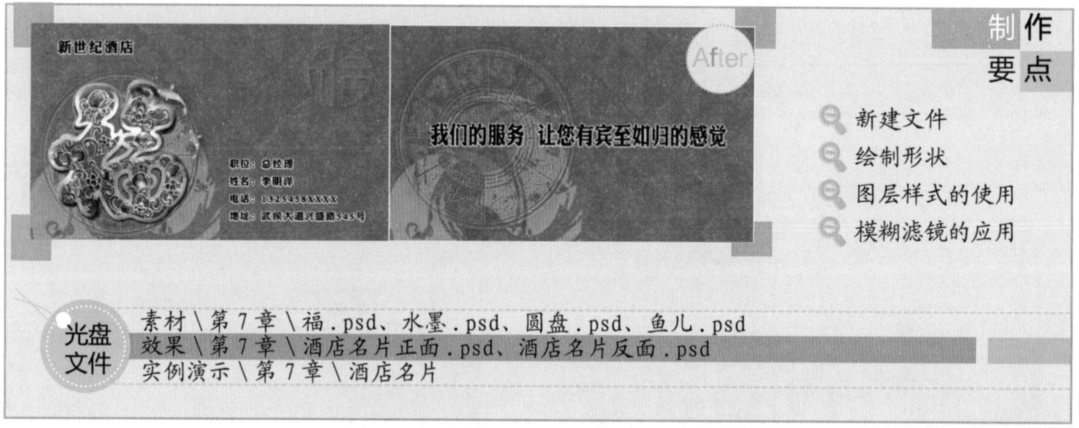

STEP 01: 新建文件

1. 启动 Photoshop CS6，选择【文件】/【新建】命令，打开"新建"对话框，设置文件名称为"酒店名片正面"、"宽度"为9.6厘米，"高度"为5.6厘米，设置"分辨率"为300像素/英寸。
2. 单击 确定 按钮，得到一个空白图像文件。

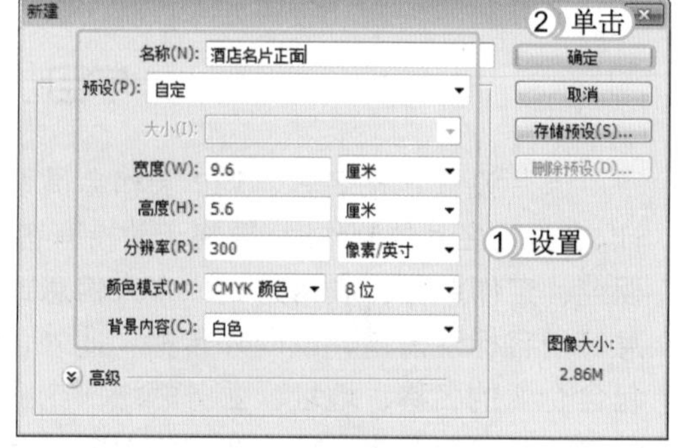

STEP 02: 填充图像

1. 单击工具箱底部的前景色色块，打开"拾色器（前景色）"对话框，设置"前景色"为红色（R230,G0,B18）。
2. 按 Alt+Delete 组合键填充背景为大红色，得到填充后的效果。

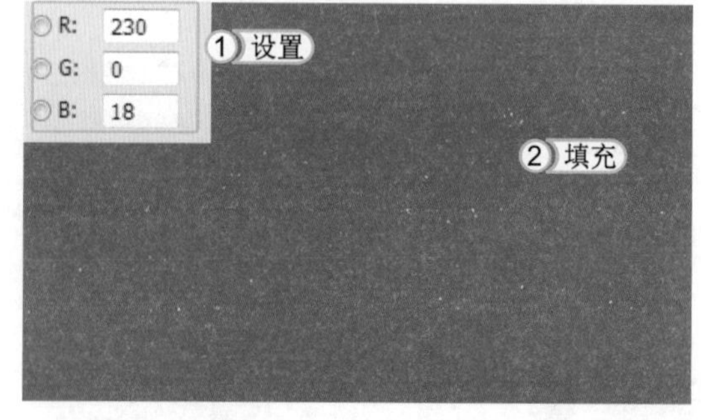

STEP 03：绘制三角形

1. 新建一个图层，选择多边形套索工具，绘制一个三角形选区，填充为桃红色（R206,G38,B73）。
2. 再绘制一个三角形选区，填充为白色。
3. 复制多个相同大小的三角形，排列成一个长条。

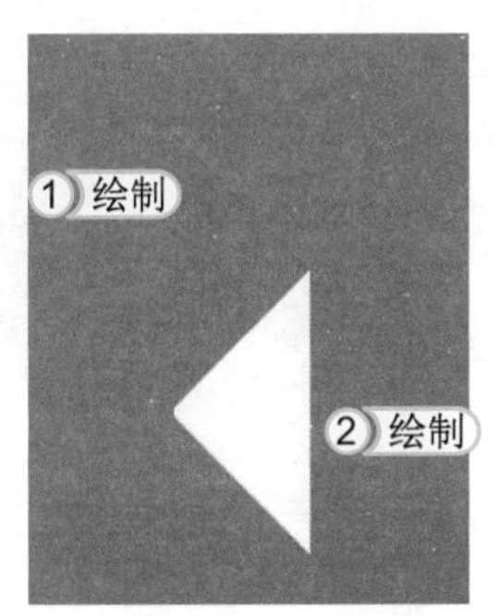

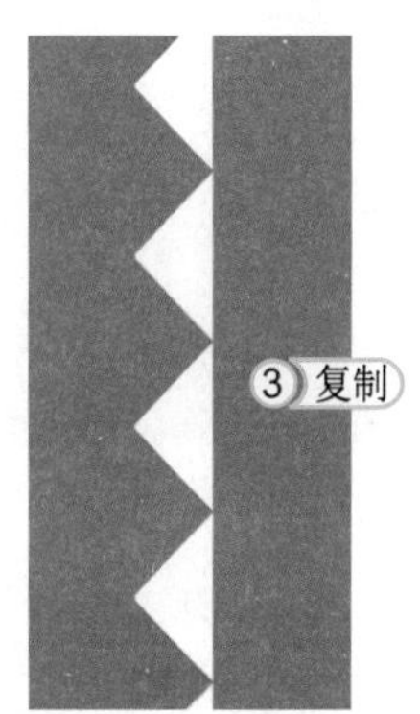

STEP 04：复制多个图像

1. 按 Ctrl+E 组合键将所有的三角形图像合并在一个图层中，选择移动工具，在按住 Alt 键的同时向右侧水平移动并复制图像。
2. 多次移动并复制图像，得到覆盖整个画面的三角形图像效果。

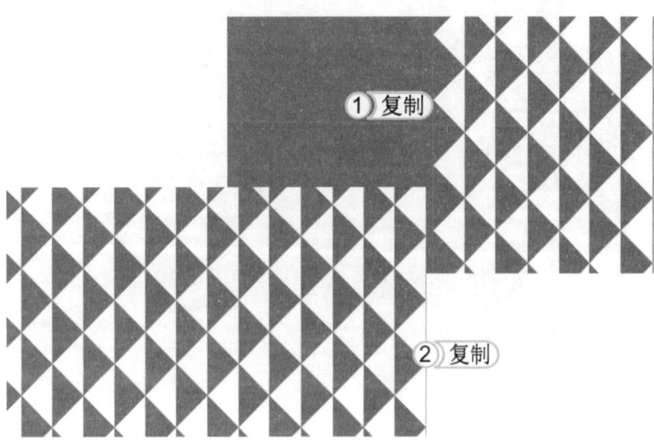

STEP 05：设置图层属性

1. 选择除背景图层外的所有图层，按 Ctrl+E 组合键合并图层，将其命名为“图层 1”。
2. 设置该图层的“混合模式”为变暗、“填充”为 35%，得到暗纹图像效果。

STEP 06：复制图层并设置属性

按 Ctrl+J 组合键复制“图层 1”，得到“图层 1 副本”，设置图层“混合模式”为溶解、“不透明度”为 1%，得到多个小圆点图像效果。

STEP 07：添加素材图像

1. 打开素材图像“水墨 .psd”，使用移动工具[移动工具图标]，将图像拖拽到当前编辑的图像中，放到画面左下方。
2. 设置该图层的“混合模式”为亮光、“不透明度”为 45%。

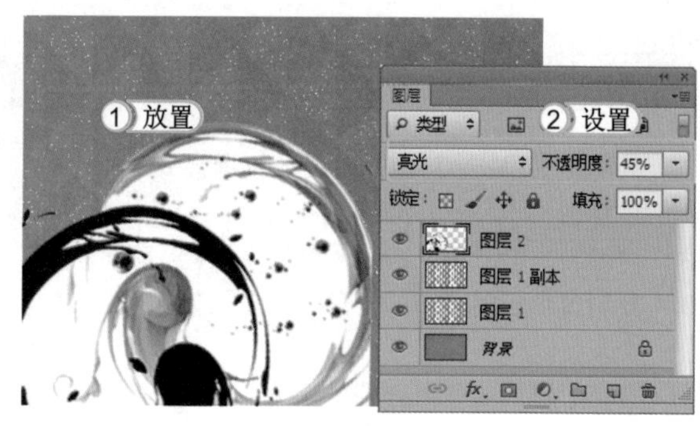

STEP 08：调整图像大小和位置

打开素材图像“圆盘 .psd”，使用移动工具[移动工具图标]，将图像拖拽到当前编辑的图像中，适当调整图像大小，放到画面左下方。

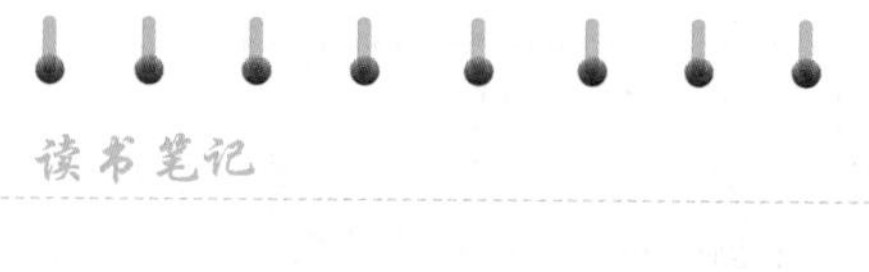

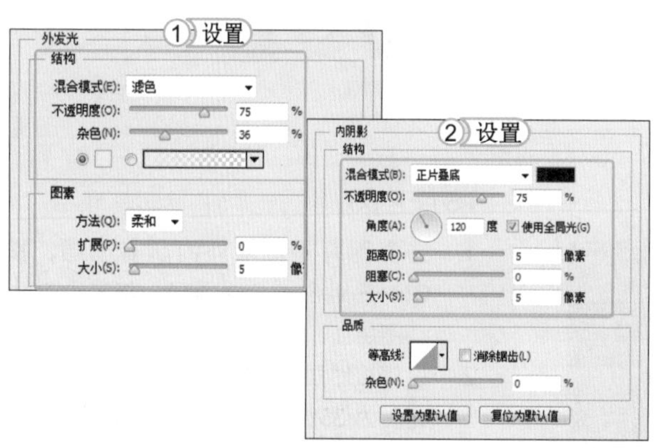

STEP 09：设置图层样式

1. 选择【图层】/【图层样式】/【外发光】命令，打开“图层样式”对话框，设置“混合模式”为滤色、“外发光颜色”为淡黄色（R249,G247,B189），再设置其他参数。
2. 选择“内阴影”选项，设置“混合模式”为正片叠底，“内阴影颜色”为黑色，然后再设置其他参数。

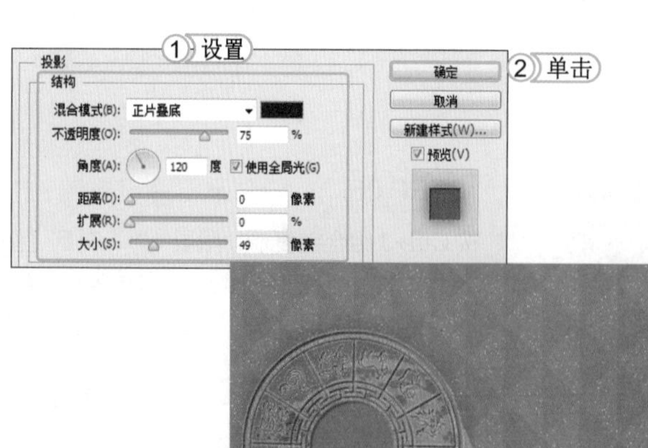

STEP 10：添加投影

1. 选择“投影”选项，设置“混合模式”为正片叠底、“投影颜色”为墨绿色（R0,G50,B27），再设置其他参数。
2. 单击[确定]按钮，得到添加图层样式后的图像效果。

STEP 11：添加素材

打开素材图像“福.psd”，使用移动工具▶+，将图像拖拽到当前编辑的图像中，适当调整图像大小，放到画面左下方。

STEP 12：设置浮雕参数

选择【图层】/【图层样式】/【斜面和浮雕】命令，打开“图层样式”对话框，设置斜面和浮雕的“样式”为内斜面、“深度”为101，再设置其他参数。

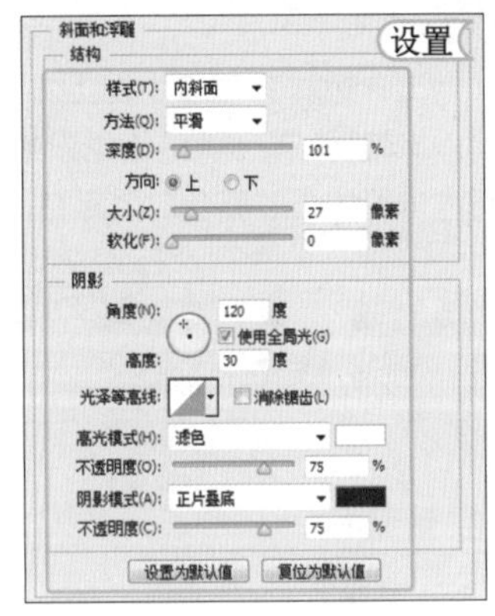

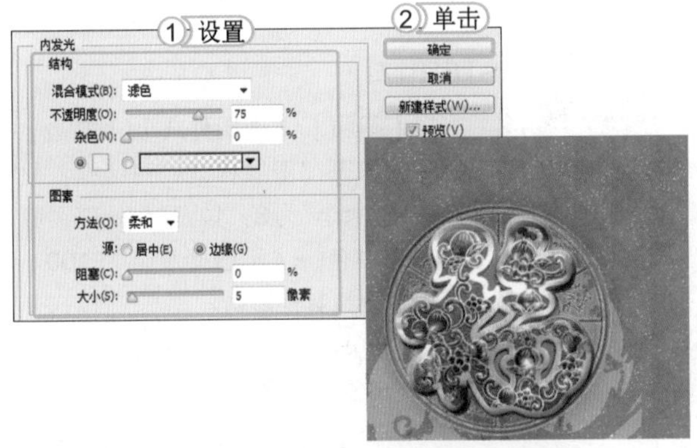

STEP 13：设置内发光参数

1. 选择“内发光”选项，设置“混合模式”为滤色、“内发光颜色”为淡黄色（R249,G247,B189），再设置其他参数。
2. 单击 确定 按钮，得到添加图层样式后的图像效果。

STEP 14：添加素材图像

打开素材图像“鱼儿.psd”，使用移动工具▶+，将图像拖拽到当前编辑的图像中，分别放到“福”字的右上方。

> **提个醒**
> 编辑图像时常有操作失误的情况，按Ctrl+Z组合键可以撤销最近一次进行的操作，再次按Ctrl+Z组合键又可以重做被撤销的操作。

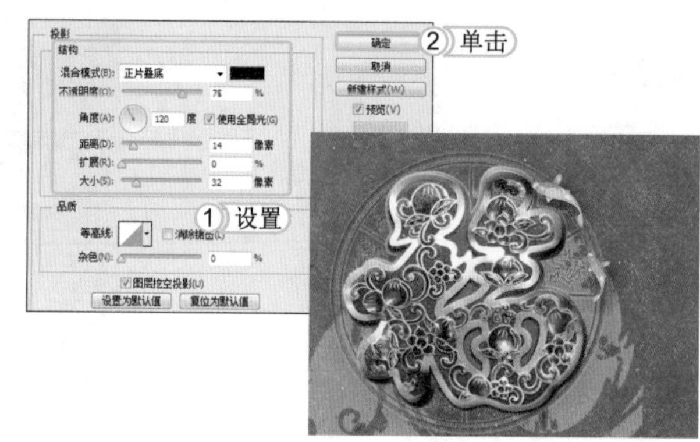

STEP 15： 设置投影

1. 选择【图层】/【图层样式】/【投影】命令，打开“图层样式”对话框，设置“投影颜色”为黑色，“不透明度”为75，然后再设置其他参数。
2. 单击 确定 按钮，得到图像投影效果。

STEP 16： 输入文字

选择横排文字工具 T ，在图像中左上方和右下方分别输入文字，并在“属性”栏中设置“字体”为方正大宋简体，“颜色”为黑色。

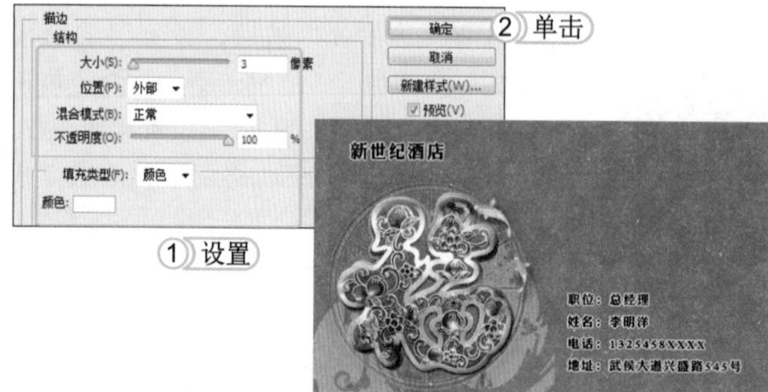

STEP 17： 设置描边样式

1. 选择【图层】/【图层样式】/【描边】命令，打开“图层样式”对话框，设置描边“大小”为3、“位置”为外部、“颜色”为白色、“不透明度”为100，然后再设置其他参数。
2. 单击 确定 按钮，得到添加图层样式的效果。

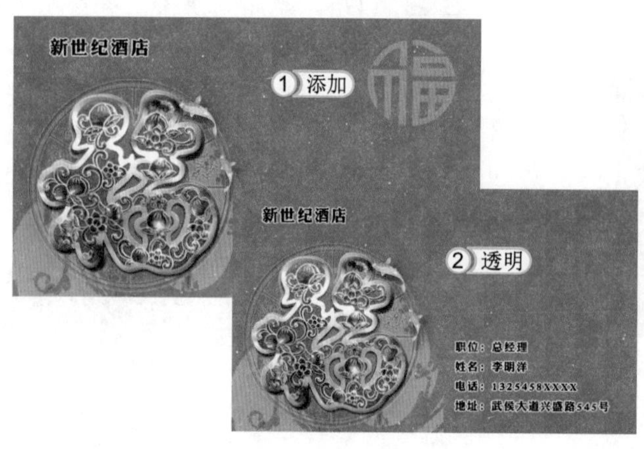

STEP 18： 添加素材图像

1. 打开素材图像“福 .psd”，使用移动工具 ，将图像拖拽到当前编辑的图像中，适当调整图像大小，放到画面的右上方。
2. 在“图层”面板中设置该图层的“不透明度”为12%，得到透明图像效果。

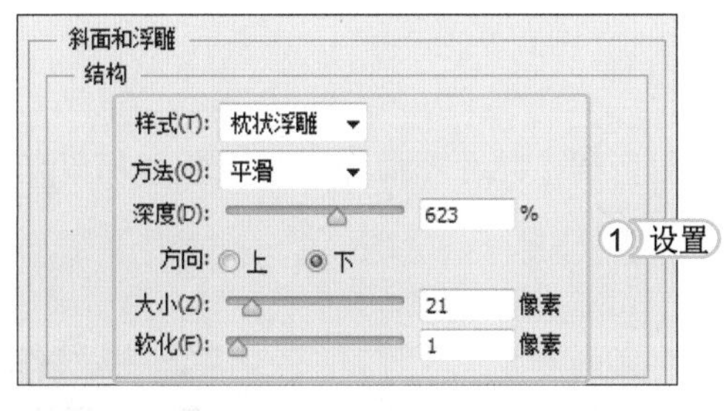

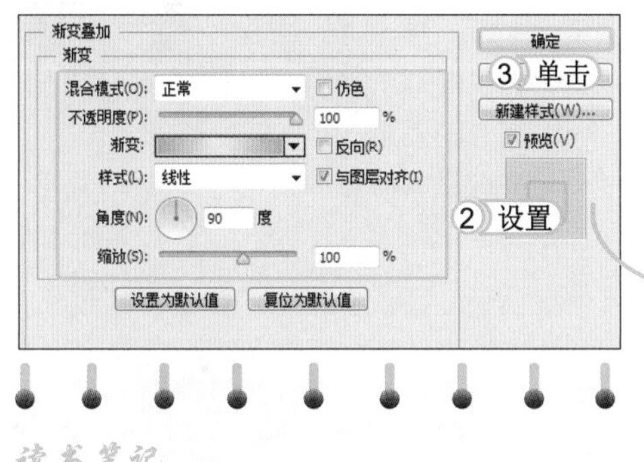

读书笔记

STEP 19: 添加图层样式

1. 选择【图层】/【图层样式】/【斜面和浮雕】命令，打开“图层样式”对话框，设置斜面和浮雕的“样式”为枕状浮雕，再设置其他参数。
2. 选择“渐变叠加”选项，设置“混合模式”为正常，再设置“渐变颜色”为不同深浅的金黄色。
3. 单击 确定 按钮，得到添加图层样式的效果。

STEP 20: 新建文件

新建一个名为“酒店名片反面”的图像文件，设置“高度”为9.6厘米，“宽度”为5.6厘米，“分辨率”为300像素/英寸。然后将名片正面中的背景图像复制到当前新建的图像中。

STEP 21: 输入文字

1. 选择横排文字工具 T，在图像中输入文字，并在“属性”栏中设置“字体”为华康俪金黑体，“颜色”为黑色。
2. 双击文字图层，打开“图层样式”对话框，选择“描边”选项，设置“描边颜色”为白色，再设置其他参数。
3. 单击 确定 按钮，得到添加图层样式的效果。

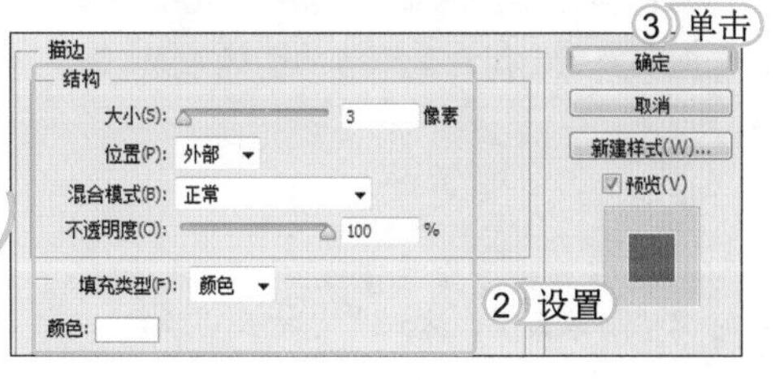

7.1.2 制作美容院名片

本例将制作美容院的名片，使用了粉红色作为主色调，并在图像中添加了曲线和星光图案效果，使名片显得更加女性化。其最终效果如下图所示。

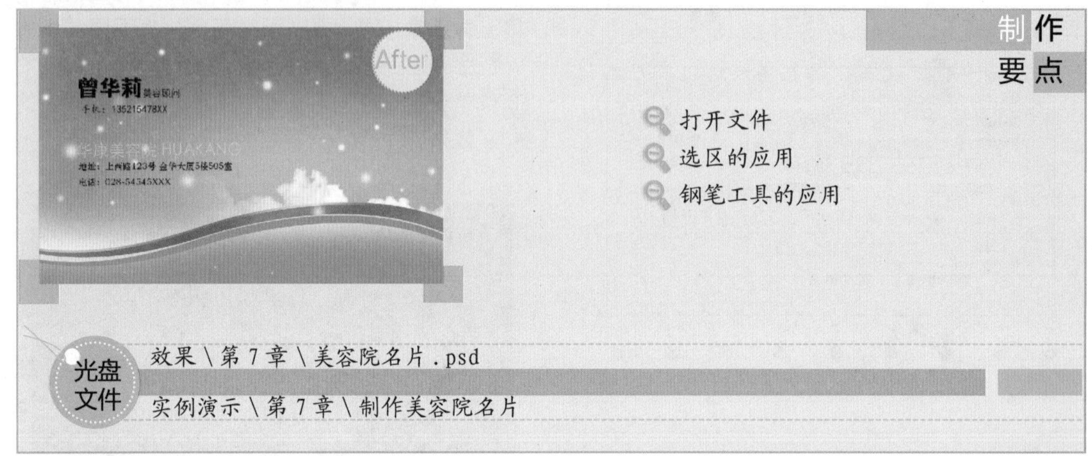

STEP 01: 新建图像

1. 选择【文件】/【新建】命令，打开“新建”对话框，设置文件名称为“美容院名片”，“宽度”为9厘米，“高度”为5.5厘米，“分辨率”为300像素/英寸。
2. 单击 确定 按钮，得到一个空白图像文件。

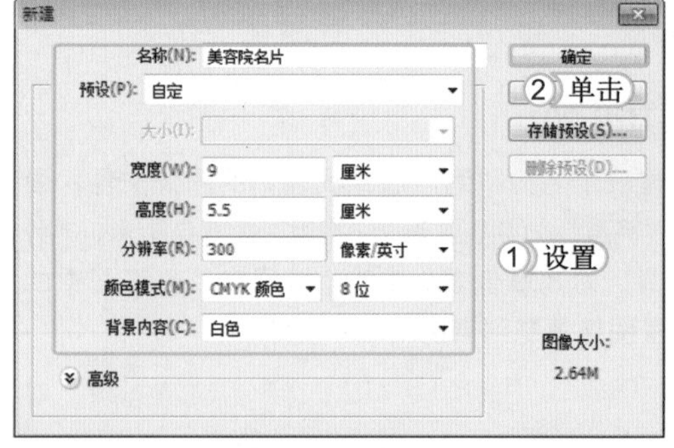

STEP 02: 绘制图像

1. 新建“图层1”，设置“前景色”为洋红色（R205,G32,B114），按Alt+Delete组合键为图像填充颜色。选择画笔工具，再设置“前景色”为粉红色（R246,G173,B140），在画面中涂抹绘制出一团粉红色图像效果。
2. 设置“前景色”为白色，选择画笔工具，在“属性”栏中设置“画笔大小”为100像素，在画面底部绘制出白云漂浮的图像效果。

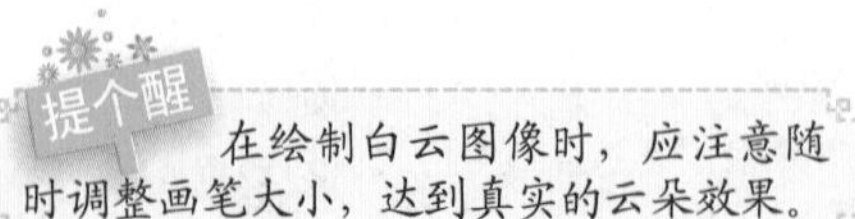

在绘制白云图像时，应注意随时调整画笔大小，达到真实的云朵效果。

STEP 03： 渐变填充图像

1. 新建“图层 2”，选择钢笔工具，在图像底部绘制一个曲线图形，按 Ctrl+Enter 组合键将路径转换为选区。
2. 选择渐变工具，在“属性”栏中设置“颜色”从洋红色（R205,G32,B114）到深红色（R166,G0,B76），然后在选区中从左到右应用线性渐变填充。

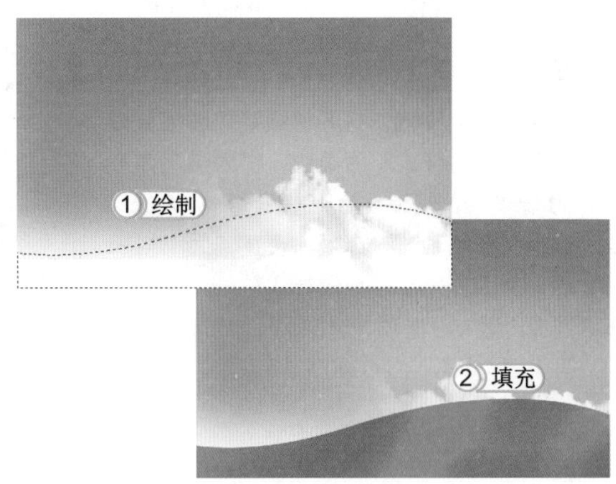

STEP 04： 绘制边缘图像

在曲线图像边缘处再绘制一个较细的边缘图形，并使用画笔工具，在其中绘制不同深浅的玫红色，得到边缘图像效果。

STEP 05： 绘制曲线图像

新建一个图层，选择钢笔工具，在图像中绘制一个较小的曲线图形，按 Ctrl+Enter 组合键将路径转换为选区，然后填充为粉红色（R234,G91,B105）。

STEP 06： 绘制淡粉色曲线图像

继续使用钢笔工具，在粉红色和玫红色图像中间绘制一个细长的曲线图形，按 Ctrl+Enter 组合键将路径转换为选区，然后填充为较淡的粉红色（R251,G216,B226）。

STEP 07：设置画笔属性

1. 选择画笔工具，打开“画笔”面板，设置“画笔样式”为柔边，“大小”为50 像素，“间距”为 190%。
2. 选择“形状动态”选项，设置“大小抖动”为 100%。
3. 选择“散布”选项，选中 两轴 复选框，再设置“参数”为 1000%、“数量”为 2。

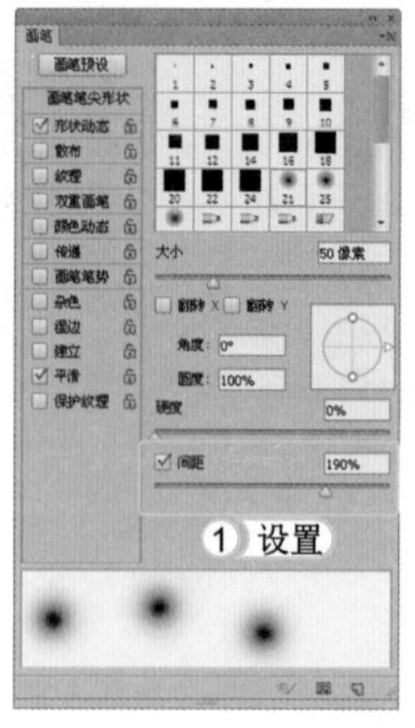

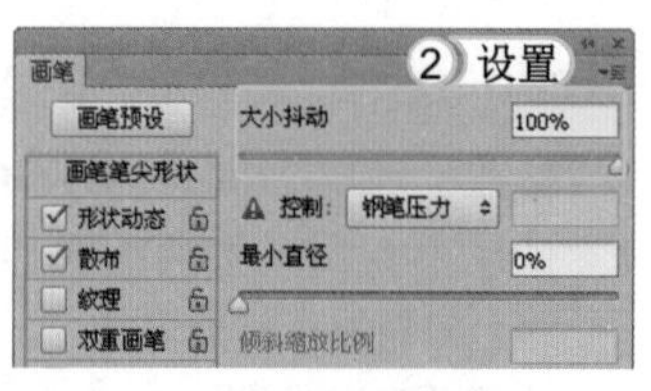

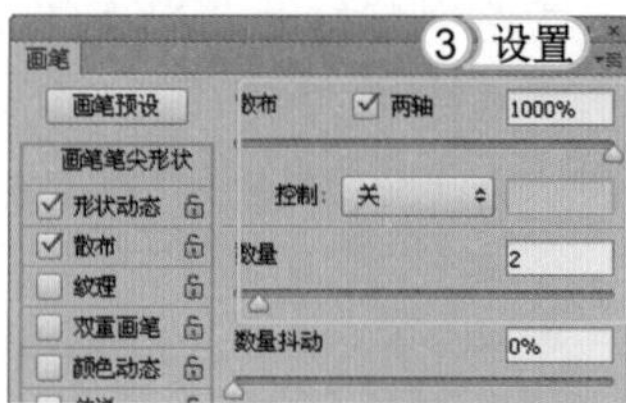

STEP 08：绘制星光图像

新建一个图层，设置“前景色”为白色，使用设置好的画笔样式，在图像上方单击并拖动鼠标左键，绘制出白色星光图像。

读书笔记

STEP 09：绘制白色图像

1. 新建一个图层，按住 Ctrl 键单击粉红色曲线图像所在图层，选择椭圆选框工具，向下移动选区。
2. 设置“前景色”为白色，选择画笔工具，在“属性”栏中设置“不透明度”为 50%，在选区上方进行涂抹，绘制白色图像。

STEP 10：输入文字

选择横排文字工具，在名片左上方输入文字，并在“属性”栏中设置“字体”为华康俪金黑体，填充为黑色，再适当调整文字大小。

STEP 11： 输入其他文字

继续使用横排文字工具T，在图像中输入文字，分别在“属性”栏中设置合适的字体，将公司名称填充为黄色（R253,G208,B0），其他文字填充为黑色，再适当调整文字大小，完成本实例的制作。

7.2 学习 1 小时：制作 VIP 卡

VIP 卡主要是针对非常重要的客户而设计的，为了吸引顾客以后能多次光顾，所以在设计上要显得精致。下面将介绍几款 VIP 卡的制作方法。

7.2.1 歌城 VIP 卡

本例将制作歌城 VIP 卡，在设计中将“VIP”文字放到了中间位置，并添加效果，让卡片起到醒目的效果。其最终效果如下图所示。

STEP 01： 新建图像文件

1. 选择【文件】/【新建】命令，打开“新建”对话框，设置文件名称为“歌城 VIP 卡”，“宽度”为 18 厘米，“高度”为 5.8 厘米，“分辨率”为 300 像素 / 英寸。
2. 单击 确定 按钮，得到一个空白图像文件。

经验一箩筐——“新建”对话框中的“高级”应用

在 Photoshop CS6 的“新建”对话框中单击“高级”按钮，可以设置更多颜色和像素选项。

STEP 02：设置渐变填充

1. 选择圆角矩形工具，在“属性”栏中设置“半径”为40像素，在图像中绘制一个圆角矩形。
2. 按Ctrl+Enter组合键将路径转换为选区，使用渐变工具对其应用线性渐变填充，设置“颜色”从紫色（R145,G64,B148）到土黄色（R172,G120,B15）。

STEP 03：绘制图像

1. 选择钢笔工具，在VIP卡左上方绘制一个圆角三角形图形，将路径转换为选区，使用渐变工具对其应用线性渐变填充，设置“颜色”从淡黄色（R223,G201,B127）到黄色（R171,G118,B16）。
2. 新建一个图层，在VIP卡下方再绘制一个曲线图形，并同样对其应用线性渐变填充，设置“颜色”为不同深浅的黄色渐变。

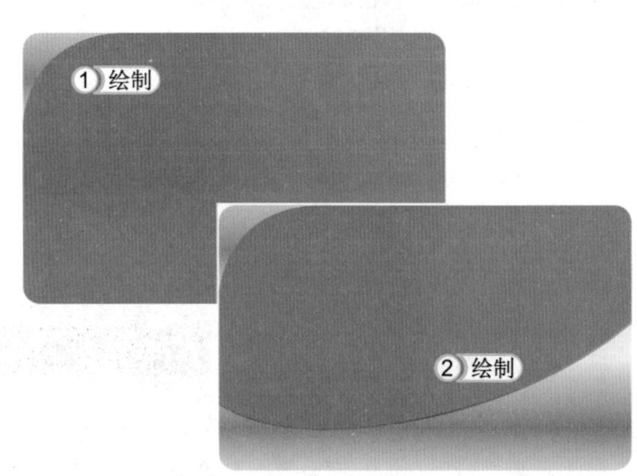

STEP 04：添加图层样式

1. 选择【图层】/【图层样式】/【投影】命令，打开“图层样式”对话框，设置“投影颜色”为黑色，再设置其他参数。
2. 选择对话框左侧的“斜面和浮雕”选项，设置“样式”为内斜面，再设置其他参数。
3. 单击 确定 按钮，得到添加图层样式后的效果。

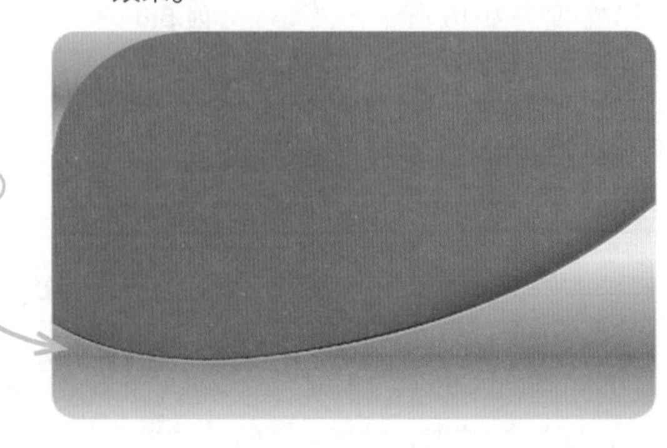

STEP 05: 加深图像颜色

选择工具箱中的加深工具，在“属性”栏中设置“画笔大小”为 100 像素，“范围”为中间调、“曝光度”为 50%，在图像中加深曲线图像上方的阴影颜色。

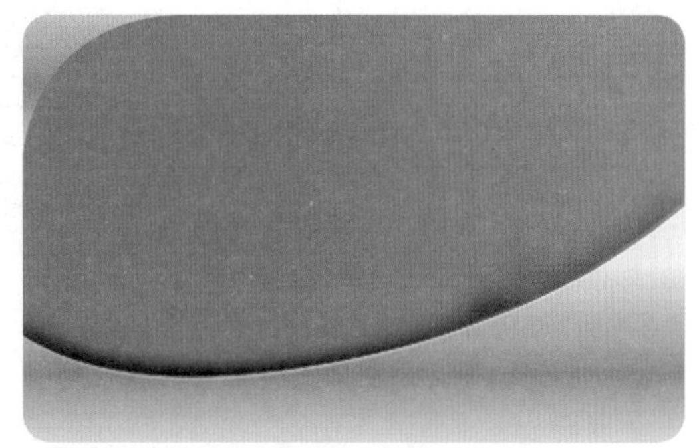

STEP 06: 添加花纹

打开素材图像“花纹 1.psd”，选择移动工具，将花纹图像拖拽到当前编辑的图像中，适当调整图像大小，分别放在上下两个曲线的图像边缘。

STEP 07: 添加投影效果

1. 选择【图层】/【图层样式】/【投影】命令，打开“图层样式”对话框，设置投影“颜色”为黑色，再分别设置其他参数。
2. 单击 确定 按钮，得到图像投影效果。

STEP 08: 添加素材图像

1. 打开素材图像“花纹 2.psd”和“花朵.psd”，选择移动工具，将花纹图像拖拽到当前编辑的图像中。
2. 组合这两个图像，并复制花朵图像，放大后移动到右侧。

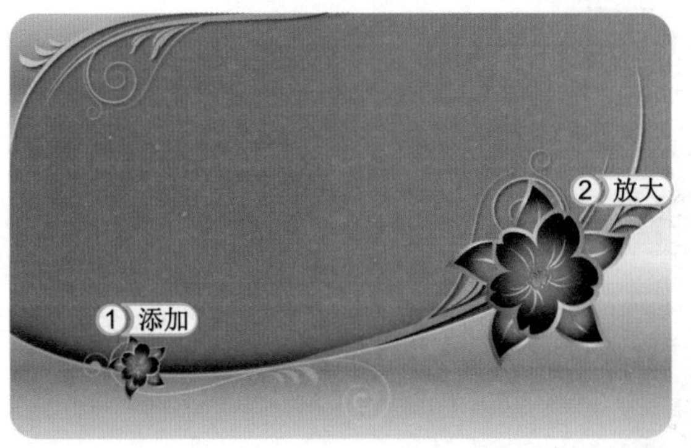

62 Hours

52 Hours

42 Hours

32 Hours

22 Hours
12 Hours

STEP 09： 添加投影效果

1. 选择花朵图像所在图层，双击该图层，打开“图层样式”对话框，选择左侧的“投影”选项，设置投影“颜色”为黑色，再设置其他参数。
2. 单击 确定 按钮，得到投影效果。再选择另一个花朵图像应用相同的投影效果。

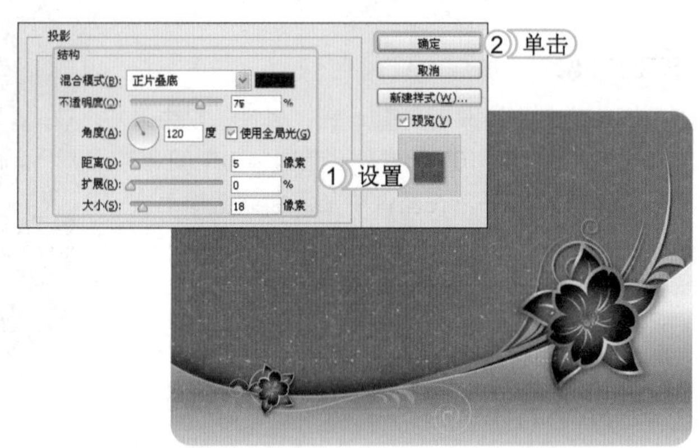

STEP 10： 添加 VIP 文字图像

打开素材图像“VIP.psd”，选择移动工具，将 VIP 文字拖拽到当前编辑的图像中，适当调整图像大小，放到画面左侧。

读书笔记

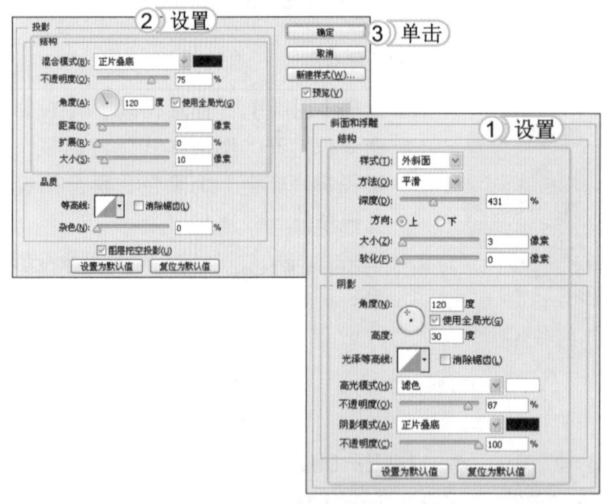

STEP 11： 添加图层样式

1. 选择【图层】/【图层样式】/【斜面和浮雕】命令，打开“图层样式”对话框，设置“样式”为外斜面，“深度”为 431。
2. 选择对话框左侧的“投影”选项，设置投影“颜色”为黑色，再设置其他参数。
3. 单击 确定 按钮，得到添加图层样式效果。

STEP 12： 输入文字

选择横排文字工具，在 VIP 文字图像右侧输入文字“贵宾卡”，然后在“属性”栏中设置“字体”为方正大黑简体，“颜色”为黑色，适当调整文字大小。

STEP 13：添加图层样式

1. 双击“贵宾卡”文字图层，打开“图层样式”对话框，在对话框左侧选择“斜面和浮雕”选项，设置“样式”为外斜面，再设置其他参数。
2. 选择“渐变叠加”选项，设置“渐变颜色”为不同深浅的金色。
3. 单击确定按钮，得到添加图层样式后的效果。

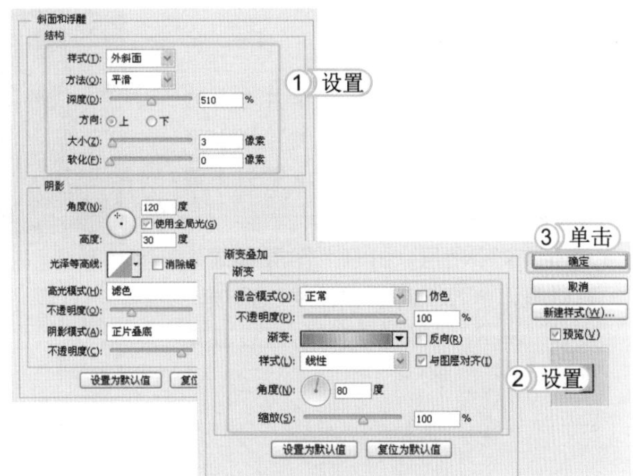

STEP 14：输入文字

选择横排文字工具T，在卡片右下方输入数字编码，并在“属性”栏中设置“字体”为方正大标宋体，设置“颜色”为赭石色（R78,G47,B33），然后适当调整文字大小。

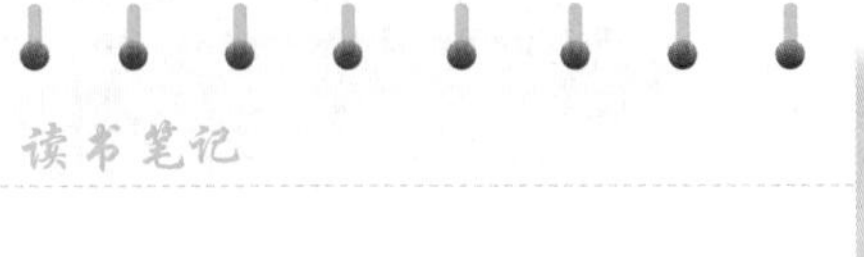

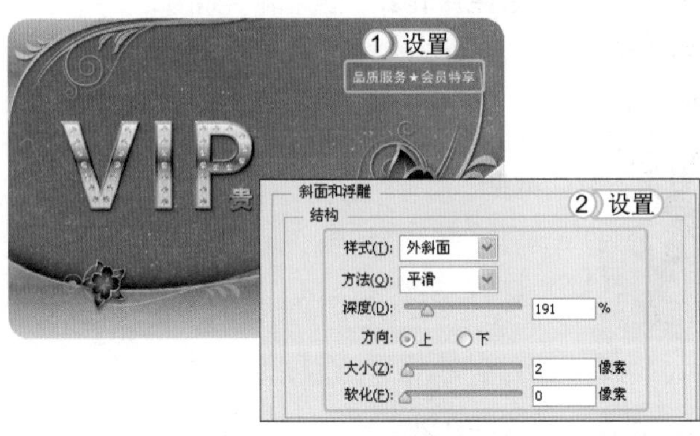

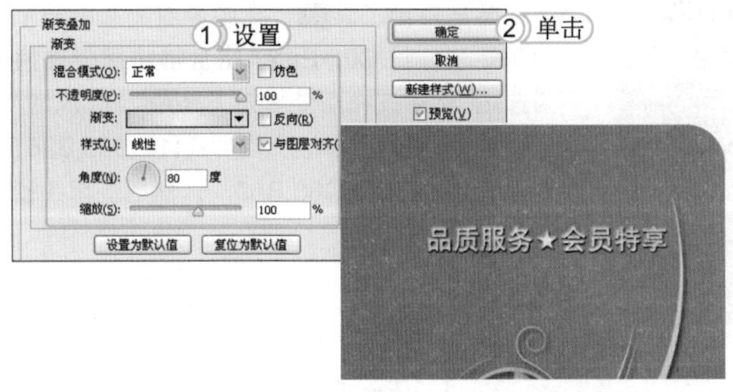

STEP 15：继续输入文字

1. 继续使用横排文字工具T，在卡片右上方输入文字，并在“属性”栏中设置“字体”为方正大黑简体，填充为白色。
2. 双击该文字图层，打开“图层样式”对话框，在对话框左侧选择“斜面和浮雕”选项，设置“样式”为外斜面，再设置其他参数。

STEP 16：设置渐变叠加

1. 选择对话框左侧的“渐变叠加”选项，设置“渐变颜色”从淡黄色（R243,G234,B160）到白色，再设置其他参数。
2. 单击确定按钮，得到添加图层样式后的文字效果。

STEP 17： 设置浮雕效果

1. 选择横排文字工具T，在卡片右上方再次输入文字，并在“属性”栏中设置“字体”为楷体，然后填充为土黄色（R183,G148,B15）。
2. 双击该文字图层，打开“图层样式”对话框，选择“斜面和浮雕”选项，设置“样式”为外斜面，然后设置其他参数。

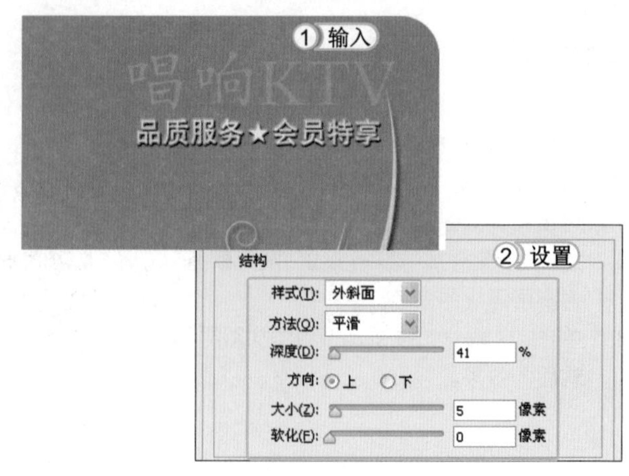

STEP 18： 设置渐变叠加效果

1. 选择对话框左侧的“渐变叠加”选项。设置“渐变颜色”为不同深浅的金色，再设置其他参数。
2. 单击 确定 按钮，得到添加渐变叠加后的效果。

STEP 19： 绘制星光图像

设置“前景色”为白色，选择画笔工具，在“属性”栏中设置“画笔大小”为20像素，然后在图像中绘制出星光，得到白色星光图像效果。

STEP 20： 绘制圆角矩形

选择圆角矩形工具，在图像右侧绘制一个圆角矩形，按Ctrl+Enter组合键将路径转换为选区，然后选择渐变填充工具，在“属性”栏设置“渐变颜色”从土红色（R110,G33,B36）到泥红色（R176,G88,B59），然后应用线性渐变填充。

STEP 21： 绘制图形并输入文字

1. 选择矩形选框工具，在卡片上方绘制一个矩形选区，设置“前景色”为黑色，按 Alt+Delete 组合键将矩形填充为黑色。
2. 选择横排文字工具，在卡片中输入多项文字，并在“属性”栏中设置合适的字体。

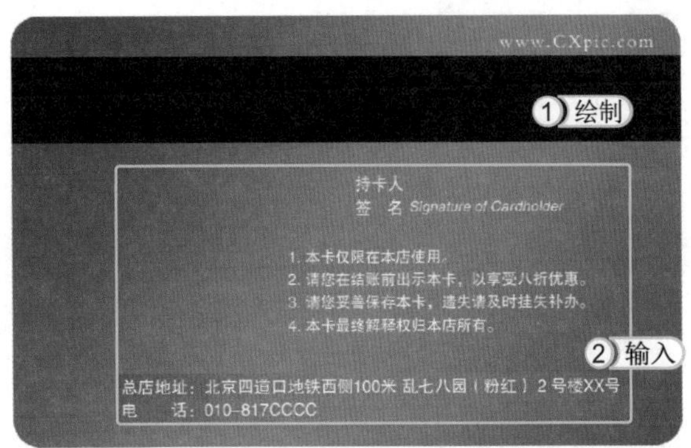

STEP 22： 复制并绘制图像

1. 选择卡片正面图像中的“唱响 KTV”文字图层，按 Ctrl+J 组合键复制该图层，并使用移动工具将其移动到右侧卡片中。
2. 选择矩形选框工具，在该文字上方绘制一个矩形选区，再使用渐变工具为其应用从灰色到白色的线性渐变填充。

STEP 23： 添加素材图像

1. 打开素材图像“底纹 .psd”，选择移动工具将该图像拖拽到当前编辑的图像中，放到刚绘制的灰色渐变矩形中，并适当调整图像大小。
2. 选择【图层】/【创建剪贴蒙版】命令，得到将边角剪切掉的效果，完成本实例的制作。

经验一箩筐——“新建”对话框中的“高级”应用

创建图层剪贴蒙版，可以直接按住 Alt 键单击需要隐藏的图层，即可与下层交叉得到图层蒙版效果。

7.2.2 选房 VIP 卡

本例制作一个售楼部的选房 VIP 卡，在图像中采用了较为古朴的图像作为底纹，让人有种家的温馨感。其最终效果如下图所示。

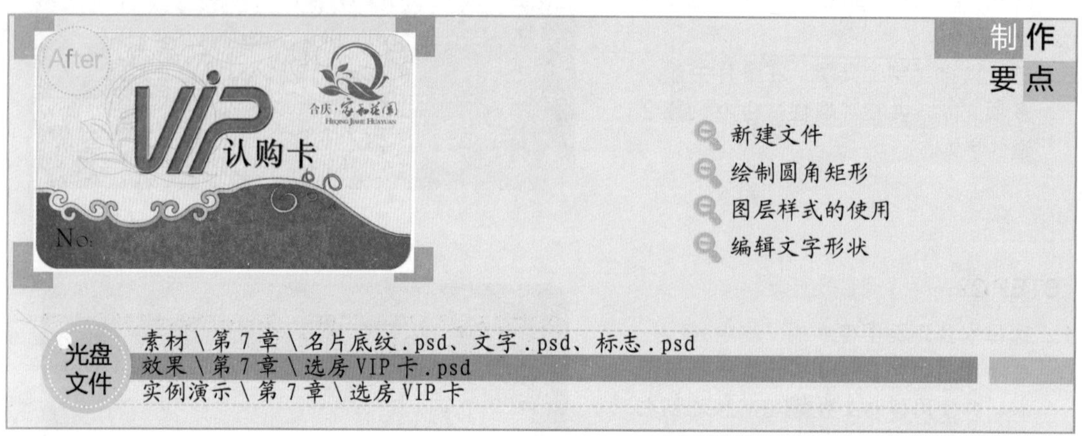

STEP 01： 新建文件

1. 选择【文件】/【新建】命令，打开“新建”对话框，设置文件名称为“选房 VIP 卡”，“宽度”为 9 厘米，“高度”为 5.5 厘米，“分辨率”为 300 像素 / 英寸。
2. 单击 确定 按钮，得到一个空白图像文件。

STEP 02： 绘制圆角矩形

1. 新建一个图层，然后选择圆角矩形工具，在“属性”栏中设置“半径”为 60 像素。
2. 在图像中绘制一个圆角矩形，然后按 Ctrl+Enter 组合键将路径转换为选区，填充为白色。

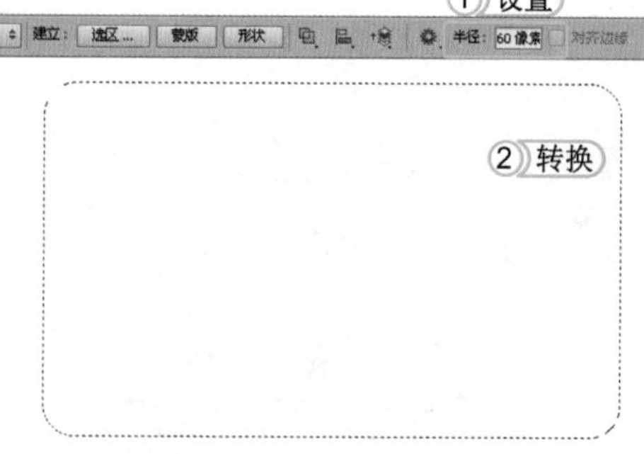

STEP 03： 添加素材图像

打开素材图像“名片底纹 .jpg”，使用移动工具，将该图像直接拖拽到当前编辑的图像中，适当调整图像大小。按住 Ctrl 键单击“图层 1”载入图像选区，再按住 Shift+Ctrl+I 组合键反选图像，并删除图像，得到圆角底纹效果。

STEP 04： 输入文字

1. 选择横排文字工具![T]，在卡片中输入文字“VIP”，然后在“属性”栏中设置合适的字体，填充为红色（R230,G0,B18）。
2. 选择【编辑】/【变换】/【斜切】命令，对文字做倾斜操作。

提个醒 直接按 Ctrl+T 组合键，显示变换框，在其上单击鼠标右键，在弹出的快捷菜单中选择相应的命令，也可对图像进行各种变换操作。

STEP 05： 变形文字

1. 选择【文字】/【转换为形状】命令，使用钢笔工具对文字进行编辑，得到变形文字效果。
2. 选择椭圆选框工具，在“I”字上绘制一个圆形选区，填充为红色（R230,G0,B18），得到组合变形文字效果。

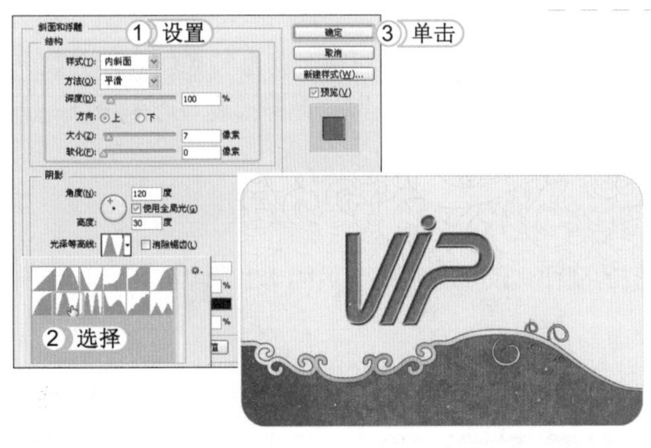

STEP 06： 添加图层样式

1. 选择【图层】/【图层样式】/【斜面和浮雕】命令，打开“图层样式”对话框，设置“样式”为“内斜面”，然后再设置其他参数。
2. 单击“光泽等高线”图标右侧的下拉按钮，在弹出的列表框中选择“环形”样式。
3. 单击 确定 按钮，得到添加图层样式后的效果。

STEP 07： 添加素材图像

1. 打开素材图像“标志.psd”，选择移动工具，将其拖拽到当前编辑的图像中，适当调整大小，放到卡片右上方。
2. 按 Ctrl+J 组合键复制该图像，适当放大图像，设置该图层的“不透明度”为 20%，“混合模式”为正片叠底。

STEP 08： 添加文字

1. 打开素材图像“文字.psd”，选择移动工具，将其拖拽到当前编辑的图像中，适当调整大小，放到标志图像下方。
2. 选择横排文字工具，在添加的文字图像前面输入文字“合庆·”，并在“属性”栏中设置“字体”为方正大宋简体，“颜色”为红色（R230,G0,B18）。

STEP 09： 输入其他文字

选择横排文字工具，在标志下方输入一行英文文字，填充为红色（R230,G0,B18），然后再分别输入其他文字，在“属性”栏中设置合适的字体，完成本实例的制作。

7.3 学习 1 小时：制作会员卡

Photoshop CS6 广泛应用多个设计领域，在制作卡片时，也可以分为多种类型。而会员卡就是其中一种，这种卡主要是为忠实客户而制作的。所以在设计时，需要注意它的实用性。下面将对多种会员卡的制作方法进行介绍。

7.3.1 精品屋会员卡

本例将制作精品屋的会员卡，通过本例的制作，使用户进一步巩固本章所学知识，达到熟练掌握的目的。其最终效果如下图所示。

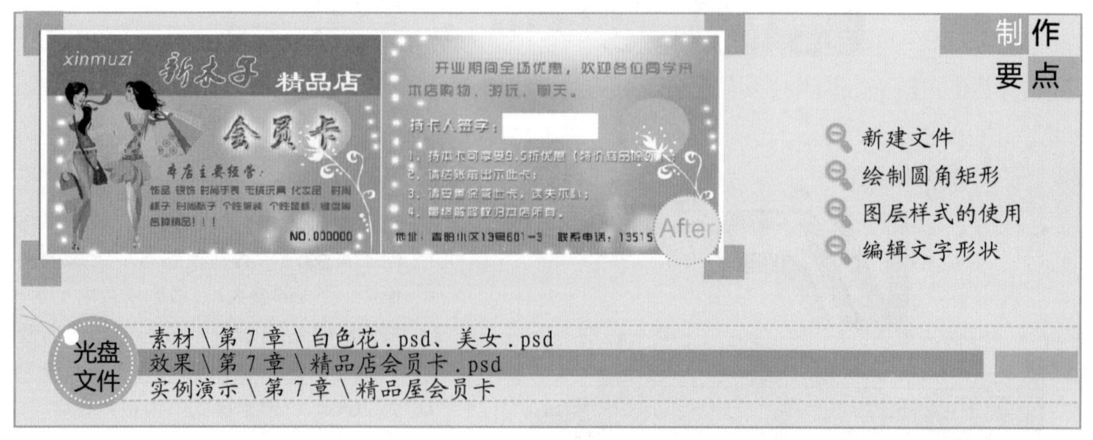

STEP 01： 新建文件

1. 选择【文件】/【新建】命令，打开“新建”对话框，设置文件名称为“精品屋会员卡”，“宽度”为 17 厘米，“高度”为 5.5 厘米，“分辨率”为 300 像素 / 英寸。
2. 单击 确定 按钮，得到一个空白图像文件。

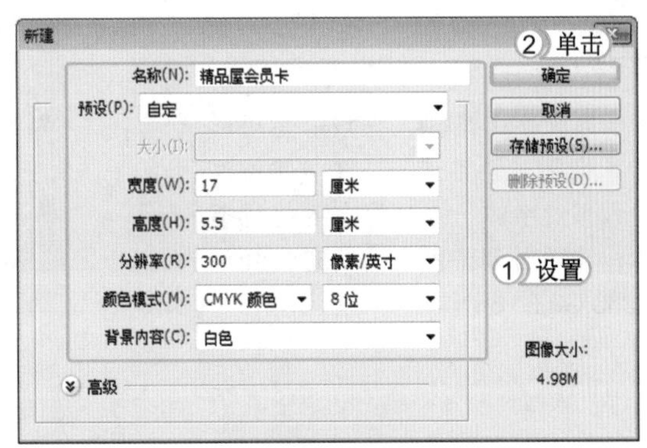

STEP 02： 填充图像颜色

1. 首先来制作会员卡的正面图，新建“图层 1”，选择矩形选框工具，在图像中绘制一个矩形选区，填充为粉红色（R240,G174,B204）。
2. 选择加深工具，对部分图像做加深处理，然后再选择画笔工具，设置前景色为白色，在图像中绘制出大小不一的光点图像。

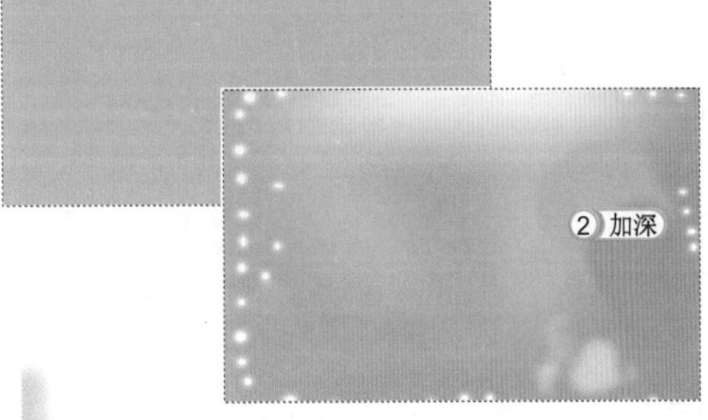

读书笔记

STEP 03： 绘制图像

打开素材图像“白色花 .psd”，选择移动工具，将该图像直接拖拽到当前编辑的图像中，适当调整图像大小，放到图像右下方。再选择椭圆选框工具，在白色花朵图像周围绘制多个圆形图像，填充为白色。

STEP 04： 填充图像

保持选区状态，按住 Alt 键绘制一个较短一点的选区，通过减选得到一个小的矩形选区，填充为玫红色（R228,G0,B127），按 Ctrl+D 组合键取消选区。

STEP 05： 输入文字

选择横排文字工具，在玫红色矩形中输入文字“新木子”，在“属性”栏中设置“字体”为叶根友毛笔行书简体，并适当调整大小，填充为红色（R230,G0,B18）。

STEP 06： 设置描边效果

1. 选择【图层】/【图层样式】/【描边】命令，打开“图层样式”对话框，设置描边“大小”为3，“颜色”为白色。
2. 单击 确定 按钮，得到描边图像效果。

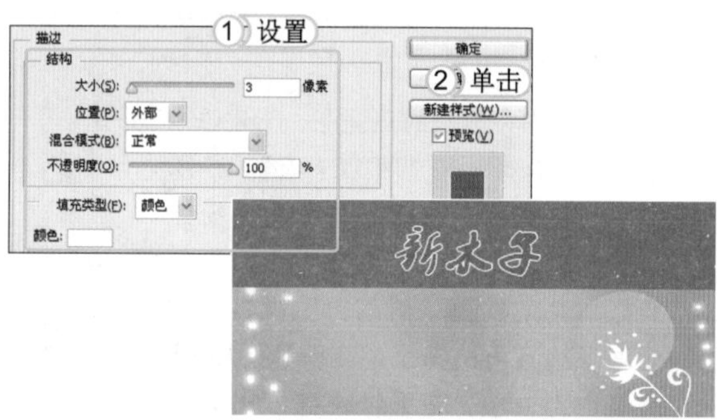

STEP 07： 输入文字

1. 选择横排文字工具，在玫红色矩形右侧输入文字“精品店”，并在“属性”栏中设置“字体”为方正隶书，填充为白色，再适当调整文字大小。
2. 再在玫红色矩形左上方输入一行拼音文字，并在“属性”栏中设置“字体”为方正细圆简体，填充为黄色（R255,G241,B0）。

STEP 08： 添加素材图像

打开素材图像“美女.psd”，选择移动工具，将该图像拖拽到当前编辑的图像中，适当调整图像大小，放到画面左侧。

STEP 09： 输入文字

选择横排文字工具T，在人物图像右侧输入文字“会员卡”，在“属性”栏中设置“字体”为方正楷体，“颜色”为玫红色（R228,G0,B127），再适当调整文字大小，得到文字效果。

STEP 10： 设置图层样式

1. 选择【图层】/【图层样式】/【斜面和浮雕】命令，打开“图层样式”对话框，设置“样式”为内斜面，设置其他参数。
2. 单击“光泽等高线”图标右侧的下拉按钮，在弹出的列表框中选择“环形”选项。
3. 选择“渐变叠加”选项，设置渐变“颜色”为橙，黄，橙样式，再设置其他参数。

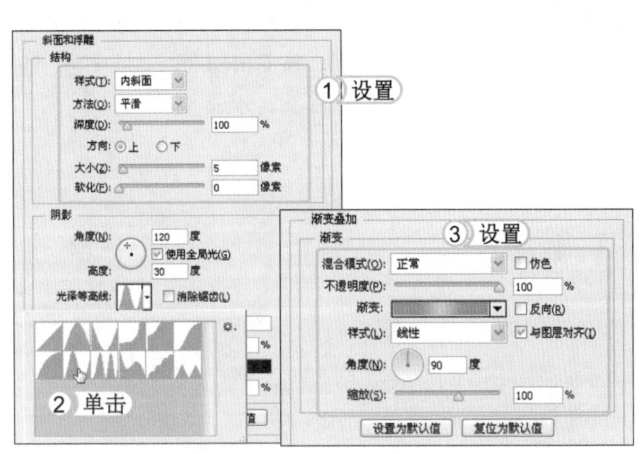

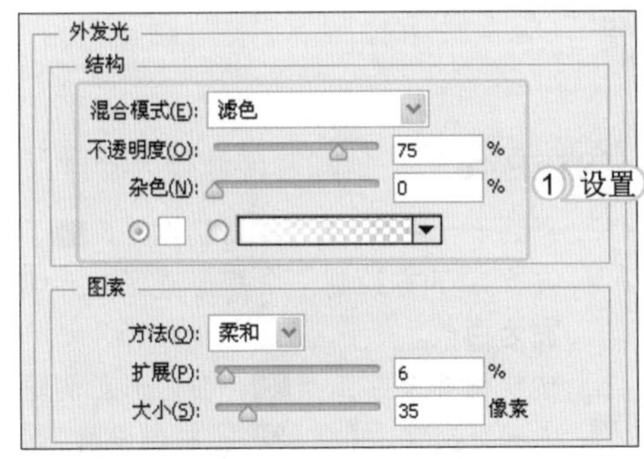

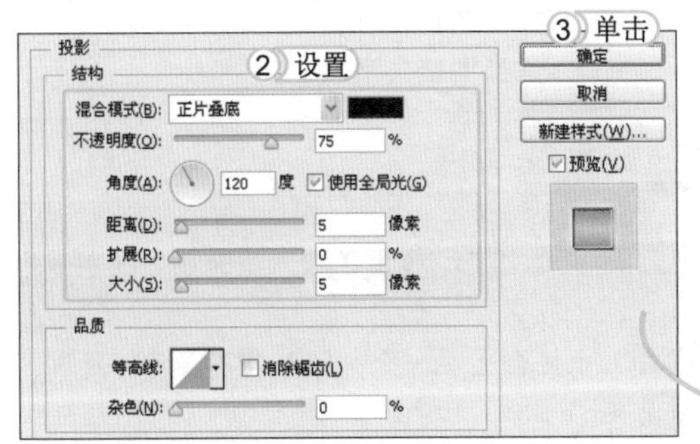

STEP 11： 设置其他图层样式

1. 选择“外发光”选项，设置“混合模式”为滤色，外发光“颜色”为白色，然后再设置其他参数。
2. 选择“投影”选项，设置投影“颜色”为黑色，再设置“距离”为5、“扩展”为0、“大小”为5。
3. 单击 确定 按钮，得到添加图层样式后的文字效果。

STEP 12： 输入文字

选择横排文字工具，在图像中输入多段文字内容，并在“属性”栏中设置合适的字体，分别调整文字大小，填充为蓝色（R0,G64,B152）和黑色。

STEP 13： 复制图层

选择卡片背景图像所在图层，按Ctrl+J组合键复制该图层，将其放到右侧，准备制作背面卡片。

STEP 14： 输入文字

选择横排文字工具，在卡片背面上方输入文字，并在“属性”栏中设置“字体”为时尚中黑简体，“颜色”为玫红色（R228,G0,B127），再适当调整文字大小。

STEP 15： 绘制图像并输入文字

1. 新建一个图层，选择矩形选框工具，在文字下方绘制一个矩形选区，并填充为白色。
2. 选择横排文字工具，在矩形左侧输入一行文字，并在“属性”栏中设置“字体”为时尚中黑简体，填充为白色，适当调整文字大小。

问题小贴士

问：在段落文字输入框中输入了过多的文字，超出了输入框范围，怎样将超出输入框的文字显示出来？

答：输入段落文字后，输入框右下角将会出现一个“田”字符号，可以拖动输入框的各个节点调整其大小，使文字完全显示出来。

STEP 16： 设置投影样式

1. 选择【图层】/【图层样式】/【投影】命令，打开“图层样式”对话框，设置“混合模式”为正片叠底、“颜色”为黑色，再设置其他参数。
2. 单击 确定 按钮，得到文字的投影效果。

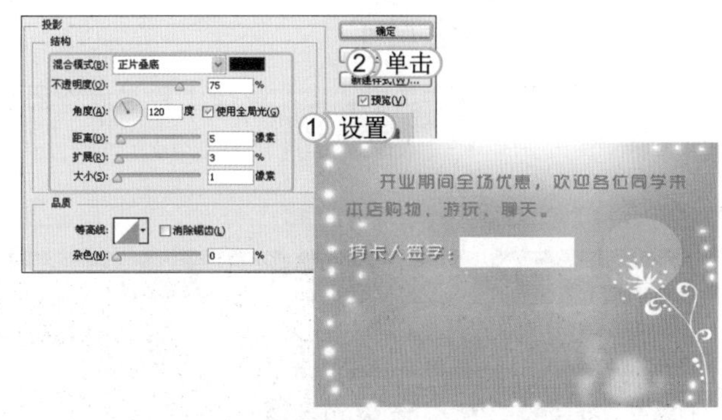

STEP 17： 输入文字

选择横排文字工具T，在卡片中按住鼠标左键拖动，绘制一个文本框，在其中输入文字，并在“属性”栏中设置“字体”为时尚中黑简体，填充为白色，并适当调整文字大小。

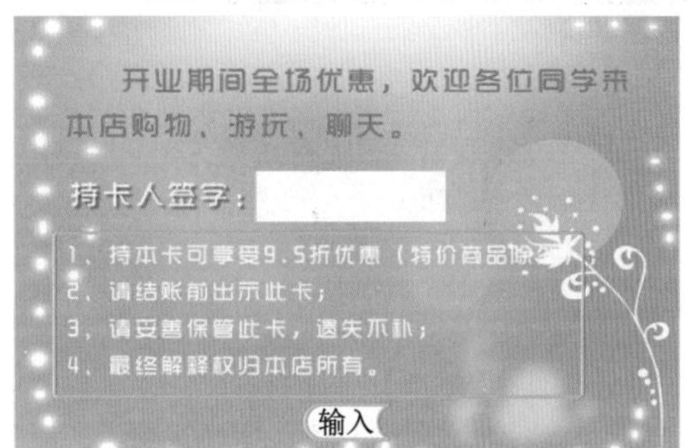

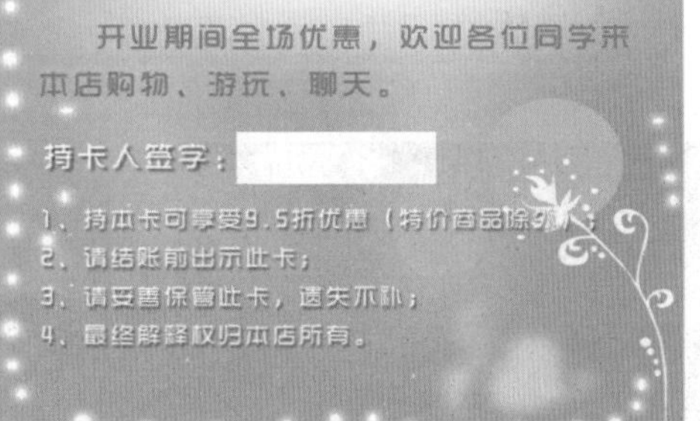

STEP 18： 复制投影样式

选择有投影的文字图层，单击鼠标右键，在弹出的快捷菜单中选择“拷贝图层样式”命令，然后在新输入的文字图层中单击鼠标右键，在弹出的快捷菜单中选择“粘贴图层样式”命令，得到拷贝的文字投影效果。

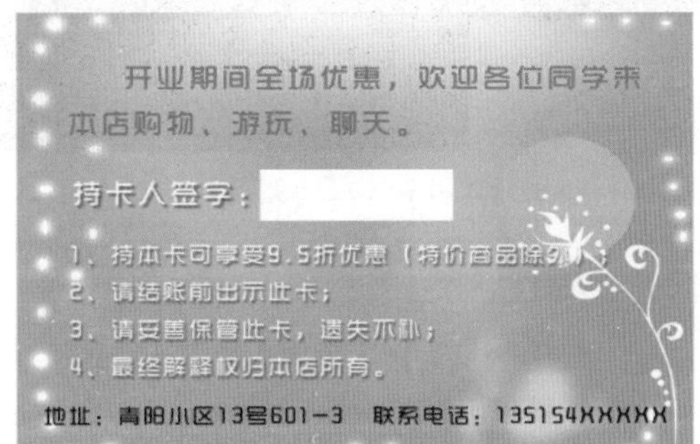

STEP 19： 输入联系方式

在卡片最下方输入地址和电话文字信息，并在“属性”栏中设置“字体”为时尚中黑简体，填充为黑色，并适当调整文字大小，完成本实例的制作。

提个醒

文本间的间距过大或过小，一些读者会通过变换文本来改变间距，这是不可取的。最好通过“字符”面板设置字间距来实现。

7.3.2 甜品屋会员卡

本例制作甜品屋会员卡，该甜品屋主要是制作西点，所以在颜色和图案上，都选择了与西点有关的信息。其最终效果如下图所示。

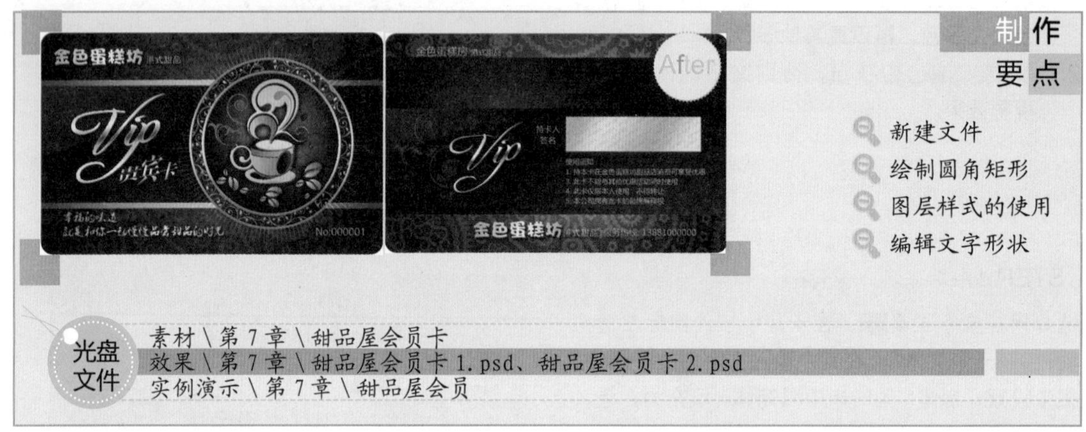

STEP 01： 新建文件

1. 选择【文件】/【新建】命令，打开“新建”对话框，设置文件名称为“甜品屋会员卡1”，“宽度”为9厘米，“高度”为5.8厘米，“分辨率”为300像素/英寸。
2. 单击 确定 按钮，得到一个空白图像文件。

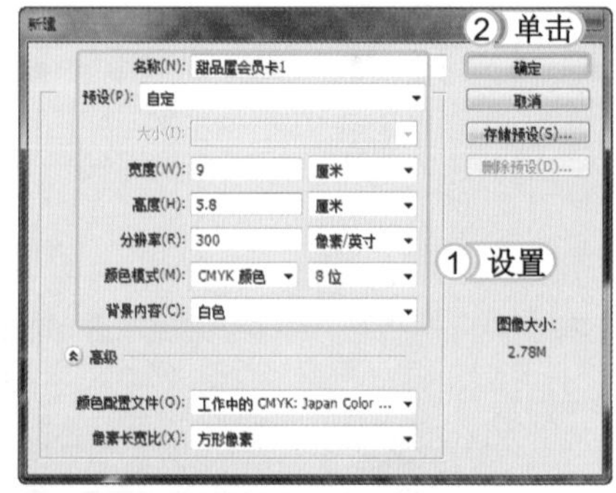

STEP 02： 添加素材图像

1. 打开素材图像“花纹背景.jpg”，使用移动工具，将图像拖拽到新建的图像中，适当调整图像大小，使其布满整个画面。
2. 选择圆角矩形工具，在“属性”栏中设置“半径”为40像素。在图像中绘制一个圆角矩形，并按Ctrl+Enter组合键将路径转换为选区。

STEP 03： 删除图像

选择【选择】/【反向】命令，得到反选的选区效果。按Delete键删除选区中的内容，然后按Ctrl+D组合键取消选区，得到圆角矩形卡片背景。

STEP 04： 绘制选区

1. 新建“图层 1”，选择椭圆选框工具，按住 Ctrl 键在图像中绘制一个正圆形选区。
2. 选择【选择】/【修改】/【羽化】命令，打开“羽化选区”对话框，设置“羽化半径”为 100。
3. 单击 确定 按钮，得到羽化选区效果。

STEP 05： 填充羽化选区

设置“前景色”为淡黄色（R255,G244,B152），按 Alt+Delete 组合键填充选区，得到羽化填充效果，按 Ctrl+D 组合键取消选区。

STEP 06： 绘制图像

1. 新建“图层 2”，选择矩形选框工具，在卡片中间绘制一个矩形选区，填充为黑色。
2. 再新建一个图层，设置“前景色”为土红色（R87,G37,B20），选择画笔工具，在“属性”栏中设置“画笔大小”为 100 像素，在卡片左上方绘制较大的扩散圆形图像效果。

STEP 07： 绘制图像

选择钢笔工具，在卡片中绘制一个弧形矩形，按 Ctrl+Enter 组合键将路径转换为选区，填充为黑色。

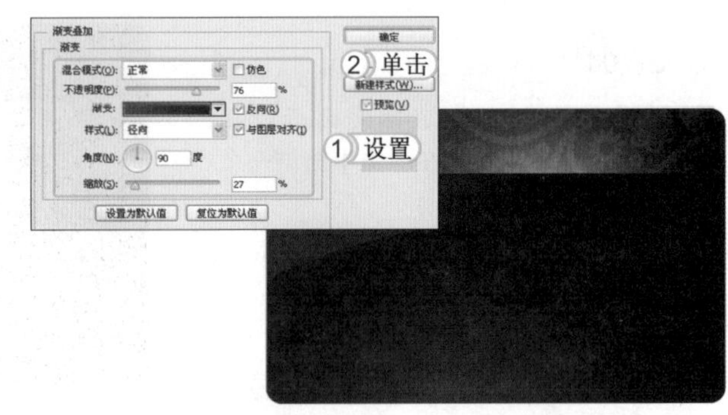

STEP 08：渐变叠加图像

1. 选择【图层】/【图层样式】/【渐变叠加】命令，打开“图层样式”对话框，设置渐变“颜色”从土红色（R87,G37,B20）到黑色，再设置其他选项。
2. 单击 确定 按钮，得到渐变叠加效果。

STEP 09：创建剪贴蒙版

选择【图层】/【创建剪贴蒙版】命令，得到剪贴蒙版图像效果，绘制的土红色图像将与下一层的黑色矩形形成剪贴效果。

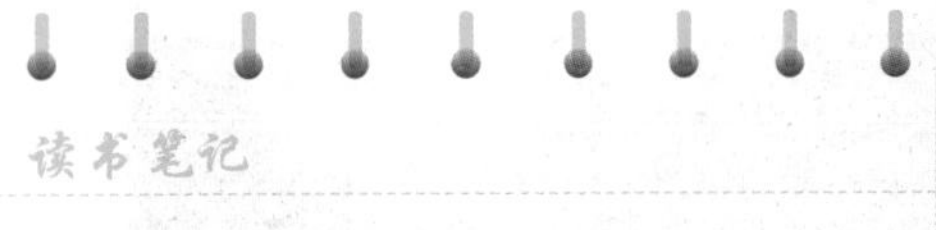

读书笔记

STEP 10：绘制黄色矩形

1. 新建一个图层，再选择矩形选框工具，在黑色矩形上方绘制一个细长的矩形，填充为黄色（R252,G205,B85）。
2. 按 Ctrl+J 组合键复制黄色矩形图像，使用移动工具，将其移动到黑色矩形下方。

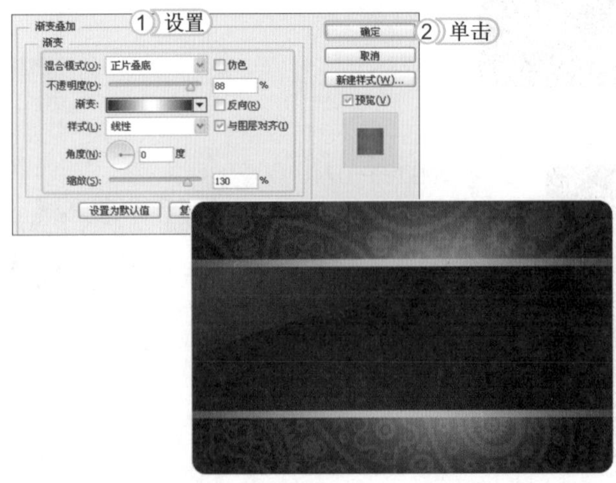

STEP 11：添加渐变叠加样式

1. 选择【图层】/【图层样式】/【渐变叠加】命令，打开“图层样式”对话框，设置渐变“颜色”为黑白黑渐变样式，再设置其他选项。
2. 单击 确定 按钮，得到渐变叠加效果。

提个醒 用户在编辑渐变叠加样式中的渐变颜色时，可以单击对话框中的渐变色条，在打开的对话框中设置需要的颜色。

STEP 12： 绘制圆形图像

1. 新建一个图层，再选择椭圆选框工具，在卡片右侧绘制一个圆形选区，填充为土红色（R87,G37,B20）。
2. 双击该图层，打开“图层样式”对话框，选择“渐变叠加”选项，设置渐变颜色从金黄色（R170,G132,B32）到淡黄色（R255,G247,B152）到金黄色（R170,G132,B32），并设置其他选项，单击 确定 按钮。

STEP 13： 复制图像

1. 这时将得到金黄色圆形。复制一次该圆形，按 Ctrl+T 组合键后向中心缩小图像。
2. 双击复制的图层，打开“图层样式”对话框，选择“渐变叠加”选项，设置“渐变颜色”从黑色到土红色（R87,G37,B20）到黑色。单击 确定 按钮，得到渐变叠加效果。

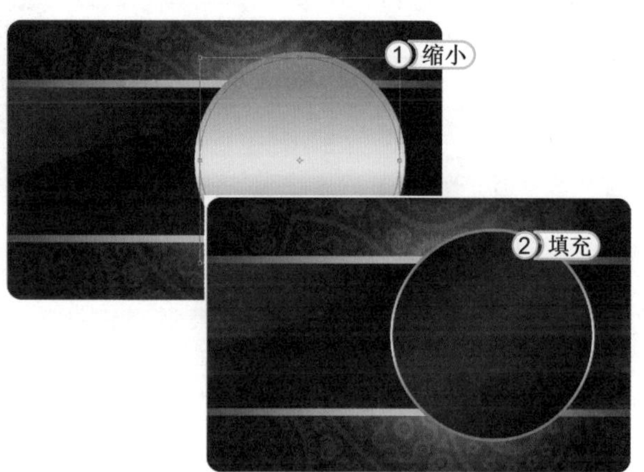

STEP 14： 复制并缩小图像

1. 选择金黄色圆形所在图层，按 Ctrl+J 组合键复制该图层，然后按 Ctrl+T 组合键，并向中心缩小图像。
2. 再绘制一个正圆形选区，放到圆环图像中间，填充为黑色。

STEP 15： 设置渐变叠加

1. 选择【图层】/【图层样式】/【渐变叠加】命令，打开“图层样式”对话框，设置“渐变颜色”从土红色（R41,G8,B7）到黑色，再设置其他选项。
2. 单击 确定 按钮，得到渐变叠加效果。

STEP 16： 添加素材图像

打开素材图像“圆形.psd”，使用移动工具，将该圆形图像拖拽到当前编辑的图像中，适当调整图像大小，放到圆环图像中间。

STEP 17： 设置蒙版效果

1. 选择椭圆选框工具，通过减选选区功能，绘制两个圆形选区，得到圆环选区效果。
2. 选择【图层】/【图层蒙版】/【隐藏选区】命令，得到图层蒙版效果。

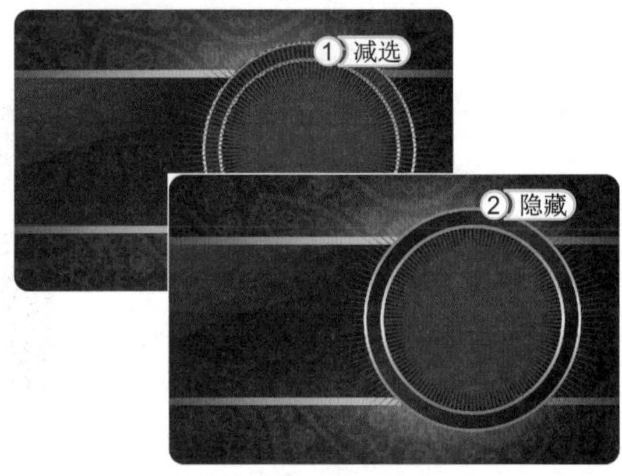

STEP 18： 设置图层混合模式

在“图层”面板中设置图层“混合模式”为颜色减淡、“不透明度”为75%，得到与底层图像混合的效果。再设置前景色为黄色（R188,G130,B0），使用画笔工具在图像中绘制黄色圆形图像。

STEP 19： 隐藏图像

1. 打开素材图像“欧式花纹.psd”，使用移动工具，将该花纹拖拽到当前编辑的图像中，适当调整图像大小，放到圆环图像中。
2. 单击“图层”面板底部的“添加图层蒙版”按钮，然后设置“前景色”为黑色，“背景色”为白色，选择画笔工具，在花纹图像下方进行涂抹，隐藏部分图像。

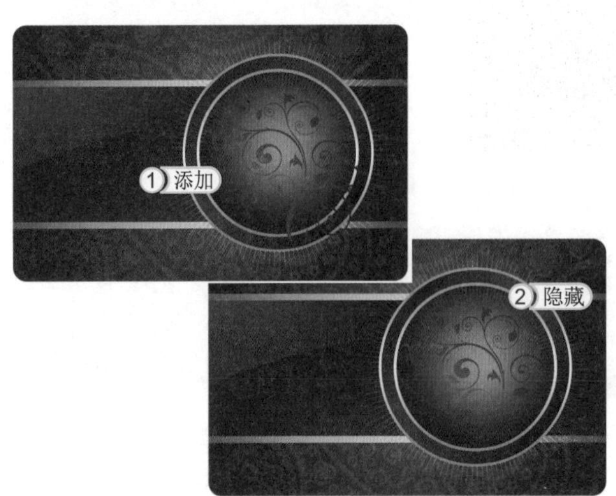

STEP 20： 添加图层样式

1. 选择【图层】/【图层样式】/【内发光】命令，打开“图层样式”对话框，设置“混合模式”为线性减淡(添加)，“不透明度”为15，再设置其他参数。
2. 选择对话框左侧的“渐变叠加”选项，设置“混合模式”为正常，然后设置“渐变颜色”从土黄色(R168,G79,B37)到黑色。
3. 单击 确定 按钮，得到添加图层样式的效果。

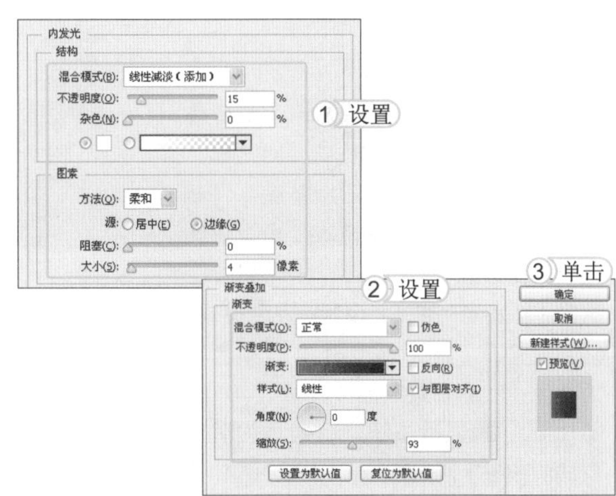

STEP 21： 添加素材图像

打开素材图像“花边.psd”，选择移动工具，将花边图像拖拽到当前编辑的图像中，适当调整图像大小，放到圆环图像中。

STEP 22： 设置渐变叠加样式

1. 选择【图层】/【图层样式】/【渐变叠加】命令，打开“图层样式”对话框，设置“渐变颜色”为金黄色渐变样式，再设置其他选项。
2. 单击 确定 按钮，得到添加渐变叠加效果。

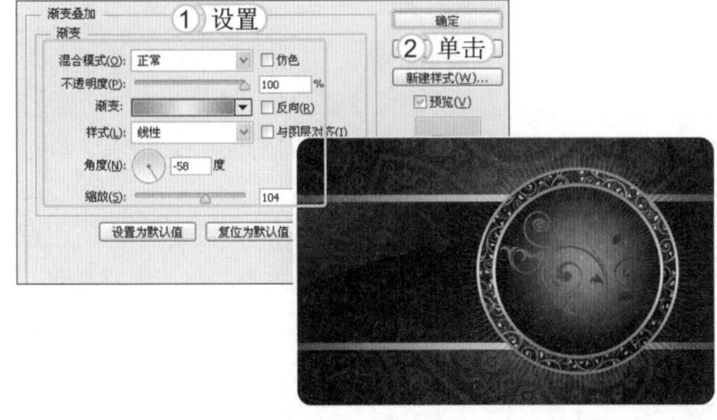

STEP 23： 添加素材图像

打开素材图像“咖啡.psd”，选择移动工具，将该图像拖拽到当前编辑的图像中，适当调整图像大小，放到圆环图像中间。

STEP 24：添加图层样式

1. 选择【图层】/【图层样式】/【渐变叠加】命令，打开“图层样式”对话框，设置“混合模式”为正片叠底，“渐变颜色”为橙，黄，橙样式，再设置其他选项参数。
2. 选择“外发光”样式，设置“混合模式”为正片叠底，再设置“外发光颜色”为黑色，然后设置其他参数。
3. 单击 确定 按钮，得到添加图层样式的效果。

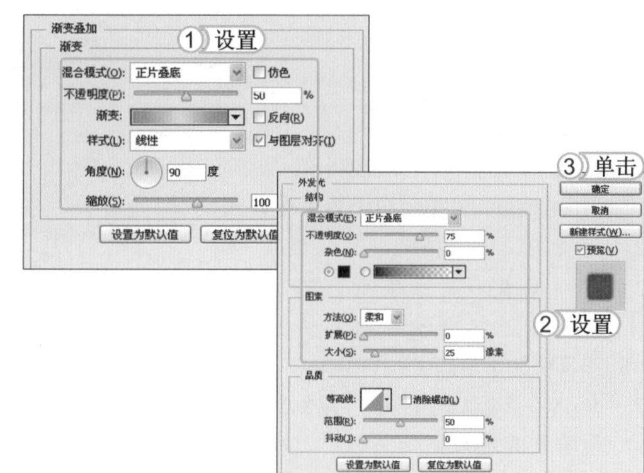

STEP 25：添加素材图像

打开素材图像“VIP.psd”图像，选择移动工具，直接拖拽该图像到当前编辑的图像中，适当调整图像大小，放到卡片左侧。

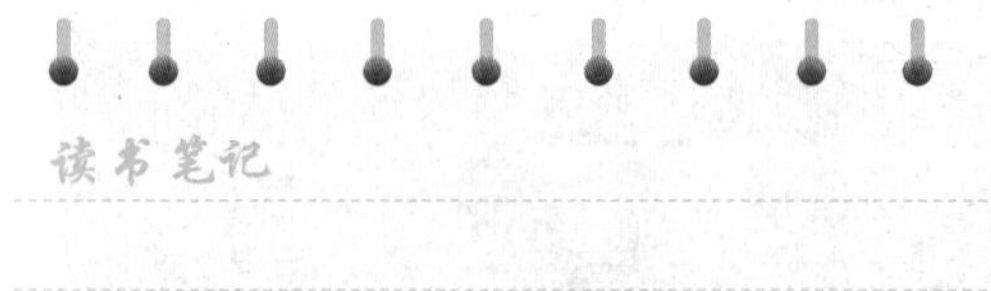

STEP 26：添加图层样式

1. 选择【图层】/【图层样式】/【描边】命令，设置描边“大小”为2，“颜色”为淡黄色（R251,G250,B210），再设置其他参数。
2. 选择对话框左侧的“投影”选项，设置投影“颜色”为黑色，再设置其他。
3. 单击 确定 按钮，得到添加图层样式的效果。

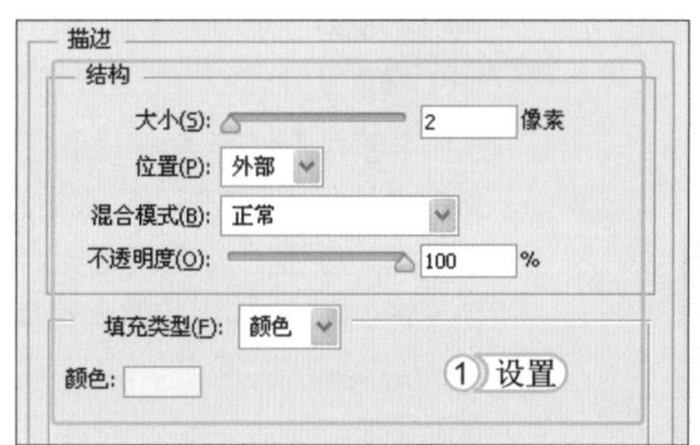

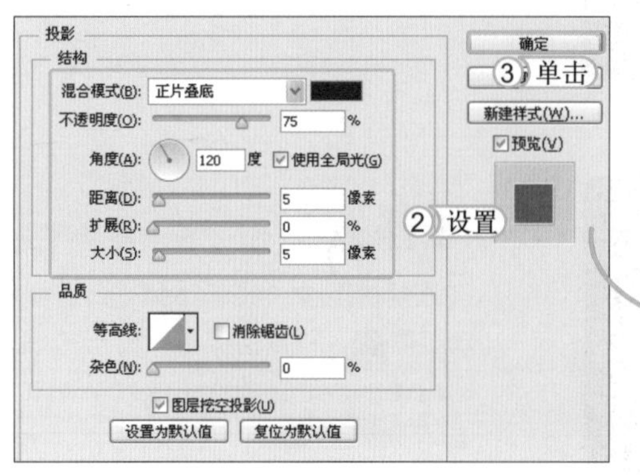

STEP 27： 输入文字

选择横排文字工具T，在图像中输入文字，在"属性"栏中设置合适的字体，颜色可以随意填充，然后调整文字大小，放到右图所示的位置。

STEP 28： 设置图层样式

1. 选择【图层】/【图层样式】/【渐变叠加】命令，打开"图层样式"对话框，设置"混合模式"为正常，设置"颜色"为金黄色渐变，再设置其他选项。
2. 选择"投影"选项，设置"混合模式"为正片叠底，"投影颜色"为黑色，再设置其他参数。
3. 单击 确定 按钮，得到添加图层样式的效果。

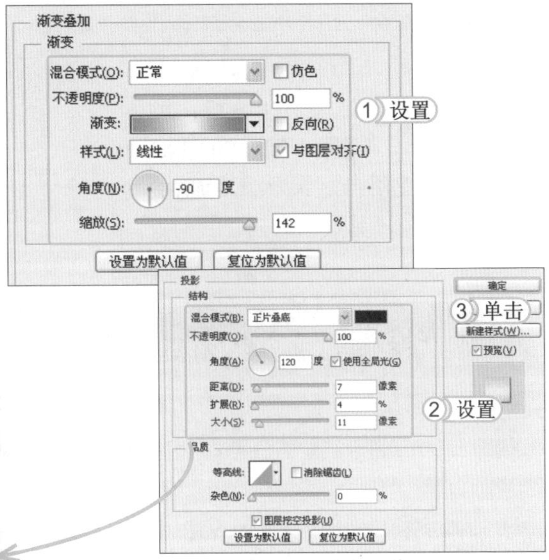

STEP 29： 输入文字

选择横排文字工具T，在卡片右下方输入一行文字"NO:000001"，然后在"属性"栏中设置"字体"为黑体，"颜色"为土黄色（R170,G156,B117），再适当调整文字大小，完成本实例的制作。

STEP 30： 制作会员卡背面

新建一个文件名称为"甜品屋会员卡 2"，"宽度"为 9 厘米，"高度"为 5.8 厘米，"分辨率"为 300 像素 / 英寸的空白文件，使用前面相同的方法制作会员卡背面。

7.4 练习1小时

本章主要介绍了各种名片和卡片的制作方法，其中包括公司名片、VIP卡和会员卡等，通过本章的学习，不仅能学习一些设计知识，还能进一步熟悉软件操作。下面通过制作健身房名片和集团VIP卡来进一步巩固这些知识。

1. 制作健身房名片

本例将制作个人名片，首先新建一个图像文件，然后对图像应用红色渐变填充，再添加素材图像“透明底纹.psd”和“半圆花纹.psd”，分别调整图像的大小和位置，选择横排文字工具，在图像中输入文字，再使用自定形状工具绘制LOGO图像，其效果如右图所示。

光盘文件
素材\第7章\透明底纹.psd、半圆花纹.psd
效果\第7章\健身房名片.psd
实例演示\第7章\制作健身房名片

2. 制作集团VIP卡

本例将制作一个集团VIP卡，首先使用圆角矩形工具绘制一个圆角矩形，对其应用紫色渐变填充，然后添加素材图像“金色底纹.psd”和“金色文字.psd”，得到边缘的金色底纹效果，再添加素材图像“VIP”，最后输入普通文字，完成制作，其效果如右图所示。

光盘文件
素材\第7章\金色花纹.psd、金色文字.psd
效果\第7章\集团VIP卡.psd
实例演示\第7章\制作集团VIP卡

读书笔记

第8章 平面广告设计

学习 6 小时

平面广告顾名思义，是为产品、品牌、活动等所做的广告，是以加强销售为目的所做的设计。主要通过文字、图片等视觉元素来传播广告项目的设想和计划，要求能够准确地向客户表达出广告主的诉求，并达到预期的商业需要。本章将以常用的报纸广告、DM 单广告和户外广告设计为基础进行讲解。

- 制作报刊广告
- 制作 DM 单
- 制作户外广告

上机 1 小时

8.1 学习 2 小时：制作报刊广告

报刊广告是报纸和刊物媒介进行宣传的广告形式。之所以称为报刊广告，是因为近代报纸和刊物很多是融在一起的，报纸和杂志尚未严密区分开来，报刊广告是报纸和初期杂志刊物广告的统称。下面将介绍几种报刊广告的制作方法。

8.1.1 公益广告

公益广告属于非商业性广告，其最主要的特点就是社会性。因此公益广告的主题必须具有社会性，其主题内容必须存在深厚的社会基础，不能采取叫卖式的表达方式，而要采取润物细无声的手法引起受众理性的思考。其最终效果如下图所示。

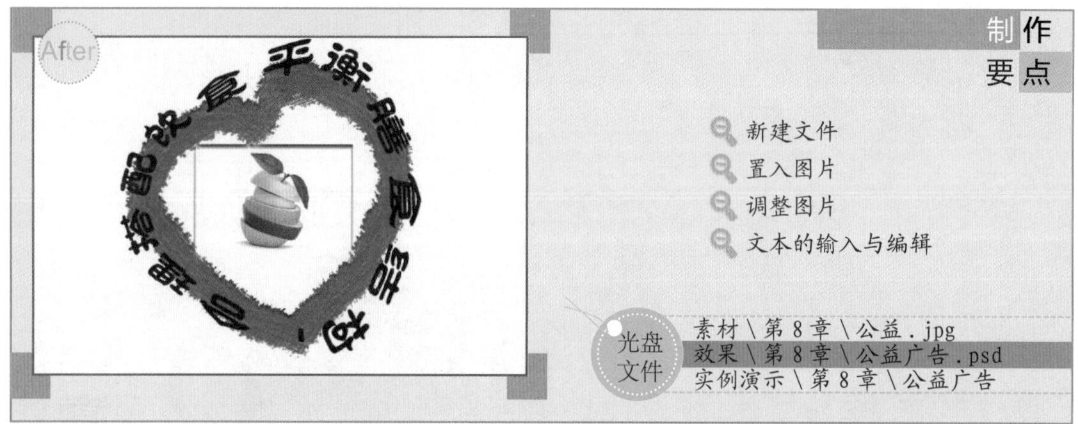

STEP 01：新建文件

1. 启动 Photoshop CS6，选择【文件】/【新建】命令，打开"新建"对话框，在"预设"下拉列表框中选择"照片"选项，在"大小"下拉列表框中选择"横向，2×3"选项。
2. 单击 确定 按钮。

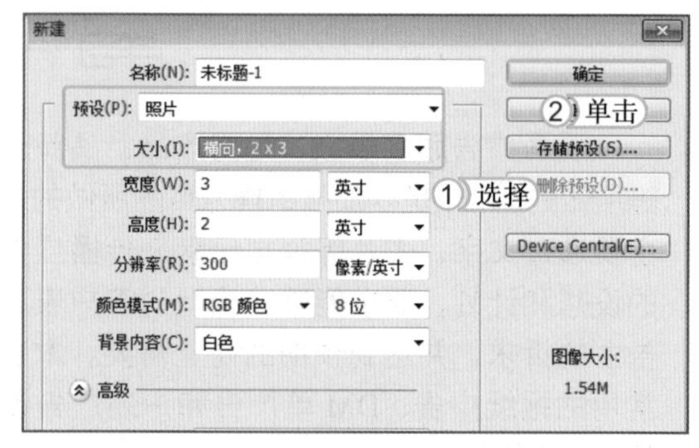

STEP 02：置入图像

1. 选择【文件】/【置入】命令，打开"置入"对话框。
2. 在打开的对话框中选择"公益.jpg"图像。
3. 单击 置入(P) 按钮。

STEP 03：栅格化图层

1. 拖动鼠标将图像移动到中间，适当放大，按 Enter 键确定操作。
2. 在“图层”面板中选择“公益”图层，单击鼠标右键，在弹出的快捷菜单中选择“栅格化图层”命令。

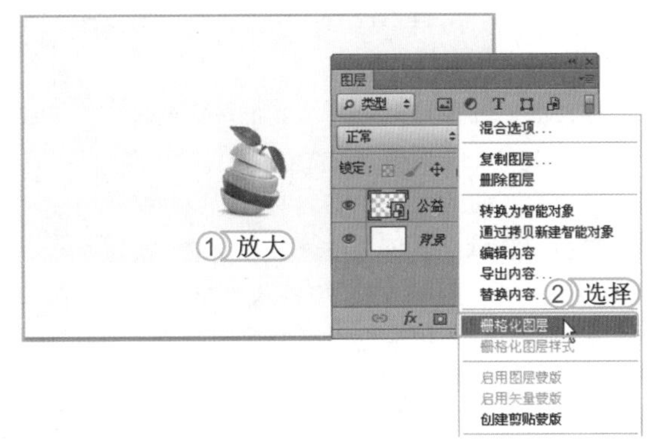

STEP 04：绘制圆形

在工具箱中选择椭圆工具。在“属性”栏中单击“路径”按钮。在图像窗口中按住鼠标左键拖动绘制一个圆形。

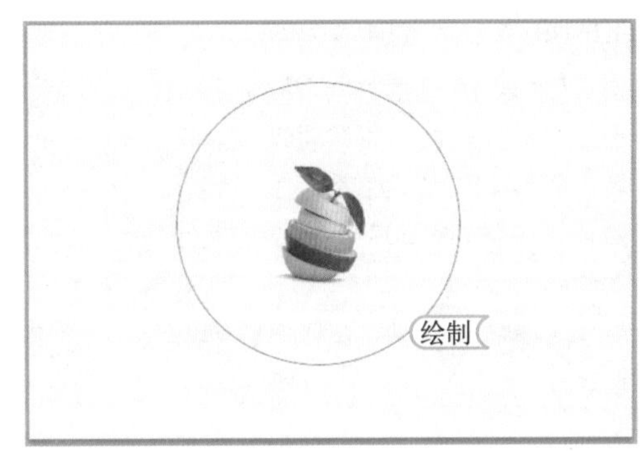

提个醒

在绘制圆形时，可以在绘制的同时，按住 Shift 键，即可绘制出一个正圆形。

STEP 05：输入路径文字

1. 在工具箱中选择横排文字工具，在“属性”栏中设置“字体”为方正祥隶简体，“字号”为 24 点，“颜色”为黑色。
2. 在路径上单击插入光标，输入文字。

STEP 06：制作变形文字

1. 单击“属性”栏中的“创建文字变形”按钮，打开“变形文字”对话框。
2. 在“样式”下拉列表框中选择“鱼形”选项，在“弯曲”数值框中输入“-16”。
3. 单击 确定 按钮。

STEP 07：绘制图像

1. 得到变形文字后，设置“前景色”为绿色（R8,G119,B26）。选择工具箱中的画笔工具，在“属性”栏中的“样式”下拉列表框中选择“粗边圆形钢笔”选项，在“流量”数值框中输入“75%”。
2. 在“图层”面板中选择“公益”图层，拖动鼠标绘制心形图案。

STEP 08：设置内阴影样式

1. 选择【图层】/【图层样式】/【内阴影】命令，打开“内阴影”对话框。设置内阴影“颜色”为灰色，在“角度”数值框中输入“90”，再设置其他参数。
2. 单击 确定 按钮，完成本实例的制作。

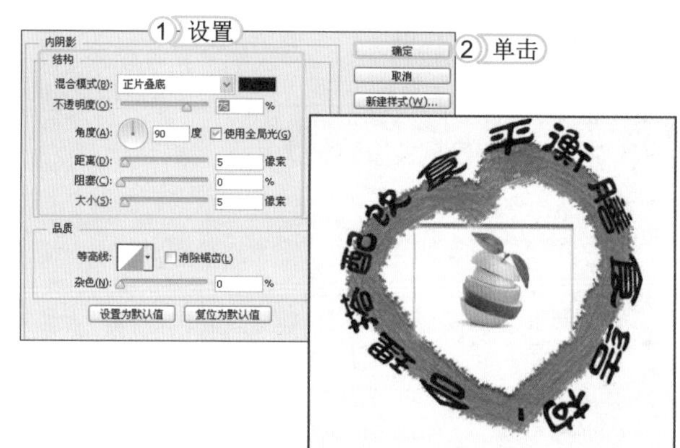

经验一箩筐——选择多个图层

在本例中多次应用选择单个图层的操作，除此之外，还可以在“图层”面板中选择多个图层。包括选择非连续多个图层和连续多个图层。选择非连续多个图层的方法是：在按住Ctrl键的同时单击需要选择的图层即可；选择连续多个图层的方法是：先选择一个图层，按住Shift键的同时单击另一个图层，可同时选择两个图层之间的所有图层。

8.1.2　影展广告

与其他商业广告相比，影展的广告更加倾向于艺术表现力。既要表现出影展这个概念，又要符合影展圆满、热烈的整体氛围。其最终效果如下图所示。

STEP 01： 打开素材图像

选择【文件】/【打开】命令，打开“打开”对话框。选择素材图像“影展.jpg”，单击 打开(O) 按钮，打开该图像。

STEP 02： 输入文字

1. 在工具箱中选择横排文字工具T，在“属性”栏中设置“字体”为方正粗活意简体，“字号”为72点，“颜色”为黑色。
2. 在图像左上方输入“驿城影展，盛大开幕”。

STEP 03： 选择命令

单击“图层”面板的“选择图层样式”按钮fx。在弹出的下拉菜单中选择“混合选项”命令。

STEP 04： 设置样式

1. 打开“图层样式”对话框，选择左上角的“样式”选项。
2. 在“样式”列表框中选择“双环发光(按钮)”选项。
3. 单击 确定 按钮，得到文字发光效果。

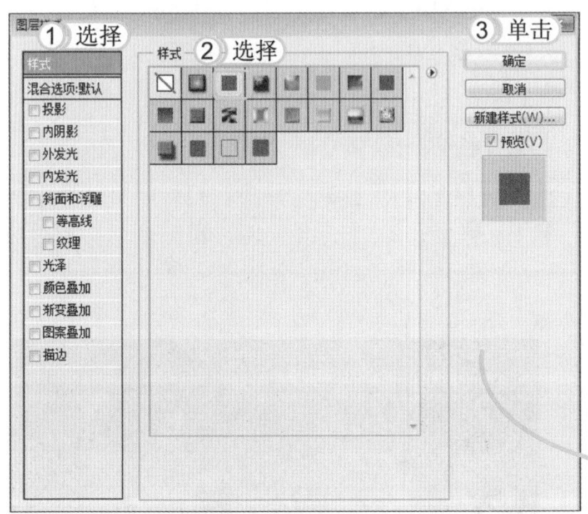

STEP 05： 输入文字

1. 在工具箱中选择直排文字工具，设置“字体”为方正粗活意简体，“字号”为72点，“颜色”为黑色。
2. 在图像下方的灰色圆角矩形中输入文字“导演”。

STEP 06： 输入其他文字

在右侧单击鼠标，输入“女主角”。然后按照相同的方法，依次输入其他文字。

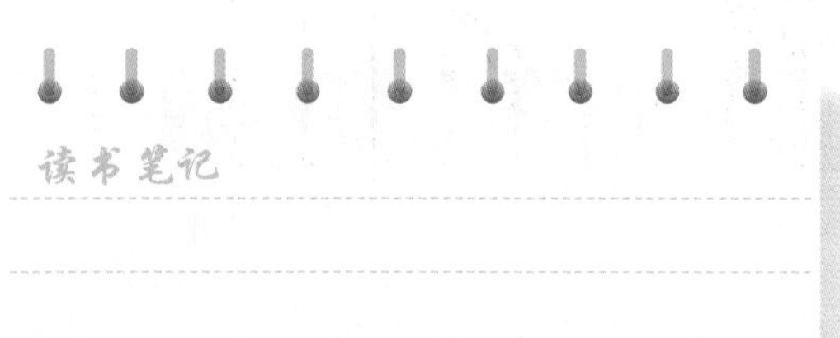

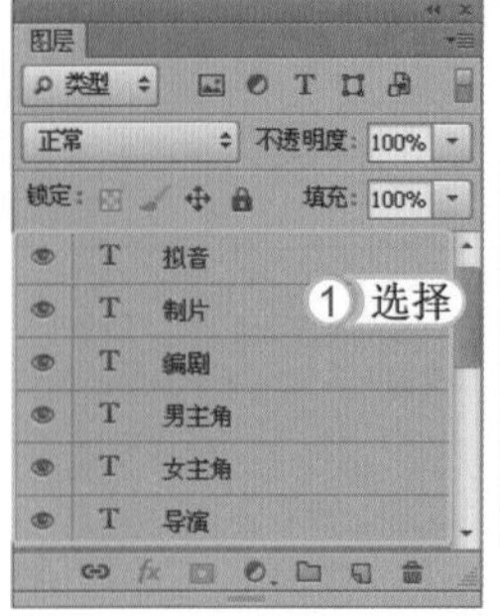

STEP 07： 合并图层

1. 在按住Shift键的同时单击“图层”面板中的“拟音”和“导演”图层，选择文本图层。
2. 选择【图层】/【合并图层】命令，合并所选择的图层。

STEP 08： 选择样式

选择【窗口】/【样式】命令，打开“样式”面板，选择“铬金光泽(文字)”选项，得到金属文字效果。

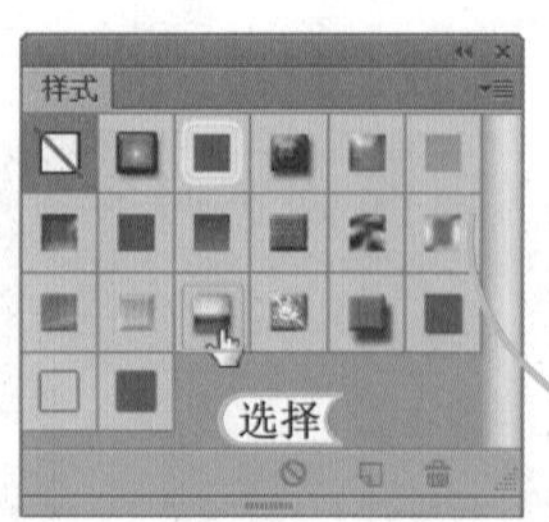

STEP 09： 添加滤镜

1. 在“图层”面板中选择背景图层，选择【滤镜】/【滤镜库】命令，然后在打开的对话框中选择“素描”/“水彩画纸”选项。
2. 在“纤维长度”数值框中输入“3”，在“亮度”数值框中输入“70”，在“对比度”数值框中输入“80”。
3. 单击 确定 按钮，得到水彩画纸背景效果，完成本实例的制作。

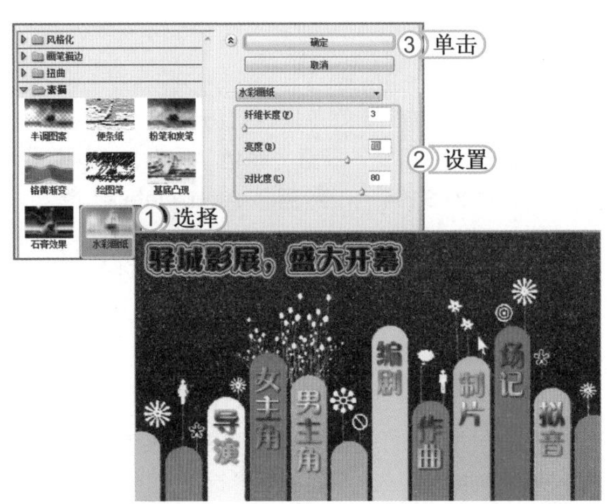

8.1.3 女鞋广告

针对某一特定的产品，需要体现出该产品的特性，或者直接将产品展示在画面中，这是最为直观的设计手法。下面将设计一个女鞋广告。其最终效果如下图所示。

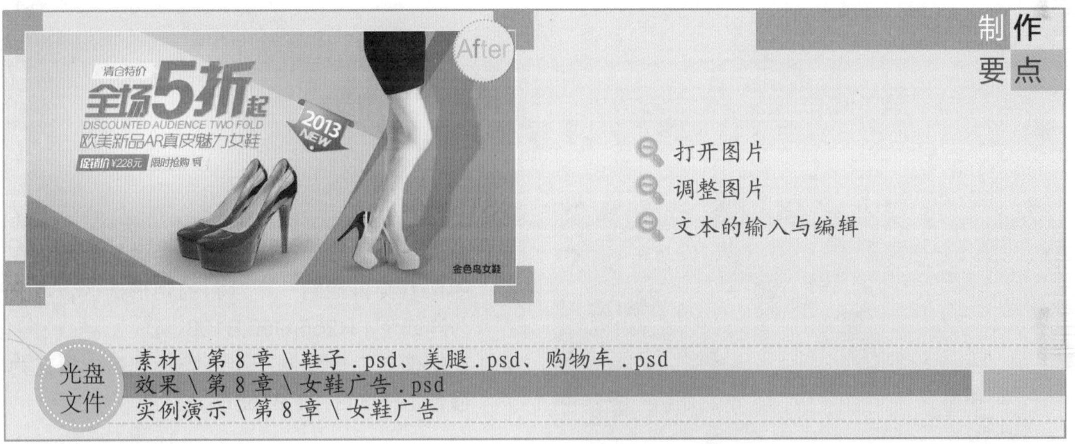

STEP 01： 新建文件

1. 选择【文件】/【新建】命令，打开“新建”对话框，设置文件名称为“女鞋广告”，“宽度”为34厘米，“高度”为17厘米，“分辨率”为72像素/英寸。
2. 单击 确定 按钮，得到一个空白图像文件。

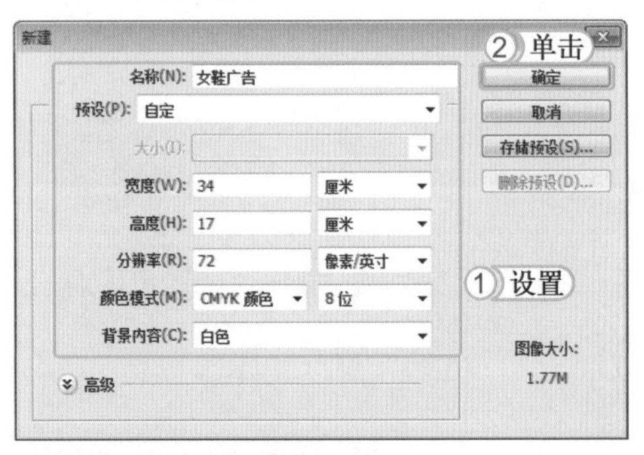

问题小贴士

问：图层的操作一般在哪里进行呢？

答：图层的操作一般都可以通过“图层”面板来快速实现，包括图层的选择、复制、删除、合并、对齐、分布、链接、变换、显示和隐藏等。

STEP 02：填充颜色

单击工具箱中的前景色色块，打开“拾色器（前景色）”对话框，设置“颜色”为粉红色（R255,G189,B194），然后按 Alt+Delete 组合键填充图像背景。

STEP 03：绘制矩形选区

1. 新建一个图层，选择多边形套索工具，在图像中绘制一个倾斜的矩形选区。
2. 设置“前景色”为淡黄色（R255,G215,B188），按 Alt+Delete 组合键填充颜色。

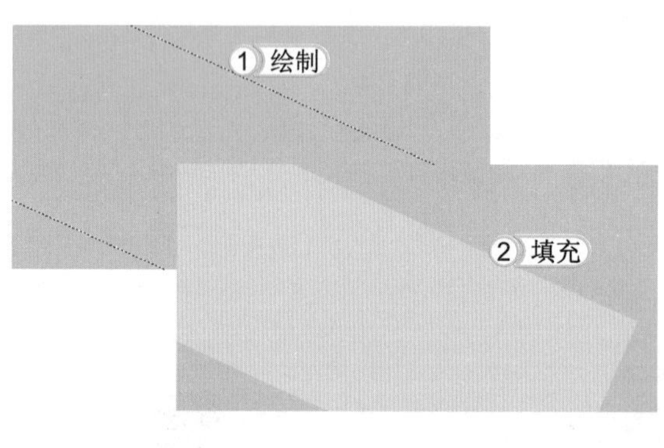

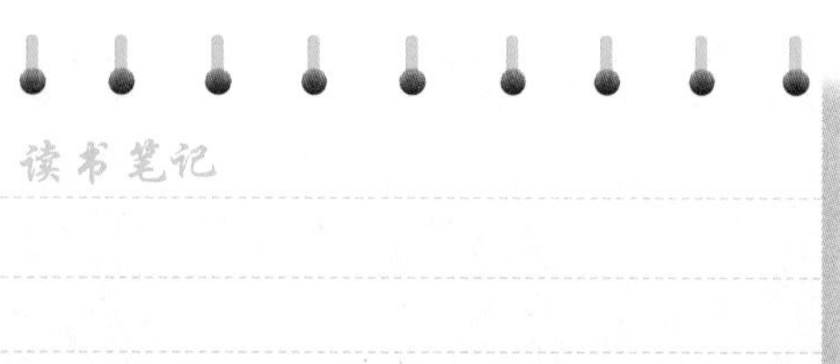

STEP 04：绘制其他图像

1. 新建一个图层，选择多边形套索工具，在图像右侧再绘制一个倾斜的矩形选区，填充为洋红色（R255,G56,B108）。
2. 在图像左下方绘制一个三角形选区，填充为蓝色（R93,G181,B255）。

STEP 05：制作粉色图像

1. 新建一个图层，再次使用多边形套索工具，在图像左下方绘制一个三角形选区，填充为粉红色（R255,G132,B145）。
2. 在右侧再绘制一个梯形选区，填充淡黄色（R255,G150,B161）。

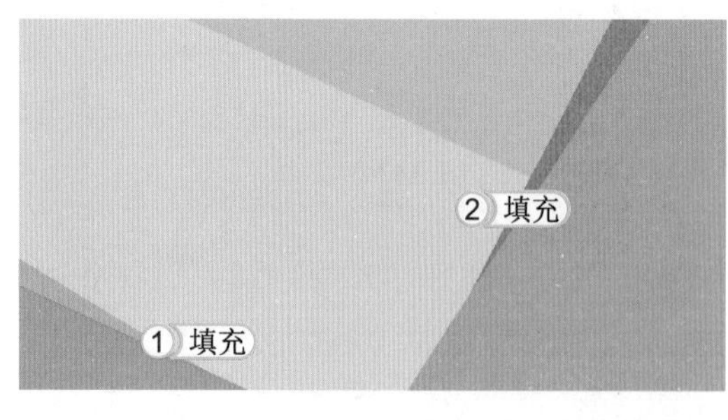

经验一箩筐——选择颜色

绘制图像后，颜色的填充和搭配也非常重要，对于需要使用多种颜色时，可以使用一些近似色和反差较大的颜色，形成很强烈的对比，造成视觉冲击。

STEP 06: 渐变填充图像

新建一个图层，按 Ctrl+A 组合键得到整个画面选区，选择渐变工具■，在“属性”栏中设置渐变“颜色”从黑色到灰色，单击“线性渐变”按钮■，对选区从上到下应用渐变填充。

STEP 07: 添加杂色

1. 选择【滤镜】/【杂色】/【添加杂色】命令，打开“添加杂色”对话框，设置“数量”为10，再选中 高斯分布(G) 单选按钮和 单色(M) 复选框。
2. 单击 确定 按钮，得到添加杂色图像的效果。

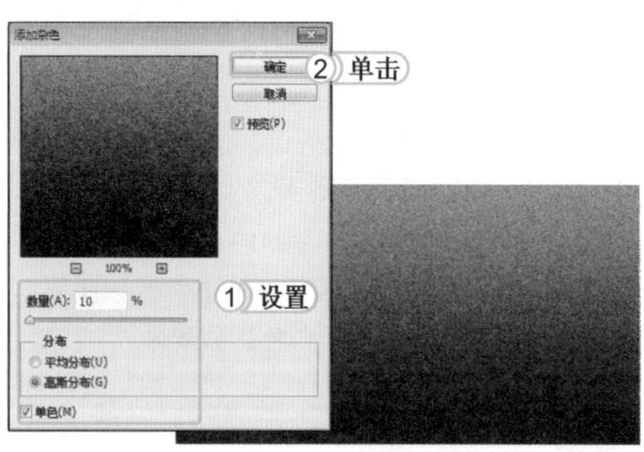

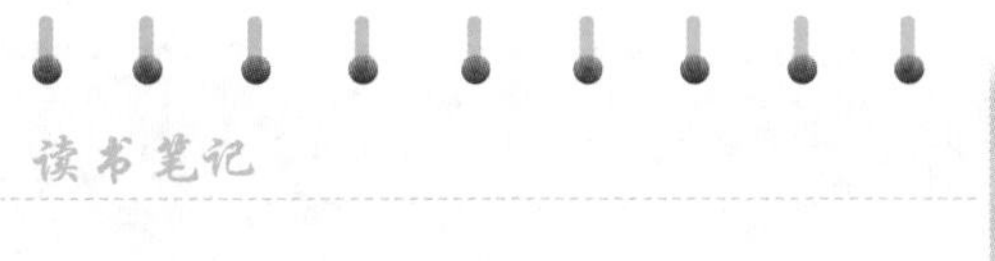

STEP 08: 设置动感模糊

1. 选择【滤镜】/【模糊】/【动感模糊】命令，打开“动感模糊”对话框，设置“角度”为90，“距离”为100。
2. 单击 确定 按钮，得到动感模糊图像效果。

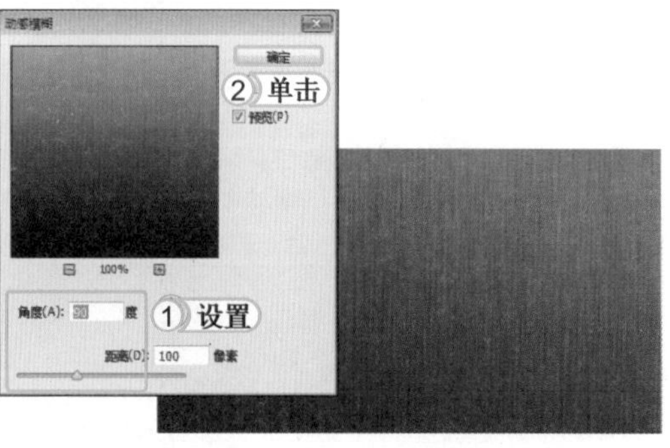

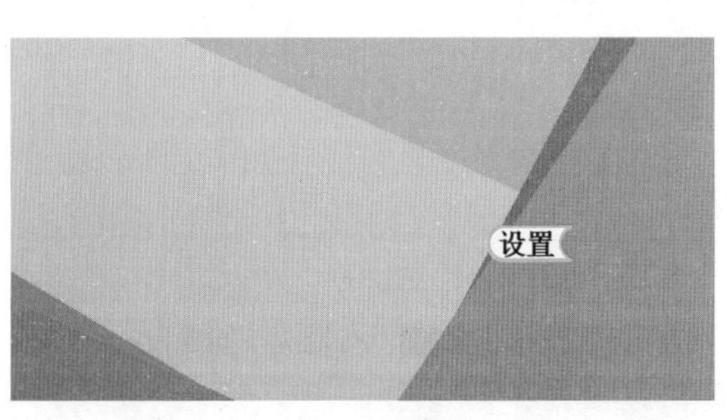

STEP 09: 设置图层属性

在“图层”面板中设置图层“混合模式”为叠加，“不透明度”为68%，得到与底层叠加的图像效果。

问题小贴士

问：图层混合模式的作用是什么？

答：图层混合模式菜单里有多种模式，用户可以根据需要选择，其作用是让两个图层的图像相互融合，得到各种特殊效果。

STEP 10： 绘制圆形

1. 新建一个图层，选择椭圆选框工具，按住 Shift 键在图像中绘制一个较大的正圆形选区。
2. 在选区中单击鼠标右键，在弹出的快捷菜单中选择“羽化”命令，打开“羽化选区”对话框，设置“羽化半径”为 10。
3. 单击 确定 按钮，得到羽化选区。

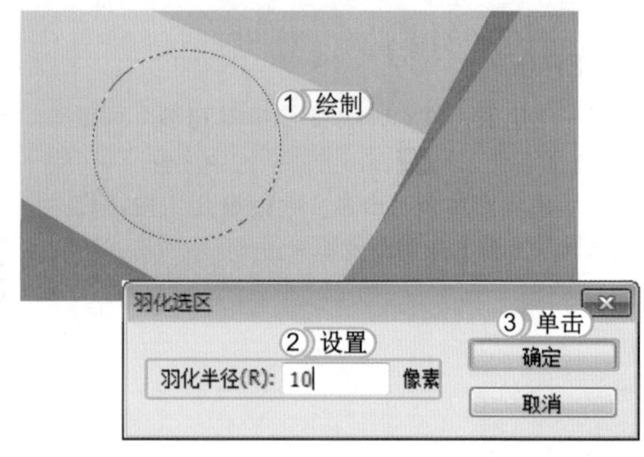

STEP 11： 填充颜色

设置“前景色”为白色，按 Alt+Delete 组合键填充选区，然后在“图层”面板中设置该图层的不透明度为 71%，得到白色扩散效果。

提个醒 对选区进行羽化时，羽化半径值越大，其填充颜色后，得到的颜色扩散效果越大且边缘越不明显。

STEP 12： 绘制箭头图像

1. 新建一个图层，选择钢笔工具绘制一个箭头图形，转换为选区后，使用渐变工具对其应用径向渐变填充，设置“颜色”从蓝色（R10,G226,B247）到深蓝色（R2,G49,B134）。
2. 选择横排文字工具，在箭头图像中输入“2013”，在“属性”栏中设置“字体”为方正大黑简体，“颜色”为白色。

STEP 13： 绘制圆形

选择椭圆选框工具，在箭头下端绘制一个圆形选区，填充为白色。

STEP 14： 输入文字

选择横排文字工具，在文字“2013”下方输入“NEW”，在“属性”栏中设置“字体”为方正粗黑简体，“颜色”为黄色（R249,G255,B0），调整文字大小，再适当倾斜。

STEP 15： 添加素材图像

1. 打开素材图像“美腿.psd”，选择移动工具，将素材图像直接拖拽到当前编辑的图像中，适当调整图像大小，放到画面右侧。
2. 将该图层命名为“美腿”，然后按住 Ctrl 键单击该图层前的缩略图，载入图像选区，新建一个图层，将选区填充为灰色，并适当倾斜和移动图像。

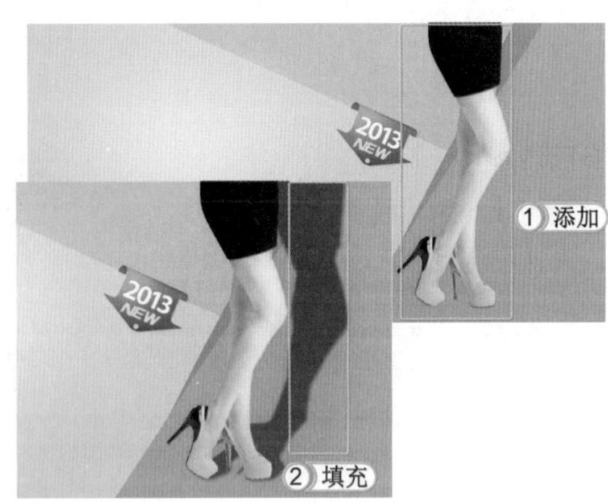

> **提个醒** 选择图层，选择【选择】/【载入选区】命令，在打开的对话框中直接单击 确定 按钮，也可载入图像选区。

STEP 16： 设置图层属性

在“图层”面板中设置该图层的“混合模式”为正片叠底，“不透明度”为22%，得到更加自然的投影效果。

STEP 17： 使用画笔工具绘制阴影效果

新建一个图层，设置“前景色”为淡红色（R191,G139,B134），选择画笔工具，在“属性”栏中设置“画笔样式”为柔边、“大小”为30，在人物鞋跟底部绘制投影。

STEP 18：输入文字

1. 打开素材图像“鞋子.psd”，选择移动工具，将其直接拖拽到当前编辑的图像中，适当调整图像大小，放到画面下方。选择横排文字工具，在图像中输入“全场5折起”，在“属性”栏中设置“字体”为汉仪菱心体简，“颜色”为粉红色（R255,G49,B93）。
2. 选择文字“5折”，适当放大文字字号。然后再选择文字“起”，适当缩小文字字号。

STEP 19：设置文字投影

1. 选择【图层】/【图层样式】/【投影】命令，打开“图层样式”对话框，设置“投影颜色”为淡绿色（R128,G148,B117），再设置其他参数。
2. 单击 确定 按钮，得到投影效果。

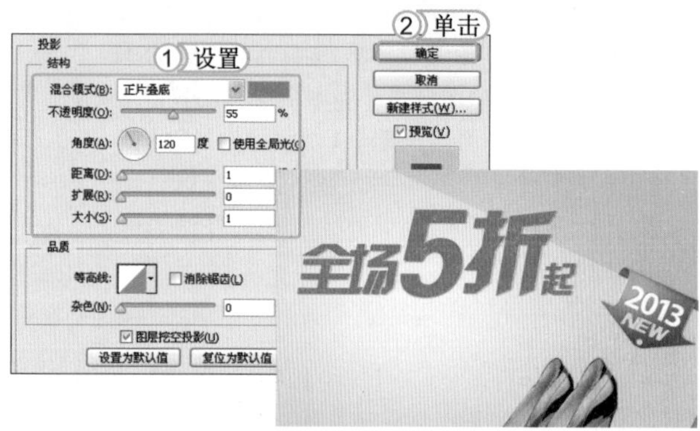

STEP 20：创建剪贴蒙版

1. 新建一个图层，选择多边形套索工具，在文字“折”的右上方绘制一个多边形选区，并填充为粉红色（R255,G89,B124）。
2. 选择【图层】/【创建剪贴蒙版】命令，得到剪贴图像效果。

STEP 21：输入文字

选择横排文字工具，在文字下方输入一行英文和一行中文，设置“字体”为方正细黑简体，“颜色”为粉红色（R255,G89,B124），并适当倾斜文字。

STEP 22： 输入文字

1. 选择多边形套索工具，在文字“5”的左上方绘制一个箭头图像选区，填充为淡黄色（R254,G255,B187）。
2. 选择横排文字工具，在图像中输入“清仓特价”，并在“属性”栏中设置“字体”为方正细黑简体，“颜色”为粉红色（R255,G89,B124）。

STEP 23： 绘制图像

选择多边形套索工具，在文字下方绘制一个倾斜的矩形选区，填充为黄色（R255,G252,B0），然后在左侧绘制一个相同大小的矩形选区，填充为玫红色（R255,G0,B132）。

STEP 24： 输入文字

1. 选择横排文字工具，在绘制的倾斜矩形中输入文字，分别设置“颜色”为白色和洋红色（R255,G0,B132），再在文字后面添加素材图像“购物车.psd”。
2. 在图像右下角输入文字“金色鸟女鞋”，然后设置“字体”为方正粗圆简体，“颜色”为黑色，完成本实例的制作。

问题小贴士

问：钢笔工具和自由钢笔工具都能绘制图形，二者有什么区别吗？

答：通过钢笔工具绘制形状如同使用多边形套索工具绘制选区，只需在图像窗口中不断单击以确定形状边缘上的顶点；而使用自由钢笔工具绘制形状如同使用自由套索工具绘制选区，只需在图像窗口中单击并自由拖动以确定形状边缘的顶点即可。

8.2 学习 2 小时：制作 DM 单

由于 DM 单广告直接将广告信息传递给受众，具有强烈的选择性和针对性，其他媒介只能将广告信息笼统地传递给所有受众，而不管受众是否是广告信息的目标对象。下面将介绍几种 DM 单广告的制作方法。

8.2.1 特价 DM 单

制作品牌特卖是每一个商家都会遇到的情况，这一类 DM 单广告，首先要突出特卖的主题，其次是突出价格，将这些放到最显眼的位置，才能吸引消费者。其最终效果如下图所示。

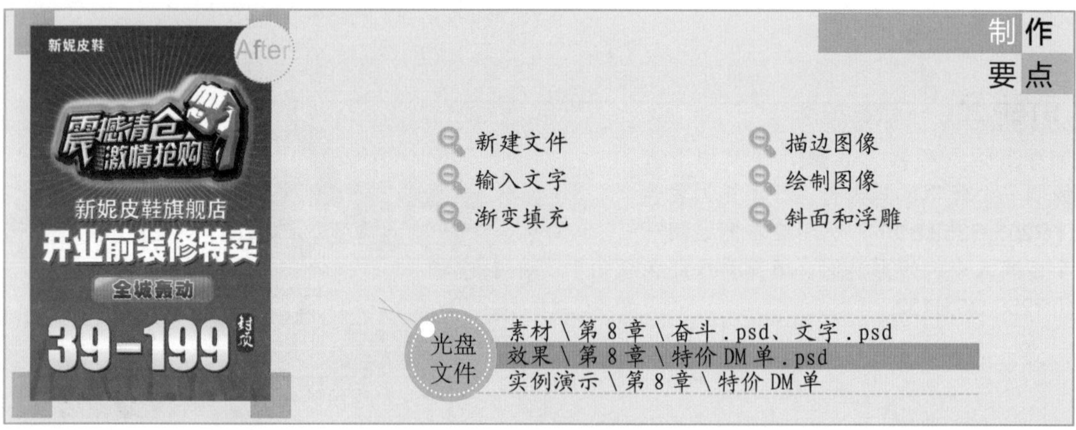

STEP 01： 新建文件

1. 选择【文件】/【新建】命令，打开“新建”对话框，设置文件名称为“特价 DM 单”，“宽度”为 20 厘米，“高度”为 30 厘米，“分辨率”为 100 像素 / 英寸。
2. 单击 确定 按钮，得到一个空白图像文件。

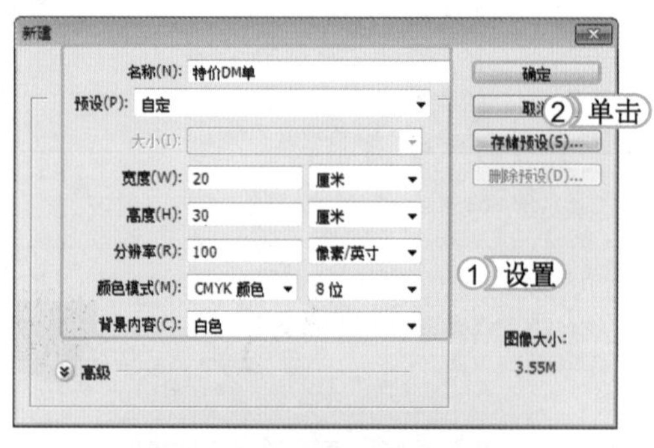

STEP 02： 渐变填充

选择渐变工具，在“属性”栏中设置“渐变颜色”从深红色（R123,G3,B7）到红色（R204,G0,B8）。然后对图像应用线性渐变填充，得到红色渐变背景。

提个醒

对图像应用渐变填充，可以让背景画面更富有变化感，这也是画面设计上的常用手法。

STEP 03：绘制发散图像

1. 选择椭圆选框工具，在图像的上方绘制一个圆形选区，填充为橘黄色（R193,G74,B15）。
2. 选择多边形套索工具，在圆形周围绘制多个细长的三角形选区，同样填充为橘黄色。

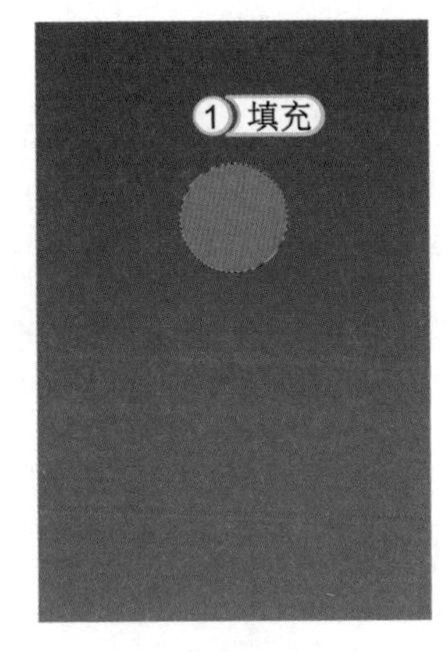

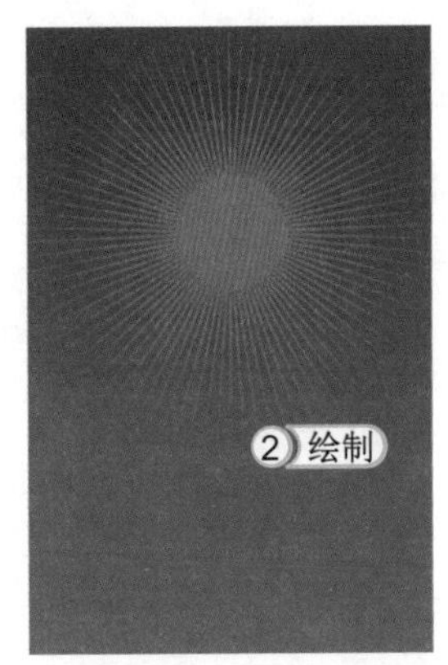

提个醒 这里绘制一个三角形图像后，可复制多个三角形图像，并适当调整位置，得到三角形图像组成的发散图像。

STEP 04：添加素材图像

打开素材图像“奋斗.psd”，选择移动工具将图像拖拽到当前编辑的图像中，放到画面底部，并设置图层“不透明度”为47%，得到透明图像效果。

读书笔记

STEP 05：添加素材图像

打开素材图像“文字.psd”，选择移动工具，将图像拖拽到当前编辑的图像中，放到橘黄色图像中，适当调整大小。

STEP 06：设置图层样式

1. 选择文字所在图层，选择【图层】/【图层样式】/【投影】命令，打开“图层样式”对话框，设置投影“颜色”为红色（R196,G20,B27），再设置其他参数。
2. 在对话框中选择“渐变叠加”选项，设置“颜色”从黄色到白色，再设置其他参数。

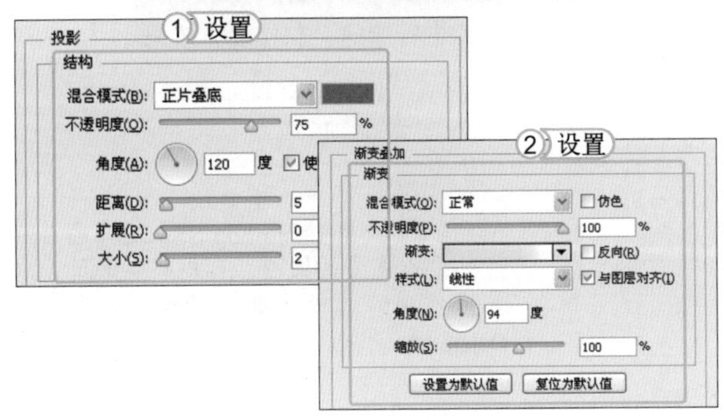

STEP 07：设置浮雕效果

1. 选择“斜面和浮雕”选项，设置“样式”为浮雕效果、“方法”为雕刻清晰，再设置其他参数。
2. 在对话框下方设置“高光模式”为滤色，“颜色”为深红色（R94,G22,B0），设置“阴影模式”为正片叠底，“颜色”为红色（R139,G0,B3）。
3. 单击 确定 按钮，得到浮雕效果。

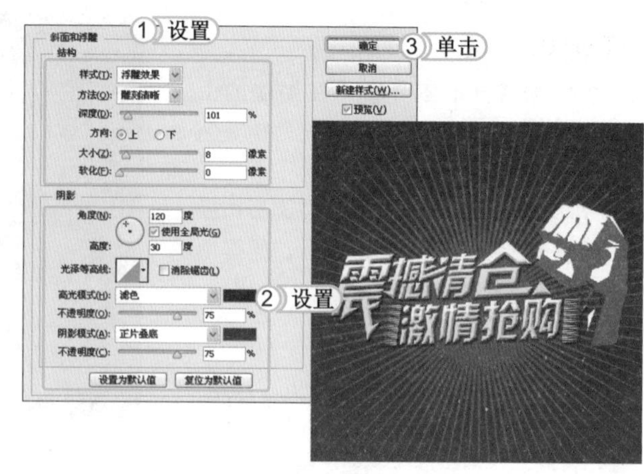

STEP 08：设置浮雕效果

1. 选择拳头图像所在图层，双击该图层，打开“图层样式”对话框，选择左侧的“斜面和浮雕”选项。设置“样式”为浮雕效果、“方法”为雕刻清晰，再设置其他参数。
2. 单击 确定 按钮，得到浮雕效果。

读书笔记

STEP 09：绘制立体图像

1. 新建一个图层，选择钢笔工具，在文字和拳头图像周围绘制一个外轮廓图形，并将路径转换为选区，填充为黑色。
2. 保持选区状态，设置“前景色”为黄色，使用画笔工具，在上边缘和左侧边缘进行涂抹，制作立体效果。

提个醒

使用 Photoshop CS6 设计图片时对于不需要的图层，可以将其删除，其操作为：选择要删除的图层，并按 Delete 键。

STEP 10: 扩大选区

保持图像外轮廓图像的选区状态，新建一个图层，选择【选择】/【变换选区】命令，适当扩大选区，填充为白色。

STEP 11: 添加图层样式

1. 选择【图层】/【图层样式】/【投影】命令，打开“图层样式”对话框，设置“投影颜色”为红色（R237,G27,B35），再设置其他参数。
2. 在对话框左侧选择“颜色叠加”选项，设置“颜色”为橘红色（R241,G90,B33），再设置其他参数。

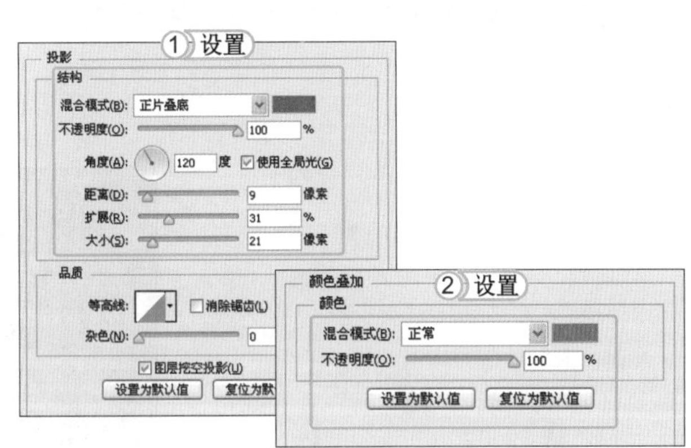

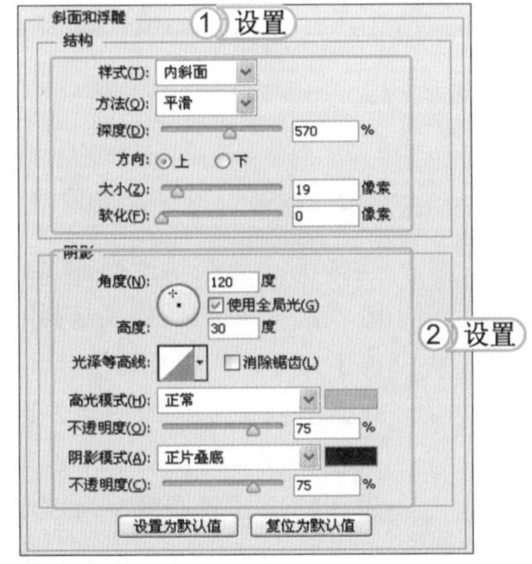

STEP 12: 添加其他效果

1. 选择“斜面和浮雕”选项，设置“样式”为内斜面、“方法”为平滑，再设置其他参数。
2. 在“阴影”栏设置“高光模式”为正常，“颜色”为深红色（R243,G202,B60），设置“阴影模式”为正片叠底，“颜色”为黑色。
3. 选择“外发光”选项，设置外发光“颜色”为淡黄色（R243,G237,B91）。
4. 单击 确定 按钮，得到浮雕和外发光效果。

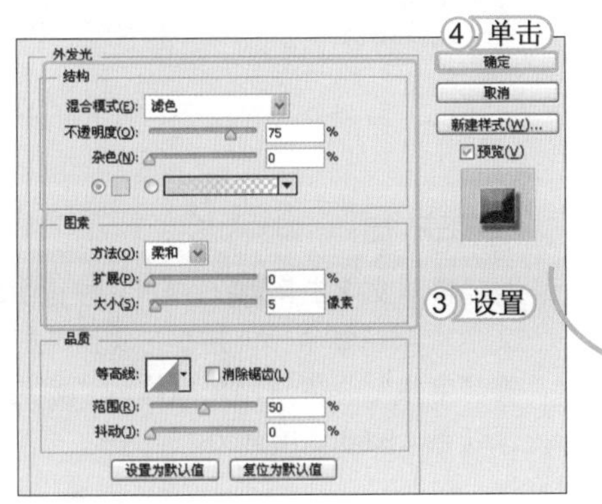

STEP 13：绘制圆角矩形

1. 选择圆角矩形工具，在“属性”栏中设置“半径”为 10 像素。
2. 在图像下方绘制一个圆角矩形，按 Ctrl+Enter 组合键将路径转换为选区，填充为橘红色（R219,G76,B5）。

STEP 14：绘制其他圆角矩形

1. 继续使用圆角矩形工具，在图像右侧绘制一个圆角矩形，按 Ctrl+Enter 组合键将路径转换为选区，填充为深红色（R124,G8,B13）。
2. 选择直排文字工具，在深红色圆角矩形中输入文字，并在“属性”栏中设置“字体”为叶根友毛笔行书，再适当调整文字大小。

STEP 15：添加效果

1. 选择橘红色圆角矩形图层，按住 Ctrl 键载入图像选区，然后选择【选择】/【变换】命令，向中心缩小选区。
2. 设置“前景色”为白色，选择画笔工具，在“属性”栏中设置“大小”为 30，“不透明度”为 30%，在选区上方绘制透明光亮图像，得到水晶按钮效果。

STEP 16：输入文字

选择横排文字工具，在水晶按钮中输入文字“全城轰动”，并在“属性”栏中设置“字体”为方正粗黑简体，“颜色”为深红色（R98,G16,B20）。

STEP 17： 添加图层样式

1. 选择【图层】/【图层样式】/【描边】命令，打开“图层样式”对话框，设置“大小”为3、“位置”为外部，“颜色”为白色。
2. 选择对话框左侧的“渐变叠加”选项，设置“渐变颜色”从深红色（R107,G19,B23）到红色（R223,G41,B36），再设置其他参数。

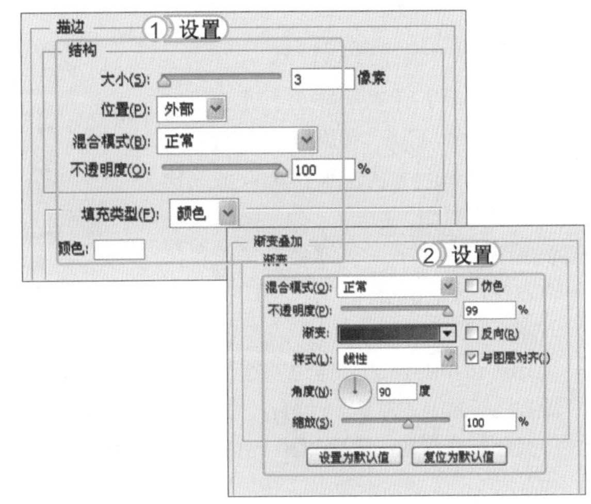

STEP 18： 添加投影效果

1. 选择“投影”选项，设置“投影颜色”为黑色，“不透明度”为100，“距离”为4、“扩展”为0、“大小”为1。
2. 单击 确定 按钮，得到添加图层样式后的文字效果。

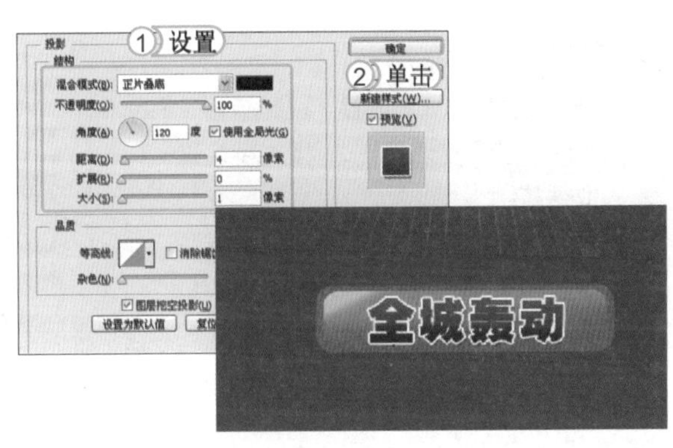

② 输入 新妮皮鞋

新妮皮鞋旗舰店 ① 输入

STEP 19： 输入文字

1. 选择横排文字工具，在画面中间输入一行中文文字“新妮皮鞋旗舰店”，并在“属性”栏中设置“字体”为方正大黑简体，“颜色”为白色。
2. 在画面左上方输入商家名称“新妮皮鞋旗舰店”，在“属性”栏中设置“字体”为方正大黑简体，“颜色”为白色，再适当调整文字大小。

读书笔记

STEP 20：设置图层样式

1. 选择【图层】/【图层样式】/【斜面和浮雕】命令，打开“图层样式”对话框，设置“样式”为内斜面，再设置其他参数。
2. 设置“高光模式”为滤色，“颜色”为白色，设置“阴影模式”为正片叠底，“颜色”为黑色。
3. 选择对话框左侧的“描边”选项，设置描边“大小”为5，“位置”为外部，“颜色”为红色（R235,G0,B0）。

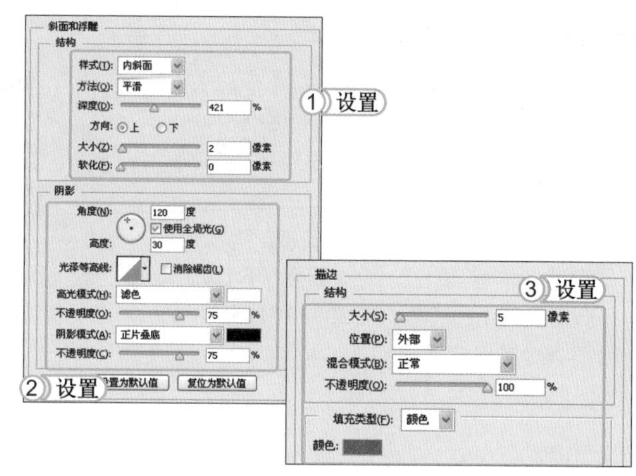

STEP 21：设置投影

1. 选择“投影”样式，设置“投影颜色”为黑色，“不透明度”为75，再设置其他参数。
2. 单击 确定 按钮，得到添加图层样式后的文字效果。

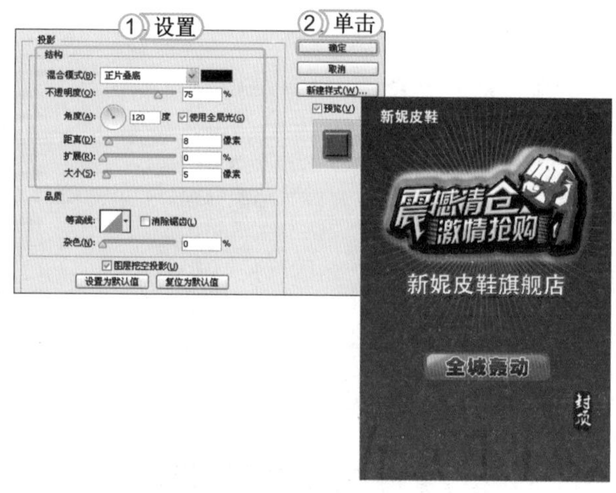

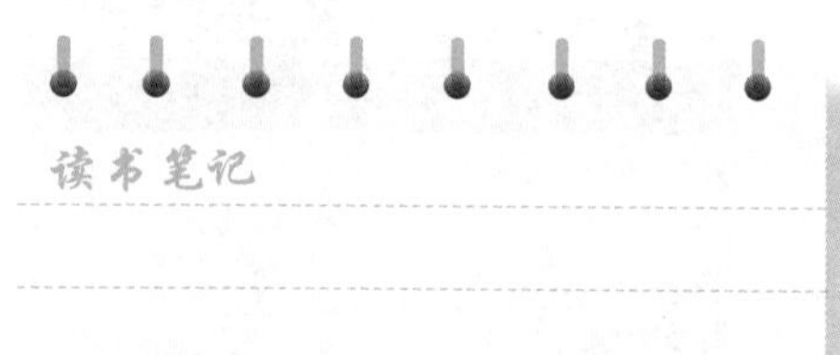

STEP 22：输入文字并添加样式

1. 选择横排文字工具T，在图像中间再输入一行文字“开业前装修特卖”，并在“属性”栏中设置“字体”为方正超粗黑简体，“颜色”为白色。
2. 选择【图层】/【图层样式】/【斜面和浮雕】命令，打开“图层样式”对话框，设置“样式”为内斜面，再设置其他参数。
3. 设置“高光模式”为滤色，“颜色”为白色，再设置“阴影模式”为正片叠底，“颜色”为黑色。

STEP 23： 设置图层样式

1. 选择“描边”选项，设置“大小”为6，“位置”为外部，“颜色”为红色（R235,G0,B0）。
2. 选择“投影”样式，设置“投影颜色”为黑色，“不透明度”为75，再设置其他参数。
3. 单击 确定 按钮，得到添加图层样式后的效果。

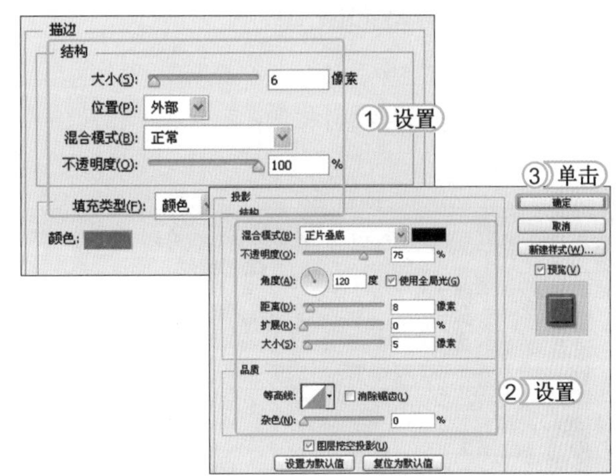

STEP 24： 输入文字

1. 选择横排文字工具T，在图像中间再输入文字“39-199”，并在“属性”栏中设置“字体”为方正超粗黑简体，“颜色”为白色。
2. 选择【图层】/【图层样式】/【描边】命令，打开“图层样式”对话框，设置“大小”为4，“位置”为外部，“颜色”为深红色（R144,G0,B0）。

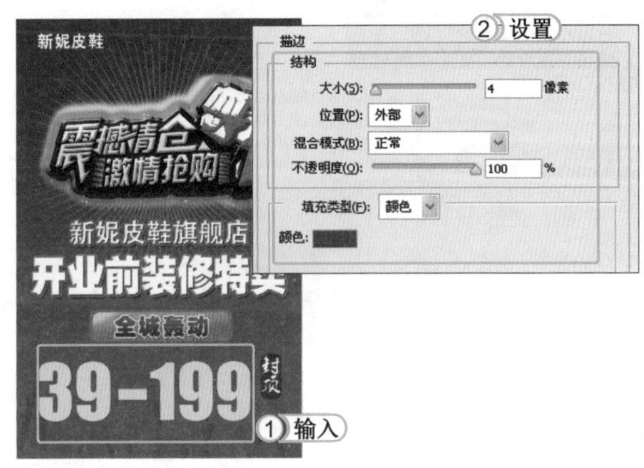

STEP 25： 设置其他样式

1. 选择“渐变叠加”选项，设置“渐变颜色”从黄色（R252,G255,B7）到白色（R255,G255,B255）到黄色（R252,G255,B7），然后设置其他参数。
2. 选择“投影”选项，设置投影“颜色”为黑色，“不透明度”为100，再设置其他参数。
3. 单击 确定 按钮，得到添加图层样式后的文字效果，完成本实例的制作。

8.2.2　甜品屋 DM 单

作为一个甜品屋，并且是一个具有档次的甜品屋，在设计广告单时，背景图的选择尤其重要，下面将组合多张素材背景，制作出一个广告画面。最终效果如下图所示。

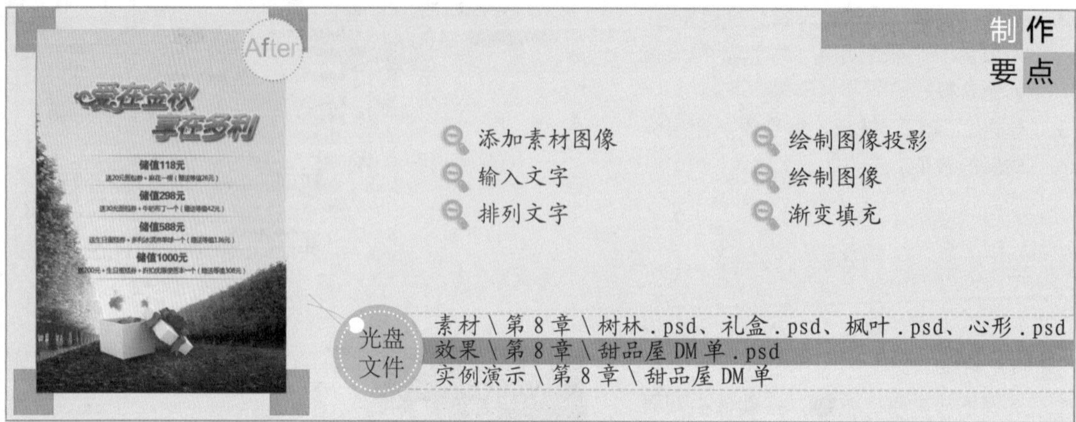

STEP 01：新建文件

1. 选择【文件】/【新建】命令，打开“新建”对话框，设置文件名称为“甜品屋DM单”，“宽度”为 21 厘米，“高度”为 29 厘米，“分辨率”为 150 像素 / 英寸。
2. 单击 确定 按钮，得到一个空白图像文件。
3. 选择渐变工具，在“属性”栏中设置渐变“样式”为线性，然后设置“前景色”为淡黄色（R236,G219,B187），“背景色”为白色，为图像从上到下应用线性渐变填充。

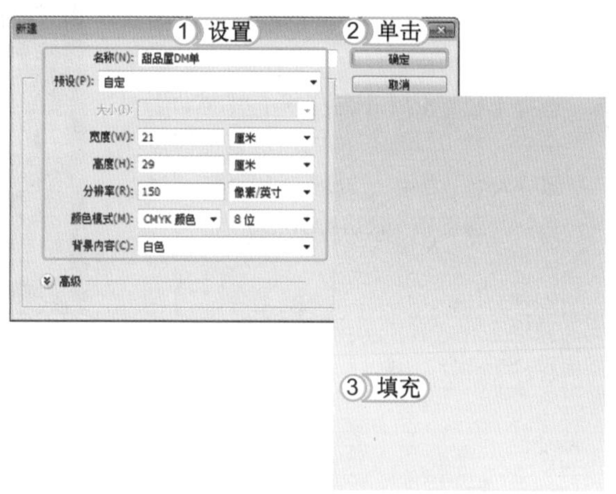

STEP 02：添加素材图像

打开素材图像“树林.psd”，选择移动工具将其拖拽到当前编辑的图像中，适当调整图像大小，放到画面下方，组合成一个林荫大道的效果。

读书笔记

STEP 03：绘制礼盒投影

1. 打开素材图像"礼盒.psd"，选择移动工具将其拖拽到当前编辑的图像中，适当调整图像大小，放到画面下方的草地上。
2. 设置"前景色"为深灰色，在"属性"栏中设置画笔"大小"为 30，"不透明度"为 50%，在礼盒底部绘制投影效果。

STEP 04：输入文字

选择横排文字工具，在图像中间分别输入说明性文字，在"属性"栏中设置"字体"为方正大黑简体，参照右图调整文字大小，分别填充为红色（R137,G24,B27）和黑色。

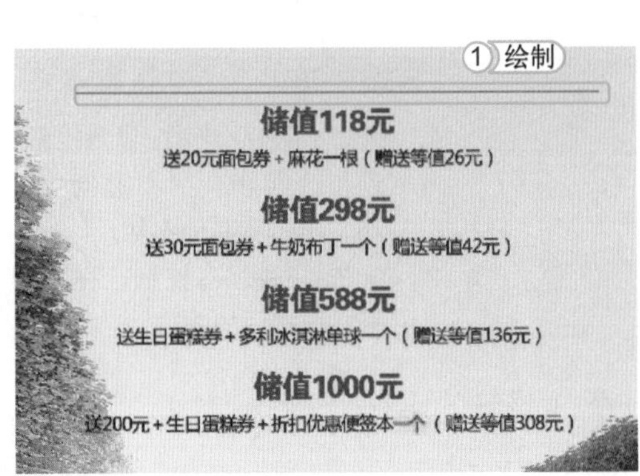

STEP 05：绘制矩形

1. 新建一个图层，选择矩形选框工具，在文字上方绘制一个细长的矩形选区，填充为土黄色（R167,G134,B107）。
2. 选择橡皮擦工具，在"属性"栏中设置"不透明度"为 60%，在细长矩形两侧进行涂抹，擦除图像。
3. 多次按 Ctrl+J 组合键，复制多个细长矩形图像，分别排列在文字中间。

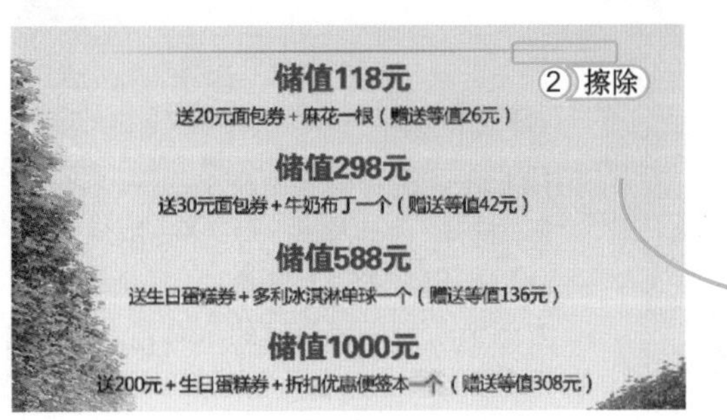

STEP 06：添加素材图像和文字

1. 打开素材图像“枫叶.psd”，使用移动工具将图像拖拽到当前编辑的图像中，适当调整图像大小，放到礼盒图像上方。
2. 选择横排文字工具，在图像中输入文字“爱在金秋 享在多利”，并在“属性”栏中设置“字体”为方正粗圆简体，“颜色”为白色，再适当倾斜文字。

STEP 07：编辑文字

1. 选择【文字】/【转换为形状】命令，使用钢笔工具，对“爱在金秋”几个字的造型进行编辑。
2. 选择【图层】/【图层样式】/【描边】命令，打开“图层样式”对话框，设置描边“大小”为7，“位置”为外部，“颜色”为淡黄色（R248,G236,B209）。

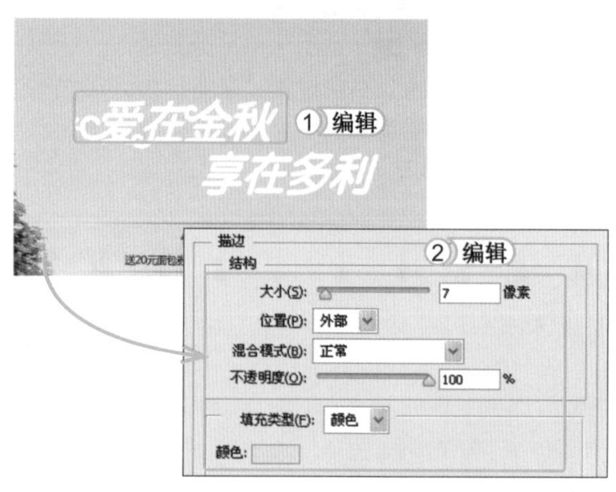

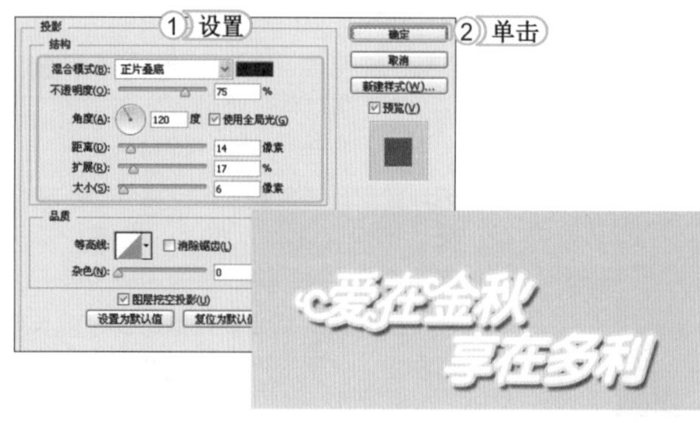

STEP 08：添加投影效果

1. 选择“投影”选项，设置投影“颜色”为黑色，“不透明度”为75，再设置其他参数。
2. 单击 确定 按钮，得到添加图层样式后的效果。

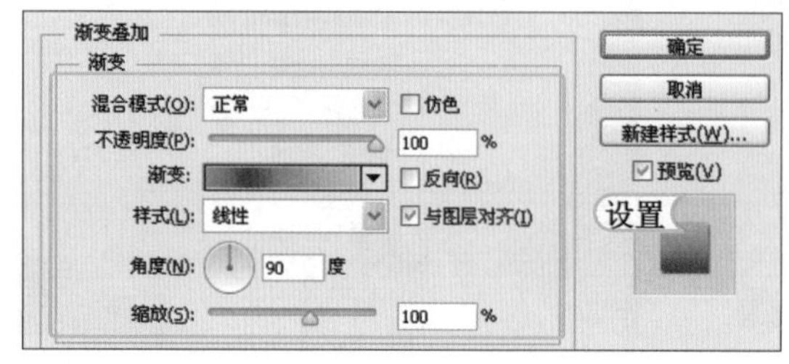

STEP 09：添加渐变叠加效果

按Ctrl+J组合键复制文字图层，双击该图层。打开“图层样式”对话框，取消选择“描边”选项，选择“渐变叠加”选项，设置“渐变颜色”为不同深浅的金黄色，再设置其他参数，单击 确定 按钮，得到渐变效果。

STEP 10：添加素材图像

打开素材图像“心形 .psd”，使用移动工具将图像拖拽到当前编辑的图像中，适当调整图像大小，放到文字右上方。

STEP 11：绘制图像并输入文字

1. 新建一个图层，选择钢笔工具，在画面右上方绘制一个弯曲的三角形，按Ctrl+Enter 组合键将路径转换为选区，填充为土黄色（R207,G193,B156）。
2. 选择横排文字工具，在右上方分别输入一行英文文字和一行中文文字，并在“属性”栏中设置“字体”为方正细圆简体，“颜色”为深黄色（R140,G125,B47），适当调整文字大小，并倾斜文字，完成本实例的制作。

8.3 学习 2 小时：制作户外广告

户外广告现在已经发展成为媒体类型丰富、表现形式多样、发展速度迅猛的广告模式。广告形式也多种多样，常见的有大型立牌广告、公交车站牌广告和墙体广告等。户外广告可利用一些设计精美的图像、霓虹灯多彩变化的效果，给受众留下非常深刻的印象，提高关注度。下面将介绍几种户外广告的制作方法。

8.3.1 情人节背景广告

节日背景广告是一种常见的广告形式，一般用于商家活动庆典中，所以需设计的简洁大方，下面将制作一个情人节背景广告。其最终效果如下图所示。

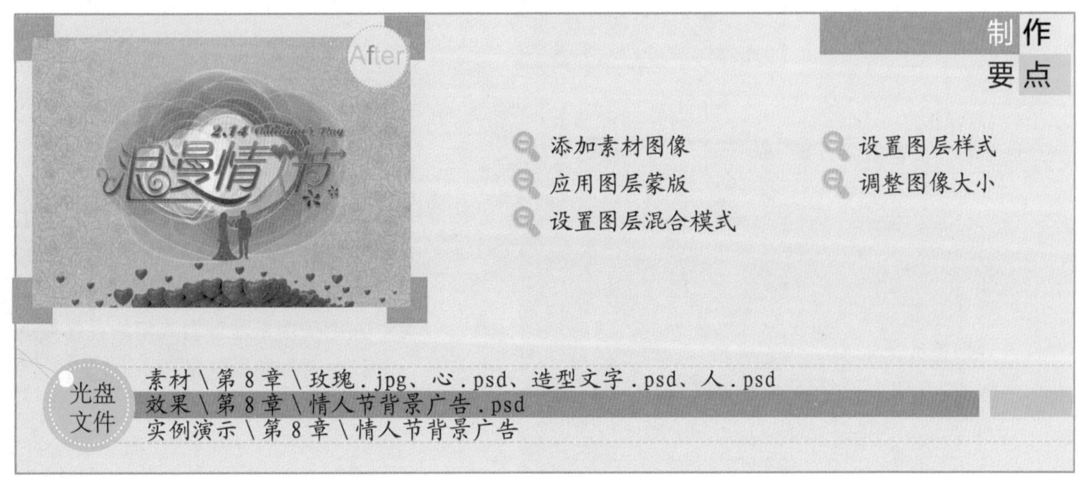

STEP 01：新建图像文件

1. 选择【文件】/【新建】命令，打开“新建”对话框，设置文件名称为“情人节背景广告”，“宽度”为86厘米，“高度”为60厘米，“分辨率”为35像素/英寸。
2. 单击 确定 按钮，得到一个空白图像文件。

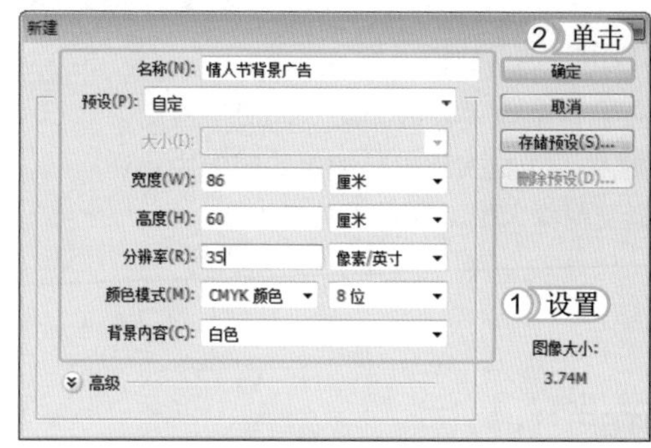

STEP 02：填充背景

单击工具箱中前景色色块，在打开的对话框中设置“颜色”为粉红色（R247,G201,B221），按Alt+Delete组合键填充背景为粉红色。

STEP 03：添加素材图像

1. 打开素材图像“玫瑰.jpg”，使用移动工具将图像拖拽到当前编辑的图像中，适当调整图像大小，并使其布满整个画面。
2. 设置该图层“混合模式”为正片叠底、“不透明度”为25%。

STEP 04：应用蒙版

1. 单击“图层”面板底部的“添加图层蒙版”按钮，选择渐变工具，在“属性”栏中设置“渐变颜色”从白色到灰色到白色。
2. 在图像中从左到右应用线性渐变填充，得到蒙版效果。

STEP 05: 添加素材图像

打开素材图像“心.psd”，使用移动工具将图像拖拽到当前编辑的图像中，适当调整图像大小，放到图像下方。

STEP 06: 绘制心形

1. 新建一个图层，选择钢笔工具，在图像中绘制一个心形路径。
2. 按Ctrl+Delete组合键将路径转换为选区，并使用渐变工具对其应用线性渐变填充，设置“颜色”从粉红色（R230,G89,B106）到洋红色（R176,G19,B87）。

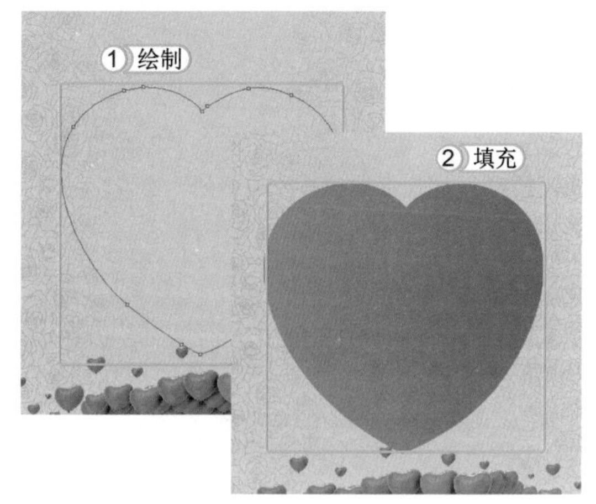

STEP 07: 制作透明心形

1. 按Ctrl+T组合键适当调整心形图像，然后设置该图层的“不透明度”为10%，得到透明心形图像。
2. 按Ctrl+J组合键复制心形图层，在“图层”面板中设置该图层的“填充”为0%。

STEP 08: 描边图像

1. 按Ctrl+J组合键复制图层，并在“图层”面板中设置该图层的填充为0%，得到透明图像。选择【图层】/【图层样式】/【描边】命令，打开“图层样式”对话框，设置描边“大小”为3，“描边颜色”为白色。
2. 单击 确定 按钮，得到描边图像。

STEP 09： 多次复制图像

1. 多次复制透明心形和描边心形图像图层，分别调整不同的大小和方向，参照右图的方式排列图像。
2. 再复制多个透明心形图像，然后在“图层”面板中将第 2、3 个图像的填充参数设置为 50%。

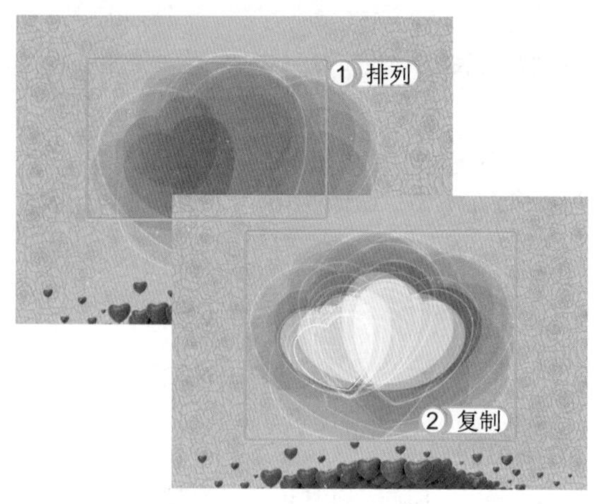

STEP 10： 添加造型文字

打开素材图像“造型文字 .psd”，选择移动工具将该图像拖拽到当前编辑的图像中，适当调整文字大小，放到画面正中间。

读书笔记

描边
1 设置
结构
大小(S): 1 像素
位置(P): 外部
混合模式(B): 正常
不透明度(O): 100 %
填充类型(F): 颜色
颜色:

渐变叠加
2 设置
渐变
混合模式(O): 正常 仿色
不透明度(P): 100 %
渐变: 反向(R)
样式(L): 线性 与图层对齐(I)
角度(N): 90 度
缩放(S): 100 %
设置为默认值 复位为默认值

STEP 11： 添加图层样式

1. 选择【图层】/【图层样式】/【描边】命令，打开“图层样式”对话框，设置描边“大小”为 1，“描边颜色”为白色。
2. 选择“渐变叠加”选项，设置“混合模式”为正常，再设置“颜色”从深红色（R129,G27,B48）到洋红色（R215,G0,B91）到粉红色（R238,G166,B167）。

读书笔记

STEP 12： 添加投影效果

1. 选择“投影”选项，设置“混合模式”为正常，“颜色”为灰色，再设置“不透明度”为 94，然后设置其他参数。
2. 单击 确定 按钮，得到添加图层样式后的效果。

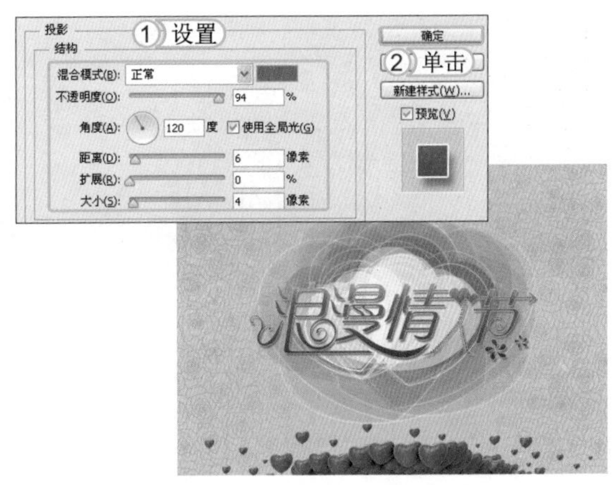

STEP 13： 添加素材图像和文字

1. 打开素材图像“人 .psd”，选择移动工具将该图像拖拽到当前编辑的图像中，适当调整图像大小，放到造型文字下方。
2. 选择横排文字工具，在造型文字上方输入一行文字，并在“属性”栏中设置合适的字体。

STEP 14： 复制图层样式

选择造型文字所在图层，在图层中单击鼠标右键，在弹出的快捷菜单中选择“拷贝图层样式”命令，然后选择刚输入的文字图层，单击鼠标右键，在弹出的快捷菜单中选择“粘贴图层样式”命令，得到相同的图层样式效果，完成本实例的制作。

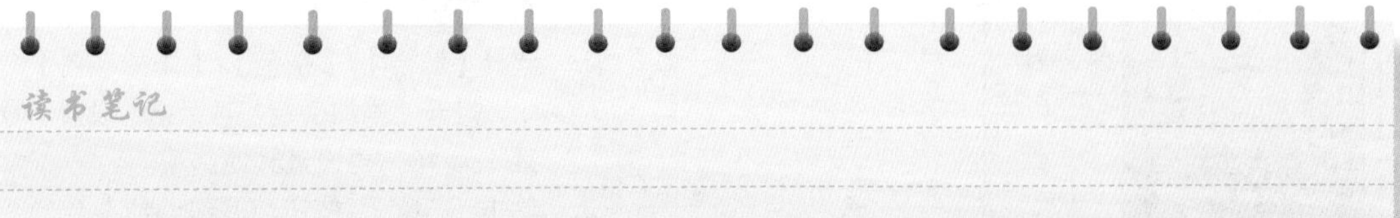

8.3.2 楼盘形象广告

在制作一个楼盘广告时，其定位非常重要，所以需要制作一些形象广告展示给消费者，下面将制作一个楼盘形象广告。其最终效果如下图所示。

STEP 01：新建图像文件

1. 选择【文件】/【新建】命令，打开“新建”对话框，设置文件名称为“楼盘形象广告”，“宽度”为21厘米，“高度”为7厘米，分辨率为200像素/英寸。
2. 单击 确定 按钮，得到一个空白图像文件。

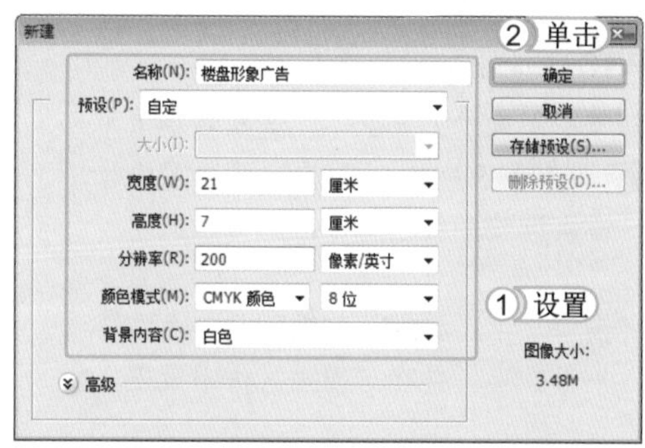

STEP 02：填充背景颜色

1. 设置“前景色”为洋红色（R163,G8,B130），按Alt+Delete组合键填充前景色。
2. 设置“前景色”为深红色（R48,G1,B38），使用画笔工具，在图像周围进行涂抹，得到周围较深的颜色效果。

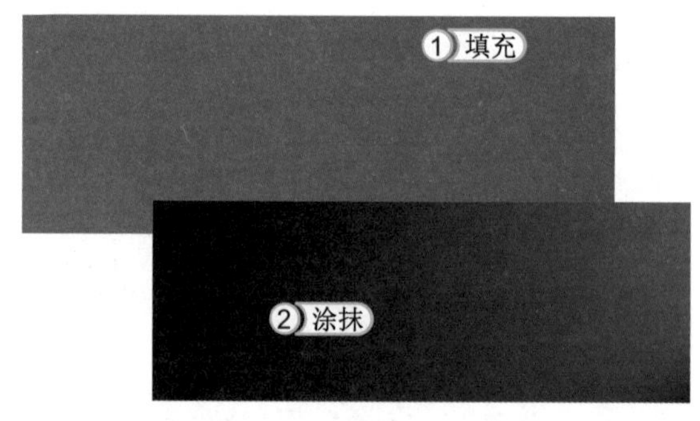

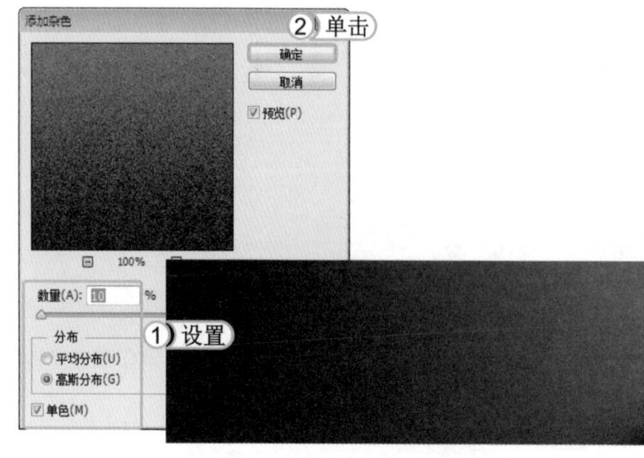

STEP 03：添加杂色

1. 选择【滤镜】/【杂色】/【添加杂色】命令，打开“添加杂色”对话框，设置“数量”为10，再设置其他选项。
2. 单击 确定 按钮，得到添加杂色的图像效果。

STEP 04： 添加素材图像

1. 打开素材图像“天马.jpg”，选择移动工具，将该图像拖拽到当前编辑的图像中，放到画面右上方。
2. 单击“图层”面板底部的“添加图层蒙版”按钮，使用画笔工具，对图像周围进行涂抹，隐藏部分图像，并设置图层“混合模式”为明度，得到混合图像效果。

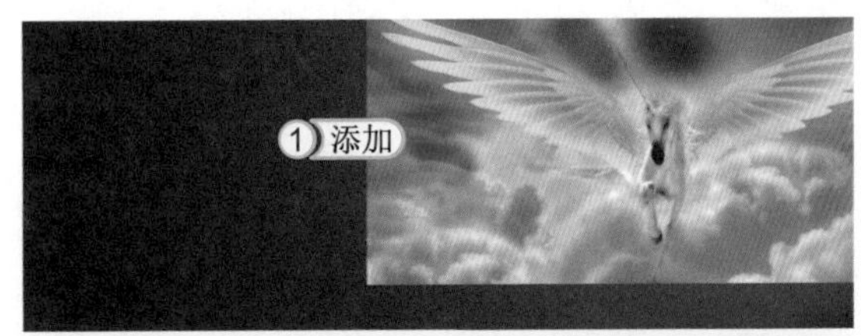

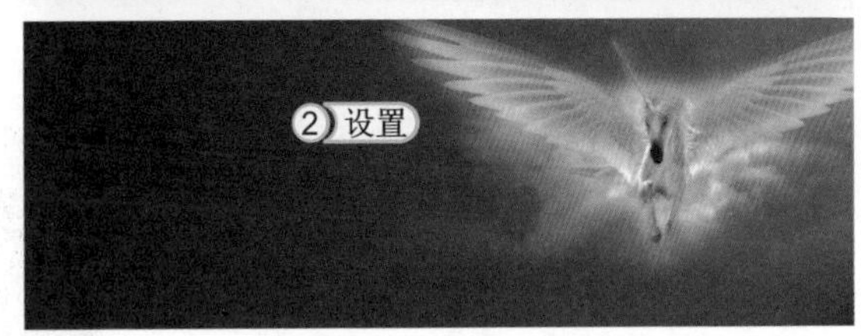

STEP 05： 调整图像颜色

1. 按 Ctrl+J 组合键复制该图层，选择【图像】/【调整】/【色彩平衡】命令，打开“色彩平衡”对话框，设置各项参数，为图像添加黄色。
2. 单击 确定 按钮，得到调整后的图像效果。

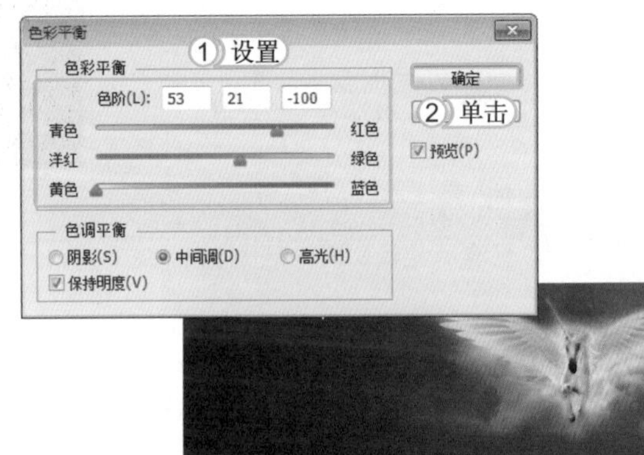

STEP 06： 添加文字和素材

1. 选择横排文字工具，在图像中分别输入文字，然后在“属性”栏中设置合适的字体和大小，填充为白色。
2. 打开素材图像“标志.psd”，使用移动工具将其拖拽到当前编辑的图像中，放到画面左上方。

STEP 07： 输入文字

1. 选择横排文字工具，在标志图像下方输入“骊山国际”，并在“属性”栏中设置“字体”为方正中倩简体，并填充为黄色（R199,G153,B44）。
2. 接着在标志右侧再输入两行英文文字，同样填充为“黄色”（R199,G153,B44），适当调整文字大小，完成实例的制作。

8.4 练习1小时

本章主要介绍了使用 Photoshop CS6 中的各种工具和命令来制作平面广告，在制作广告的过程中会遇到各种各样的问题，用户可以通过下面的两个实例巩固所学的知识，在加深理解的同时，学到更多的设计知识。

1. 制作涂料广告

本例将制作涂料广告，先打开素材图像“涂料.jpg”，选择“矩形选框工具”，创建选区。反选选区，调整色彩平衡。输入“字体”为方正姚体，“字号”为18点的广告语。输入“字号”为10点的品牌名称，其效果如右图所示。

光盘文件
素材\第8章\涂料.jpg
效果\第8章\涂料.psd
实例演示\第8章\制作涂料广告

2. 制作旅游广告

本例将制作一个旅游广告，打开素材图片“旅游.jpg”，绘制“不透明度”为60%，“颜色”为白色的圆角矩形。输入“字体”为汉仪楷体简，“字号”为60点的广告文本。为广告文本图层添加“投影”的图层样式，其效果如右图所示。

光盘文件
素材\第8章\旅游.jpg
效果\第8章\旅游.psd
实例演示\第8章\制作旅游广告

读书笔记

第 9 章 商业包装设计

学习 6 小时

在日常生活中我们随处可见商品的包装，它主要用于保护商品，以免商品在运输过程中被损坏。同时商品包装上还有很多文字和图片，可以为客户传达商品的信息，以方便了解商品的基本情况，促进消费者的购买行为。不同的产品所对应的包装有不同的特点，本章主要以纸质包装、立体瓶身保证和软质包装等进行讲解。

- 纸质包装
- 立体瓶身包装
- 软质包装

上机 1 小时

9.1 学习 2 小时：纸质包装

包装的功能是保护商品、传达商品信息、方便使用、方便运输、促进销售和提高产品附加值，包装作为一门综合性学科，具有商品和艺术相结合的双重性。包装作为实现商品价值和使用价值的手段，在生产、流通、销售和消费领域中发挥着重要的作用。下面将对纸质包装的设计进行介绍。

9.1.1 茶叶包装设计

许多设计师在设计茶叶包装时都尝试打破传统的颜色格局，但是不管从市场销售情况还是消费者认同情况来看，都证明了绿色始终是茶叶的灵魂之一。本节将介绍茶叶包装的设计 与制作方法。其最终效果如下图所示。

After

制作要点

- 新建文件
- 绘制选区
- 添加图像
- 变换图像
- 应用图层样式

光盘文件

素材 \ 第 9 章 \ 茶叶包装 \
效果 \ 第 9 章 \ 茶叶包装 .psd
实例演示 \ 第 9 章 \ 茶叶包装设计

STEP 01： 新建文件

1. 启动 Photoshop CS6，按 Ctrl+N 组合键打开“新建”对话框，在“名称”文本框中输入“茶叶包装”。
2. 设置“宽度”为 25 厘米，“高度”为 17 厘米，“分辨率”为 150 像素 / 英寸。
3. 单击 确定 按钮。

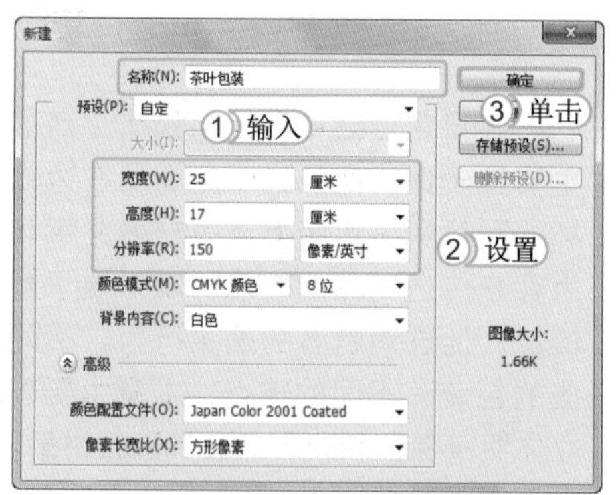

STEP 02： 绘制并填充选区

1. 单击“图层”面板下方的“创建新图层”按钮，新建一个图层，命名为“封面”。
2. 使用矩形选框工具，在图像窗口中绘制一个矩形选区。
3. 设置“前景色”为绿色（R12,G72,B45），按 Alt+Delete 组合键使用前景色填充选区，再按 Ctrl+D 组合键取消选区。

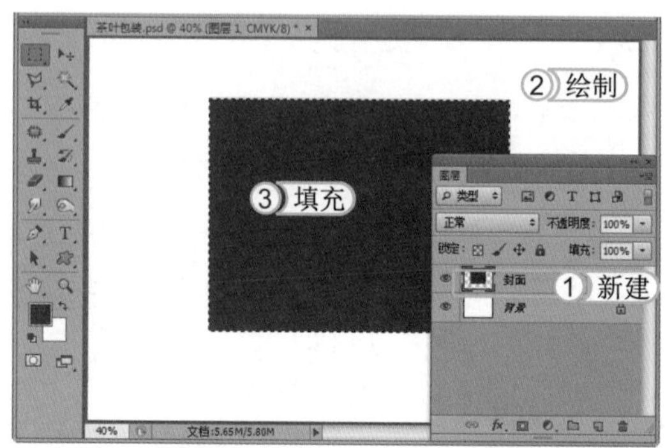

STEP 03：变换编辑图像

按 Ctrl+T 组合键，然后按住 Ctrl 键分别调整四个角的控制点，对图像进行编辑。

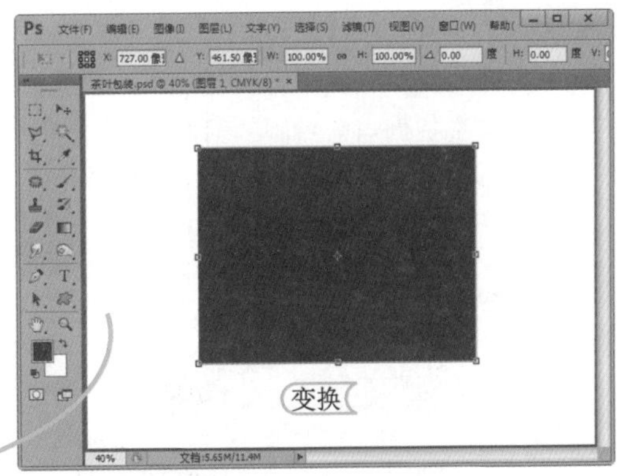

STEP 04：创建底面图像

1. 按 Ctrl+J 组合键对其进行复制，命名为“底面”，并将其放在“封面”图层下方。
2. 设置“前景色”为绿色（R8,G58,B35）。
3. 单击“封面”图层缩略图，载入该图层选区，按 Alt+Delete 组合键使用前景色填充选区，然后将该图像向下移动。

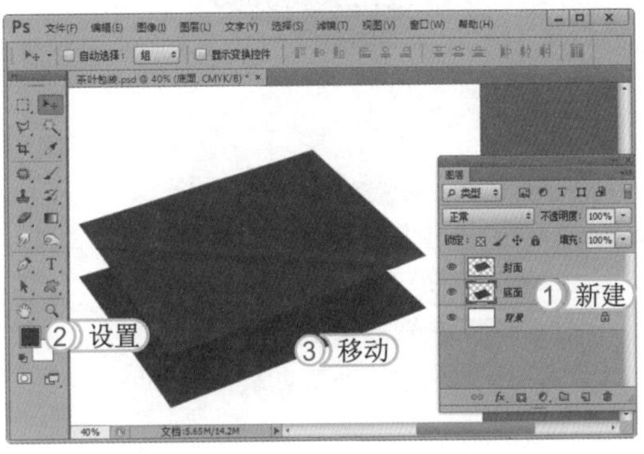

①勾画

②填充

STEP 05：创建左面图像

1. 单击“图层”面板下方的“创建新图层”按钮，新建一个图层，命名为“左面”，并将其放在“封面”图层下方。使用多边形套索工具，在图像窗口中勾画出一个侧面选区。
2. 按 Alt+Delete 组合键使用前景色填充选区。

①勾画

②填充

STEP 06：创建正面图像

1. 单击“图层”面板下方的“创建新图层”按钮，新建一个图层，命名为“正面”，并将其放在“封面”图层下方。使用多边形套索工具，在图像窗口中勾画出一个正面选区。
2. 设置“前景色”为绿色（R3,G3,B26），按 Alt+Delete 组合键使用前景色填充选区。

STEP 07： 添加素材图像

1. 打开素材图像“正面.jpg”，使用移动工具将其拖拽到当前绘制的图像窗口中。按Ctrl+T组合键，然后按住Ctrl键分别调整四个角的控制点，对图像进行编辑。
2. 设置素材图层的“不透明度”为80%。

STEP 08： 创建文字

1. 在工具箱中选择直排文字工具。
2. 在“属性”栏中将“字体”设置为方正黄草简体，“字号”为20点、“颜色”为黑色。
3. 在图像窗口中输入文字内容。
4. 设置文字图层的“不透明度”为30%。

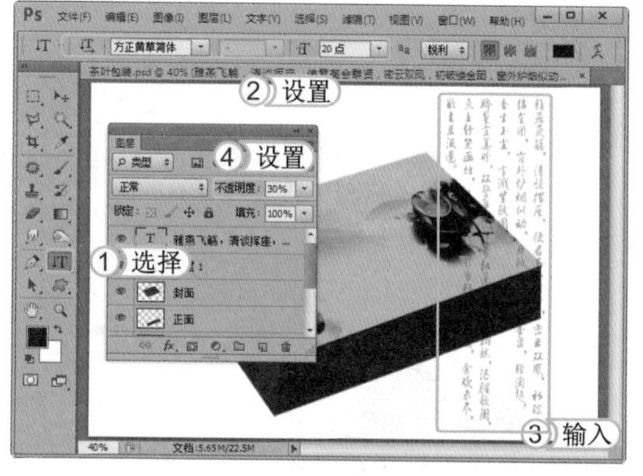

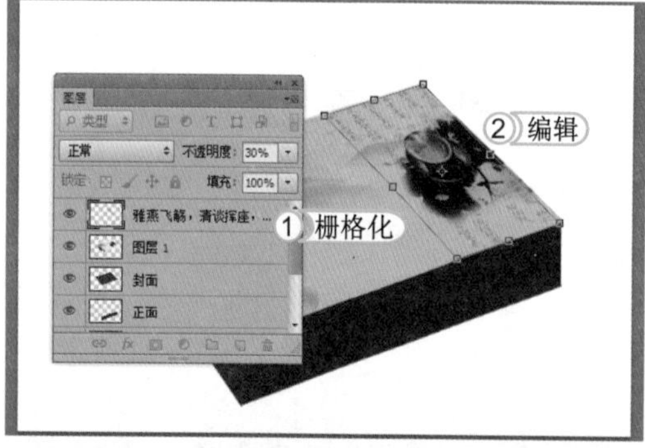

STEP 09： 编辑文字

1. 选择【图层】/【栅格化】/【文字】命令，将文字图层栅格化。
2. 按Ctrl+T组合键，然后按住Ctrl键分别调整文字图像的四个角的控制点，对文字图像进行编辑。

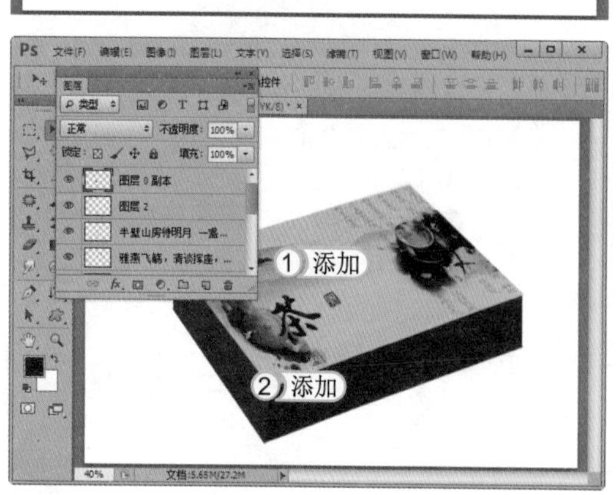

STEP 10： 添加并编辑文字素材

1. 打开素材图像“文字 1.psd”，使用移动工具将其拖拽到当前图像窗口中，并对其进行编辑。
2. 打开素材图像“文字 2.psd”，使用移动工具将其拖拽到当前图像窗口中，并对其进行编辑。

STEP 11：设置图层样式

1. 选中“茶”文字的图层，然后选择【图层】/【图层样式】/【斜面和浮雕】命令，在打开的“图层样式”对话框中设置“深度”为940、“大小”为6。
2. 在“图层样式”对话框左侧选择“描边”选项，然后设置描边的“大小”为5，描边的“颜色”为白色。

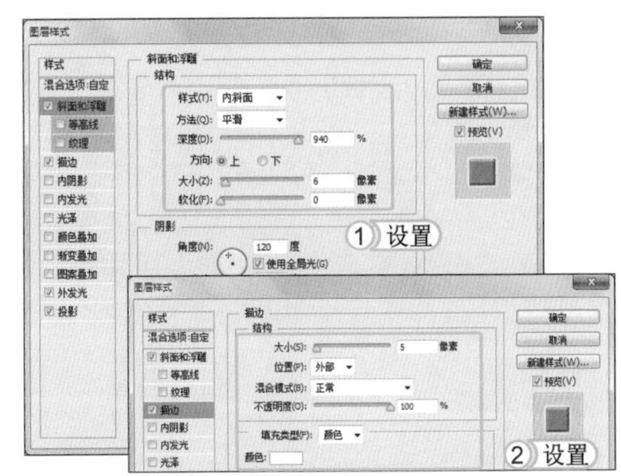

STEP 12：设置图层样式

1. 在“图层样式”对话框左侧选择“外发光”选项，然后设置“不透明度”为100、“扩展”为12、“大小”为23。
2. 在“图层样式”对话框左侧选择“投影”选项，然后设置“距离”为2、“大小”为2。
3. 单击 确定 按钮。

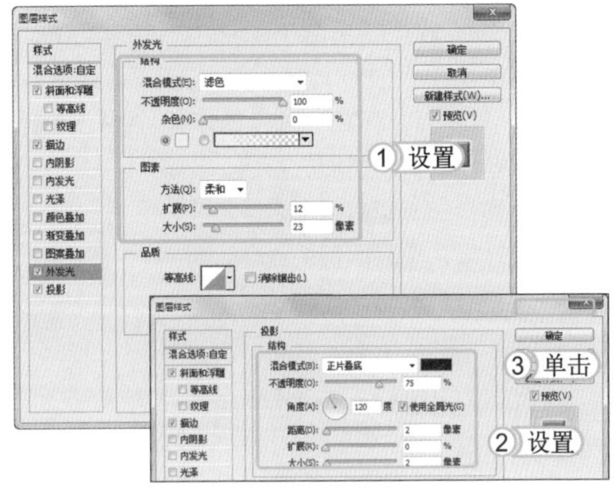

STEP 13：添加边框花纹

1. 打开素材图像“边框花纹.psd”，使用移动工具将其拖拽到当前图像窗口中，按Ctrl+T组合键，然后按住Ctrl键分别调整边框花纹图像四个角的控制点，编辑图像形状。
2. 按Ctrl+J组合键对边框花纹进行复制，并对图像的位置进行调整。

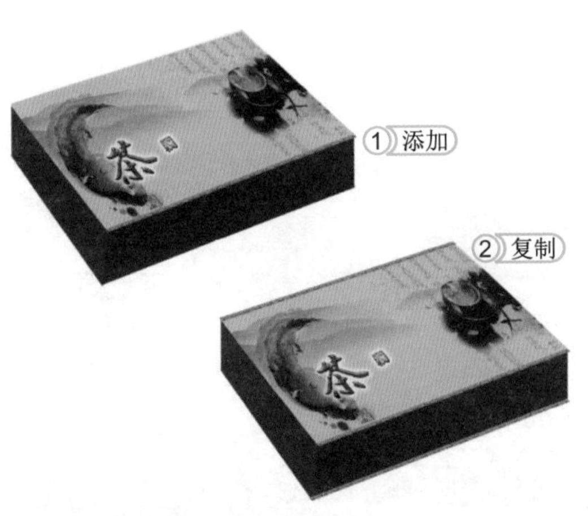

STEP 14：添加花纹

1. 打开素材图像“前方花纹.psd”，使用移动工具将其拖拽到当前图像窗口中，按Ctrl+T组合键，然后按住Ctrl键分别调整边框花纹图像四个角的控制点，编辑图像形状。
2. 在“图层”面板中，将刚添加的花纹图层放在边框花纹图层的下方。

STEP 15： 绘制侧面内盒图像

1. 单击“图层”面板下方的“创建新图层”按钮，新建一个图层。使用多边形套索工具，在图像窗口中勾画出一个侧面内盒选区。
2. 设置“前景色”为绿色（R29,G78,B56），按Alt+Delete组合键使用前景色填充选区。

STEP 16： 绘制侧面内盒阴影

1. 设置“前景色”为绿色（R22,G58,B41），使用多边形套索工具，在图像窗口中勾画出一个侧面内盒阴影选区。然后按Alt+Delete组合键使用前景色填充选区。
2. 使用加深工具对侧面上方进行涂抹，创建阴影效果，完成本例的制作。

9.1.2 手提袋包装设计

手提袋是一种较为廉价和便于携带的容器，因其一般可以用手提携带而得名。制作材料有纸张、塑料、无纺布等，手提袋设计一般要求简洁大方。本节将介绍纸质手提袋包装的设计与制作方法，其最终效果如下图所示。

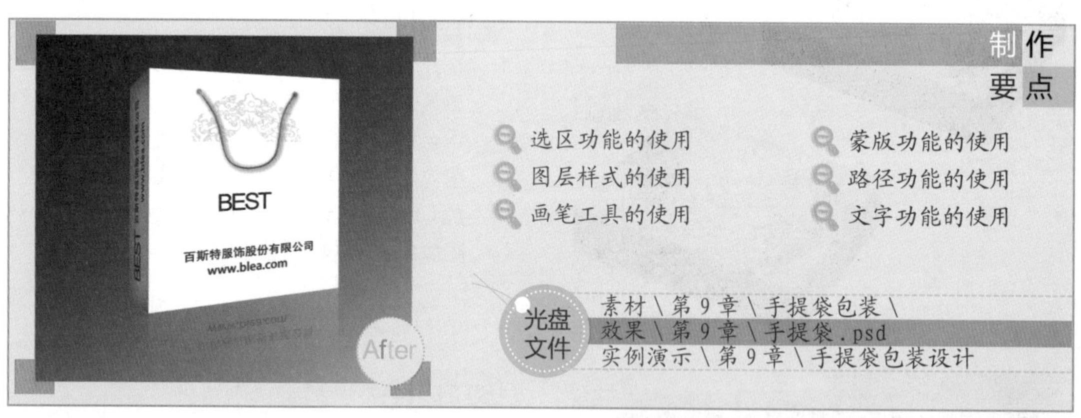

STEP 01： 新建图像文件

1. 启动Photoshop CS6，按Ctrl+N组合键打开“新建”对话框，在“名称”文本框中输入“手提袋”。
2. 设置“宽度”为36厘米，“高度”为35厘米，“分辨率”为150像素/英寸。
3. 单击 确定 按钮。

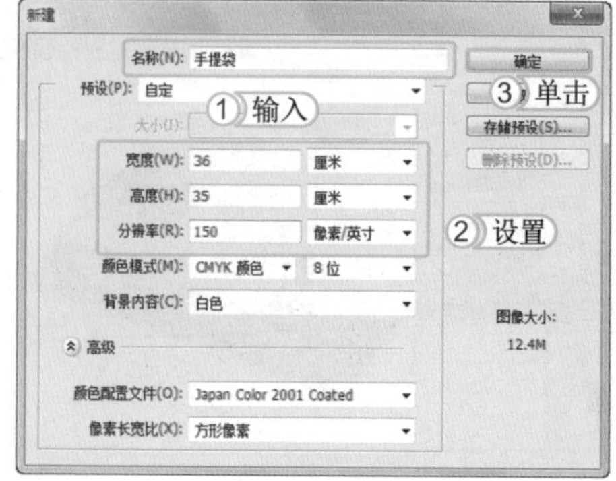

STEP 02： 输入文字

1. 在工具箱中选择横排文字工具T。
2. 在“属性”栏中将“字体”设置为 Arial，“字号”为 100 点、“颜色”为黑色。
3. 在图像窗口中输入英文字“BEST”。

STEP 03： 添加花纹

1. 打开素材图像“花纹 .psd”，使用移动工具将其拖拽到当前图像窗口中，然后按 Ctrl+T 组合键，对花纹图像的大小进行适当调整。
2. 在工具箱中选择横排文字工具T，在工具“属性”栏中将“字体”设置为黑体，“字号”为 50 点、“颜色”为黑色，然后在图像窗口下方输入文字。

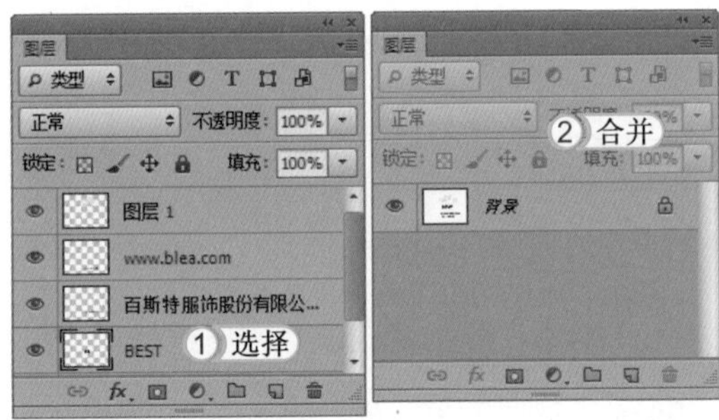

STEP 04： 合并图层

1. 选择文字图层，选择【图层】/【栅格化】/【文字】命令，对文字图层进行栅格化处理。
2. 按 Ctrl+Shift+E 组合键，对所有图层进行合并。

提个醒 选择文字图层后，在该图层上单击鼠标右键，在弹出的快捷菜单中选择“栅格化文字”命令，也可对文字进行栅格化处理。

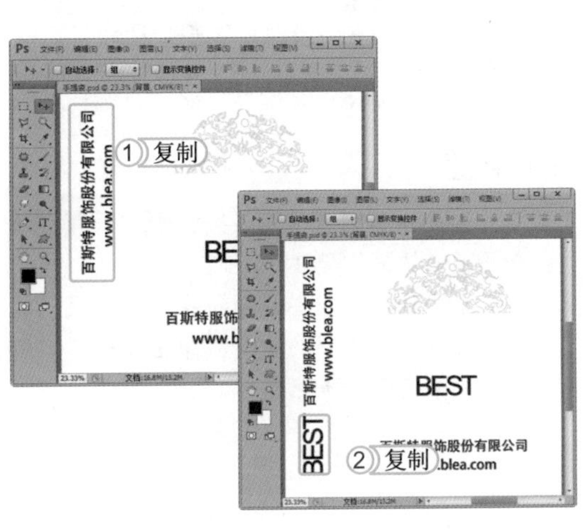

STEP 05： 复制图像

1. 使用矩形选框工具，选择下方两行的文字，按 Ctrl+J 组合键对其进行复制，然后将其拖动到左侧，并逆时针旋转 90°。
2. 选择背景图层，使用矩形选框工具选择 BEST 文字，按 Ctrl+J 组合键对其进行复制，然后将其拖动到左下方，并逆时针旋转 90°。

STEP 06：转换图层

1. 按 Shift+Ctrl+E 组合键，将所有图层合并，命名为“背景”图层。
2. 双击“背景”图层缩略图，在打开的“新建图层”对话框中单击 确定 按钮，将合并后的图层转换为普通图层。

STEP 07：设置画布大小

选择【图像】/【画布大小】命令，在打开的“画布大小”对话框中设置画布的宽度为“45”厘米；高度为“40 厘米”，单击 确定 按钮。

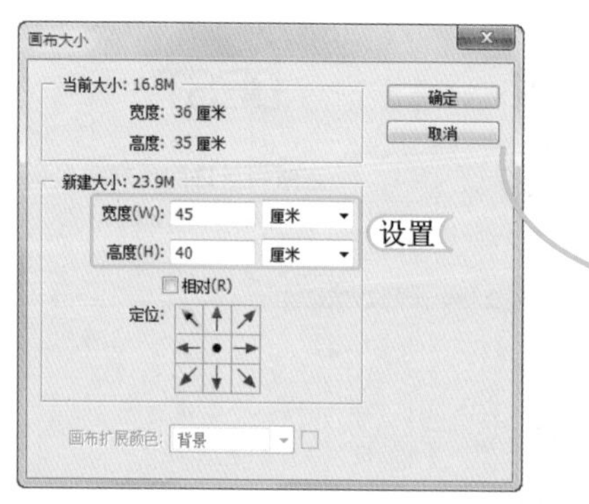

STEP 08：新建背景图层

1. 单击“图层”面板下方的“创建新图层”按钮，新建一个图层，并将其命名为“背景”。
2. 将“背景”图层向下拖动到“图层 0”下方。

提个醒 选择要移动位置的图层，然后按住鼠标左键不放，将其拖动到目标层上方或下方，再释放鼠标即可调整图层位置。

STEP 09：渐变填充背景图层

1. 在工具箱中单击渐变工具按钮，设置“渐变颜色”从黑色到白色渐变。
2. 在图像窗口左上方单击鼠标指定渐变填充的起点，然后向右下方拖动并单击鼠标指定渐变填充的终点，渐变填充背景图层。

STEP 10：剪切图层

1. 选择“图层 0”图层，然后选择工具箱中的矩形选框工具▭，在图像左方创建矩形选区。
2. 在选区区域内单击鼠标右键，在弹出的快捷菜单中选择“通过剪切的图层”命令，剪切选区内的图像至一个新的图层中。

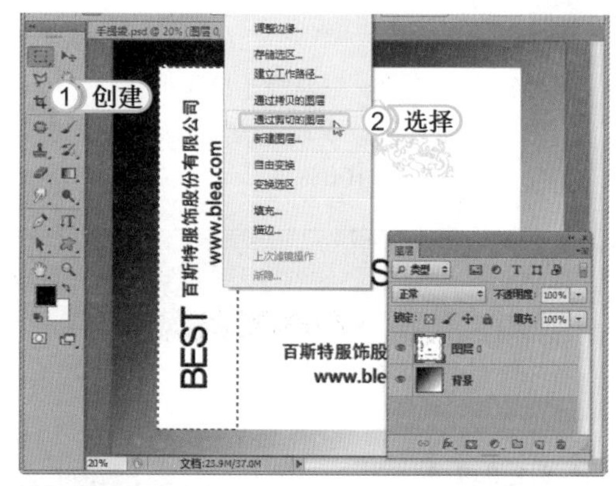

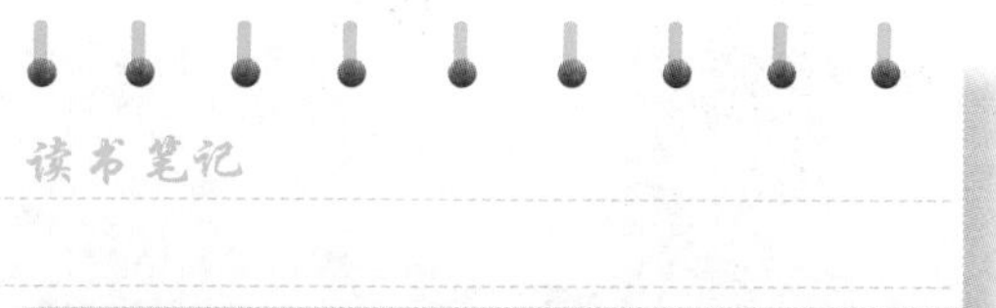

STEP 11：变换图像

1. 按Ctrl+D组合键取消选区，然后单击“图层 0”前方的👁图标，隐藏该图层。
2. 选择“图层 1”图层，按Ctrl+T组合键进入自由变换状态，然后结合“变形”和“扭曲”功能将图像调整为如右图所示的效果。

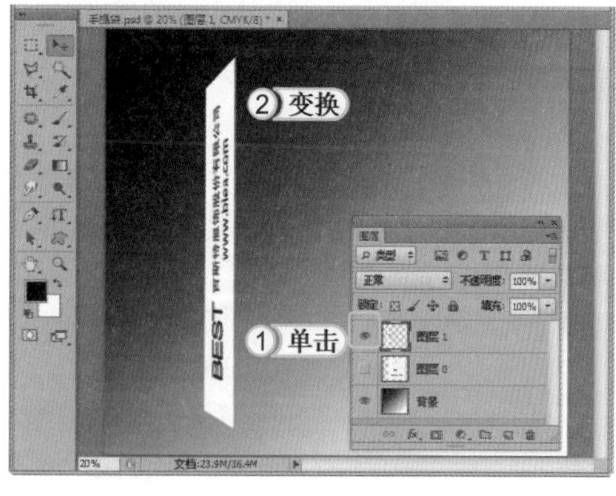

STEP 12：变换正面图像

1. 单击“图层 0”前方的▭图标，显示该图层，然后选择该图层。
2. 按Ctrl+T组合键进入自由变换状态，然后结合“变形”和“扭曲”功能将图像调整为如图所示的效果。

> **提个醒**
> 进入自由变换状态后，在变换区域上单击鼠标右键，在弹出的快捷菜单中可选择“变形”或“扭曲”命令。

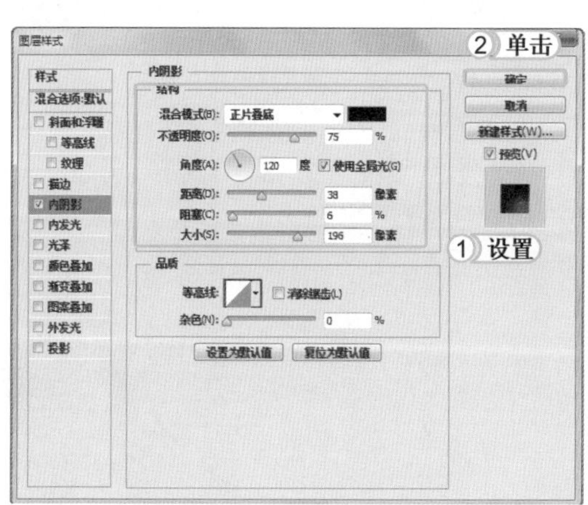

STEP 13：设置图层样式

1. 选择“图层 1”，然后选择【图层】/【图层样式】/【内阴影】命令，在打开的“图层样式”对话框中设置“距离”为38、“阻塞”为6、“大小”为196。
2. 单击 确定 按钮。

STEP 14： 绘制路径

1. 选择钢笔工具，绘制绳子的路径。
2. 选择画笔工具，设置“画笔大小”为 13 像素，“硬度”为 100%。

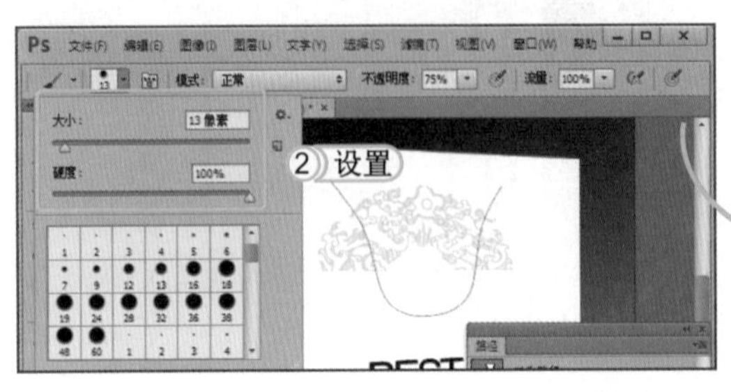

STEP 15： 描边路径

1. 新建一个图层，将图层命名为“绳子”。
2. 设置“前景色”为红色，在“路径”面板中，右键单击创建的路径，在弹出的快捷菜单中选择“描边路径”命令。
3. 在打开的对话框中选择描边工具为“画笔”，然后单击 确定 按钮描边路径。

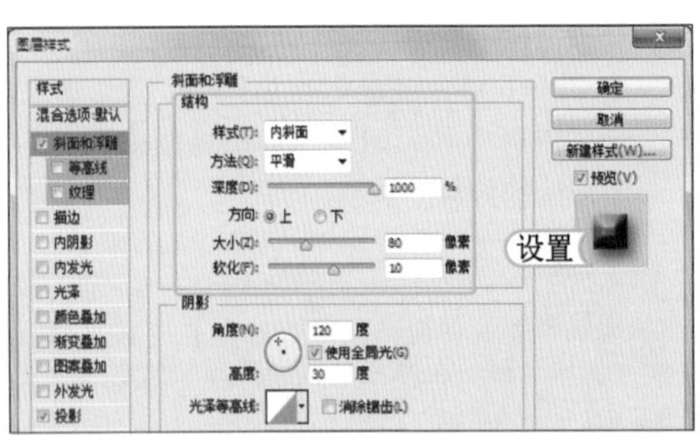

STEP 16： 设置图层样式

取消选择路径，选择【图层】/【图层样式】/【斜面和浮雕】命令，在打开的“图层样式”对话框中设置“深度”为 1000，设置“大小”为 80、“软化”为 10。

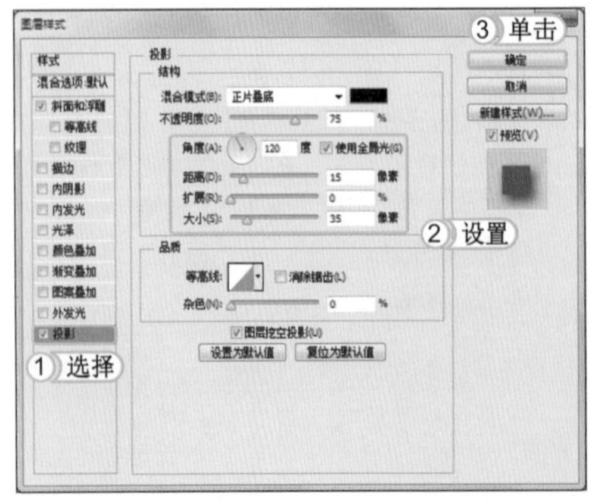

STEP 17： 设置图层样式

1. 在“图层样式”对话框的左侧选择“投影”选项。
2. 设置投影“距离”为 15、“大小”为 35。
3. 单击 确定 按钮。

STEP 18： 绘制绳孔图像

1. 新建一个“图层 2”，将其放在“绳子”图层下方。
2. 使用椭圆选框工具，在绳子两头绘制两个圆形选区，并填充为灰色，然后对其添加投影图层样式。

STEP 19： 添加光照效果

1. 按住 Ctrl 键选择除背景图层外的所有图层，按 Ctrl+T 组合键适当缩小包装图像。
2. 按 Enter 键确认变换，按 Ctrl+J 组合键复制图层，再按 Ctrl+E 组合键合并图层。按 Ctrl+T 组合键并垂直翻转图像，放到下方。

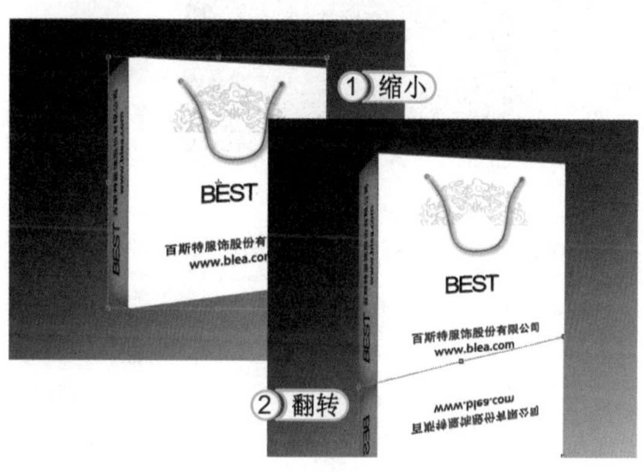

STEP 20： 添加倒影效果

为该图层添加图层蒙版，并使用画笔工具对图像底部进行涂抹，隐藏部分图像。再设置该图层的“不透明度”为 33%，得到倒影效果。完成本实例的制作。

9.2 学习 2 小时：立体瓶身包装

前面已经对纸质包装有一定认识了，然而包装设计中远不止纸质包装这一种，比如酒、饮料等瓶身的包装，可以把这类包装统称为立体瓶身包装，立体瓶身包装不仅要符合产品本身的档次，还要起到保护产品的作用。

9.2.1 红酒包装设计

酒类包装是日常生活中较为常见的一种瓶身包装种类，通常酒产品本身以玻璃或陶瓷等容器承装，在设计理念上要突出酒类本身的特点，如年代久远、气味香浓等信息。本节将介绍红酒包装的设计与制作方法。其最终效果如下图所示。

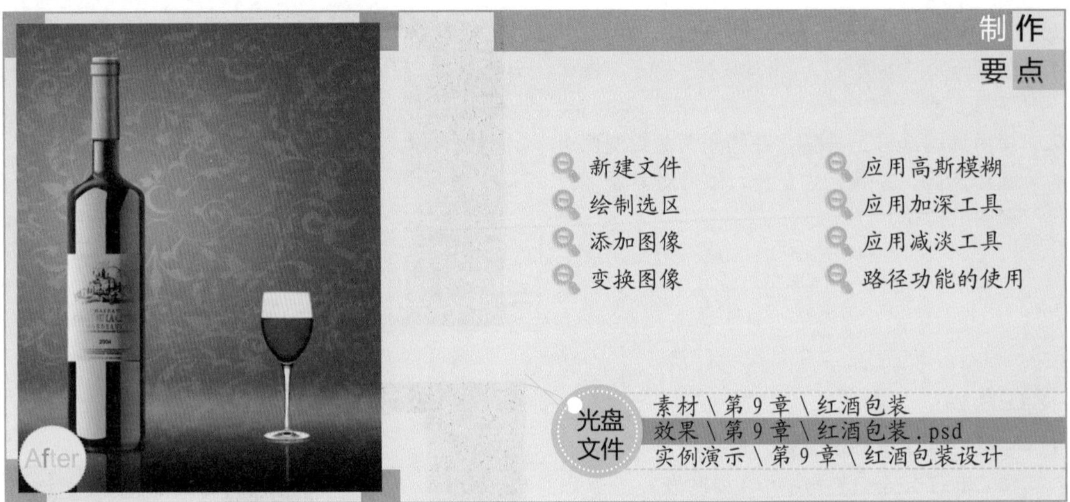

STEP 01： 新建图像文件

1. 启动 Photoshop CS6，按 Ctrl+N 组合键打开“新建”对话框，在“名称”文本框中输入“红酒包装”。
2. 设置“宽度”为 21 厘米，“高度”为 25 厘米，“分辨率”为 300 像素 / 英寸。
3. 单击 确定 按钮。

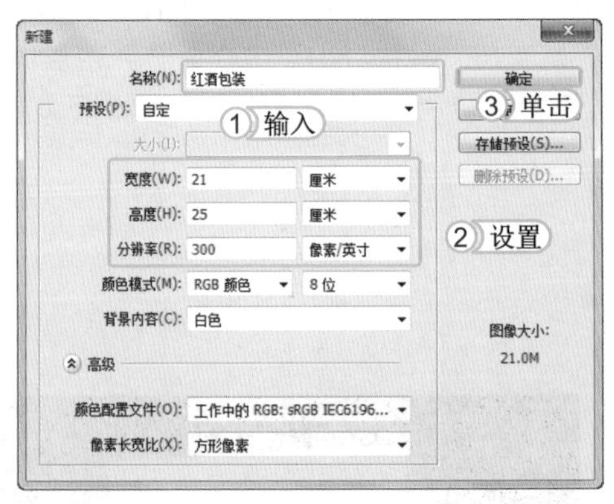

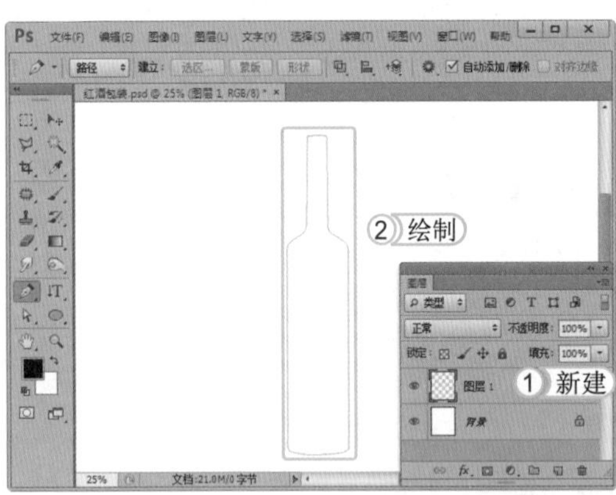

STEP 02： 绘制酒瓶外形

1. 选择【图层】/【新建】/【图层】命令，新建一个“图层 1”。
2. 使用工具箱中的钢笔工具绘制出酒瓶外形。

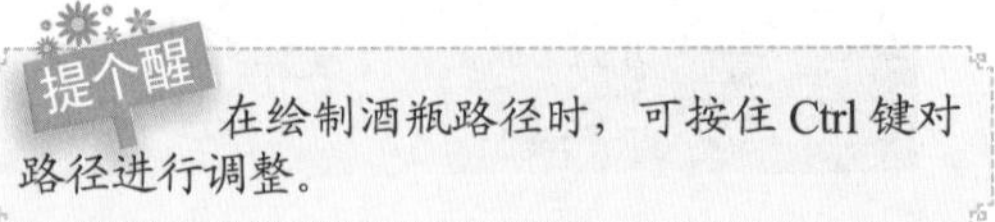

在绘制酒瓶路径时，可按住 Ctrl 键对路径进行调整。

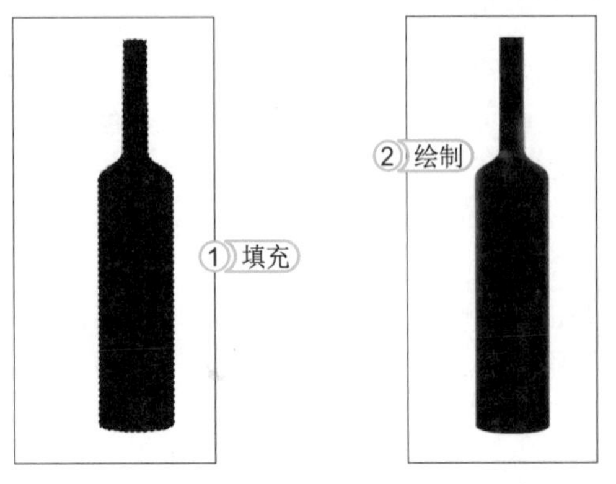

STEP 03： 填充酒瓶

1. 按 Ctrl+Enter 组合键载入该路径的选区，然后将选区填充为黑色。
2. 按 Ctrl+D 组合键取消选区，再设置“前景色”为白色，使用画笔工具绘制出酒瓶的高光。

STEP 04： 绘制酒瓶瓶盖的路径

1. 选择【图层】/【新建】/【图层】命令，新建一个“图层 2”。
2. 使用工具箱中的钢笔工具，绘制出酒瓶瓶盖的路径。

STEP 05： 设置渐变编辑器

按 Ctrl+Enter 组合键载入路径的选区。在工具箱中选择渐变工具，在“属性”栏中单击按钮，在打开的“渐变编辑器”对话框中设置“渐变颜色”从果绿色（R179,G165,B72）到淡黄色（R221,G227,B69）、到橘黄色（R207,G142,B42）、到深红色（R125,G52,B31）、到橘红色（R170,G93,B34）、到深红色（R24,G16,B18），并单击确定按钮。

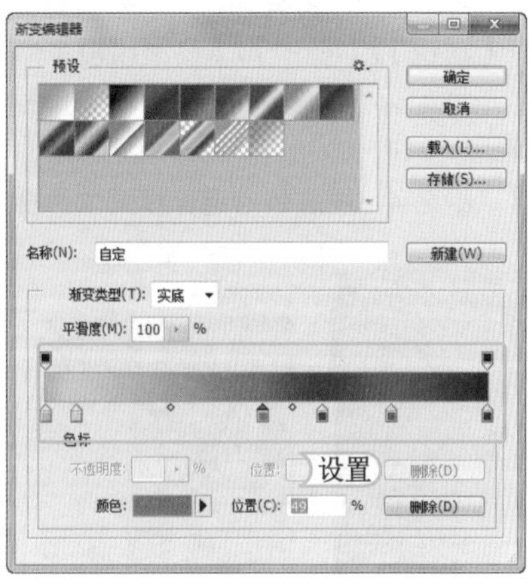

STEP 06： 创建酒瓶瓶盖颜色

1. 单击“属性”栏中的“线性渐变”按钮，在选区中按住鼠标左键从左向右拖动，为选区填充渐变色。
2. 新建一个“图层 3”，使用矩形选框工具，在瓶盖上部绘制一个大小合适的矩形选区，并用黑色填充该选区。

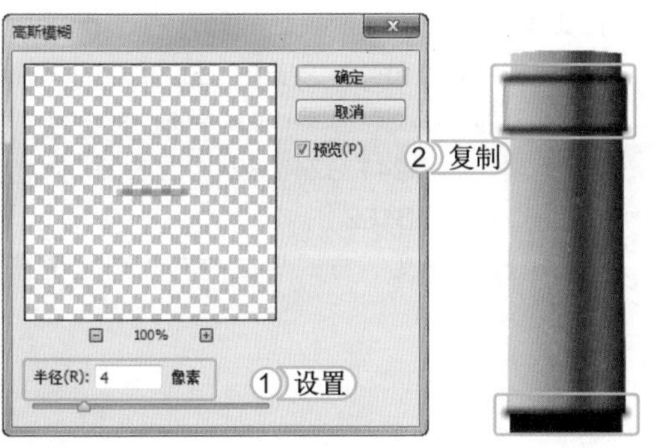

STEP 07： 制作酒瓶瓶颈

1. 选择【滤镜】/【模糊】/【高斯模糊】命令，打开“高斯模糊”对话框，设置“半径”为 4，单击确定按钮。
2. 复制两次模糊图像，并将其放置到瓶盖和瓶颈中，效果如左图所示。

STEP 08：绘制高光

1. 选择橡皮擦工具，在“属性”栏中设置“画笔大小”为 10，在三条黑色模糊线条两端进行擦除。
2. 新建一个“图层 4”，然后使用钢笔工具，在瓶盖顶部绘制一个路径，按 Ctrl+Enter 组合键载入该路径的选区，并填充为白色。

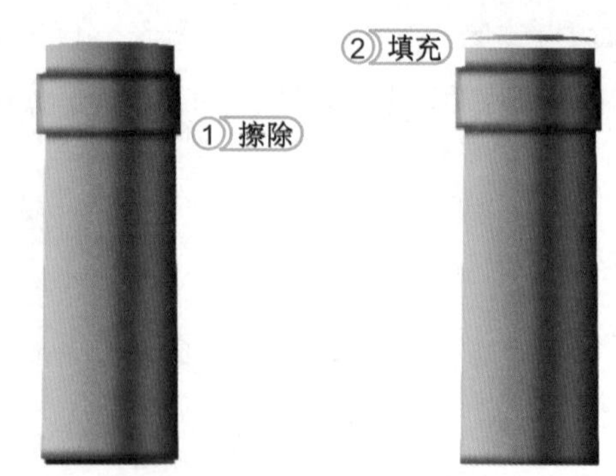

STEP 09：处理高光

1. 选择【滤镜】/【模糊】/【高斯模糊】命令，在打开的对话框中设置“半径”为 3，并单击确定按钮。
2. 设置“图层 4”图层的“混合模式”为叠加。

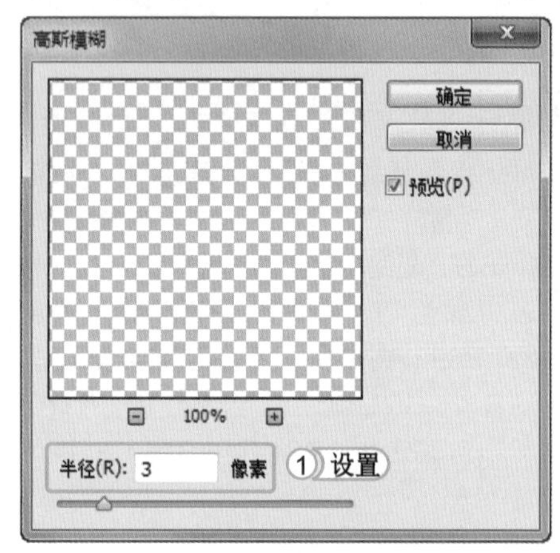

STEP 10：绘制瓶身高光选区

1. 选择【图层】/【新建】/【图层】命令，新建一个“图层 5”。
2. 使用工具箱中的钢笔工具，绘制一个瓶身高光的路径。
3. 按 Ctrl+Enter 组合键载入路径选区。

STEP 11：填充瓶身高光

1. 在工具箱中选择渐变工具，在工具“属性”栏中单击按钮，在打开的“渐变编辑器”对话框中设置“渐变颜色”从浅灰色（R241,G240,B240）到深灰色（R162,G162,B162）。
2. 使用“径向渐变”方式从左向右为选区填充渐变色。

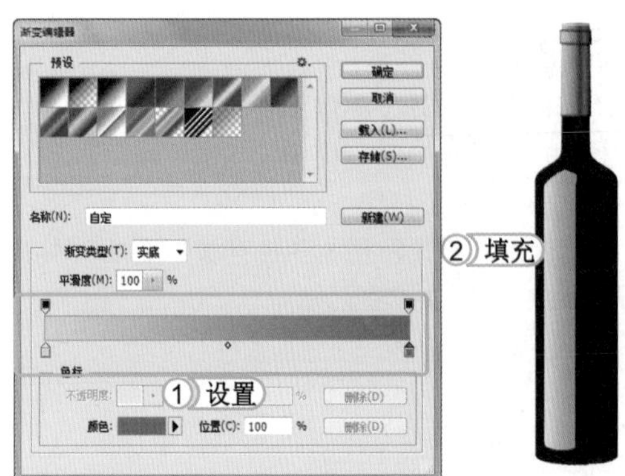

STEP 12： 复制瓶身高光

1. 按 Ctrl+J 组合键对高光图层进行复制，并得到“图层 6”。
2. 按 Ctrl+T 组合键适当缩放图像，然后使用移动工具将复制得到的图像移动到右侧。
3. 在变换框中单击鼠标右键，在弹出的快捷菜单中选择“水平翻转”命令，得到如右图所示的图像效果。

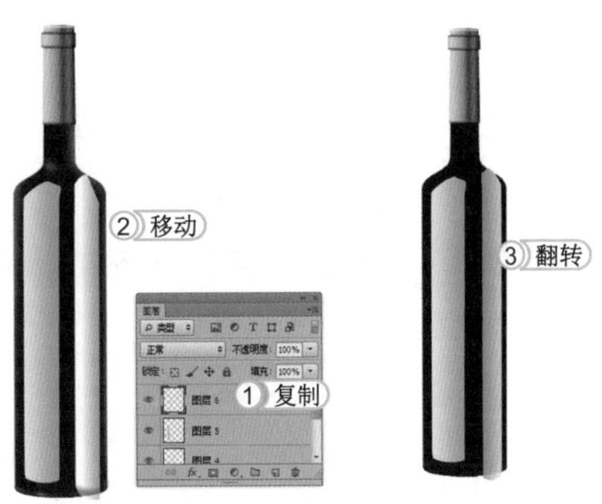

STEP 13： 处理右方的高光

1. 选择工具箱中的橡皮擦工具，将超出酒瓶的高光图像擦除。
2. 设置“图层 6”的“不透明度”为 40%。

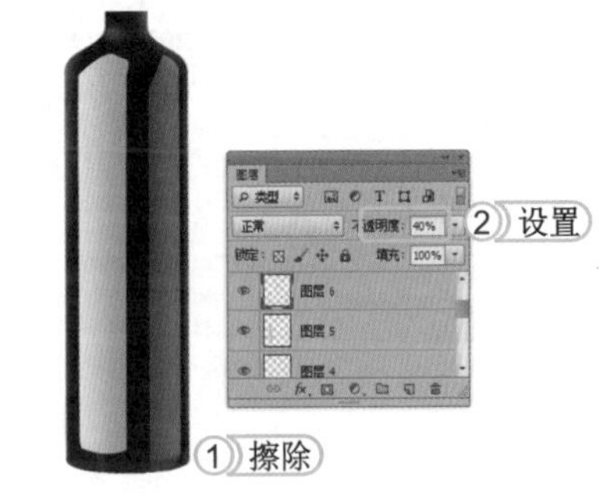

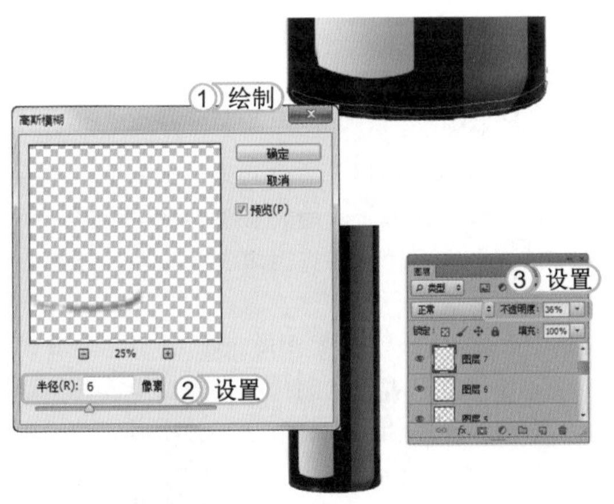

STEP 14： 绘制瓶底的高光

1. 新建一个“图层 7”，然后使用钢笔工具绘制瓶身底部高光的路径。
2. 按 Ctrl+Enter 组合键载入该路径的选区，并填充为白色，选择【滤镜】/【模糊】/【高斯模糊】命令，在打开的对话框中设置“半径”为 6。
3. 设置该图层的“不透明度”为 36%。

STEP 15： 绘制瓶颈的高光

1. 新建一个“图层 8”，使用钢笔工具绘制瓶身颈部高光路径。
2. 按 Ctrl+Enter 组合键载入该路径的选区，并填充为白色，选择【滤镜】/【模糊】/【高斯模糊】命令，并在打开的对话框中设置“半径”为 6。设置该图层的“不透明度”为 30%，得到如左图所示的效果。

STEP 16：绘制阴影效果

1. 在“图层”面板中选择“图层 1”。
2. 选择工具箱中的减淡工具，然后在“属性”栏中设置“画笔大小”为 200 像素，“范围”为阴影，“曝光度”为 30%。
3. 在酒瓶的边缘进行涂抹，绘制出阴影效果。

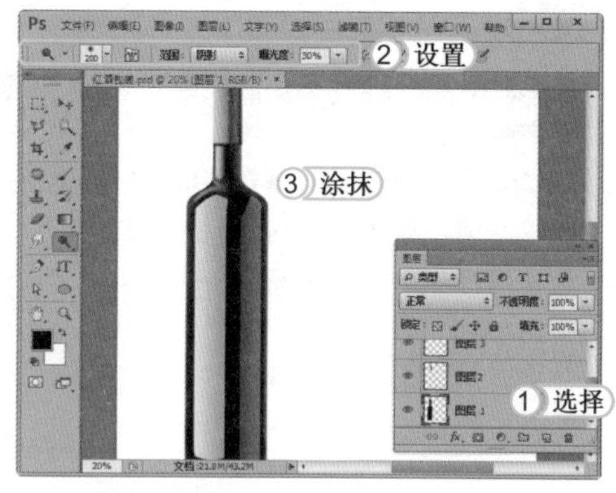

STEP 17：绘制酒瓶倒影

1. 隐藏“背景”图层，按 Alt+Shift+Ctrl+E 组合键盖印可见图层。
2. 选择【编辑】/【变换】/【垂直翻转】命令，将盖印图像进行垂直翻转。
3. 设置盖印图层的“不透明度”为 30%，并将其拖拽到“图层 1”的下方，再显示“背景”图层。

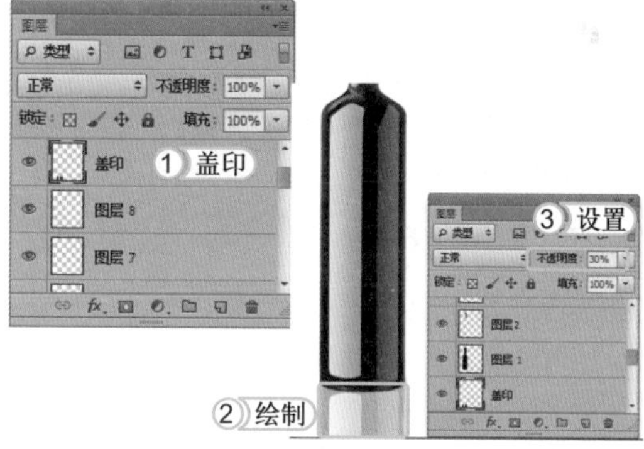

STEP 18：添加背景图像

1. 在“背景”图层上方，新建一个图层，然后使用椭圆选框工具，在酒瓶底部绘制一个椭圆形选区，并将选区填充为黑色，绘制出瓶底阴影。
2. 打开素材图像“背景图像.jpg”，然后将背景图像拖拽到当前绘制的图像窗口中，并将背景图像放在“背景”图层的上方。

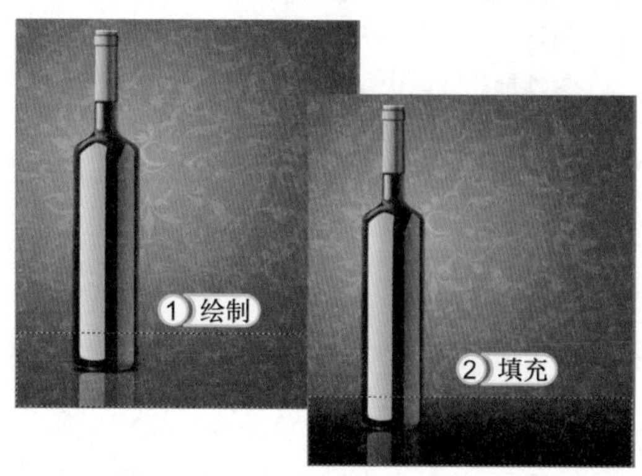

STEP 19：绘制渐变图像

1. 新建一个图层，使用矩形选框工具绘制一个选区。
2. 使用渐变工具，对选区进行线性渐变填充，“渐变颜色”从黑色到透明色渐变。

STEP 20： 绘制白色条纹

1. 新建一个图层，使用矩形选框工具绘制一个选区。
2. 设置“背景色”为白色，然后按 Ctrl+Delete 组合键将选区填充为白色。

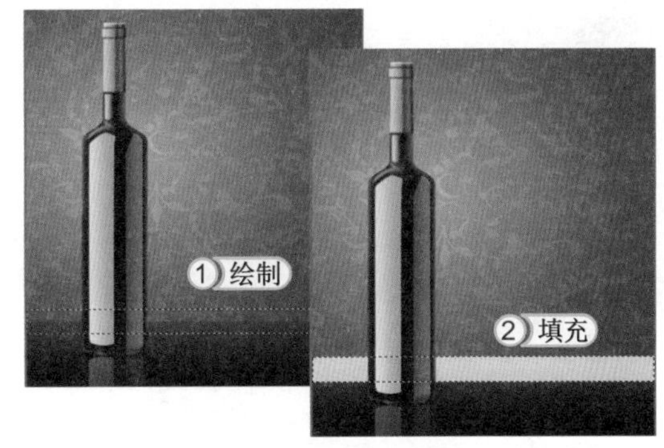

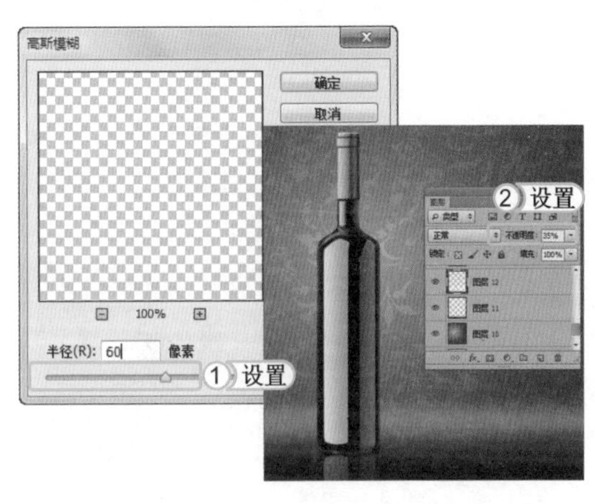

STEP 21： 应用模糊效果

1. 选择【滤镜】/【模糊】/【高斯模糊】命令，在打开的对话框中设置“半径”为 60，并单击 确定 按钮。
2. 设置该图层的“不透明度”为 35%。

提个醒

若为当前图像执行的模糊效果不明显，可按 Ctrl+F 组合键重复执行高斯模糊命令，使图像模糊。

STEP 22： 添加酒杯和瓶贴图像

1. 打开素材图像“酒杯 .psd”，使用移动工具，将酒杯拖拽到当前绘制的图像中，并适当调整酒杯的位置。
2. 打开素材图像“瓶贴 .psd”，使用移动工具将瓶贴拖拽到当前绘制的图像中，并将其移动到瓶身上，再按 Ctrl+T 组合键，对瓶贴图像的大小进行适当调整，使其符合瓶身的大小。

STEP 23： 制作瓶贴的阴影和高光

1. 使用工具箱中的减淡工具，对标签左侧进行涂抹，得到高光效果。
2. 使用工具箱中的加深工具，对标签右侧进行涂抹，得到阴影效果。

STEP 24： 绘制反光效果

1. 新建一个图层，使用矩形选框工具绘制一个选区，然后将选区填充为浅灰色。
2. 设置该图层的“不透明度”为50%，得到如右图所示的反光效果，完成本例的制作。

9.2.2 洗发水包装设计

目前洗发水包装大多数采用的是塑料材料，下面将制作一个瓶装的洗发水包装效果，在制作过程中要注意利用阴影和高光的搭配来制作出包装瓶的立体感。其最终效果如下图所示。

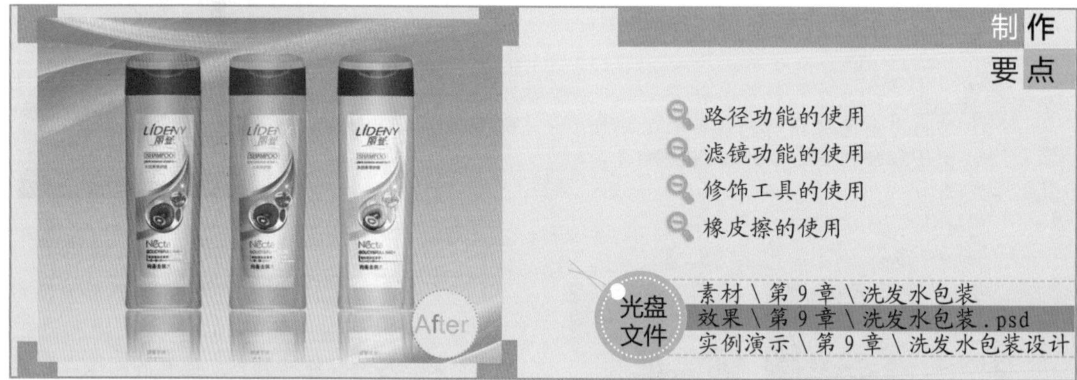

STEP 01： 新建图像文件

1. 启动Photoshop CS6，按Ctrl+N组合键打开“新建”对话框，在“名称”文本框中输入“洗发水包装”。
2. 设置“宽度”为14厘米，“高度”为9厘米，“分辨率”为200像素/英寸。
3. 单击 确定 按钮。

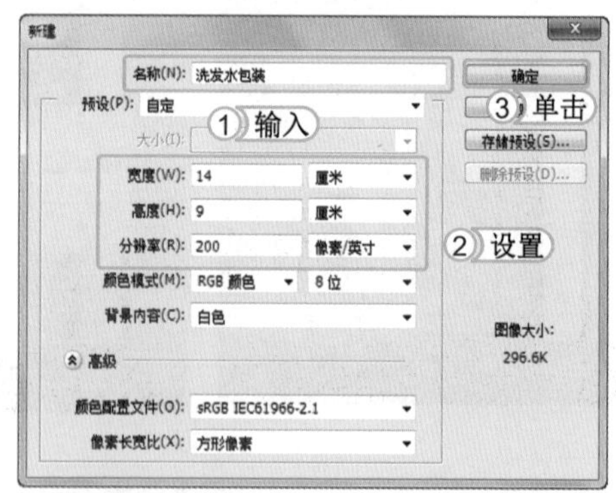

STEP 02： 绘制瓶盖路径

1. 选择【图层】/【新建】/【图层】命令，新建一个“图层1”。
2. 使用钢笔工具，在图像中绘制一个瓶盖路径。

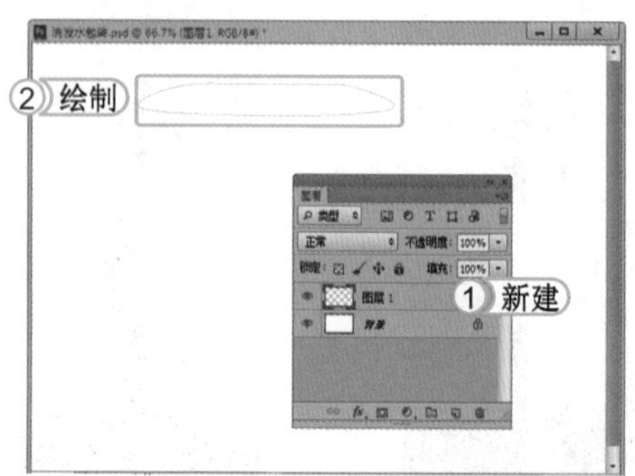

STEP 03： 填充瓶盖图形

1. 选择【窗口】/【路径】命令，打开“路径”面板。
2. 设置“前景色”为咖啡色（R167,G143,B122），然后单击“路径”面板中的“用前景色填充路径”按钮，对路径进行填充。

STEP 04： 绘制瓶盖高光图形

在“属性”栏中设置“画笔大小”为100像素，“曝光度”为20%，配合使用加深工具和减淡工具，在图像边缘和中间进行涂抹，然后使用模糊工具，在边缘部分来回涂抹，得到如右图所示效果。

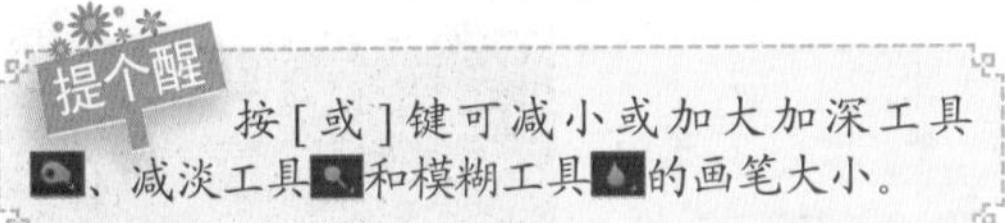
提个醒

按[或]键可减小或加大加深工具、减淡工具和模糊工具的画笔大小。

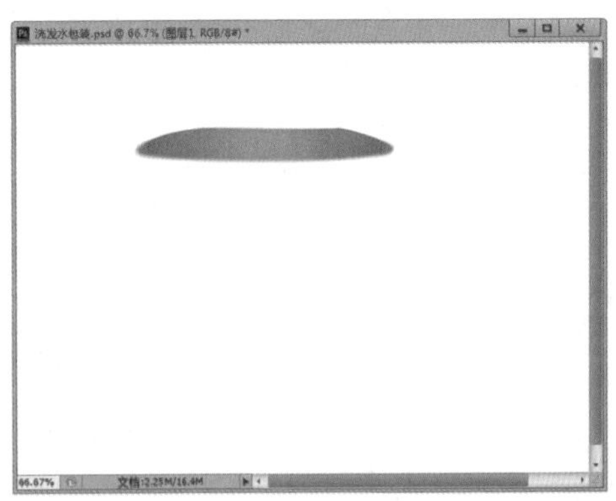

STEP 05： 绘制路径图形

1. 选择【图层】/【新建】/【图层】命令，新建一个“图层2”，然后将其拖拽到“图层1”的下方。
2. 使用钢笔工具，在图像中绘制一个如左图所示的路径。

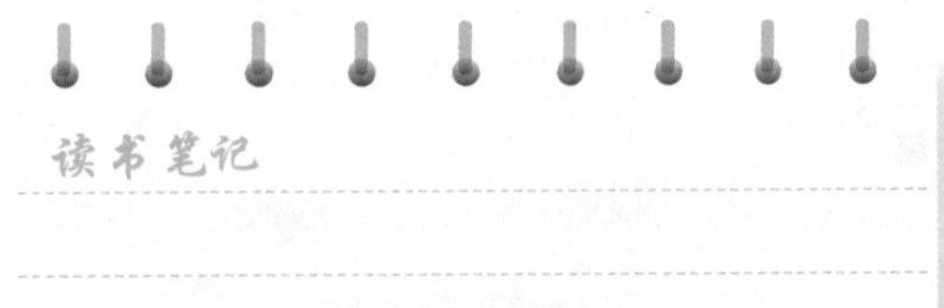

STEP 06： 填充路径图形

1. 设置“前景色”为橘黄色（R221,G169,B122），单击“路径”面板下方的“用前景色填充路径”按钮，对路径进行填充。
2. 配合使用加深工具和减淡工具，在“属性”栏中设置“画笔大小”为80像素，“曝光度”为20%，然后对图像边缘和中间图像进行涂抹，得到渐变效果。

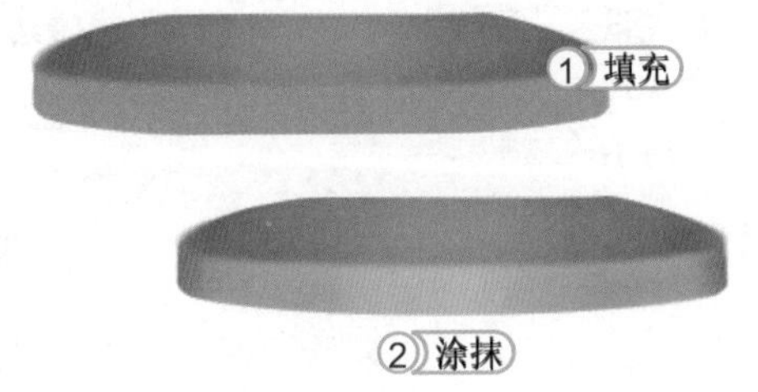

STEP 07：绘制瓶颈图形

1. 选择【图层】/【新建】/【图层】命令，新建一个“图层 3”，并将其拖拽到“图层 1”下方，使用钢笔工具在图像中绘制一个瓶颈路径。
2. 设置“前景色”为橘红色（R104,G56,B34），再单击“路径”面板下方的“用前景色填充路径”按钮，对路径进行填充。

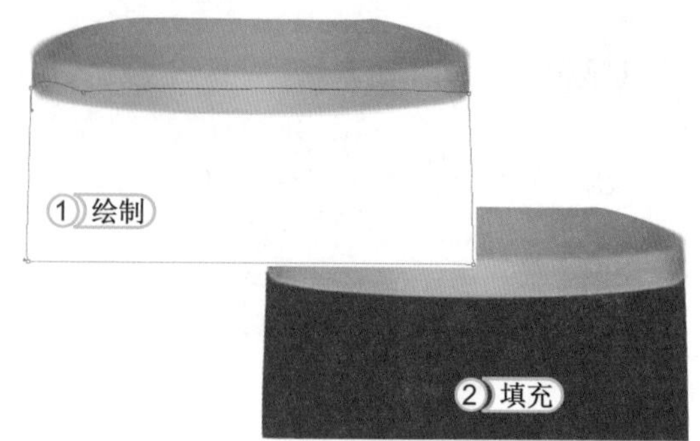

STEP 08：添加杂色

1. 选择【滤镜】/【杂色】/【添加杂色】命令，在打开的“添加杂色”对话框中设置“数量”为 5。
2. 选中 平均分布(U) 单选按钮，选中 单色(M) 复选框。
3. 单击 确定 按钮。

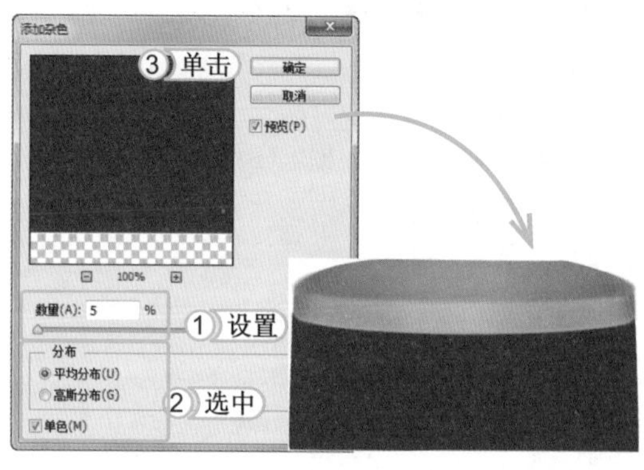

> **提个醒**
> 这里的“分布”栏用于设置杂色的分布方式，选中 平均分布(U) 单选按钮，会随机在图像中加入杂点，效果比较柔和。选中 高斯分布(G) 单选按钮，会沿曲线加入杂点，杂点较为强烈。

STEP 09：绘制瓶颈高光

1. 选择工具箱中的减淡工具，在“属性”栏中设置“画笔大小”为 125 像素，“曝光度”为 20%。
2. 对瓶颈图像的中间部位进行涂抹，绘制瓶颈的高光。

STEP 10：复制并处理图像

1. 选择工具箱中的椭圆选框工具，然后在图像中绘制一个椭圆形选区。
2. 按 Ctrl+J 组合键复制选区中的图像到新的“图层 4”，然后选择减淡工具，在“属性”栏中设置“画笔大小”为 60 像素，“曝光度”为 10%，对图像进行涂抹，将其处理成如左图所示的效果。

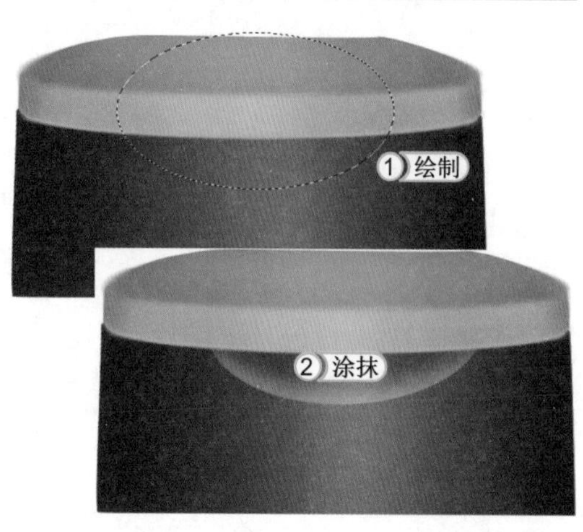

STEP 11：绘制瓶身图像

1. 选择【图层】/【新建】/【图层】命令，新建一个“图层 5”，将其拖拽到“图层 1”下方，然后使用钢笔工具，在图像中绘制一个如右图所示的路径。
2. 设置“前景色”为（R242,G206,B146），然后单击“路径”面板下方的“用前景色填充路径”按钮，对路径进行填充。

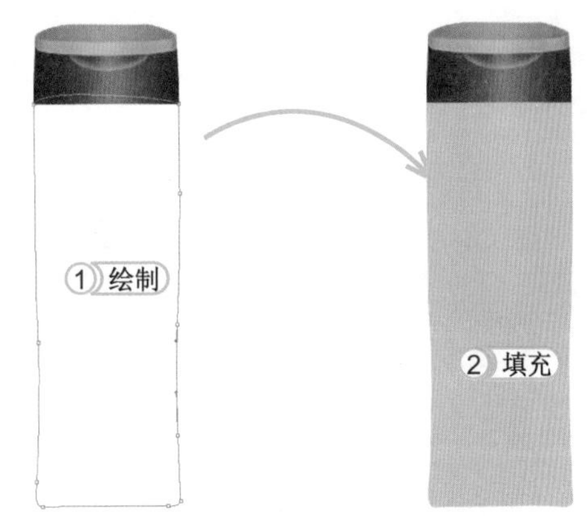

STEP 12：处理图像和路径

1. 选择工具箱中的加深工具，在“属性”栏中设置“画笔大小”为 100 像素，“曝光度”为 20%，然后在图像两侧边缘来回涂抹，使其效果如右图所示。
2. 在“路径”面板中选择“工作路径”图层，然后使用直接选择工具将路径调整成如右图所示的形状。

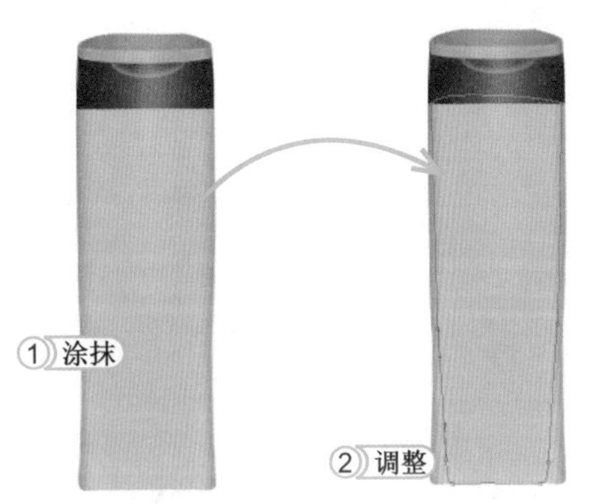

STEP 13：绘制瓶身造型

1. 单击“路径”面板下方的“将路径作为选区载入”按钮。
2. 新建一个“图层 6”，设置“前景色”为橘黄色（R242,G206,B146），用前景色填充选区，然后使用加深工具将其处理成如左图所示的效果。

STEP 14：绘制瓶贴

1. 新建一个图层，将其命名为“瓶贴”，然后将其拖拽到最上层。然后使用钢笔工具，在图像中绘制一个如左图所示的路径。
2. 设置前景色为淡黄色（R252,G227,B171），然后单击“路径”面板下方的“用前景色填充路径”按钮，对路径进行填充。

STEP 15： 绘制瓶底造型

1. 新建一个图层，将其命名为“瓶底”，然后使用钢笔工具，在图像中绘制一个如右图所示的路径。
2. 设置前景色为淡黄色（R255,G242,B209），然后单击“路径”面板下面的“用前景色填充路径”按钮，效果如右图所示。

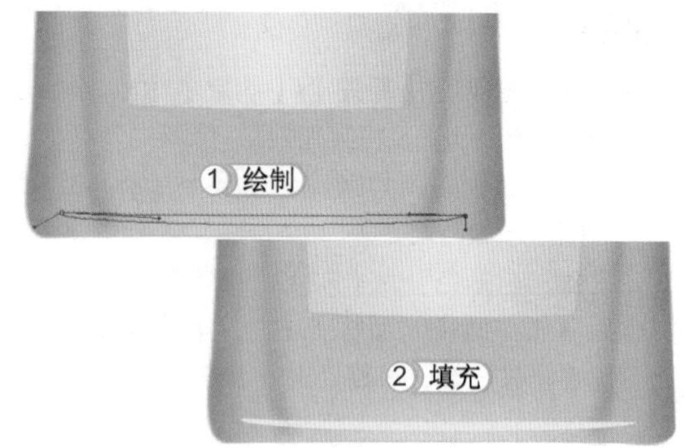

STEP 16： 处理瓶底效果

1. 使用多边形套索工具，将瓶底与瓶体内轮廓的重合部分勾选出来，然后按 Delete 键删除选区中的图像。
2. 使用加深工具、减淡工具和模糊工具，对图像进行涂抹处理。

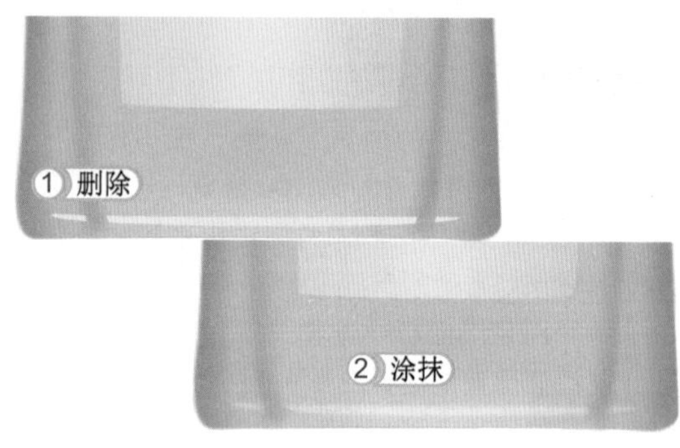

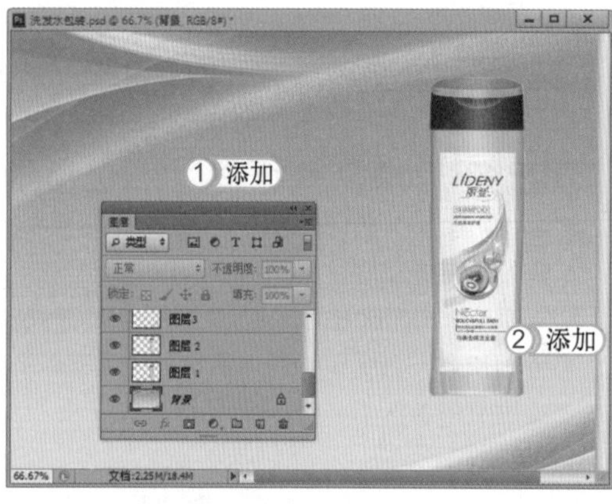

STEP 17： 添加背景和瓶贴图像

1. 打开素材图像“背景图像.psd”，然后使用移动工具将背景图像拖拽到当前绘制的图像中，并将其放在“背景”层上方，按 Ctrl+E 组合键将其与“背景”层进行合并。
2. 打开素材图像“瓶贴.psd”，然后使用移动工具将瓶贴拖拽到当前绘制的图像中，并将其移动到瓶身上。

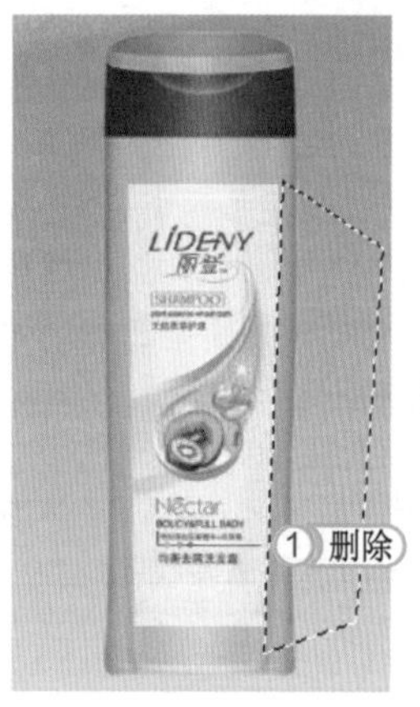

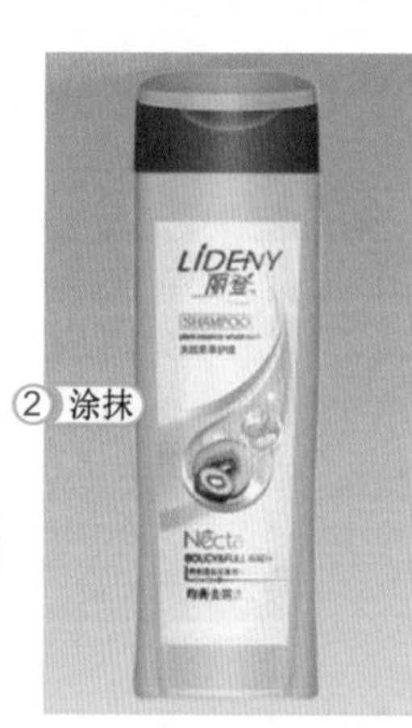

STEP 18： 编辑瓶贴图像

1. 使用多边形套索工具将瓶贴多余部分勾选出来，然后按 Delete 键删除选区中的图像。
2. 使用加深工具和减淡工具，对图像边缘进行涂抹处理。

读书笔记

STEP 19: 复制图像

1. 选择除“背景”图层以外的所有图层，然后按Ctrl+E组合键将可见图层合并为“图层1”。
2. 按两次Ctrl+J组合键，将“图层1”复制两次。使用移动工具移动各图层中的图像，使其效果如右图所示。

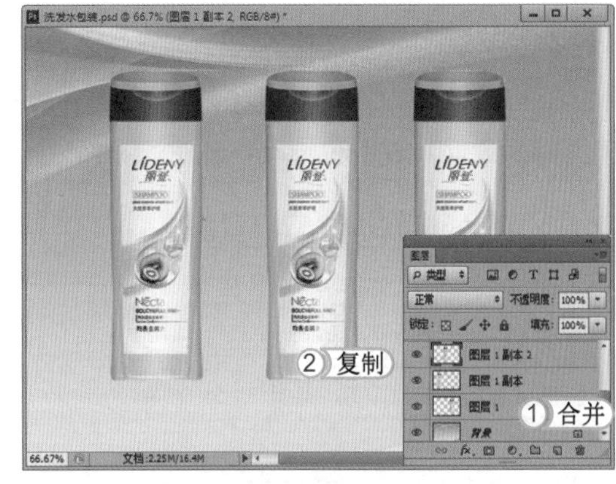

STEP 20: 调整各个图像的颜色

1. 选择“图层1副本”图层，然后选择【图像】/【调整】/【色相/饱和度】命令，在打开的“色相/饱和度”对话框中选中 ☑着色(O) 复选框，设置“色相”为360、“饱和度”为54，再单击 确定 按钮。
2. 选择“图层1副本2”图层，然后选择【图像】/【调整】/【色相/饱和度】命令，在打开的“色相/饱和度”对话框中选中 ☑着色(O) 复选框，设置“色相”为213、“饱和度”为74，再单击 确定 按钮。

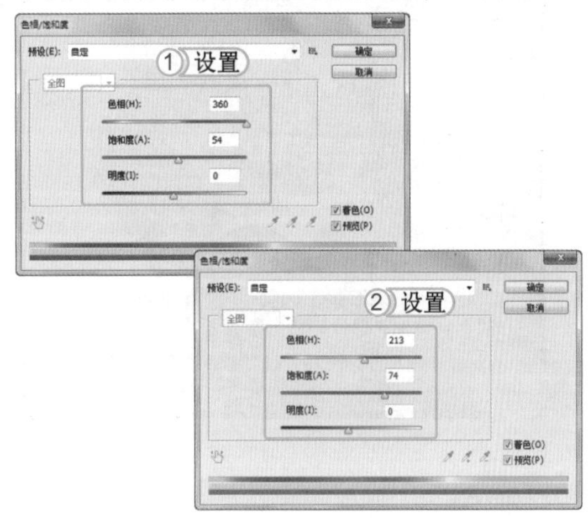

STEP 21: 绘制倒影

1. 隐藏“背景”图层，按Alt+Shift+Ctrl+E组合键盖印可见图层。
2. 选择【编辑】/【变换】/【垂直翻转】命令，将盖印图像进行垂直翻转，并将其拖拽到合适的位置。
3. 设置盖印图层的“不透明度”为80%，再显示“背景”图层。

STEP 22: 处理倒影

1. 选择工具箱中的橡皮擦工具，在“属性”栏中设置“画笔大小”为200，“不透明度”为40%。
2. 对洗发水瓶的倒影图像进行涂抹，完成本例的制作。

9.3 学习2小时：软质包装

除了前面介绍的包装外，常见的包装还包括软质包装，例如雪糕包装、调料袋包装等，下面将对软质包装的设计和制作进行讲解。

9.3.1 雪糕包装平面设计

本例将制作一款草莓雪糕的包装设计。由于产品是草莓雪糕，所以采用了红色与白色为包装袋的主要色调，并且红色占主要成分，在包装袋中设计了一颗新鲜的草莓图像飞溅到牛奶中，给人视觉冲击力。其最终效果如下图所示。

STEP 01：新建图像文件

1. 启动 Photoshop CS6，按 Ctrl+N 组合键打开"新建"对话框，在"名称"文本框中输入"雪糕包装"。
2. 设置"宽度"为20厘米，"高度"为15厘米，"分辨率"为150像素/英寸，并单击 确定 按钮。
3. 设置"前景色"为黑色，然后按 Alt+Delete 组合键将背景填充为黑色。

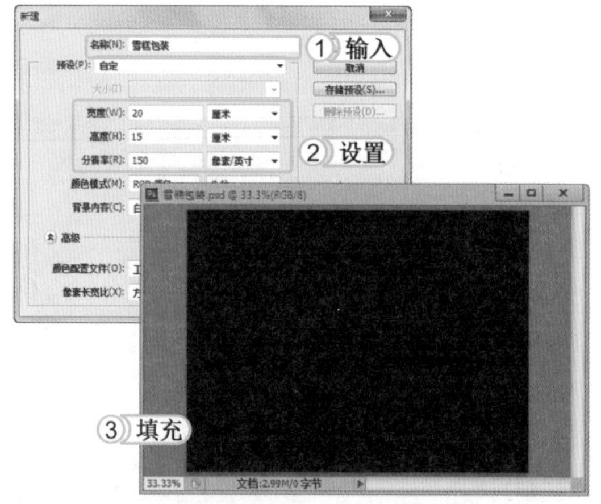

STEP 02：新建参考线

1. 选择【视图】/【新建参考线】命令，打开"新建参考线"对话框，在"取向"栏中选中 水平(H) 单选按钮，设置"位置"为4厘米，单击 确定 按钮。
2. 再次打开"新建参考线"对话框，设置参考线"位置"为11厘米，单击 确定 按钮，得到两条参考线。

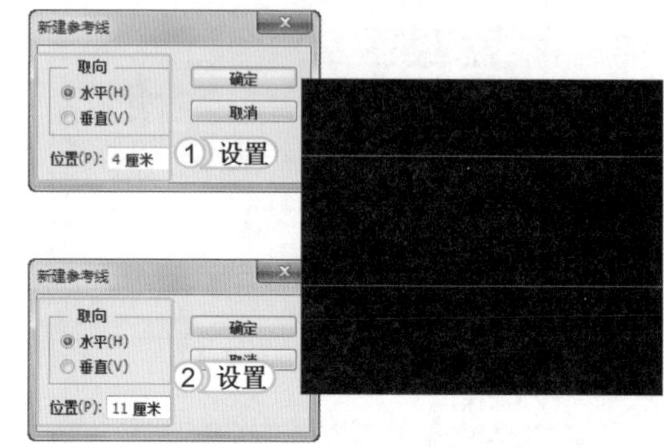

STEP 03： 绘制白色矩形

1. 选择【图层】/【新建】/【图层】命令，新建一个“图层 1”，然后选择工具箱中的矩形选框工具，在两条参考线之间绘制一个矩形选区。
2. 设置“前景色”为白色，按 Alt+Delete 组合键将背景填充为白色。

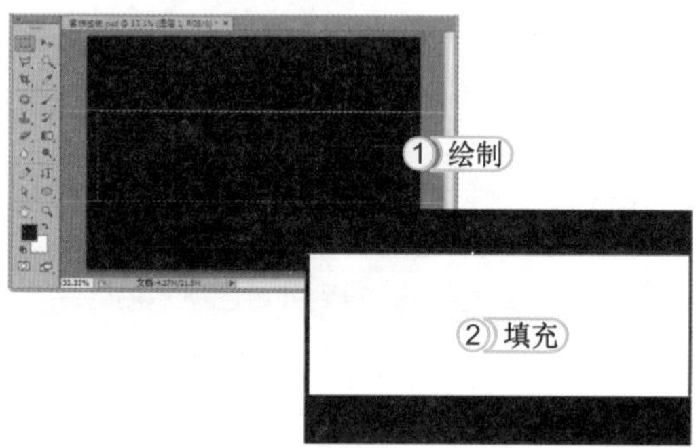

STEP 04： 绘制选区

1. 新建一个“图层 2”，选择钢笔工具，在白色图像中绘制一个右侧是圆弧的路径。
2. 单击“路径”面板下方的“将路径作为选区载入”按钮，将绘制的路径转换为选区。

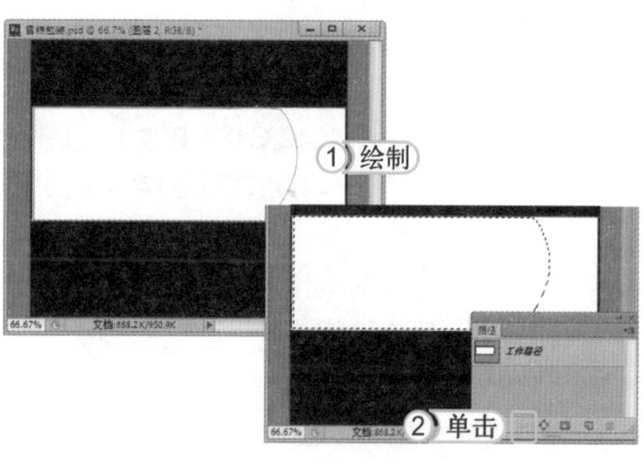

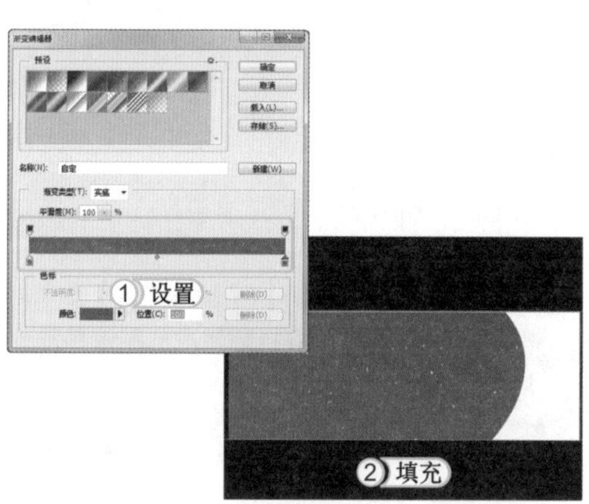

STEP 05： 渐变填充图像

1. 选择工具箱中的渐变工具，打开“渐变编辑器”对话框，设置“渐变颜色”从红色（R180,G53,B74）到紫红色（R171,G30,B82），单击确定按钮。
2. 在选区中从右向左拖动鼠标，为其应用线性渐变填充。

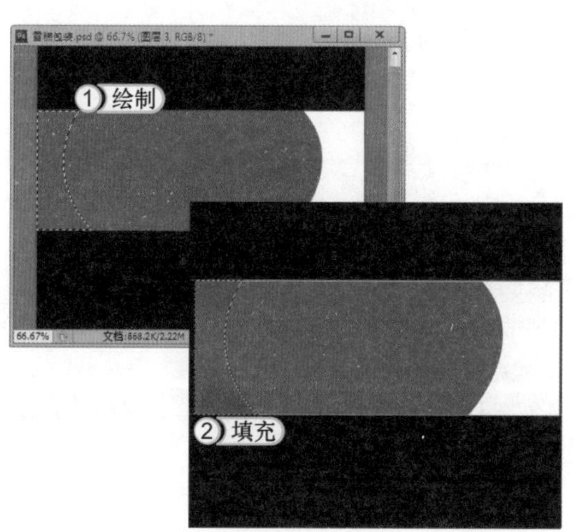

STEP 06： 绘制缺口图像

1. 新建一个“图层 3”，然后选择钢笔工具在图像左侧绘制一个缺口路径。并将路径转换为选区。
2. 选择工具箱中的渐变工具，打开“渐变编辑器”对话框，设置“渐变颜色”从红色（R200,G18,B97）到紫红色（R156,G24,B77），单击确定按钮，为选区应用径向渐变填充。

STEP 07：编辑图像

1. 新建一个“图层 4”，选择钢笔工具，在红色图像下方绘制如右图所示的路径。
2. 将路径转换为选区，设置“前景色”为橘黄色（R204,G98,B48），使用画笔工具在选区右下方进行涂抹，得到如右图所示的效果。

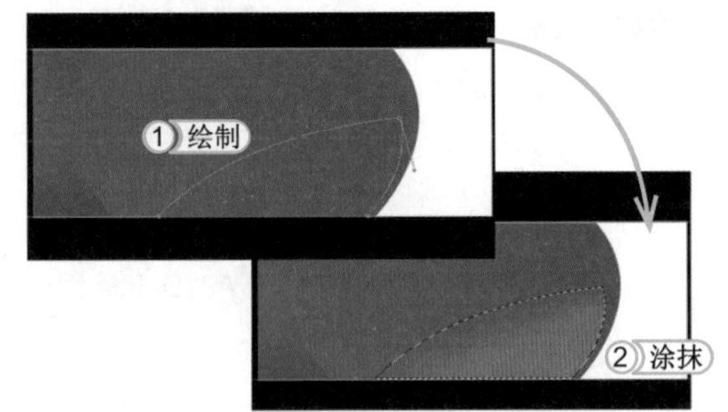

STEP 08：移动选区绘制图像

1. 选择椭圆选框工具，将选区向左移动，设置“前景色”为（R242,G166,B21），使用画笔工具在选区右下方进行涂抹，得到的涂抹效果如右图所示。
2. 按住 Ctrl 键选择除背景图层外的所有图层，按下 Ctrl+E 组合键合并图层，将该图层命名为“正面图”。

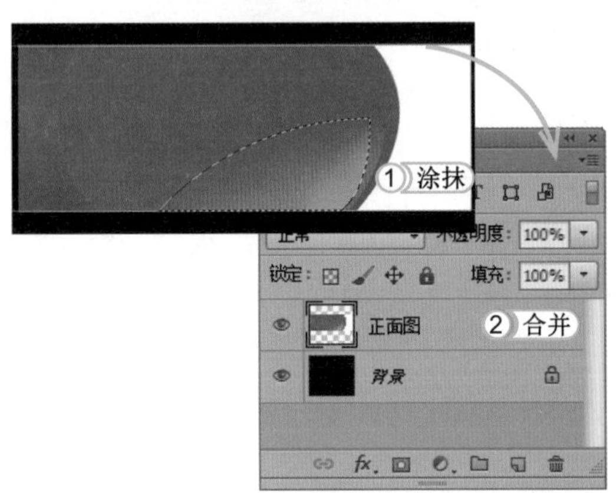

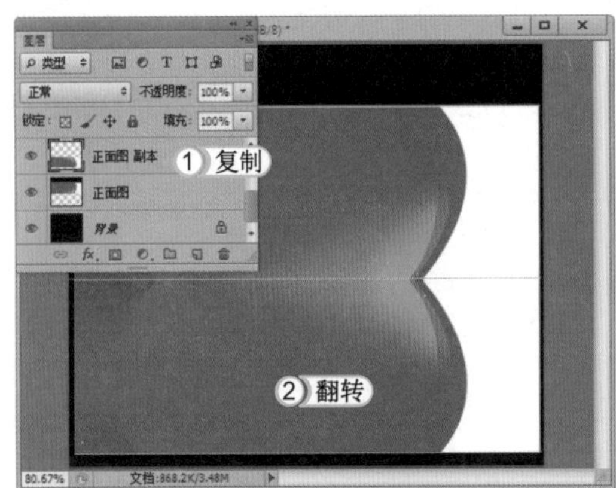

STEP 09：复制并翻转图像

1. 按 Ctrl+J 组合键复制正面图层，得到图层副本。
2. 选择【编辑】/【变换】/【垂直翻转】命令，然后使用移动工具将翻转后的图像移动到原图像下方。

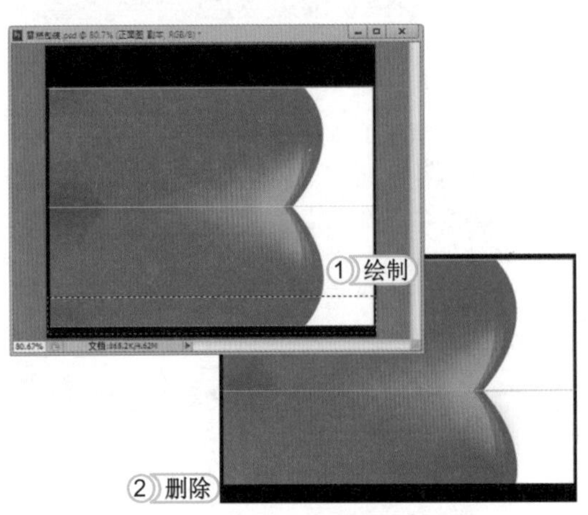

STEP 10：删除图像

1. 选择工具箱中的矩形选框工具，在画面下方绘制一个矩形选区。
2. 按 Delete 键删除选区中的图像，得到删除后的效果。

STEP 11：绘制渐变图像

1. 新建一个图层，选择矩形选框工具，在画面上方绘制一个矩形，填充为白色。
2. 选择钢笔工具，在白色矩形中绘制一个右侧弧形的图像，然后将其转换为选区，再进行渐变填充，设置"颜色"从红色（R180,G53,B74）到紫红色（R171,G30,B82）。

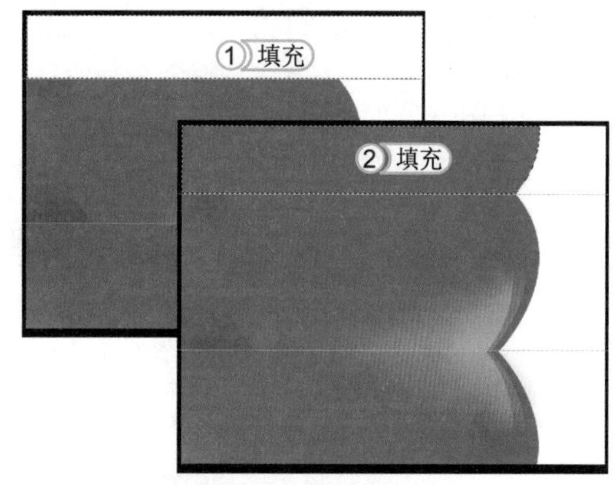

STEP 12：绘制弧形图像

1. 选择钢笔工具，在顶部图像左侧再绘制一个右侧弯曲的图像。然后按 Ctrl+Enter 组合键将路径转换为选区。
2. 使用渐变工具，从上到下为选区应用线性渐变填充，设置颜色从红色（R180,G53,B74）到紫红色（R171,G30,B82）。

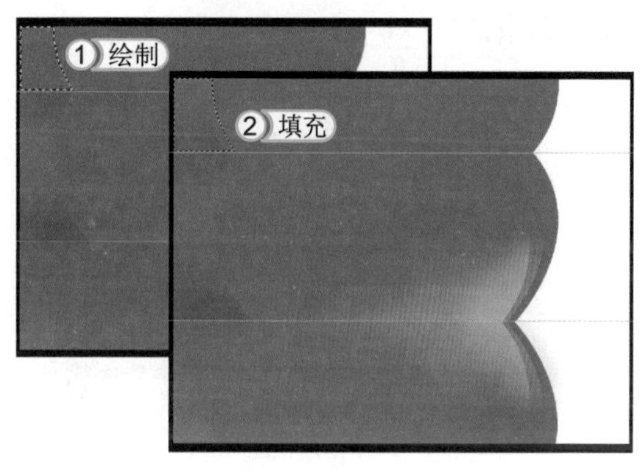

STEP 13：添加素材图像

1. 打开素材图像"牛奶.psd"，使用移动工具将图像拖拽到当前编辑的图像中。
2. 按 Ctrl+T 组合键，对素材图像的大小进行适当调整，并将其放到正面图像左侧。

STEP 14：添加图像投影

1. 选择【图层】/【图层样式】/【投影】命令，打开"图层样式"对话框，设置"投影颜色"为黑色、"角度"为 105、"距离"为 15、"大小"为 9。
2. 单击 确定 按钮，得到的图像投影效果如左图所示。

STEP 15：添加草莓图像

1. 打开素材图像“单个草莓.psd”，使用移动工具将草莓拖拽到当前编辑的图像中，适当调整图像大小，放到牛奶图像中。
2. 打开素材图像“多个草莓.psd”，使用移动工具将图像拖拽到当前编辑的图像中。适当调整图像大小，参照如右图所示的方式进行排列。

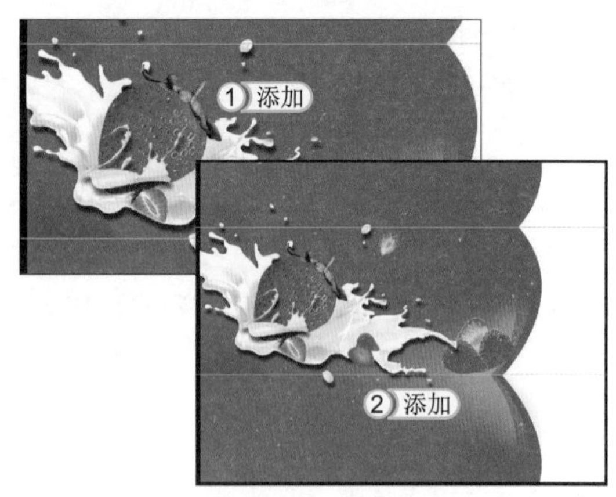

STEP 16：添加雪糕图像

打开素材图像“雪糕.psd”，使用移动工具将图像拖拽到当前编辑的图像中。适当调整图像大小，放到画面右侧。

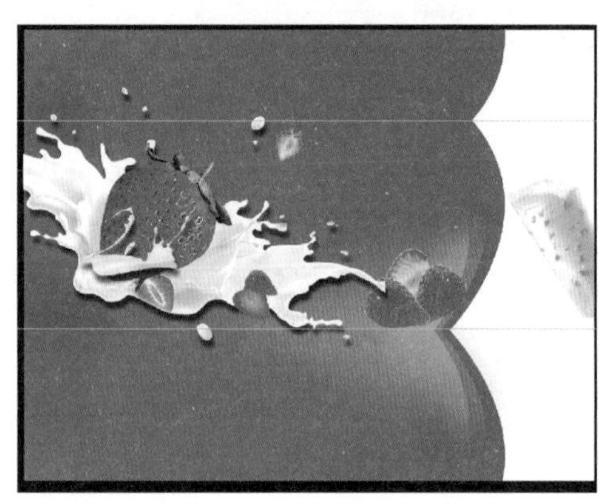

284
72 Hours

提个醒 对图像大小的调整，一定要和画面相协调为准，这样才能得到更加漂亮的图像效果。

STEP 17：输入文字

1. 在工具箱中选择横排文字工具。
2. 在“属性”栏中设置“字体”为Swis721 BlkCn BT、“字号”为60点、“颜色”为黑色。
3. 输入英文字“Strawberry milk”。

STEP 18：制作透视文字

1. 选择【文字】/【栅格化文字图层】命令，将文字图层转换为普通图层。
2. 选择【编辑】/【变换】/【透视】命令，然后适当调整文字变换框右侧的节点，得到文字的透视效果如左图所示。

STEP 19： 添加描边效果

1. 选择【图层】/【图层样式】/【描边】命令，打开“图层样式”对话框，在“填充类型”栏中设置“颜色”为白色。
2. 在“结构”栏中设置“大小”为6，其他设置如右图所示。

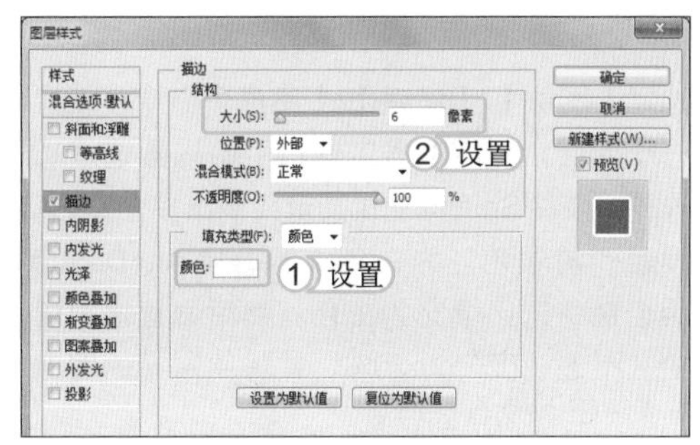

STEP 20： 添加渐变效果

1. 在“图层样式”对话框中选择“渐变叠加”选项。
2. 单击对话框右侧的渐变色条。
3. 在打开的“渐变编辑器”对话框中设置“渐变颜色”为深浅不一的红色，然后单击 确定 按钮。
4. 返回“图层样式”对话框中设置“样式”为线性、“角度”为-90。

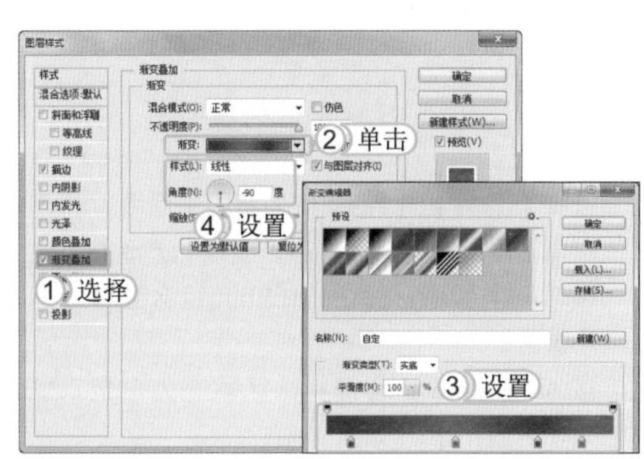

STEP 21： 添加投影效果

1. 在“图层样式”对话框中选择“投影”选项。
2. 设置“投影颜色”为黑色、“角度”为105、“距离”为7、“大小”为13。
3. 单击 确定 按钮，得到添加图层样式后的文字效果。

STEP 22： 输入并复制文字

1. 选择横排文字工具，在添加图层样式的文字下方再输入文字。然后在“属性”栏中设置合适的字体和大小，并参照如左图所示的方式进行排列。
2. 选择移动工具，然后选择刚创建的文字图层，再按住Alt键移动并复制文字，并将复制的文字向下移动，放到展开图的下方。

STEP 23：绘制透明图像

1. 选择【图层】/【新建】/【图层】命令，新建一个图层，然后选择工具箱中的椭圆选框工具，按住 Shift 键通过加选绘制出多个选区。
2. 设置“前景色”为白色，然后按 Alt+Delete 组合键将选区填充为白色。然后设置该图层的“不透明度”为 20%，并将绘制好的图像放到如右图所示的位置。

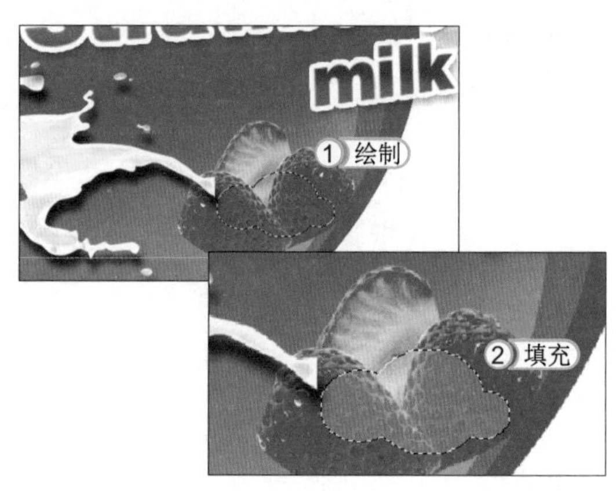

STEP 24：缩小选区并填充

1. 选择【图层】/【新建】/【图层】命令，新建一个图层，保持选区状态，选择【选择】/【变换选区】命令，按住 Alt+Shift 组合键中心缩小选区。
2. 按 Alt+Delete 组合键将选区填充为白色，效果如右图所示。

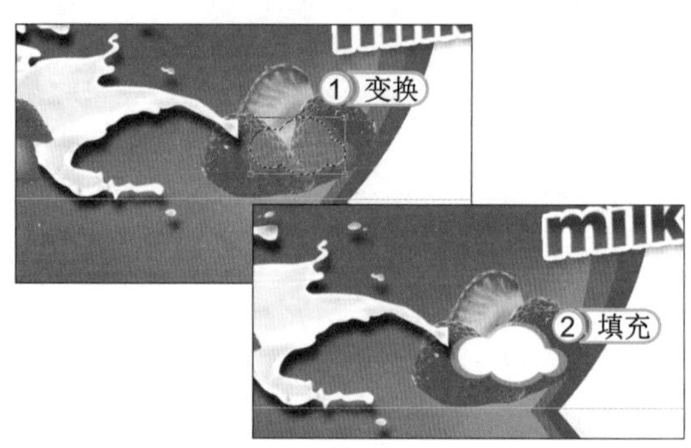

STEP 25：输入文字

1. 在工具箱中选择横排文字工具，输入“净含量：”文字，设置“字体”为方正水柱简体、“字号”为 9。
2. 输入“72”文字，设置“字体”为 Broadway、“字号”为 15。
3. 在“72”文字后面继续输入“g”，设置“字体”为 Cooper Std、“字号”为 9。

STEP 26：添加并复制素材

1. 打开素材图像“条形码.psd”，使用移动工具将图像拖拽到当前编辑的图像中，适当调整图像大小，放到包装展开图的左上方。
2. 打开素材图像“S.psd”，使用移动工具将图像拖拽到当前编辑的图像中，适当调整图像大小，放在条形码的左侧。
3. 复制“S”对象，适当调整大小，放到展开图的右方。

STEP 27：输入产品说明文字

1. 新建一个图层，选择矩形选框工具▢，在包装展开图顶部绘制一个矩形选区，填充为白色，设置该图层"不透明度"为 75%，得到矩形透明效果。
2. 在工具箱中选择横排文字工具T，在透明矩形中输入产品说明文字。在"属性"栏中设置"字体"为黑体，"颜色"为黑色，"大小"为 8 点。
3. 在工具箱中选择横排文字工具T，输入产品文字，中文字的"字体"为幼圆、"字号"为 15，英文字的"字体"为 CommercialScript BT、"字号"为 8。

STEP 28：复制并翻转图像

1. 选择牛奶和草莓图像，复制该对象，放到展开图右下方。然后按 Ctrl+T 组合键适当调整图像大小。
2. 选择【编辑】/【变换】/【水平翻转】命令，得到翻转后的图像。

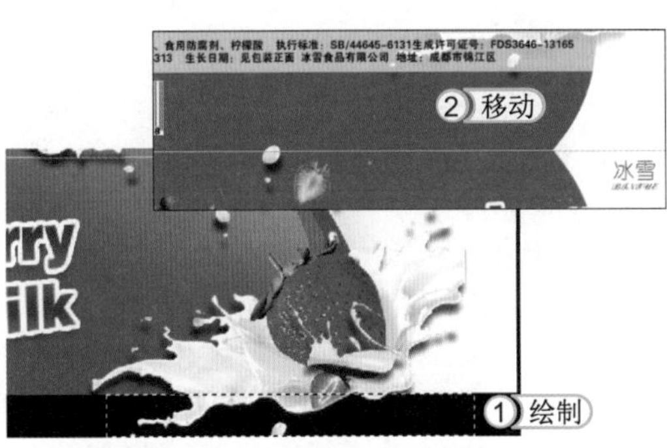

STEP 29：复制和剪切图像

1. 选择矩形选框工具▢，在复制的牛奶图像底部绘制一个矩形选区，框选超出展开图的部分图像。
2. 按 Ctrl+Shift+J 组合键剪切图层。将剪切后的图像移动到展开图右上方，调整图层到白色矩形下方。

STEP 30：复制产品文字

选择工具箱中的移动工具，然后选择展开图像右侧的产品文字图层，按住 Alt 键移动复制文字，放到展开图右下方。再双击缩放工具，显示全部图像，效果如左图所示。

9.3.2 雪糕包装立体设计

前面介绍了雪糕包装平面效果的设计制作，本节将继续介绍雪糕包装立体效果的制作。其最终的效果如下图所示。

STEP 01：选择图像

1. 打开前面绘制的雪糕包装平面图，按住 Ctrl 键选择除背景图层外的所有图层，按 Ctrl+E 组合键合并图层，并命名为“图层 1”。
2. 选择矩形选框工具，在图像中两条参考线之间框选正面图像。

STEP 02：复制图像

1. 新建一个空白图像文件，设置“宽度”为 21 厘米，“高度”为 17 厘米，“分辨率”为 150 像素 / 英寸。
2. 将图像背景填充为黑色，然后使用移动工具将框选的图像拖拽到新建的图像中。

STEP 03：绘制白色边缘图像

1. 单击“图层”面板下方的“创建新图层”按钮，新建一个“图层 2”，然后在“图层”面板中将“图层 2”移动到“图层 1”的下方。
2. 选择钢笔工具，在图像右侧绘制一个路径，按 Ctrl+Enter 组合键将路径转换为选区，并将选区填充为白色。

STEP 04： 绘制红色边缘图像

1. 单击“图层”面板下方的“创建新图层”按钮，新建一个“图层 3”，然后将“图层 3”移动到“图层 1”的下方。
2. 选择钢笔工具，在图像右侧绘制一个路径，按 Ctrl+Enter 组合键将路径转换为选区，并将选区填充为红色（R166,G22,B83）。

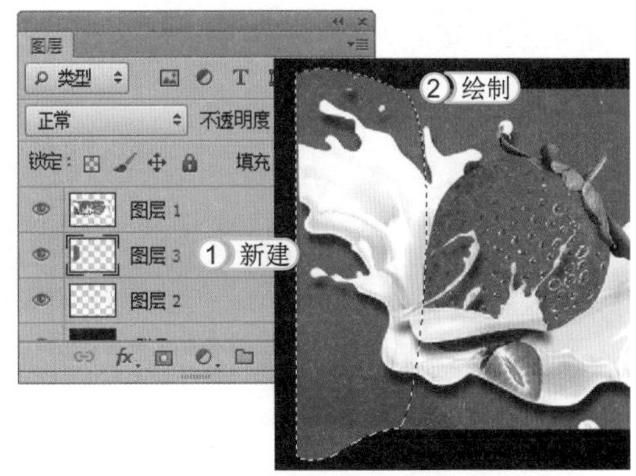

STEP 05： 绘制高光图像

1. 单击“图层”面板下方的“创建新图层”按钮，新建一个“图层 4”，选择钢笔工具，在包装图上方绘制一个高光路径。
2. 按 Ctrl+Enter 组合键将路径转换为选区，然后设置“前景色”为白色，选择画笔工具，在“属性”栏中设置“不透明度”为 35%，对选区顶部进行涂抹，得到高光图像。

STEP 06： 绘制阴影图像

1. 单击“图层”面板下方的“创建新图层”按钮，新建一个“图层 5”，选择钢笔工具，在包装袋下方绘制一个阴影路径。
2. 按 Ctrl+Enter 组合键将路径转换为选区，然后在选区中单击鼠标右键，在弹出的快捷菜单中选择“羽化”命令，在打开的“羽化选区”对话框中设置“羽化半径”为 20，并单击 确定 按钮。
3. 选择工具箱中的加深工具，在“属性”栏中设置“范围”为高光，“曝光度”为 20%，然后使用加深工具在选区中进行涂抹，得到阴影图像效果。

STEP 07： 绘制矩形压印图像

1. 新建一个“图层 6”，使用矩形选框工具，在包装袋左侧绘制一个细长的矩形选区。
2. 设置“前景色”为深红色（R77,G6,B36），然后按 Alt+Delete 组合键填充选区。

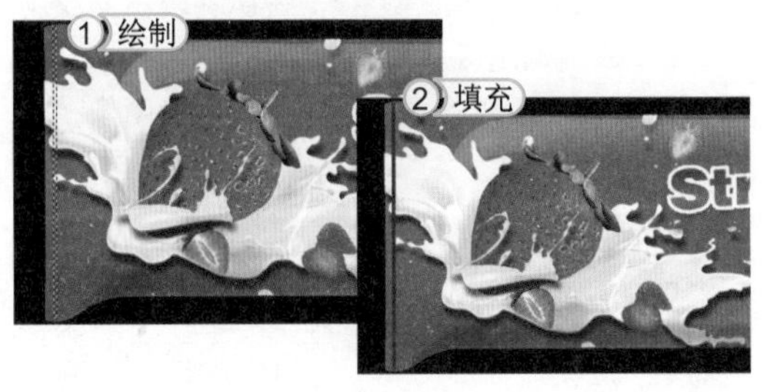

STEP 08：添加浮雕效果

1. 选择【图层】/【图层样式】/【斜面和浮雕】命令，打开“图层样式”对话框，设置“样式”为枕状浮雕，“深度”为100，“大小”为1，“软化”为2，然后单击 确定 按钮。
2. 设置该图层的“填充”为20%，得到的图像浮雕效果如右图所示。

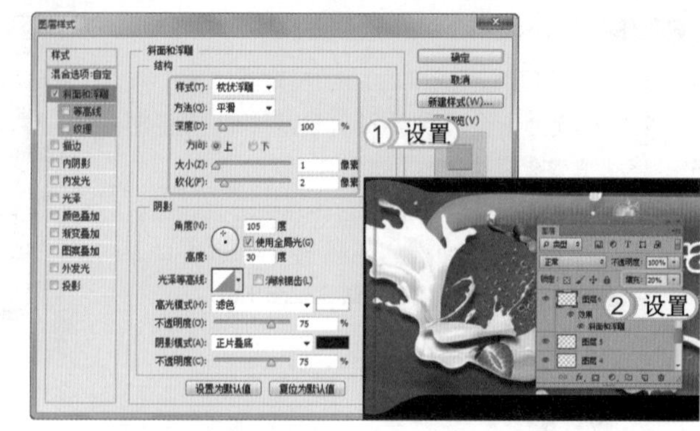

STEP 09：复制压印图像

1. 按两次Ctrl+J组合键，复制两个压印图像。
2. 选择移动工具，适当向右移动复制的图像，参考如右图所示的方向进行排列，得到包装袋边缘的压印效果。

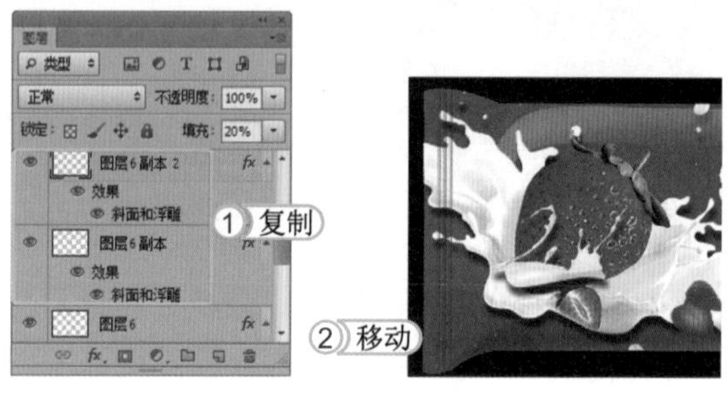

STEP 10：绘制右方压印图像

1. 新建一个图层，在包装袋右侧绘制一个细长的矩形选区，填充为粉红色（R235,G216,B224）。
2. 选择【图层】/【图层样式】/【斜面和浮雕】命令，打开“图层样式”对话框，选择“斜面和浮雕”选项，设置“样式”为枕状浮雕、“深度”为100%、“大小”为1，“软化”为2，然后单击 确定 按钮。再设置该图层的“填充”为20%，得到图像浮雕效果。

STEP 11：制作锯齿图像

1. 复制两次浮雕图像，适当向左侧移动，参照如左图所示的方式进行排列。
2. 在“图层”面板中按住Ctrl键选择除背景图层外的图层，按下Ctrl+E组合键合并。然后选择多边形套索工具，在包装袋左侧绘制多个三角形选区。
3. 按Delete键删除图像，制作出锯齿图像，如左图所示。

STEP 12： 制作右方的锯齿图像

1. 选择多边形套索工具，在包装袋右侧边缘处也绘制相同的三角形选区。
2. 按 Delete 键删除图像，制作出右方的锯齿图像，如右图所示。

STEP 13： 复制并翻转图像

1. 按 Ctrl+J 组合键复制刚制作好的包装袋立体效果图。
2. 选择【编辑】/【变换】/【垂直翻转】命令，将图像进行翻转，然后选择移动工具将复制的图像向下移动。

STEP 14： 添加图层蒙版

1. 单击“图层”面板底部的“添加图层蒙版”按钮，为当前图层添加一个图层蒙版。
2. 选择工具箱中的渐变工具，然后对图像从上到下应用线性渐变填充，设置“颜色”从黑色到白色，得到倒影效果。
3. 在“图层”面板中设置“不透明度”为36%，得到更加真实的倒影效果，完成本例的制作。

9.4 练习 1 小时

本章主要介绍了包装设计的一些方法和技巧，用户需要熟练掌握这些知识。下面通过制作方便面包装和红酒外盒包装来进一步巩固这些知识。

1. 制作方便面包装

本例将制作方便面包装效果，先新建一个 50 厘米 ×35 厘米的空白图像，再通过绘制和添加图像制作出方便面包装的盒体，然后输入文字内容，最后绘制阴影图像，放在包装盒的下方。

光盘文件
素材 \ 第 9 章 \ 方便面包装
效果 \ 第 9 章 \ 方便面包装 .psd
实例演示 \ 第 9 章 \ 制作方便面包装

2. 制作红酒外盒包装

本例将制作一个红酒外盒包装，先新建一个空白图像，然后添加三条水平参考线，设置参考线的“垂直位置”分别为 0 英寸、20 英寸和 40 英寸。然后绘制包装图案，并导入酒瓶和花纹素材图像。再对图像进行复制，对图像添加图层样式，输入文字内容，最后通过变换操作制作包装盒的透视效果。

光盘文件

素材\第 9 章\红酒外盒包装

效果\第 9 章\红酒外盒包装.psd

实例演示\第 9 章\制作红酒外盒包装

读书笔记

第10章 专业画册与装帧设计

学习 8小时

在 Photoshop CS6 中，还可以对图像的版面布局进行设计，使图像效果表现得更加整洁，内容一目了然，主要包括画册、菜谱、书籍、相册等的设计。在设计过程中，用户应根据不同图像所体现的效果，合理搭配文字、图片、颜色，并为图片保留一定的空间，使布局美观、大方。

- 画册和菜谱设计
- 书籍封面设计
- 书籍内页设计
- 相册排版设计

上机 1小时

10.1 学习2小时：画册和菜谱设计

画册和菜谱设计是将流畅的线条、和谐的图片与优美的文字组合成一本富有创意、具有观赏性的精美册子，主要用来宣传产品与品牌形象。画册的内容相对较多、可读性强；而菜谱内容相对较少，主要呈现出菜品，在设计中应该更注重实用性。下面将对画册和菜谱的制作方法进行介绍。

10.1.1 房地产画册设计

本例将制作一家房地产画册的封面和封底，这类画册针对性很强，主要针对一些需要购房的客户，所以在设计时除了满足客户的需求外，还应该注重突出楼盘特点。其最终效果如下图所示。

STEP 01：新建图像文件

1. 启动 Photoshop CS6，按 Ctrl+N 组合键打开"新建"对话框，在"名称"文本框中输入"房地产画册"。
2. 设置"宽度"为 20 厘米，"高度"为 8 厘米，"分辨率"为 200 像素 / 英寸。
3. 单击 确定 按钮。

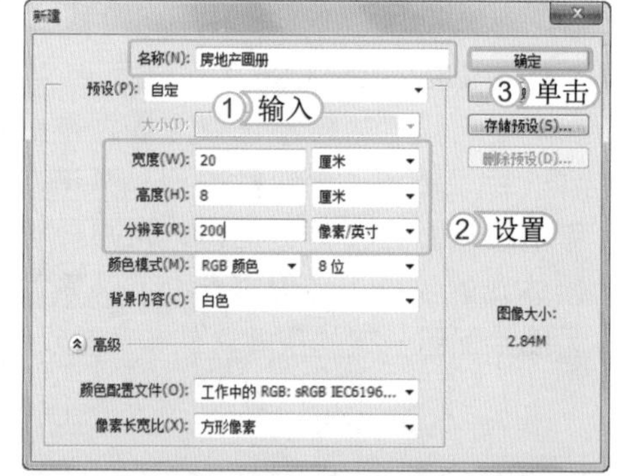

STEP 02：绘制矩形选区

1. 单击"图层"面板下方的"创建新图层"按钮，新建"图层 1"。
2. 选择矩形选框工具。
3. 在画面右侧绘制一个矩形选区，作为画册的正面。

STEP 03： 设置渐变颜色

1. 在工具箱中选择渐变工具。
2. 在“属性”栏中单击按钮，在打开的“渐变编辑器”对话框中设置“渐变颜色”从淡蓝色（R162,G201,B235）到白色（R255,G255,B255）。
3. 单击 确定 按钮。

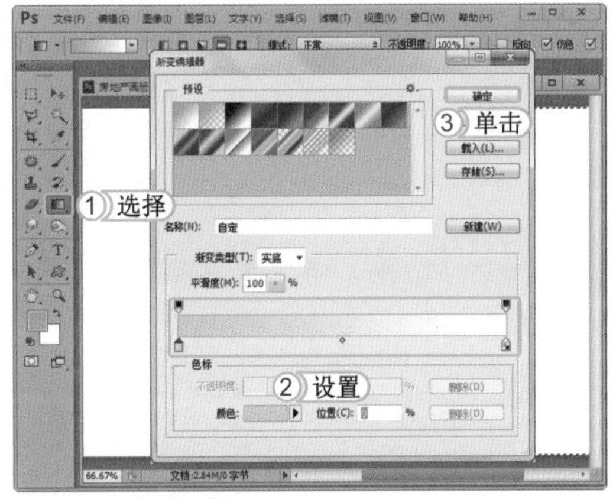

STEP 04： 填充渐变

1. 在图像上方单击鼠标，指定渐变填充的起点。
2. 向下拖动并单击鼠标，指定渐变填充的终点，完成对图像的渐变填充。

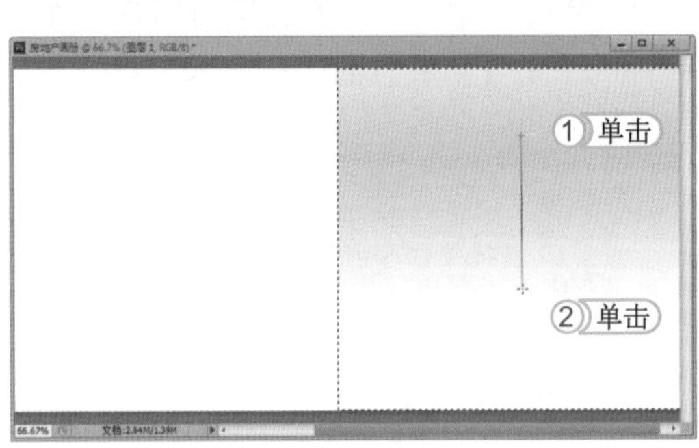

提个醒 选择渐变工具后，在按住 Alt 键的同时，将鼠标光标移动至当前图像中。此时，指针将变为吸管形状，单击鼠标可选择图像中的颜色作为当前渐变颜色。

STEP 05： 添加素材图像

打开素材图像“楼盘.psd”，使用移动工具将其拖拽到封面图像中，此时“图层”面板中将会自动生成“图层 2”。

STEP 06： 绘制矩形并填充为灰色

1. 单击“图层”面板下方的“创建新图层”按钮，新建“图层 3”。
2. 设置“前景色”为灰色（R190,G190,B190）。
3. 选择矩形选框工具，在画面左侧绘制一个矩形选区。
4. 按 Alt+Delete 组合键，使用前景色填充选区。

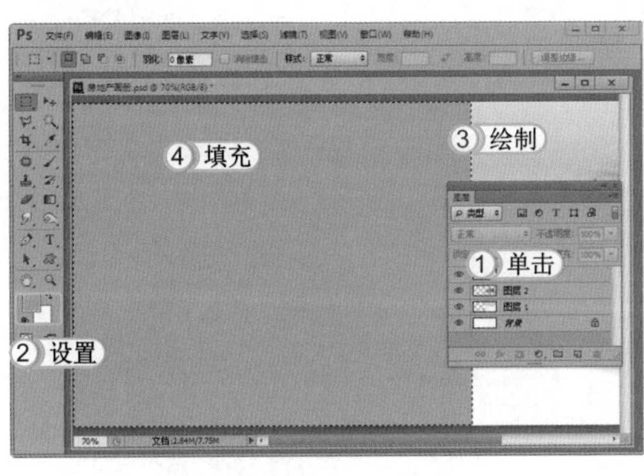

STEP 07：添加素材图像

打开素材图像“景色.jpg”，使用移动工具将其拖拽到当前编辑的封底图像中，并适当调整图像的大小和位置。

STEP 08：应用“去色”命令

选择【图像】/【调整】/【去色】命令，将图像转换为灰色效果。

> **提个醒**
> 直接按住 Shift+Ctrl+U 组合键，也可将当前彩色图像转换为灰色图像效果。

STEP 09：设置图层的混合模式

在“图层”面板中设置“图层 4”的图层“混合模式”为线性减淡（添加），设置“不透明度”为 70%。

STEP 10：创建文字

1. 在工具箱中选择横排文字工具。
2. 在“属性”栏中将“字体”设置为方正综艺简体，“字号”为 20 点。
3. 在封面中输入文字“蓝光地产”。
4. 继续输入文字“LANGUANGDICHAN”，并设置字体和字号。

STEP 11： 创建选区

1. 单击“图层”面板下方的“创建新图层”按钮，新建“图层5”。
2. 选择椭圆选框工具，在文字左侧绘制一个椭圆选区。
3. 按住Alt键继续绘制椭圆选区，减去选区。

STEP 12： 填充图像

1. 按D键，将“前景色”设置为黑色。
2. 按Alt+Delete组合键，使用前景色对选区进行填充。
3. 按Ctrl+T组合键，适当缩小图像，然后旋转图像，放到文字左侧。

STEP 13： 绘制艺术字

1. 将“前景色”设置为蓝色（R0,G91,B172）。
2. 选择多边形套索工具。
3. 绘制一个艺术字“F”选区，然后按Alt+Delete组合键，使用前景色对艺术字选区进行填充。

STEP 14： 输入广告语

1. 选择横排文字工具。
2. 在封底图像中输入广告语“绿色家居 健康生活”。
3. 在“属性”栏中设置“字体”为方正古隶简体、“字号”为12点、“颜色”为橘红色（R237,G108,B0）。

62 Hours
52 Hours
42 Hours
32 Hours
22 Hours
12 Hours

STEP 15：输入公司名称

1. 复制绘制的 LOGO 图像，放在广告语中，并适当调整其大小。
2. 选择横排文字工具T。
3. 在封底图像中输入公司名称“江洲蓝光地产有限公司”。
4. 在“属性”栏中设置“字体”为方正综艺简体、“字号”为 12 点、“文字颜色”为黑色，完成本实例的制作。

10.1.2 旅游图册内页设计

旅游类图册注重宣传效力，图片较多且具有代表性，色彩艳丽、主题突出，通常文字与图像相互对应，以进行补充说明。本例将介绍旅游图册内页的方法。其最终效果如下图所示。

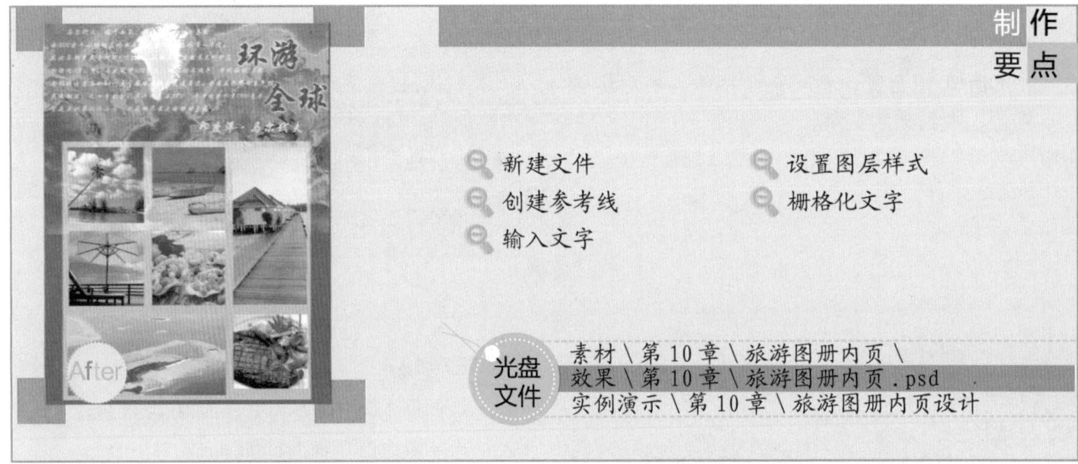

STEP 01：新建文件

1. 启动 Photoshop CS6，按 Ctrl+N 组合键打开“新建”对话框，在“名称”文本框中输入“旅游图册内页”。
2. 设置“宽度”为 14 厘米，“高度”为 19 厘米，“分辨率”为 300 像素 / 英寸。
3. 单击 确定 按钮。

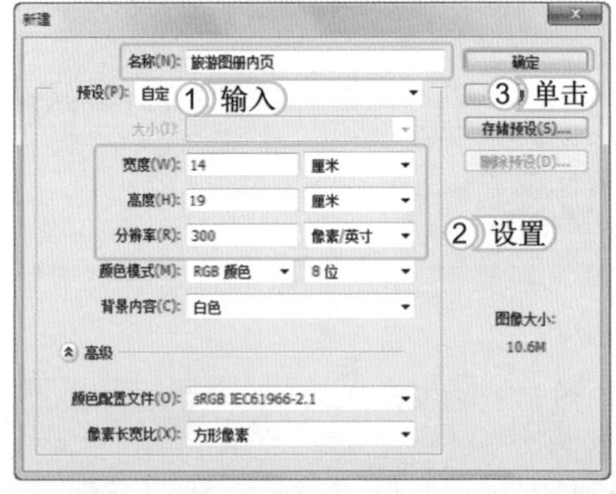

STEP 02：填充背景

1. 设置“前景色”为蓝色（R8,G103,B167）。
2. 按 Ctrl+Delete 组合键使用前景色填充背景图层。

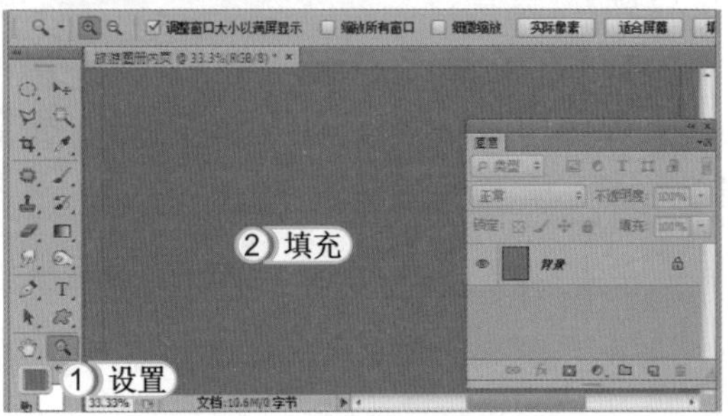

STEP 03：添加背景图像

1. 打开素材图像“地图.jpg”，将其拖拽至“旅游图册内页”图像窗口，此时将生成“图层1”。
2. 按Ctrl+R组合键显示标尺，从上边和左边向图像中拖出参考线，在图像中创建9个等大的方格。

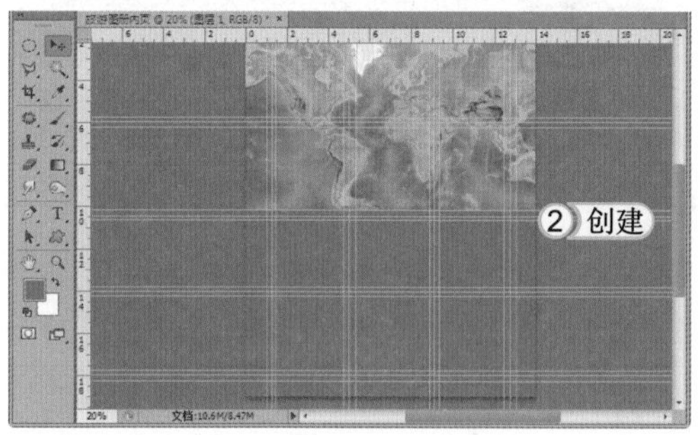

STEP 04：绘制白底

1. 设置“前景色”为白色。选择矩形选框工具，在图像中创建矩形选区。
2. 单击“图层”面板下方的“创建新图层”按钮，新建“图层2”。
3. 按Alt+Delete组合键使用前景色填充选区。

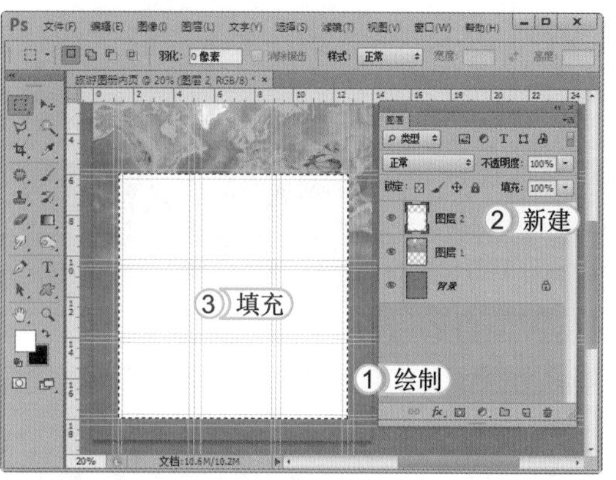

STEP 05：添加图像

按Ctrl+D组合键取消选区。打开素材图像“鸟瞰图.jpg”，将其拖拽至当前图像窗口中，按Ctrl+T组合键，调整至合适大小和位置。

STEP 06：添加并调整其他图像

打开其他素材图像，并拖拽至“旅游图册内页”图像窗口中，调整至合适的大小和位置。

STEP 07：输入文字

1. 选择【视图】/【清除参考线】命令，清除创建的参考线。选择横排文字工具T。
2. 在图像右上方输入文字“环游全球”。
3. 在“属性”栏中设置“字体”为华文行楷、“字号”为50点、“颜色”为蓝色(R0,G50,B240)。

STEP 08：设置外发光效果

1. 选择【图层】/【图层样式】/【外发光】命令，打开“图层样式”对话框。设置“扩展”为10、“大小”为20。
2. 单击 确定 按钮。

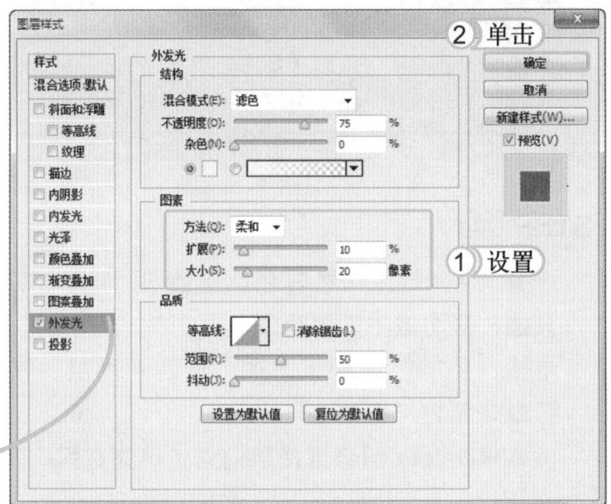

STEP 09：输入并栅格化文字

1. 选择横排文字工具T，继续输入其他文字，设置“字体”为华文行楷。其中“印度洋•马尔代夫”的“字号”为25点，“颜色”为黄色(R255,G255,B0)，正文说明文字的“字号”为12点，“颜色”为白色。
2. 在“图层”面板中选择各个文字图层，然后选择【图层】/【栅格化】/【文字】命令，将文字图层栅格化处理。

STEP 10：设置图层不透明度

1. 在“图层”面板中选择“图层2”。
2. 设置图层的“不透明度”为70%，完成本实例的制作。

10.1.3 菜谱封面设计

菜谱在餐厅经营中起着很重要的作用，有人甚至把酒店经营管理的成功归结为菜谱设计的好坏，由此可见菜谱的作用之大。本例将介绍绘制菜谱封面的方法。其最终效果如下图所示。

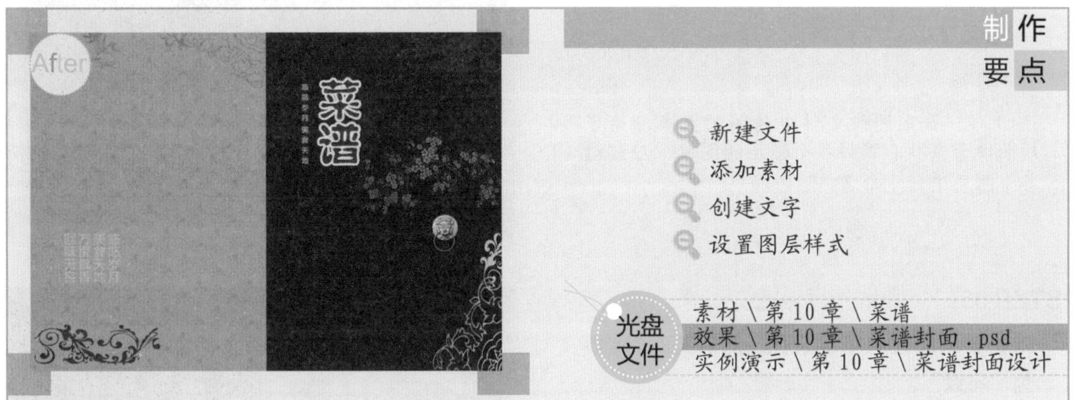

STEP 01： 新建文件

1. 启动 Photoshop CS6，按 Ctrl+N 组合键打开“新建”对话框，在“名称”文本框中输入“菜谱封面”。
2. 设置“宽度”为 27 厘米，“高度”为 19 厘米，“分辨率”为 150 像素 / 英寸。
3. 单击 确定 按钮。

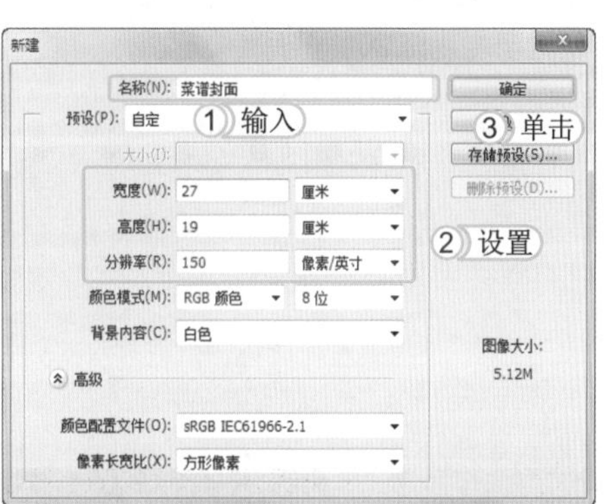

STEP 02： 绘制封面底色

1. 设置“前景色”为棕红色（R64,G2,B2）。
2. 单击“图层”面板下方的“创建新图层”按钮，新建一个图层，然后双击图层名称，将其重命名为“封面底色”。
3. 选择矩形选框工具，在图像右侧绘制出矩形选区。按 Alt+Delete 组合键使用前景色填充选区。

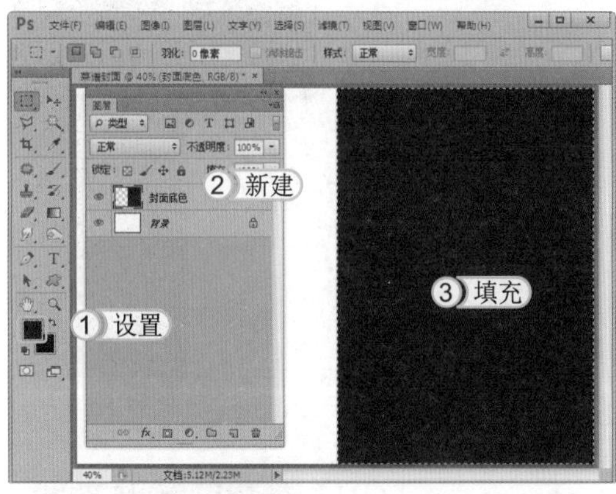

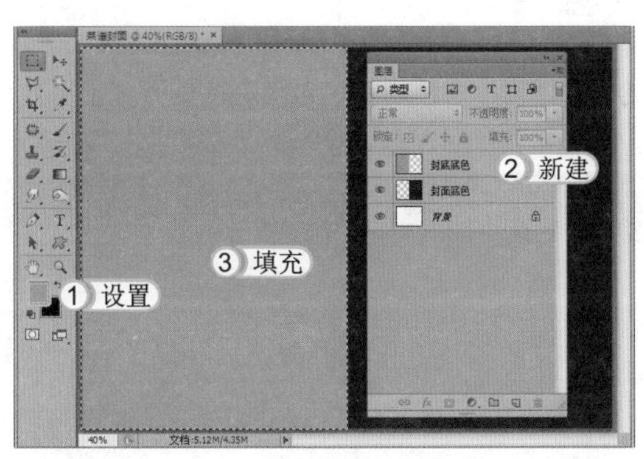

STEP 03： 绘制封底底色

1. 设置“前景色”为橘黄色（R191,G158,B109）。
2. 新建一个图层，并将其重命名为“封底底色”。
3. 选择矩形选框工具，在图像左侧绘制出矩形选区。然后按 Alt+Delete 组合键使用前景色填充选区。

STEP 04：添加花纹素材

打开素材图像“花纹.psd”，使用移动工具将其拖拽到当前绘制图像的左方，并适当调整大小，使其适合整个图像。

> **提个醒**
> 如果图像文件中的图层很多，为了后面便于查找和编辑各个图层的图像，应该对各个图层进行重命名。

STEP 05：设置图层效果

1. 双击素材所在的图层名称，然后将其重命名为“花纹”。
2. 设置“花纹”图层的“混合模式”为正片叠底、“不透明度”为20%。

STEP 06：添加其他花纹素材

打开素材图像“装饰花纹.psd”，使用移动工具将其拖拽到当前编辑图像中，并适当调整其位置和大小。

STEP 07：输入文字

1. 在工具箱中选择直排文字工具。
2. 在“属性”栏中将“字体”设置为方正水柱简体、“字号”为70点、“颜色”为棕色（R84,G42,B9）。
3. 在封面中输入文字“菜谱”。

STEP 08：为文字添加描边效果

1. 选择【图层】/【图层样式】/【描边】命令，打开“图层样式”对话框。设置“大小”为 8。
2. 设置“描边颜色”为黄色（R255,G235,B160）。
3. 单击 确定 按钮。

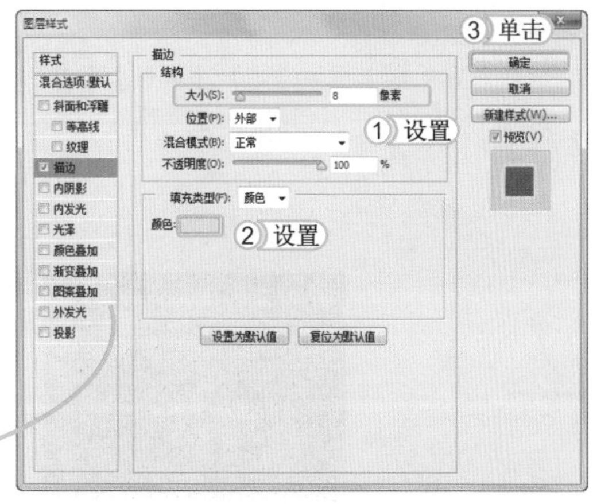

STEP 09：绘制椭圆图形

1. 新建一个图层，将其重命名为“圆”。
2. 选择椭圆选框工具，按住 Shift 键在文字左侧绘制多个圆形选区，然后按 Alt+Delete 组合键使用前景色填充选区。

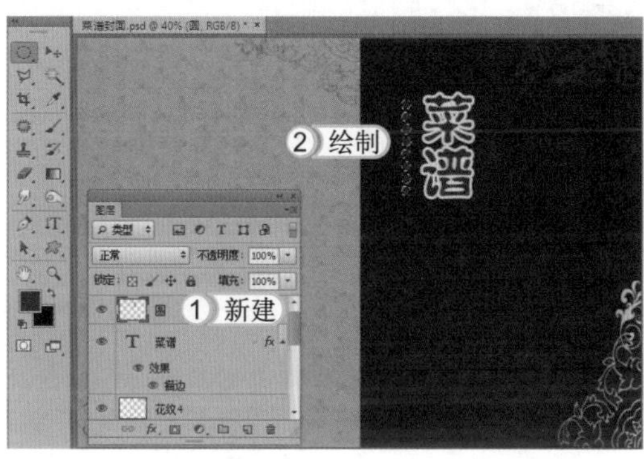

STEP 10：创建文字

1. 在工具箱中选择直排文字工具。
2. 在工具“属性”栏中将“字体”设置为方正水柱简体、“字号”为 11 点、“颜色”为黄色（R203,G177,B108）。
3. 在圆形图像中输入文字“悠悠岁月美食天地”。

STEP 11：添加门环素材

打开素材图像“门环.psd”，使用移动工具将其拖拽到当前编辑图像的右侧，并适当调整大小和位置。

提个醒 在输入文字时，单击“属性”栏中的“切换字符和段落面板”按钮，打开“字符”面板，可以在其中设置字体、字号和间距等。

STEP 12：设置投影效果

1. 选择【图层】/【图层样式】/【投影】命令，打开“图层样式”对话框。设置“距离”为 3，“大小”为 11。
2. 单击 确定 按钮。

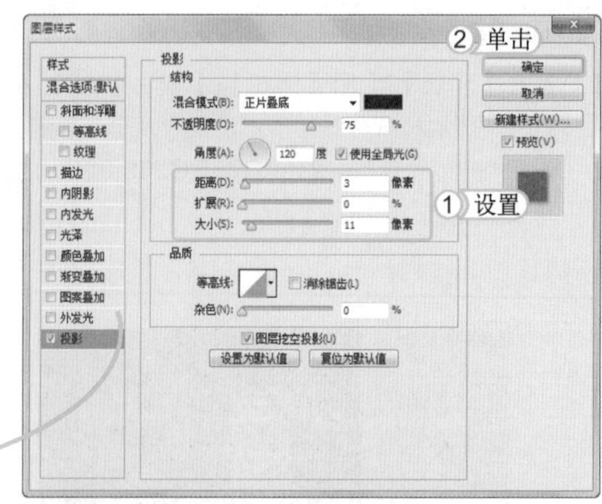

STEP 13：添加竹叶素材

1. 打开素材图像“竹叶.psd”，使用移动工具将其拖拽到当前编辑图像的左上方，并适当调整大小和位置。
2. 在“图层”面板中设置图层的“不透明度”为 40%。

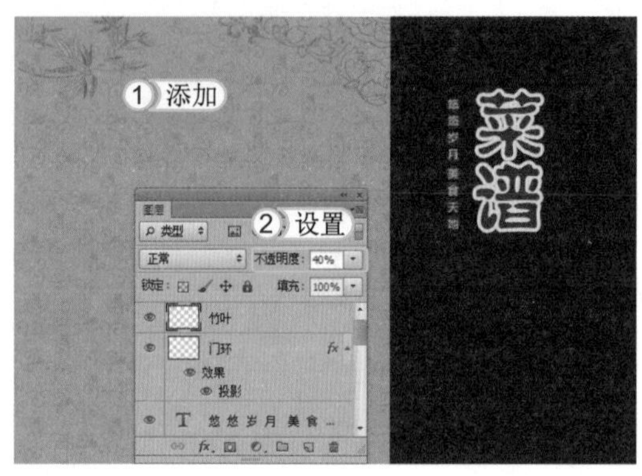

STEP 14：创建文字

1. 在工具箱中选择直排文字工具。
2. 在“属性”栏中将“字体”设置为方正水柱简体、“字号”为 20 点、“颜色”为淡黄色（R212,G191,B146）。
3. 在封底中输入几行文字。

STEP 15：添加梅花素材

1. 打开素材图像“梅花.psd”，使用移动工具将其拖拽到当前图像“菜谱”文字的右下方，并适当调整大小和位置。
2. 在“图层”面板中设置图层的“不透明度”为 75%，完成本实例的制作。

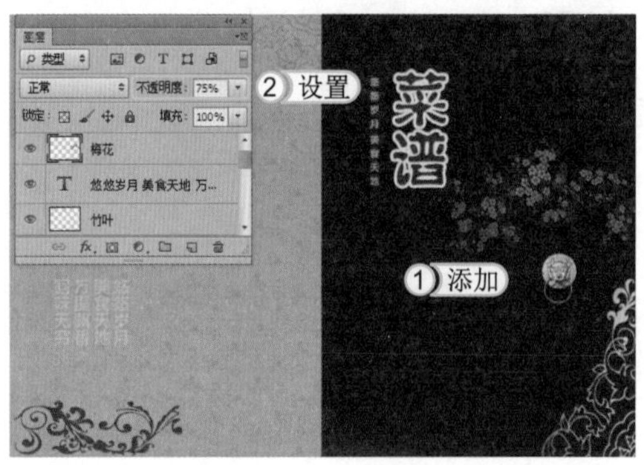

10.2 学习 2 小时：书籍封面设计

书籍的封面很重要，好的封面设计能引起读者的阅读欲望，使该书籍在众多书籍中脱颖而出。好的书籍封面不但要求形式美，还需要与书籍内容相适宜，突出主题风格和主要内容。下面将对书籍封面设计的制作方法进行介绍。

10.2.1 科技图书封面设计

科技类书籍封面设计不宜太过花哨，但也不能太过死板。本例将制作科技类图书封面。其最终效果如下图所示。

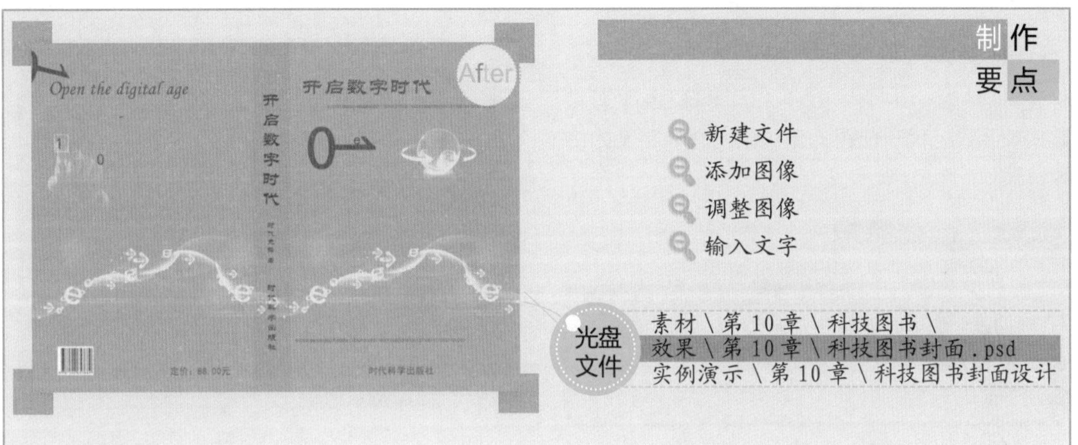

STEP 01： 新建文件

1. 启动 Photoshop CS6，按 Ctrl+N 组合键打开“新建”对话框，在“名称”文本框中输入“科技图书封面”。
2. 设置“宽度”为 60 厘米，“高度”为 40 厘米，“分辨率”为 150 像素 / 英寸。
3. 单击 确定 按钮。

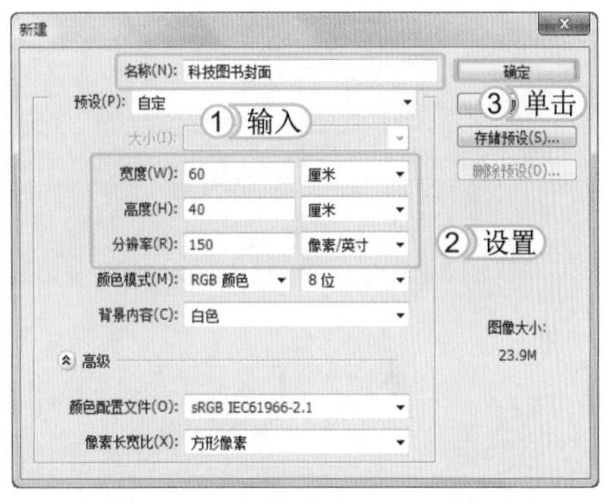

STEP 02： 创建参考线

按 Ctrl+R 组合键显示标尺，然后从左边和上边标尺拖出参考线，定位书脊和边线。

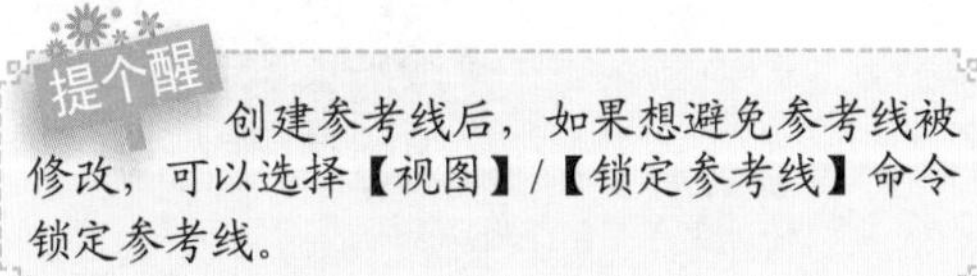

创建参考线后，如果想避免参考线被修改，可以选择【视图】/【锁定参考线】命令锁定参考线。

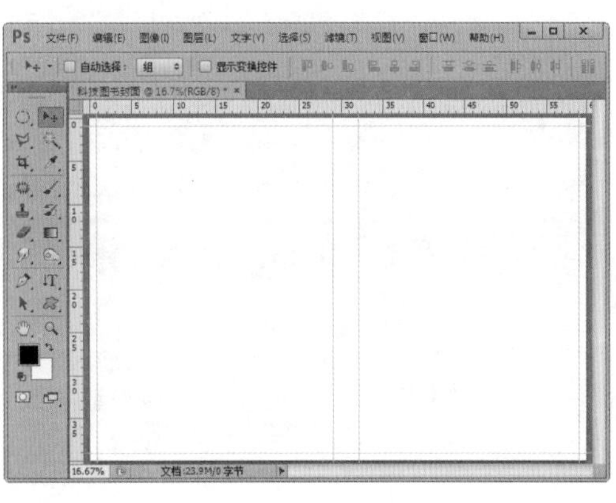

STEP 03：填充背景图层

1. 设置“前景色”为淡蓝色（R143,G176,B221）。
2. 按Alt+Delete组合键使用前景色填充背景图层。

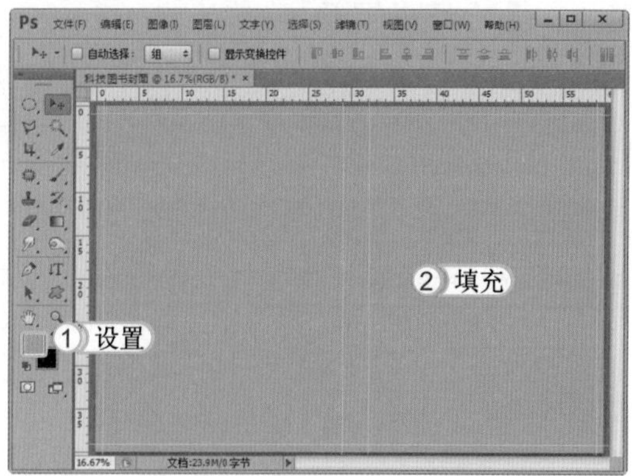

STEP 04：添加素材文件

打开素材图像“e时代.jpg”和“地球.jpg”，将其拖拽至当前编辑的图像窗口中，并调整其大小和位置。

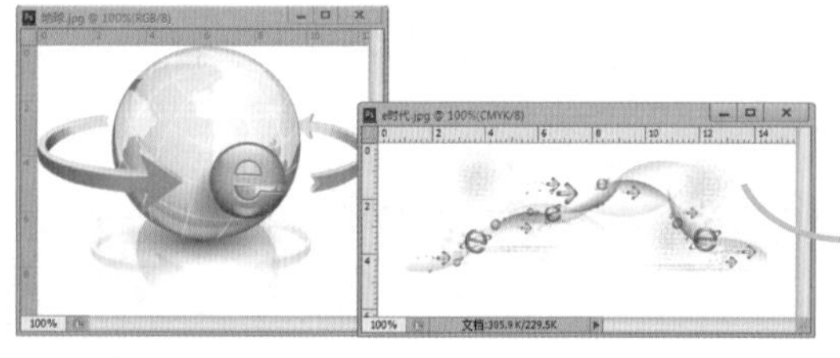

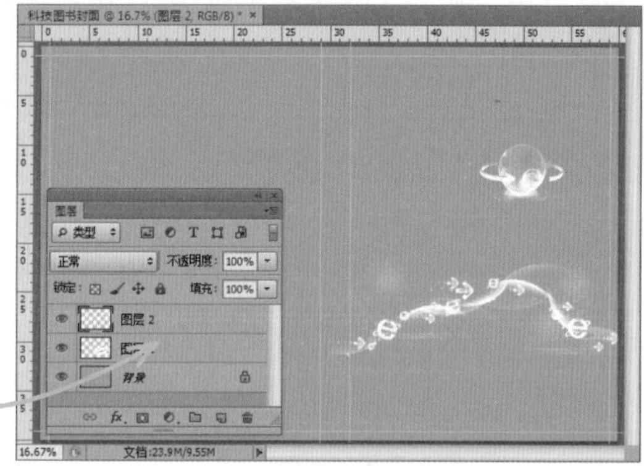

STEP 05：设置图层混合模式

1. 在“图层”面板中选择“图层 1”，然后按Ctrl+J组合键复制“图层 1”。
2. 将“图层 1 副本”中的图像适当向左移动。
3. 依次将“图层 1”、“图层 1 副本”和“图层 2”的图层“混合模式”设置为划分，“不透明度”设置为75%。

STEP 06：输入文字

1. 在工具箱中选择横排文字工具T。
2. 在“属性”栏中将“字体”设置为华文隶书，“字号”为70点。
3. 在封面中输入文字“开启数字时代”。

STEP 07：输入文字

1. 在工具箱中选择直排文字工具。
2. 在“属性”栏中将“字体”设置为华文隶书、“字号”为 60 点。
3. 在书脊中输入文字“开启数字时代”。

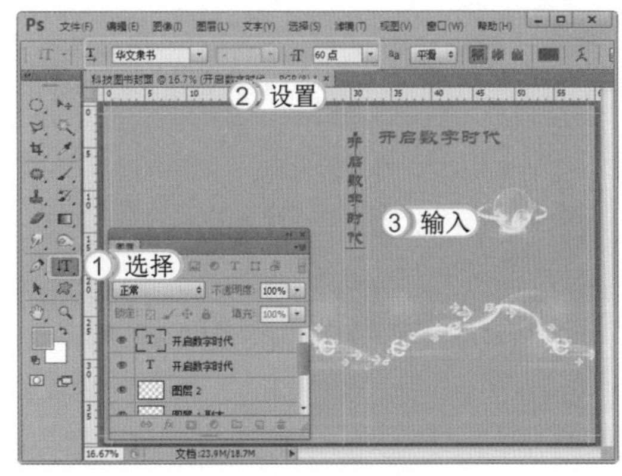

STEP 08：输入横排文字

1. 使用横排文字工具，在右上方输入一行数字，设置“字体”为黑体、“字号”为 15 点。
2. 将数字图层复制，并将其移动到下方。
3. 使用横排文字工具，在下方输入出版社和定价的文字内容，设置“字体”为黑体、“字号”为 30 点。
4. 使用横排文字工具，在左上方输入“Open the digital age”，设置“字体”为华文隶书、“字号”为 60 点。

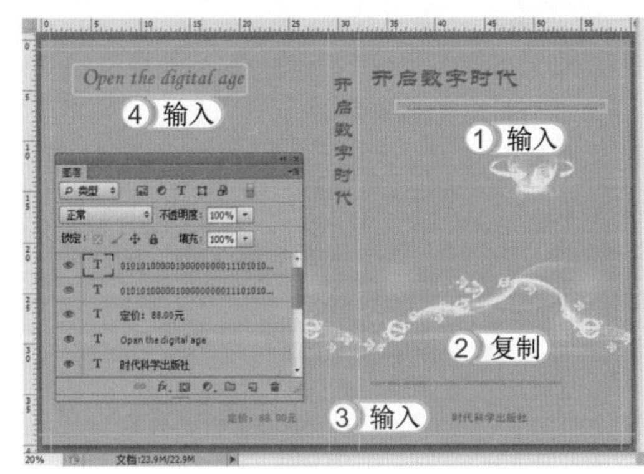

STEP 09：输入其他直排文字

1. 使用直排文字工具，在书脊中输入“时代先锋 著”，设置“字体”为华文隶书、“字号”为 25 点。
2. 使用直排文字工具，在书脊下方输入“时代科学出版社”，设置“字体”为华文隶书，“字号”为 30 点。

STEP 10：添加素材图像

1. 打开素材图像“手势.jpg”，将其拖拽至当前编辑的图像窗口中，并适当调整其大小和位置。
2. 设置手势图像所在图层的图层“混合模式”为变亮、“不透明度”为 75%。

STEP 11： 添加其他素材图像

1. 使用横排文字工具T，在手势图像中输入“1”和“0”，设置“字号”为 50 点。
2. 打开素材图像“钥匙 .psd”，将其拖拽至当前编辑的图像窗口中，并适当调整其大小和位置。
3. 打开素材图像“条形码 .jpg”，将其拖拽至当前编辑的图像窗口中，并适当调整其大小和位置。

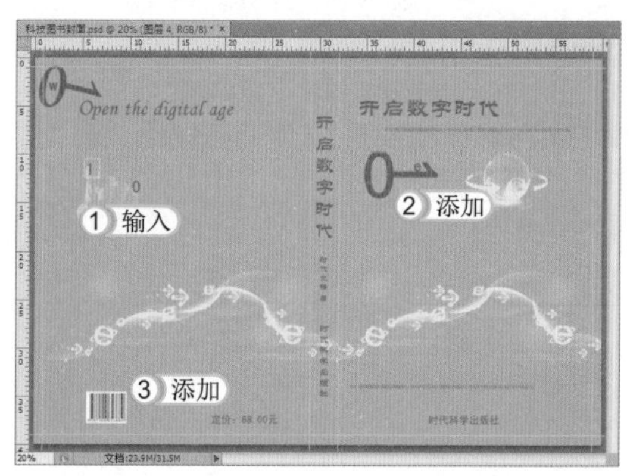

STEP 12： 绘制书脊效果

1. 单击“图层”面板下方的“创建新图层”按钮，新建“图层 5”。
2. 选择矩形选框工具，在图像中间绘制矩形选区，并填充为白色。
3. 设置“图层 5”的图层“混合模式”为颜色，完成本实例的制作。

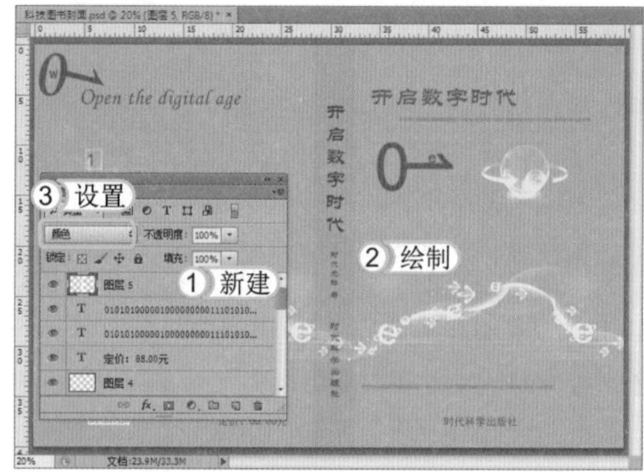

经验一箩筐——绘制条形码

绘制条形码图像时，可以先使用大小为“1”的黑色画笔，在新建的图层上绘制一条直线。然后选择【滤镜】/【杂色】/【添加杂色】命令，在打开的对话框中设置“数量”为最大值，选中 平均分布(U) 单选按钮，再单击 确定 按钮。按 Ctrl+T 组合键将图像垂直拉长，最后输入数字编码即可。

10.2.2 少儿图书封面设计

阅读少儿类图书的人群主要为儿童或青少年，在封面设计上一般会采用富有新奇感的元素和鲜艳的色彩，以符合读者的喜好。下面将介绍少儿类书籍封面的制作方法，并为其制作立体透视效果。其最终效果如下图所示。

STEP 01： 新建文件

1. 启动 Photoshop CS6，按 Ctrl+N 组合键打开“新建”对话框，在“名称”文本框中输入“少儿图书封面”。
2. 设置“宽度”为 22 厘米，“高度”为 10 厘米，“分辨率”为 300 像素 / 英寸。
3. 单击 确定 按钮。

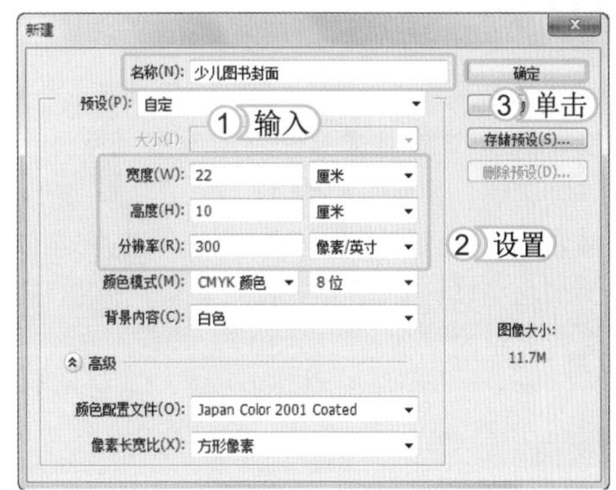

STEP 02： 添加素材图像

打开素材图像“背景.jpg”，将其拖拽至新建的图像窗口中，然后使用移动工具将其移动到右方合适的位置。

STEP 03： 复制并镜像图像

1. 按 Ctrl+J 组合键复制“图层 1”，生成“图层 1 副本”。
2. 选择【编辑】/【变换】/【水平翻转】命令，对“图层 1 副本”中的图像镜像，然后将其移动到左方的合适位置。

STEP 04： 添加素材图像

1. 打开素材图像“蝴蝶.psd”和“蜗牛.jpg”，将其拖拽至当前编辑的图像窗口中，并调整其大小。
2. 设置蝴蝶和蜗牛图像图层的“混合模式”为正片叠底。

提个醒 添加图像的图层名称将依次以“图层 1”、“图层 2”...... 进行命名，而不会以图像文件的名称来命名。

STEP 05：创建封面文字

1. 使用横排文字工具，在右上方输入“——少年儿童书籍精选——”，设置“字体”为华文楷体、“字号”为15点。
2. 在右上方输入“寓言与童话”，设置“字体”为华文楷体、“与”字的“字号”为20点、其他文字的“字号”为30点。
3. 在右下方输入“新希望出版社”，设置“字体”为黑体、“字号”为15点。

STEP 06：创建书脊和封底文字

1. 从左边标尺处拖出两条参考线到“10”和“12”的位置。
2. 使用直排文字工具，在书脊中输入书名和出版社名称，设置“字体”为华文楷体，书名“字号”为20点，出版社名称“字号”为12点。
3. 使用横排文字工具，在左方输入封底文字，设置“字体”为华文楷体，“字号”为20点。

STEP 07：添加条形码和定价

1. 打开素材图像“条形码.jpg”，将其拖拽至当前编辑的图像窗口中，并调整至合适大小和位置。
2. 使用横排文字工具，在封底处输入定价文字，设置“字体”为黑体、“字号”为15点。
3. 新建一个图层，并将其放在定价图层下方，在定价处绘制一个矩形选区，并填充为白色，然后设置图层的“不透明度”为80%。

STEP 08：复制封面图像

1. 按Alt+Shift+Ctrl+E组合键，盖印图层。
2. 选择矩形选框工具，拖动鼠标绘制出封面选区。
3. 按Ctrl+J组合键复制选区图像，得到“图层7”。

STEP 09： 变换图像

1. 选择【视图】/【清除参考线】命令，将参考线清除，然后打开素材图像“底色.jpg”，并将其拖拽到当前编辑的图像窗口中，生成“图层8”，然后将“图层8”移动至“图层7”下方。
2. 选择“图层7”，按Ctrl+T组合键对图像进行变换，适当调整图像的大小和方向，然后按住Ctrl键，对图像进行透视调整。

STEP 10： 添加书脊效果

1. 选择“图层6”，使用矩形选框工具，在书脊处绘制一个矩形选区，再按Ctrl+J键对选区内的图像进行复制，得到“图层9”，将“图层9”移动至“图层7”上方。
2. 选择“图层9”，按Ctrl+T组合键对图像进行变换，适当调整图像的大小和方向，然后按住Ctrl键，对图像进行透视调整。

STEP 11： 制作书页效果

1. 单击“图层”面板下方的“创建新图层”按钮，新建“图层10”。
2. 选择多边形套索工具，绘制封面和书脊之间的区域所构成的选区，然后使用白色填充选区。

STEP 12： 对书脊进行描边

1. 选择“图层9”，选择【编辑】/【描边】命令，在打开的“描边”对话框中设置“宽度”为2像素、颜色为灰色（R220,G220,B220）。
2. 单击 确定 按钮。

STEP 13：添加封底效果

1. 选择“图层 6”，使用矩形选框工具，在封底处绘制一个矩形选区，再按 Ctrl+J 组合键对选区内的图像进行复制，得到“图层 11”，将“图层 11”移动至“图层 10”上方。
2. 选择“图层 11”，按 Ctrl+T 组合键对图像进行变换，适当调整图像的大小和方向，按住 Ctrl 键对图像进行透视调整。

STEP 14：制作书页效果

1. 单击“图层”面板下方的“创建新图层”按钮，新建“图层 12”。
2. 选择多边形套索工具，绘制封底和书脊之间的区域所构成的选区，然后使用白色填充选区。

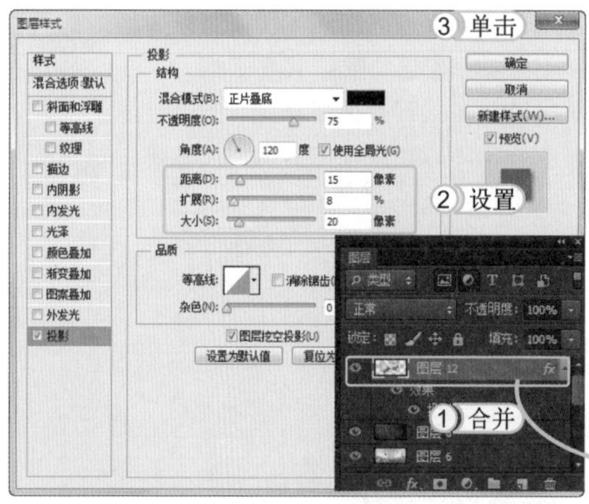

STEP 15：设置投影效果

1. 选择“图层 7”及以上的图层，然后按 Ctrl+E 组合键将其合并，得到“图层 12”。
2. 选择【图层】/【图层样式】/【投影】命令，在打开的“图层样式”对话框中设置“距离”为 15、“扩展”为 8、“大小”为 20。
3. 单击 确定 按钮，完成本实例的制作。

提个醒

在选择多个图层时，可以在选择第一个图层后，按住 Ctrl 键，再单击其他需要的图层，即可将其选中。如果要选择连续的多个图层，可以在选择第一个图层后按住 Shift 键，再单击最后一个需要的图层，即可选中这之间的所有图层。

10.3 学习 2 小时：书籍内页设计

前面学习了书籍封面的设计与制作方法，本节将继续对书籍内页的设计与制作方法进行介绍。书籍内页的设计与制作方法与书籍封面有所不同，书籍内页不仅需要文字，还需要图文结合。

10.3.1 章节首页设计

书籍一般都是分章节构成的，每章节的首页极具代表性，是对整章的概括。下面以旅游摄影书籍为例，讲解章节首页设计的制作方法。其最终效果如下图所示。

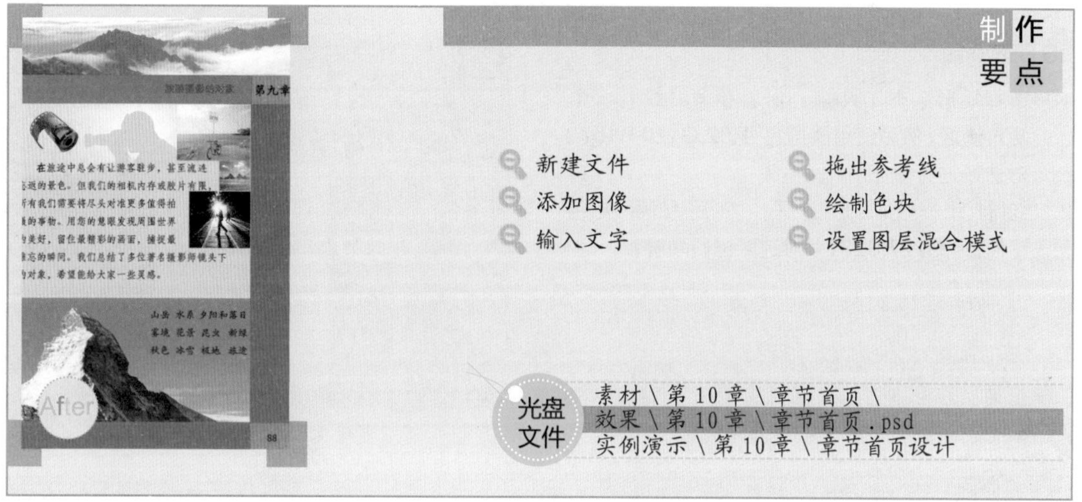

STEP 01：新建文件

1. 启动 Photoshop CS6，按 Ctrl+N 组合键打开“新建”对话框，在“名称”文本框中输入“章节首页”。
2. 设置“宽度”为 20 厘米，“高度”为 30 厘米，“分辨率”为 72 像素 / 英寸。
3. 单击 确定 按钮。

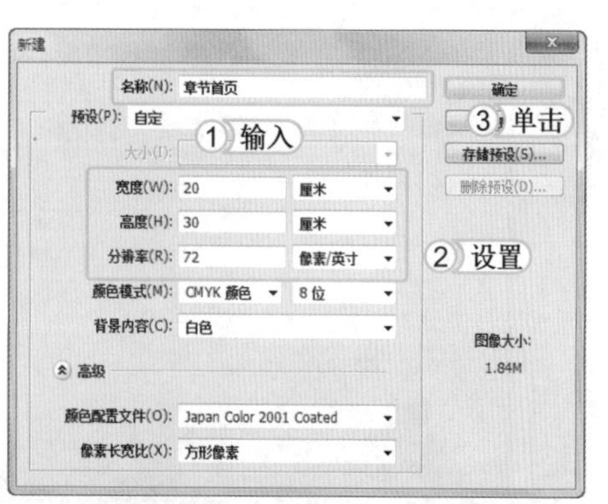

STEP 02：填充背景

1. 设置“前景色”为蓝色（R1,G95,B169）。
2. 按 Alt+Delete 组合键使用前景色填充背景图层。
3. 按 Ctrl+R 组合键显示标尺，然后从左边和上边标尺拖出参考线，定位书脊和边线。

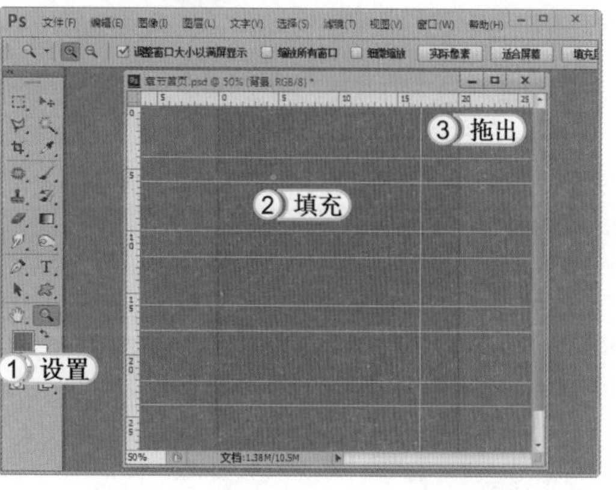

STEP 03： 绘制色块

1. 设置“前景色”为橘红色（R255,G126,B0）。
2. 选择矩形选框工具。
3. 沿着右方的参考线绘制两个矩形选区，然后按 Alt+Delete 组合键使用前景色填充矩形选区。

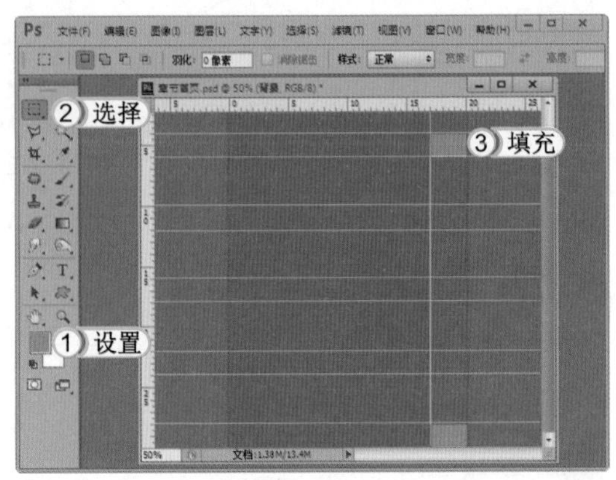

STEP 04： 绘制正文区域

1. 选择矩形选框工具，沿着参考线绘制一个矩形选区，然后使用淡蓝色（R52,G120,B157）对选区进行填充。
2. 绘制另一个矩形选区，然后使用灰色（R226,G227,B221）对选区进行填充。

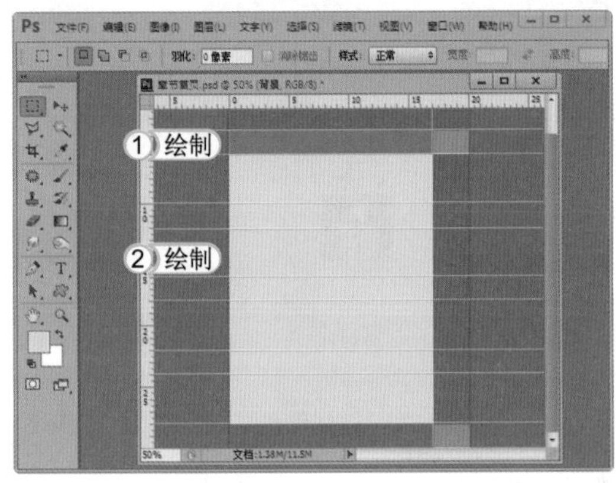

STEP 05： 添加素材图像

1. 打开素材图像“云海.jpg”，将其拖拽至当前编辑的图像窗口上方，并调整其大小和位置。
2. 打开素材图像“旅途.jpg”，将其拖拽至当前编辑的图像窗口中，并调整其大小和位置。
3. 打开素材图像“雪山.jpg”，将其拖拽至当前编辑的图像窗口下方，并调整其大小和位置。

STEP 06： 继续添加素材图像

1. 打开素材图像“金字塔.jpg”和“光影.jpg”，将其拖拽至当前编辑的图像窗口中，并调整其大小和位置。
2. 打开素材图像“摄影.jpg”，将其拖拽至当前编辑的图像窗口中，并调整其大小和位置，该图像所在的图层为“图层 6”。
3. 设置“图层 6”的“混合模式”为滤色。

STEP 07：输入文字

1. 选择横排文字工具T，在图像右上方的橘红色区域单击鼠标，然后输入文字“第九章”，并按 Ctrl+Enter 组合键结束输入。
2. 选中输入的文字，选择【窗口】/【字符】命令，在打开的“字符”面板中设置文字的“字体”为楷体、“字号”为 25 点、“颜色”为黑色。

STEP 08：输入其他文字

1. 使用横排文字工具T，在图像上方输入章名文字，设置“字体”为黑体、“字号”为 22 点、“颜色”为红色（R255,G0,B0）。
2. 使用横排文字工具T，在图像中依次输入正文和页码，设置“字体”为楷体、“字号”为 20 点，“颜色”为黑色。

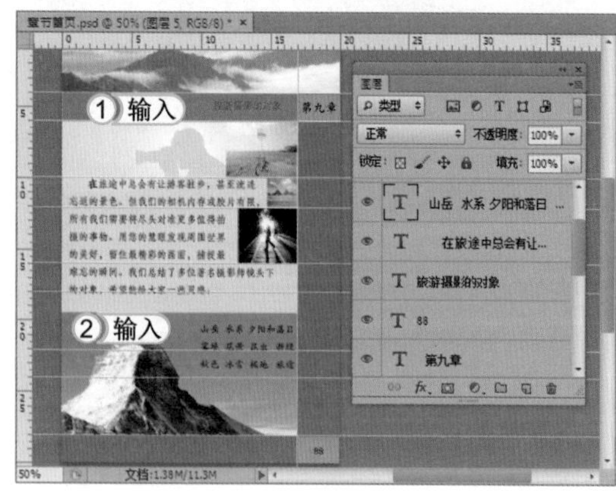

STEP 09：添加素材图像

1. 打开素材图像“胶片 .jpg”，将其拖拽至当前编辑的图像窗口中，然后调整其大小。
2. 设置图层“混合模式”为正片叠底。

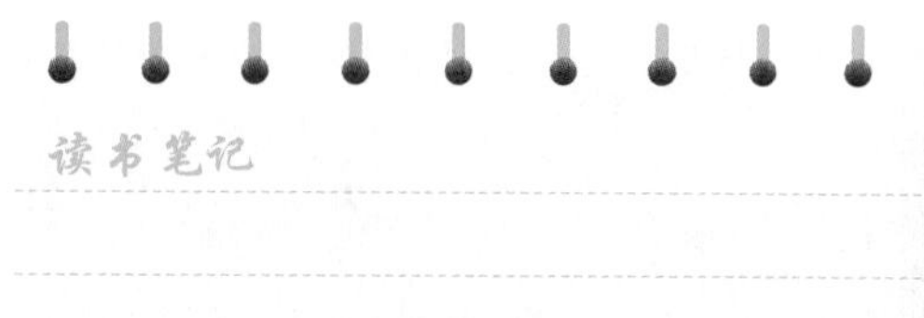

STEP 10：盖印图层

1. 选择所有文字图层，单击鼠标右键，在弹出的快捷菜单中选择“栅格化文字”命令。
2. 在“图层”面板中选中最上方的图层，按 Alt+Shift+Ctrl+E 组合键，盖印图层。
3. 按 Ctrl+R 组合键隐藏标尺，然后选择【视图】/【清除参考线】命令，清除参数线，完成本实例的制作。

62 Hours
52 Hours
42 Hours
32 Hours
22 Hours
12 Hours

10.3.2　图书页面设计

页面设计具有一定规格，基本包括页眉页脚设计、标题设计、图文板块设计等内容。下面以制作中国民间文化类书籍为例讲解图书页面内容设计的方法。其最终效果如下图所示。

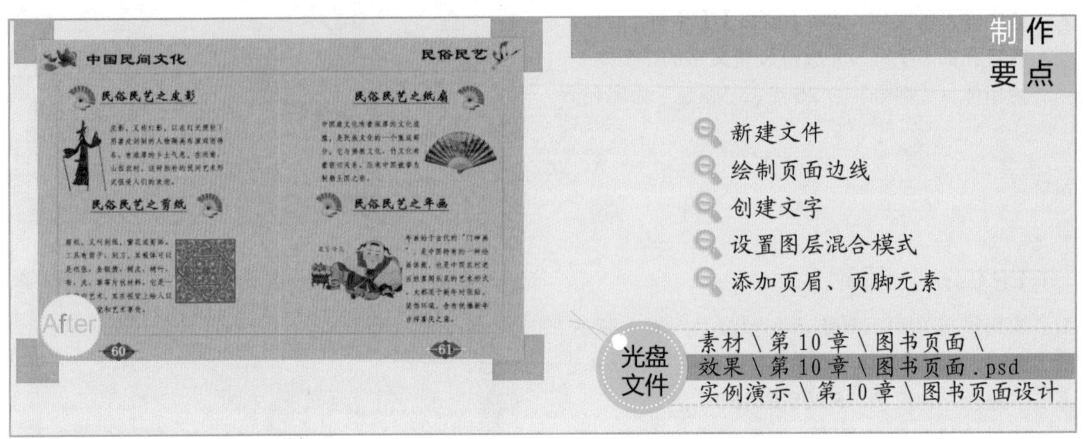

STEP 01：新建文件

1. 启动 Photoshop CS6，按 Ctrl+N 组合键打开“新建”对话框，在“名称”文本框中输入“图书页面”。
2. 设置“宽度”为 23 厘米，“高度”为 15 厘米，“分辨率”为 150 像素 / 英寸。
3. 单击 确定 按钮。

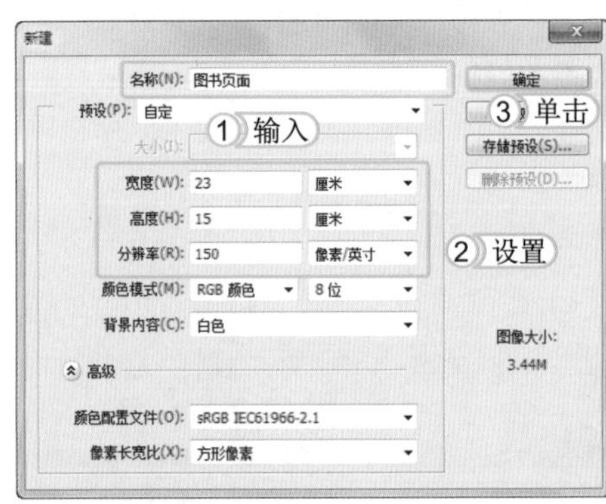

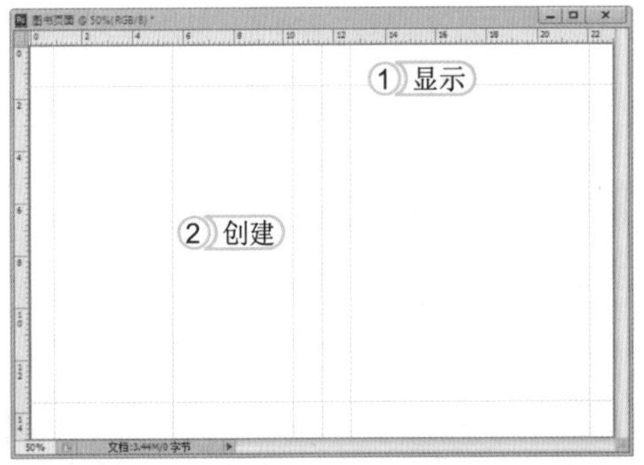

STEP 02：创建参考线规划版面

1. 按 Ctrl+R 组合键显示标尺。
2. 从左边和上边标尺拖出参考线，规划出预定版面。

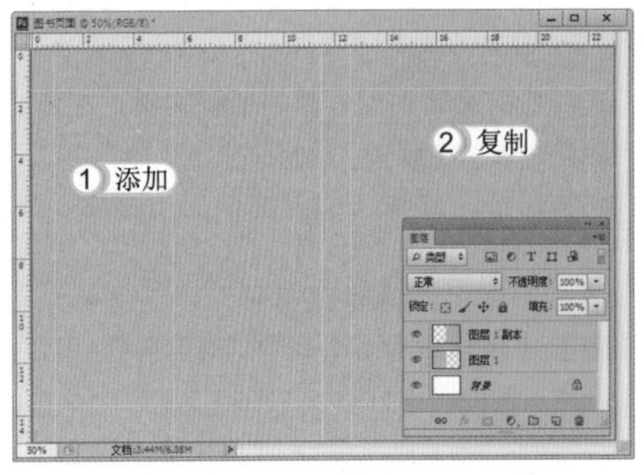

STEP 03：添加背景图像

1. 打开素材图像“背景 .jpg”，将其拖拽到当前图像窗口中，得到“图层 1”，然后调整到合适大小并放置于页面左边。
2. 按住 Alt 键将其拖动并复制到右边页面处，得到“图层 1 副本”。

STEP 04：设置画笔属性

1. 单击“图层”面板下方的“创建新图层”按钮，新建“图层 2”。
2. 选择工具箱中的画笔工具。
3. 在其“属性”栏中设置“画笔大小”为 3，“不透明度”为 75%。

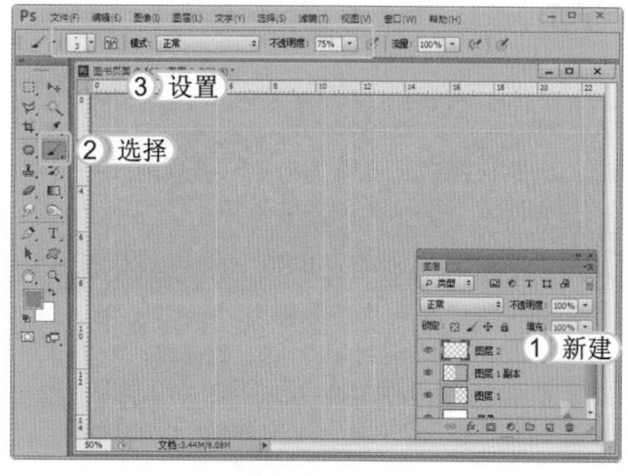

STEP 05：绘制页眉边线路径

1. 选择工具箱中的钢笔工具。
2. 按住 Shift 键，然后沿着参考线绘制页眉边线路径。

STEP 06：描边路径

1. 将“前景色”设置为深灰色（R99,G99,B85），然后在路径上单击鼠标右键，在弹出的快捷菜单中选择“描边路径”命令。
2. 在打开的对话框中的“工具”下拉列表框中选择“画笔”选项，单击 确定 按钮。

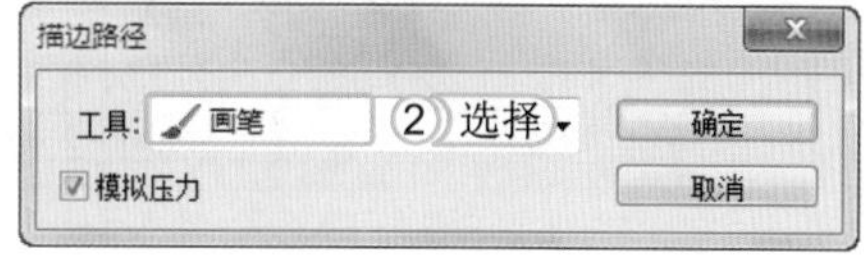

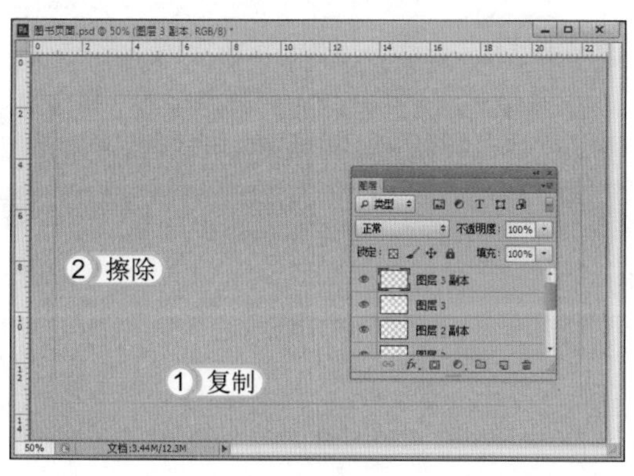

STEP 07：绘制其他边线

1. 按 Delete 键删除路径，然后选择移动工具，按住 Alt 键对边线进行复制。
2. 使用同样的方法绘制左右两边的边线，然后使用橡皮擦工具将边线的两端进行擦除，隐藏参考线后的效果如左图所示。

STEP 08：添加页眉和页脚图像

1. 打开素材图像“茶.jpg”，将其拖拽至当前窗口的左上方，并调整其大小。
2. 打开素材图像“飞鹤.jpg”，将其拖拽至当前窗口的右上方，并调整其大小。
3. 打开素材图像“花纹.jpg”，将其拖拽至当前窗口的左下方，并调整其大小。
4. 将“花纹”图像复制一次，并将其移动到窗口的右下方。

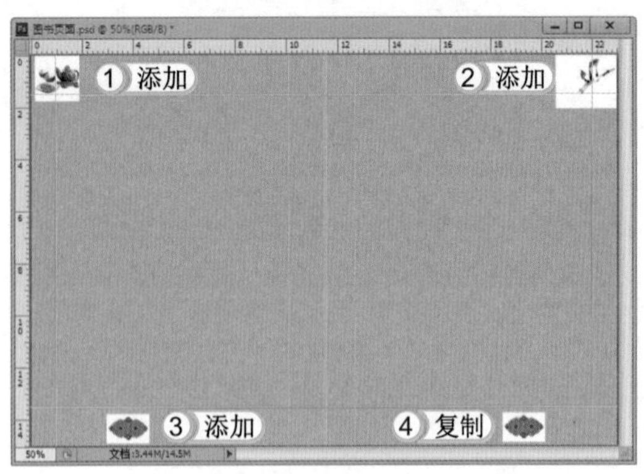

STEP 09：设置页眉和页脚图像

分别选择素材图像茶、飞鹤和花纹所在的图层，然后将其图层“混合模式”都设置为正片叠底。

STEP 10：输入页眉文字

1. 选择横排文字工具T，在图像左上方输入文字“中国民间文化”，然后按Ctrl+Enter组合键结束输入。
2. 选中输入的文字，设置“字体”为隶书、“大小”为22点、“颜色”为黑色。
3. 在图像右上方输入文字“民俗民艺”，设置“字体”为隶书、“大小”为22点、“颜色”为黑色。

STEP 11：输入页脚文字

1. 选择横排文字工具T，在图像左下方输入文字“-60-”，然后按Ctrl+Enter组合键结束输入。
2. 选中输入的文字，设置“字体”为宋体、“大小”为18点、“颜色”为白色。
3. 在图像右下方输入文字“-61-”，设置“字体”为宋体、“大小”为18点、“颜色”为白色。

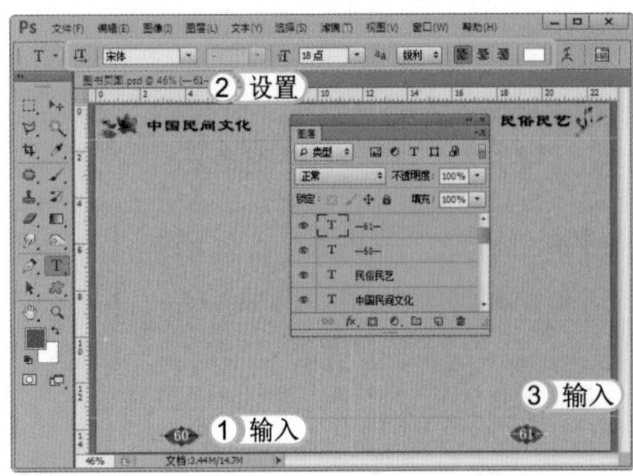

STEP 12：添加图像素材

1. 打开素材图像“扇子 .jpg”，将其拖拽至当前窗口中，并适当调整其大小和位置。
2. 选择扇子图像所在图层，然后将其图层“混合模式”设置为正片叠底。
3. 将扇子图像复制 3 次，并适当调整各个图像的大小和位置。

STEP 13：输入标题文字

1. 选择横排文字工具T，在各个扇子图像处依次输入“民俗民艺之皮影”、“民俗民艺之纸扇”、“民俗民艺之剪纸”和“民俗民艺之年画”标题文字。
2. 选择【视图】/【字符】命令，在打开的“字符”面板中设置文字的“字体”为方正魏碑简体、“字号”为 18 点、“颜色”为黑色。
3. 单击“字符”面板下方的T按钮，为文字添加下划线。

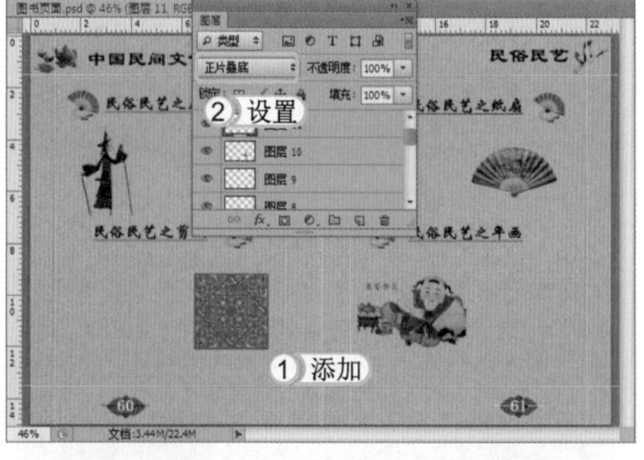

STEP 14：添加正文图像素材

1. 打开素材图像“纸扇 .jpg”、“皮影 .jpg”、“剪纸 .jpg”和“年画 .jpg”，将其拖拽至当前窗口中，并适当调整各个素材的大小和位置。
2. 选择各个素材图层，然后将其图层“混合模式”都设置为正片叠底。

STEP 15：输入正文文字

1. 选择横排文字工具T，在图像窗口中输入正文文字。
2. 设置正文文字的“字体”为华文仿宋、“字号”为 10 点、“颜色”为黑色，完成本实例的制作。

10.3.3 图书目录设计

许多读者选购书籍时一般都会查看目录，大致了解整本书籍的结构和重点，以决定是否购买。通过目录有选择地进行阅读可以节约时间，提高效率。下面将以少儿图书目录为例介绍书籍目录的制作方法。其最终效果如下图所示。

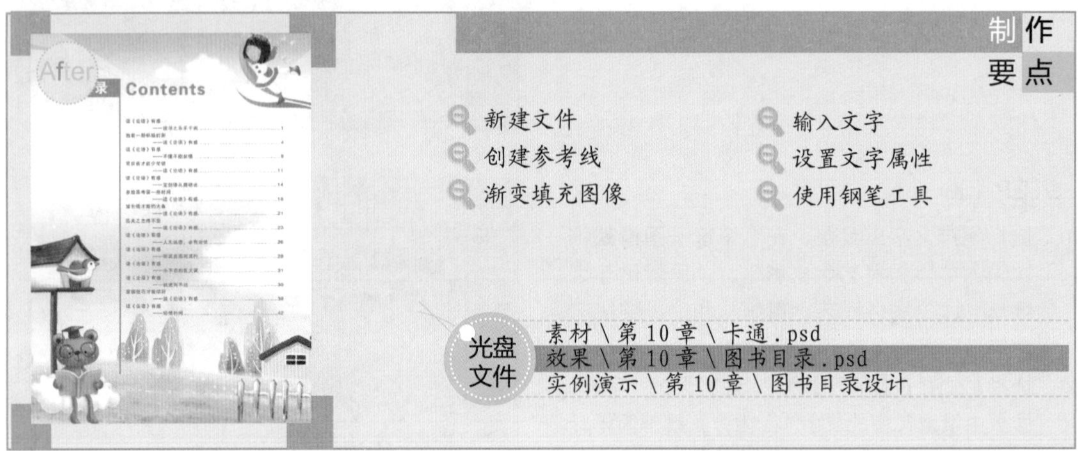

STEP 01：新建文件

1. 启动 Photoshop CS6，按 Ctrl+N 组合键打开"新建"对话框，在"名称"文本框中输入"图书目录"。
2. 设置"宽度"为 21 厘米，"高度"为 30 厘米，"分辨率"为 150 像素 / 英寸。
3. 单击 确定 按钮。

STEP 02：绘制图像

1. 设置"前景色"为淡蓝色(R185,G226,B245)，选择画笔工具，在"属性"栏中设置画笔"样式"为柔角、"大小"为 200。
2. 在图像中手动绘制出蓝色图像，得到类似蓝天白云的效果。

问题小贴士

问：创建新图像文件时，是不是必须输入文件名称并确定文件的大小？

答：创建新图像文件时，应该确定好文件的大小，虽然可在后面的操作中修改图像文件的大小，但是可能会改变图像的比例，操作上会相对复杂一些；创建新图像文件时，不一定要输入文件的名称，可以在保存文件时再设置文件的名称。

STEP 03： 设置渐变填充

1. 新建一个图层，选择渐变工具，在“属性”栏中设置“渐变颜色”从蓝色到白色。
2. 选择矩形选框工具，在图像顶部绘制一个矩形选区，然后对其从上到下应用线性渐变填充。

STEP 04： 绘制白云图像

按 Ctrl+D 组合键取消选区，设置“前景色”为白色，使用画笔工具在图像中绘制一些类似白云的图像。

提个醒 在 Photoshop CS6 中，直接按 B 键，可快速选择画笔工具。

STEP 05： 添加素材图像

打开素材图像“卡通.psd”，选择移动工具直接将两个图像拖拽到当前编辑的图像中，适当调整图像大小，分别放到画面的右上方和左下方。

STEP 06： 绘制图像

新建一个图层，选择钢笔工具，在画面左上方绘制两个弯曲的三角形选区，然后按 Ctrl+Enter 组合键将路径转换为选区，填充为白色，然后设置该图层的“不透明度”为 50%，得到透明图像效果。

STEP 07： 绘制矩形

1. 新建一个图层，设置“前景色”为橘色（R241,G140,B0）。
2. 选择矩形选框工具，在图像中绘制一个矩形选区，按 Alt+Delete 组合键填充图像。
3. 在图像右侧再绘制一个细长的矩形选区，同样填充为橘色（R241,G140,B0）。

STEP 08： 输入章节内容文字

使用横排文字工具，在图像中输入文字“目录”和英文文字“Contents”，然后在“属性”栏中设置“字体”为方正大黑简体，“颜色”分别为白色和橘色（R241,G140,B0）。

提个醒 选择文字工具后，在图像中拖动鼠标可绘制一个文本框，可在其中输入文字，当文字数量超出文本框范围时，文本框右下角将出现“田”标志，此时，调整文本框大小即可显示全部文字。

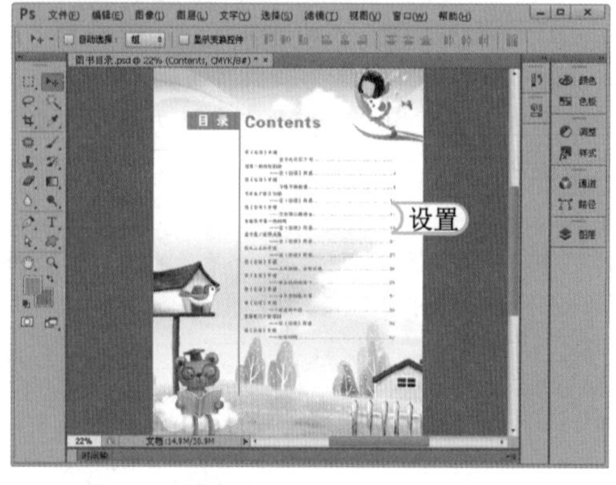

STEP 09： 设置文字间距

选择横排文字工具，在细长矩形右侧绘制一个文本框，然后在其中输入目录相应文字。选择【窗口】/【字符】命令，打开“字符”面板，在“字符”面板中设置“行距”为 48 点。选择右边的章节图层，在“字符”面板中设置“行距”为 48 点，完成本实例的制作。

10.4 学习 2 小时：相册排版设计

在排版设计中，除了前面学习的书籍排版设计外，还包括相册排版设计，下面将介绍相册排版设计的一些方法和技巧。

10.4.1 制作相册封面

设计与制作相册的过程中，封面设计是一个难点，也是吸引观赏者的一个亮点，所以相册的封面设计十分重要。本例制作的相册封面，其最终效果如下图所示。

STEP 01： 调整素材图像

制作要点

- 设置图层混合模式
- 输入文字
- 添加描边图层样式
- 复制图层样式
- 粘贴图层样式
- 调整图层位置

光盘文件

素材 \ 第 10 章 \ 相册封面 \
效果 \ 第 10 章 \ 相册封面 .psd
实例演示 \ 第 10 章 \ 制作相册封面

1. 打开素材图像“背景 .jpg”和“色彩 .jpg”，将“色彩 .jpg”图像拖拽到“背景”图像窗口中，并生成“图层 1”。
2. 按 Ctrl+T 组合键，拖动控制点调整“色彩”图像的大小，使其与背景图像一样大。
3. 设置“图层 1”的“不透明度”为 75%。

STEP 02: 添加“小提琴”素材

1. 打开素材图像“小提琴 .jpg”，将其拖入“背景”图像窗口中，并调整其大小和位置。
2. 设置“图层 2”的“混合模式”为深色，“不透明度”为 80%。

STEP 03: 输入标题文字

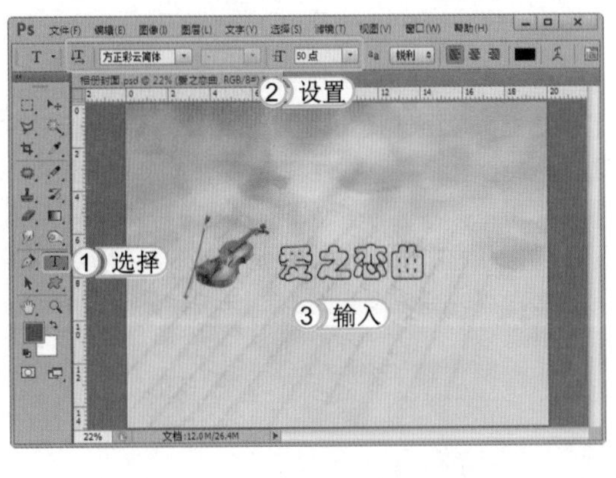

1. 在工具箱中选择横排文字工具T。
2. 在工具属性栏中设置“字体”为方正彩云简体、“字号”为 50 点。
3. 在图像中单击并输入文字“爱之恋曲”。

STEP 04: 输入英文字

直接按 T 键，可快速选择文字工具T。

1. 在工具箱中选择横排文字工具T，在“属性”栏中设置“字体”为Kunstler Script、“字号”为50点、“颜色”为粉红色(R255,G0,B186)。
2. 在图像中单击鼠标并输入英文字“Love peaceful”。

STEP 05: 添加人物图片

1. 打开素材图像“图1.jpg”，将其拖拽到“背景”图像窗口中，并调整其大小、位置和方向。
2. 选择【图层】/【图层样式】/【描边】命令，在打开的“图层样式”对话框中设置描边“大小”为20、“混合模式”为柔光，“颜色”为白色，然后单击 确定 按钮。

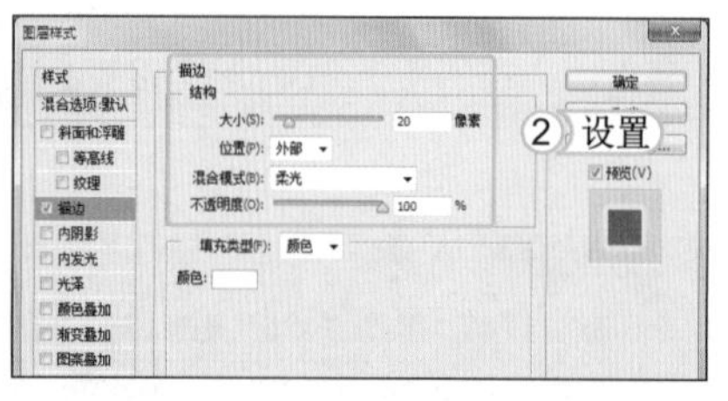

STEP 06: 添加其他图片

打开素材图像“图2.jpg”~“图7.jpg”，将这些图像拖拽到当前编辑的图像窗口中，然后分别调整其大小、位置和方向。

STEP 07: 复制并粘贴图层样式

读书笔记

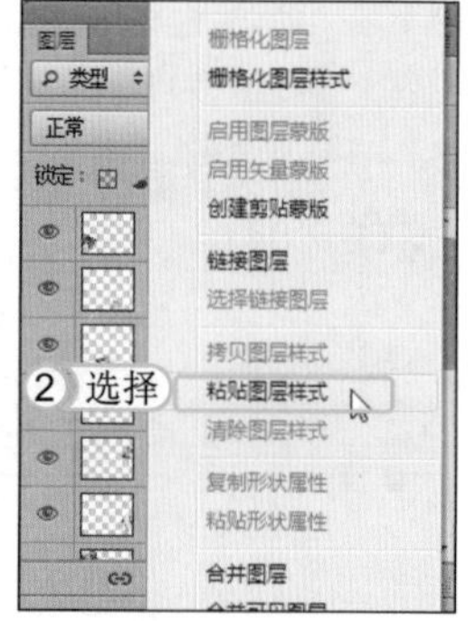

1. 选择“图层3”，单击鼠标右键，在弹出的快捷菜单中选择“拷贝图层样式”命令。
2. 选择“图层4”，按住Shift键，选择“图层9”，单击鼠标右键，在弹出的快捷菜单中选择“粘贴图层样式”命令，然后将英文字图层放在最顶层，完成本实例的制作。

10.4.2 制作相册目录

相册目录是相册内页的引导者，让观赏者开启相册就能了解相册的主要内容。下面将介绍相册目录的制作方法。其最终效果如下图所示。

STEP 01：调整素材图像

1. 打开素材图像"背景图.jpg"和"色彩图.jpg"，将"色彩图"图像拖拽到"背景图"图像窗口中，得到"图层1"。
2. 按Ctrl+T组合键，拖动控制点调整色彩图图像的大小。
3. 设置"图层1"的图层"混合模式"为柔光，"不透明度"为75%。

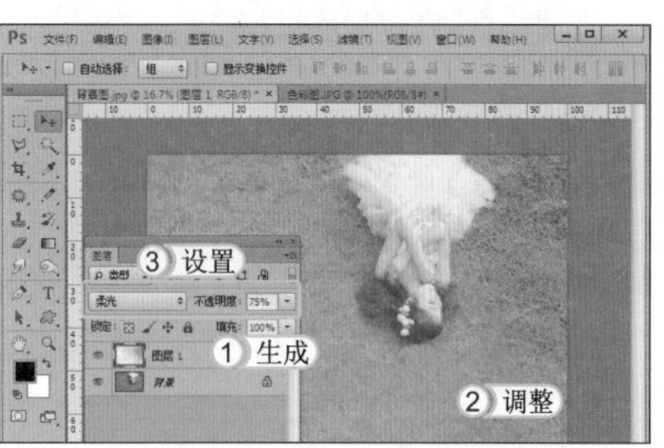

STEP 02：绘制并填充选区

1. 单击"图层"面板下方的"创建新图层"按钮，新建"图层2"。
2. 选择工具箱中的椭圆选框工具。
3. 按住Shift键，在图像中拖动鼠标绘制一个圆形选区。
4. 设置"前景色"为粉红色（R255,G182,B193），按Alt+Delete组合键填充选区。

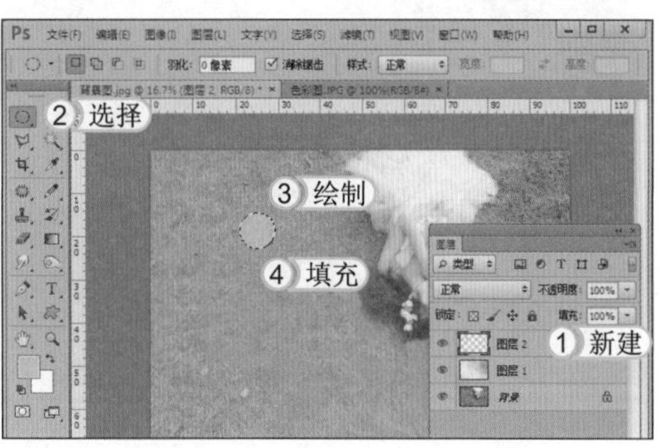

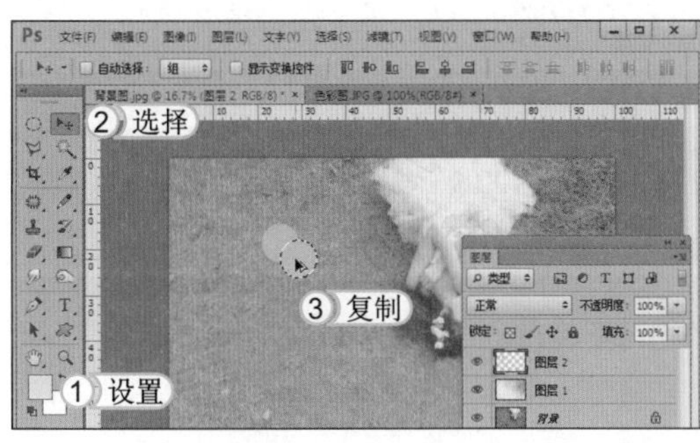

STEP 03：复制图形

1. 设置"前景色"为黄色（R248,G241,B40）。
2. 选择工具箱中的移动工具。
3. 按住Alt键拖动选区复制图形。

STEP 04： 调整图形

1. 按 Ctrl+T 组合键，然后按住 Shift 键拖动控制点进行等比例缩放。
2. 按 Enter 键确定。

STEP 05： 继续复制并调整图形

1. 设置“前景色”为粉红色(R255,G182,B193)，然后再复制一个圆并填充颜色，调整其大小，制作圆环效果。
2. 按Enter键确定，再按Ctrl+D组合键取消选区。

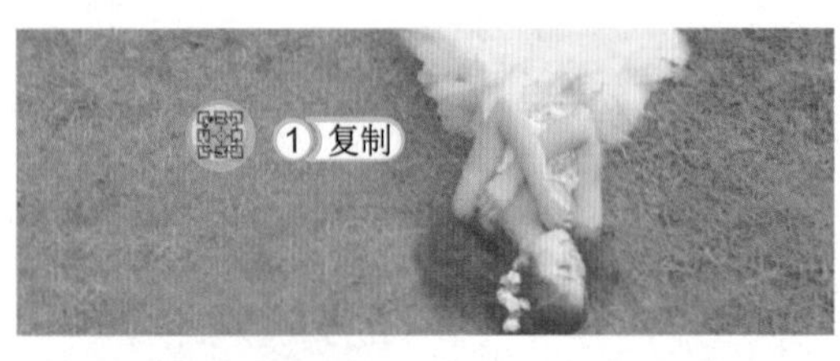

STEP 06： 复制圆环

1. 按住 Alt 键拖动圆环，复制多个。
2. 将复制的圆环调整至合适的大小和位置。

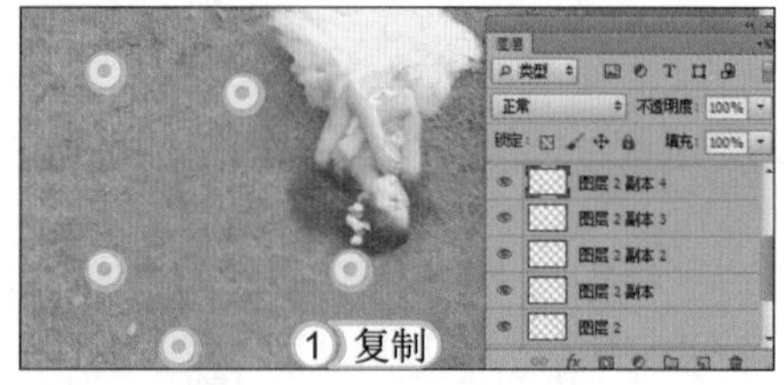

STEP 07： 设置图层混合模式

1. 选择“图层 2”及其所有副本图层，选择【图层】/【合并图层】命令，将其合并为“图层 2”。
2. 选择“图层 2”，设置图层“混合模式”为颜色、“不透明度”为 80%。

STEP 08：复制并粘贴图像

1. 打开素材图像“主婚纱.jpg”，按 Ctrl+A 组合键全选，再按 Ctrl+C 组合键复制。
2. 切换至“背景图”图像窗口，选择椭圆选框工具，按住 Shift 键拖动鼠标绘制正圆选区，然后按 Alt+Shift+Ctrl+V 组合键在选区内粘贴图像。

STEP 09：设置内发光效果

1. 单击“图层”面板下方的fx按钮，在弹出的菜单中选择“内发光”命令。
2. 在打开的“图层样式”对话框中设置“阻塞”为 5，“大小”为 100，然后单击确定按钮。

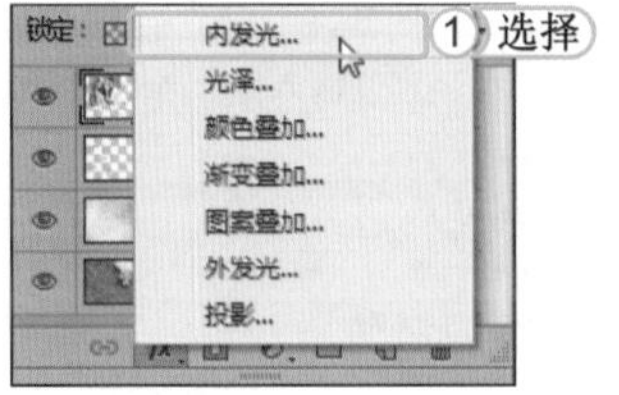

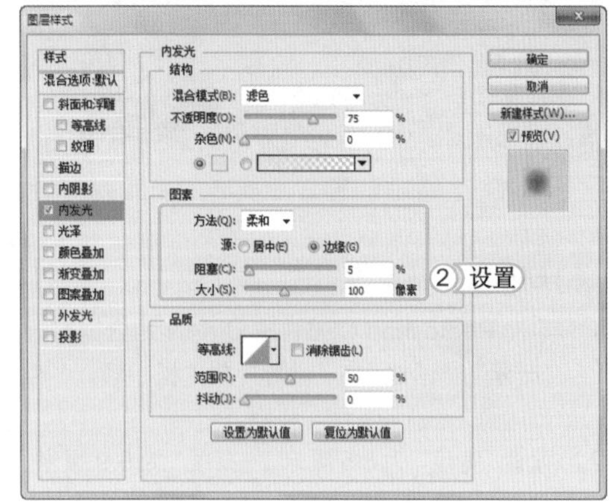

STEP 10：添加其他图像

1. 按照同样的方法，打开其他素材图像，创建选区后粘贴图像，将其移动到合适的位置并设置内发光效果。
2. 单击“图层”面板下方的“创建新图层”按钮，新建“图层 5”。
3. 选择工具箱中的画笔工具，使用散布枫叶画笔绘制出几片枫叶。

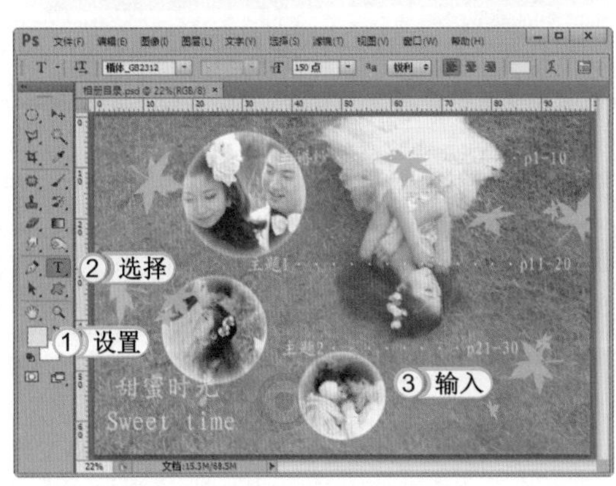

STEP 11：添加文字

1. 设置“前景色”为黄色（R255,G255,B0）。
2. 在工具箱中选择横排文字工具T。
3. 在图像中输入主题文字和目录文字，设置“字体”为楷体，主题文字的“字号”为 150 点，目录文字的“字号”为 100 点，完成本实例的制作。

10.4.3 制作相册内页

精美的相册是封面、目录和内页的完美结合，相册内页是相册的核心，决定着相册的品质。下面将介绍相册内页的制作方法。其最终效果如下图所示。

STEP 01： 新建文件

1. 启动 Photoshop CS6，按 Ctrl+N 组合键打开"新建"对话框，在"名称"文本框中输入"相册内页"。
2. 设置"宽度"为 8.5 厘米，"高度"为 5.9 厘米，"分辨率"为 300 像素 / 英寸。
3. 单击 确定 按钮。

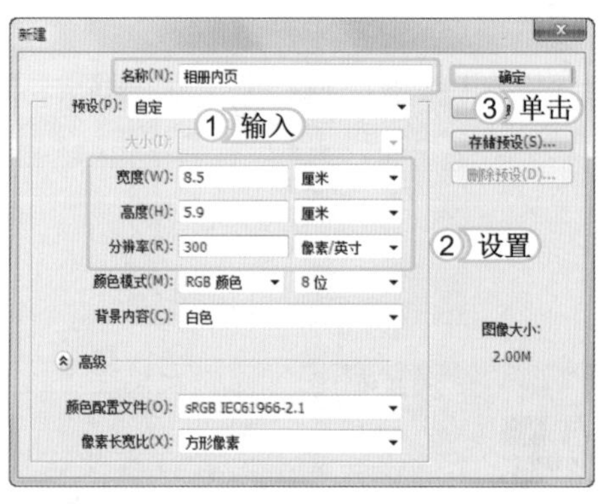

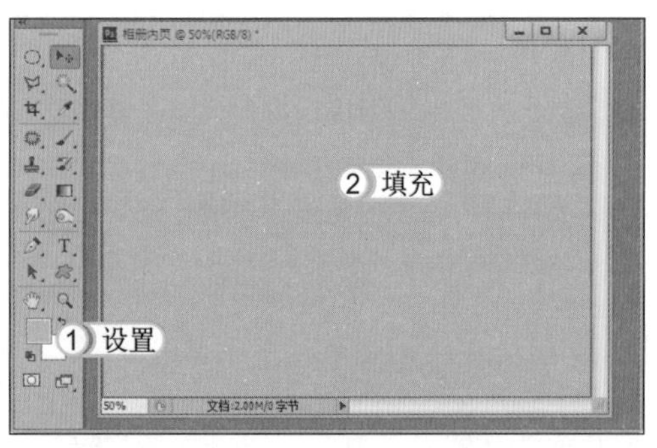

STEP 02： 填充背景颜色

1. 设置"前景色"为粉红色(R255,G170,B255)。
2. 按 Alt+Delete 组合键填充背景。

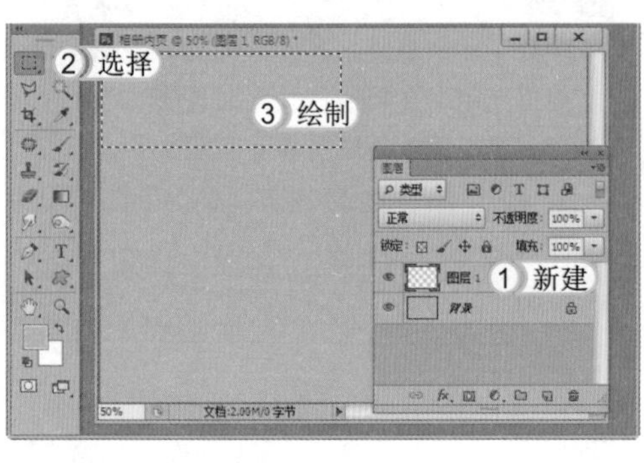

STEP 03： 绘制矩形选区

1. 单击"图层"面板下方的"创建新图层"按钮，新建"图层 1"。
2. 选择工具箱中的矩形选框工具。
3. 在图像窗口中绘制一个矩形选区。

STEP 04： 填充羽化选区

1. 选择【选择】/【修改】/【羽化】命令，在打开的“羽化”对话框中设置“羽化半径”为 5 像素，单击 确定 按钮。
2. 设置“前景色”为淡红色（R251,G219,B240）。
3. 按 Alt+Delete 组合键填充羽化选区。

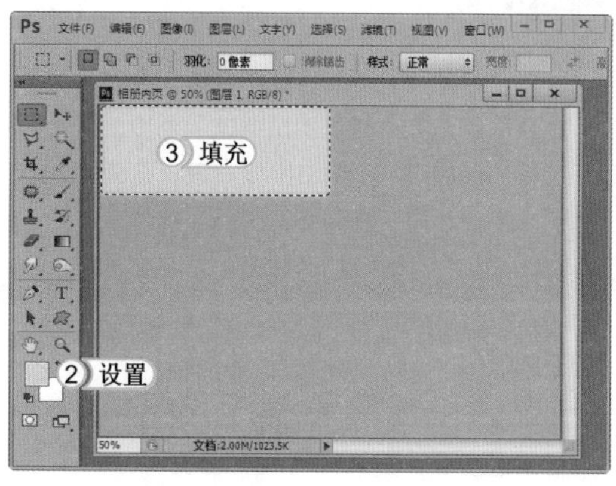

STEP 05： 制作投影效果

1. 按 Ctrl+D 组合键取消选区，单击“图层”面板下方的 fx. 按钮。在弹出的菜单中选择“投影”命令。
2. 在打开的“图层样式”对话框中设置“投影颜色”为暗红色（R253,G125,B253），设置“距离”为 10、“大小”为 50，单击 确定 按钮。

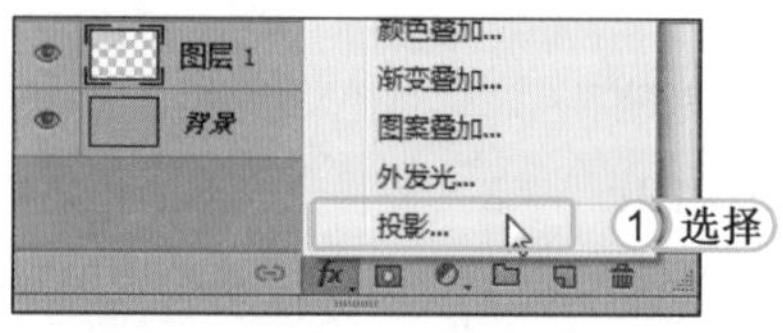

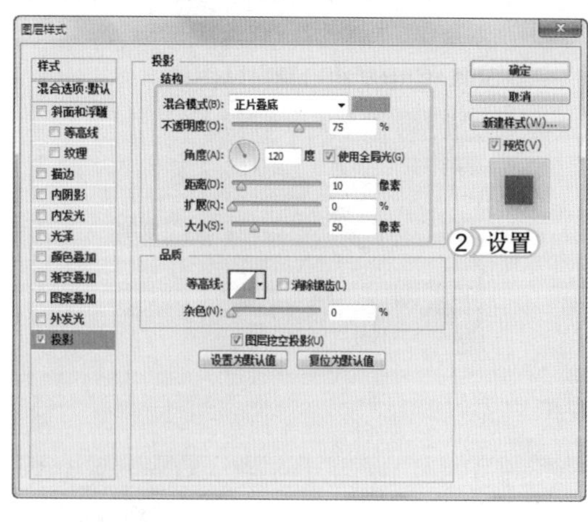

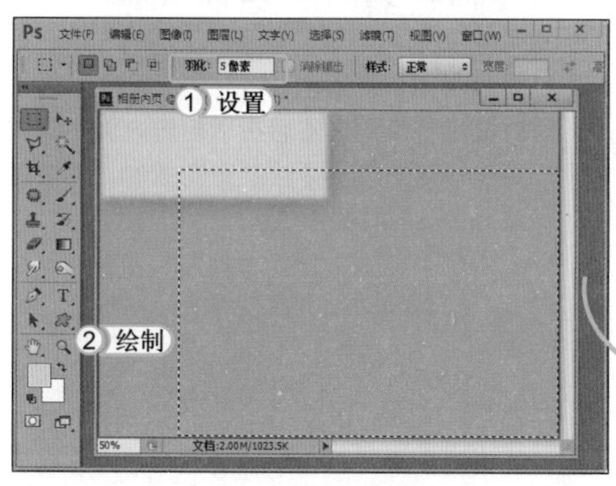

STEP 06： 创建不规则选区

1. 选择工具箱中的矩形选框工具，在“属性”栏中设置“羽化”为 5 像素。
2. 在图像窗口中绘制一个矩形选区。
3. 按住 Alt 键绘制新选区，减选原矩形选区。

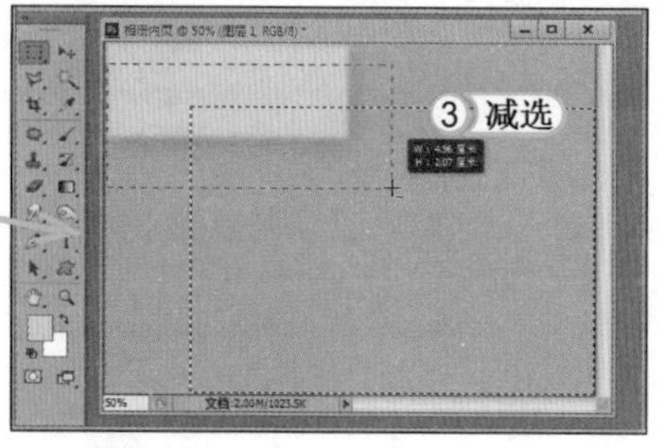

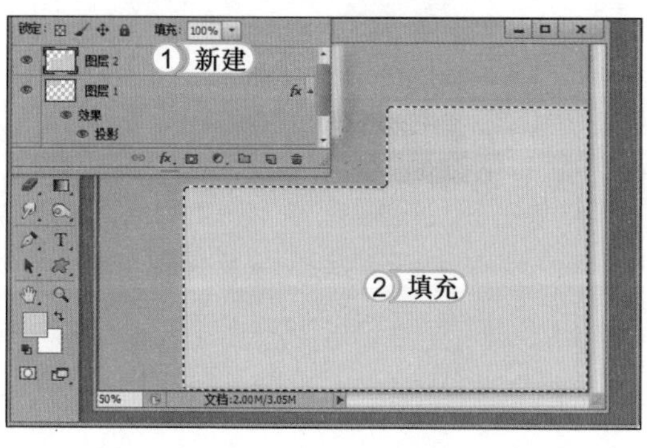

STEP 07： 填充选区

1. 单击“图层”面板下方的“创建新图层”按钮，新建“图层 2”。
2. 按 Alt+Delete 组合键填充前景色，然后按 Ctrl+D 组合键取消选区。

STEP 08：复制并粘贴图层样式

1. 选择“图层 1”，单击鼠标右键，在弹出的快捷菜单中选择“拷贝图层样式”命令。
2. 选择“图层 2”，单击鼠标右键，在弹出的快捷菜单中选择“粘贴图层样式”命令。

STEP 09：复制并粘贴图像

1. 打开素材图像“主图 .jpg”，按 Ctrl+A 组合键全选图像，按 Ctrl+C 组合键复制图像。
2. 切换至“相册内页”窗口，按住 Ctrl 键，单击“图层 2”缩略图，载入矩形选区，再按 Alt+Shift+Ctrl+V 组合键粘贴图像。

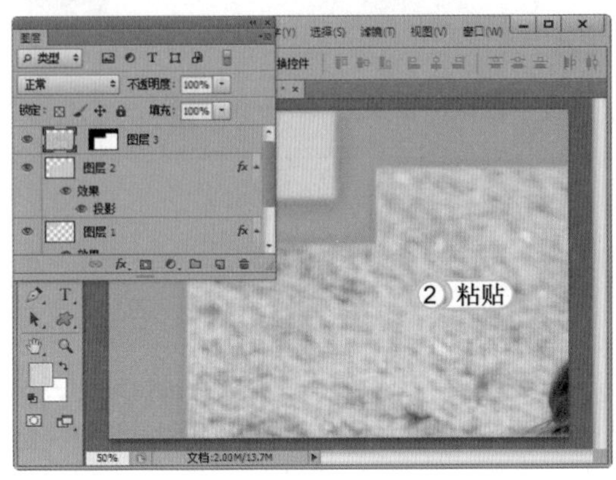

STEP 10：添加附图

1. 按 Ctrl+T 组合键，再按住 Shift 键缩放图像，然后将其拖拽到合适位置，按 Enter 键结束编辑。
2. 打开素材图像“附图 .jpg”，使用相同的方法对其进行复制，然后在“相册内页”图像中绘制矩形选区，并粘贴附图图像，再对图像进行适当的缩放和移动。

STEP 11：添加艺术字

1. 打开素材图像“艺术字 .jpg”，将其拖拽至相册内页图像中，并调整其合适大小和位置。
2. 设置艺术字图层的“混合模式”为差值。

STEP 12: 输入文字

1. 选择横排文字工具T，在“属性”栏中设置“字体”为方正隶书简体，“字号”为6点。
2. 在图像中单击并输入文字，适当调整文字的行距。

STEP 13: 输入圆点

1. 选择文字图层，然后选择【图层】/【栅格化】/【文字】命令，对该文字图层进行栅格化。
2. 选择横排文字工具T，在“属性”栏中设置“字号”为30，然后在图像中输入多个圆点，选中圆点文字图层，并栅格化该文字图层。

STEP 14: 添加心形素材

1. 打开素材图像“心形.jpg”，将其拖拽至相册内页图像中，并调整其大小、方向和位置。
2. 调整心形图层的“混合模式”为正片叠底、“不透明度”为30%。

STEP 15: 复制心形素材

复制多个心形图像，并调整其大小和位置，完成本实例的制作。

提个醒 绘制心形的方法有多种，可以使用钢笔工具进行绘制，也可以使用自定形状工具，在“属性”栏中选择心形选项，在图像中拖动绘制。

10.5 练习 1 小时

本章主要介绍了画册和书籍设计的一些方法和技巧，用户需要熟练掌握这些知识。下面通过制作侦探小说封面和制作图库光盘来进一步巩固这些知识。

1. 制作侦探小说封面

本例将制作侦探小说封面，先新建一个 21 厘米 ×30 厘米的空白图像，然后创建参考线，再添加素材图像，并对素材图像进行变换编辑和设置混合模式，最后添加文字内容，其效果如右图所示。

光盘文件
素材 \ 第 10 章 \ 侦探小说封面 \
效果 \ 第 10 章 \ 侦探小说封面 .psd
实例演示 \ 第 10 章 \ 制作侦探小说封面

2. 制作图库光盘

本例将制作图库光盘，先新建一个 9 厘米 ×9 厘米的空白图像，并创建参考线，然后添加素材图像，再绘制正圆选区并填充颜色及进行描边操作，最后添加文字内容，其效果如右图所示。

光盘文件
素材 \ 第 10 章 \ 图库光盘 \
效果 \ 第 10 章 \ 图库光盘 .psd
实例演示 \ 第 10 章 \ 制作图库光盘

读书笔记

第11章 网页元素设计

学习 6 小时

随着 Photoshop 的不断发展，已经逐渐取代了 Fireworks 软件在网页制作中的作用，成为人们最常使用的网页制作辅助软件之一。在 Photoshop CS6 中，用户可以根据需要设计如网站 LOGO、按钮、菜单等元素；也可以对网页的背景图片等进行处理，使其效果更加美观。

- 制作网站 LOGO
- 制作按钮
- 制作菜单
- 制作主页背景图片
- 网页布局设计

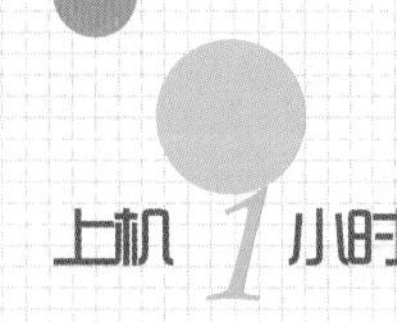

上机 1 小时

11.1 学习2小时：制作网站LOGO

LOGO是希腊语logogram的简写。标志、徽标和商标是现代经济的产物，它不同于古代的印记，现代标志承载着企业的无形资产，是企业综合信息传递的媒介。网站LOGO和企业的LOGO一样，是一个商标，证明企业或者网站标志性图案。下面将对网站LOGO的制作方法进行介绍。

11.1.1 绘制旅游网站LOGO

一个好的旅游网站logo是不断修改出来的。值得注意的是，网站logo的图片不能过大，否则，网站页面都打开了，但是logo还没有加载完，这样的logo可以说是设计的失败。本例将介绍制作旅游网站logo的方法。其最终效果如下图所示。

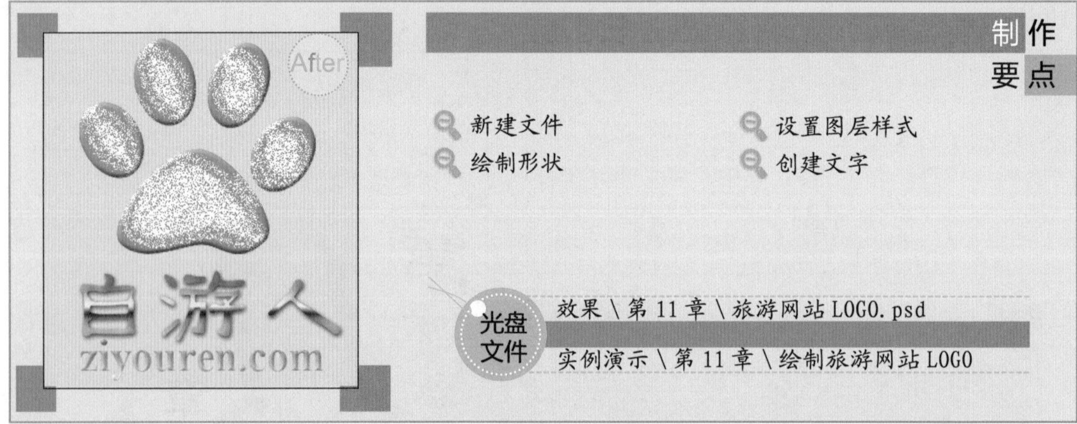

STEP 01： 新建文件

1. 启动Photoshop CS6，选择【文件】/【新建】命令，在打开的“新建”对话框中输入文件的名称为“旅游LOGO”。
2. 设置文件的“宽度”为12厘米，“高度”为13厘米，“分辨率”为72像素/英寸。
3. 单击 确定 按钮，新建一个空白图像文件。

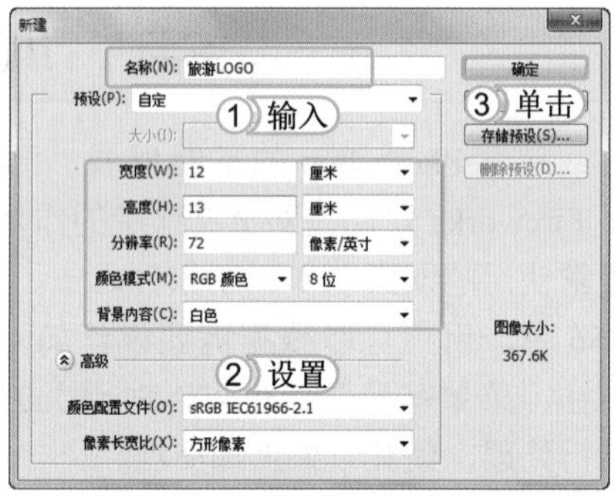

STEP 02： 填充图像

1. 单击“前景色”色块，在打开的“拾色器（前景色）”对话框中设置“前景色”为淡黄色（#f6edb2）。
2. 按Alt+Delete组合键填充图像。

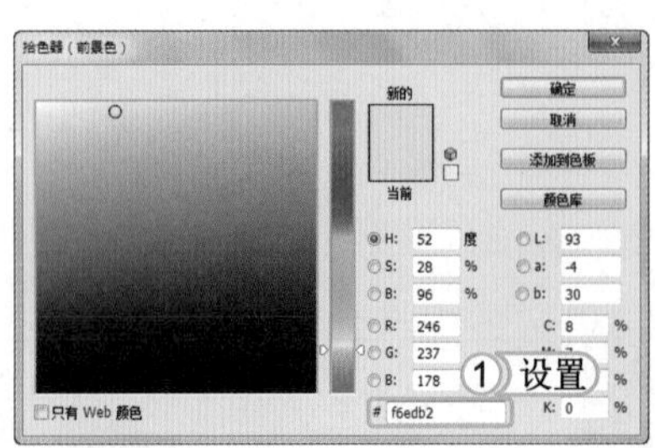

STEP 03： 绘制形状图形

1. 设置“前景色”为绿色（#39aa4f），在工具箱中选择自定形状工具。
2. 在“属性”栏中选择“工具模式”为形状。
3. 在“形状”下拉列表框中选择“爪印（猫）”选项。
4. 在图像窗口中拖动鼠标绘制出爪印图像。

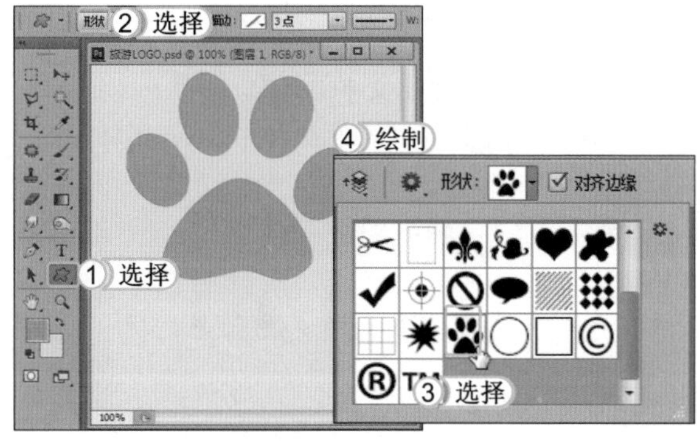

STEP 04： 设置斜面和浮雕效果

1. 选择【图层】/【图层样式】/【斜面和浮雕】命令，打开“图层样式”对话框，在右侧的“结构”栏中设置“样式”为内斜面。
2. 设置“大小”为5。

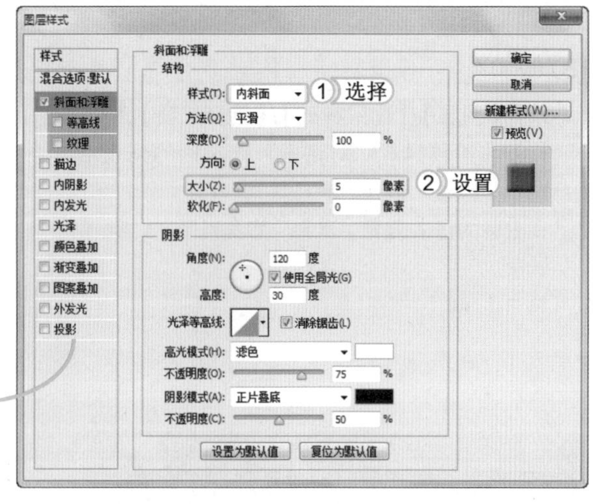

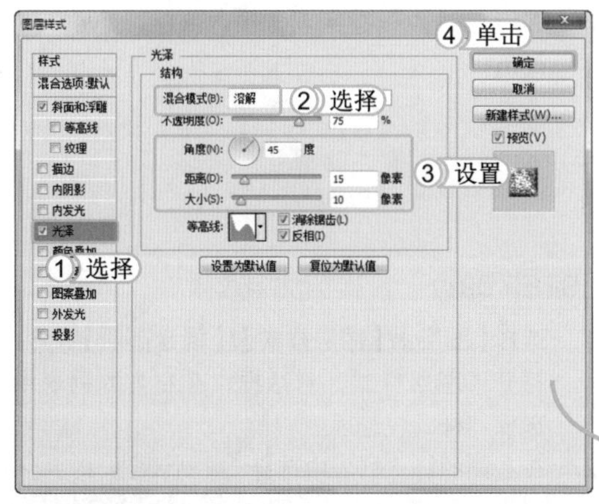

STEP 05： 设置光泽效果

1. 在“图层样式”对话框的左侧列表中选择“光泽”选项。
2. 在右侧的“结构”栏中选择“混合模式”为溶解。
3. 设置“角度”为45、“距离”为15、“大小”为10。
4. 单击 确定 按钮。

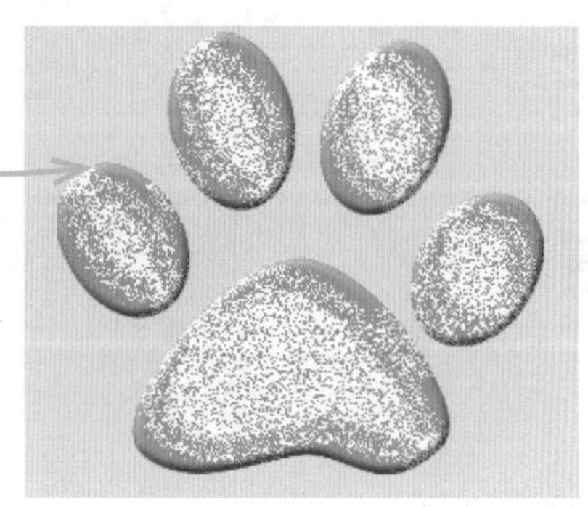

提个醒 在“图层样式”对话框的左侧列表中选择“样式”选项，然后可以直接在右侧的样式栏中选择需要的样式。

STEP 06： 创建文字

1. 在工具箱中选择横排文字工具 T。
2. 在“属性”栏中将“字体”设置为方正古隶简体，“字号”为 100 点。
3. 在猫爪图形下方输入文字“自游人”。

STEP 07： 设置文字效果

1. 选择【图层】/【图层样式】/【混合选项】命令，打开“图层样式”对话框，在左侧的列表中选择“样式”选项。
2. 在右侧的样式列表中选择“铬金光泽（文字）”选项。
3. 单击 确定 按钮。

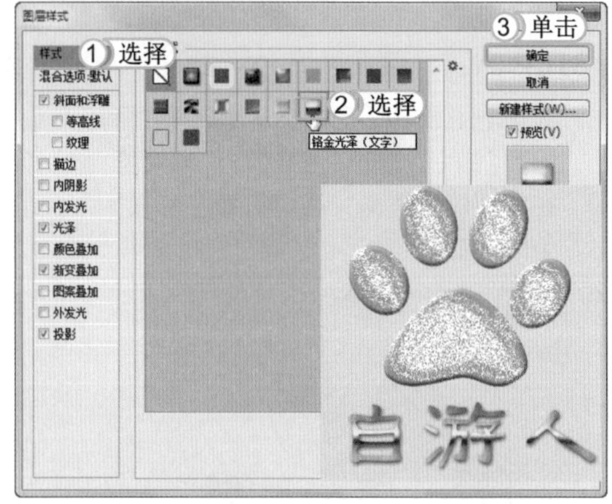

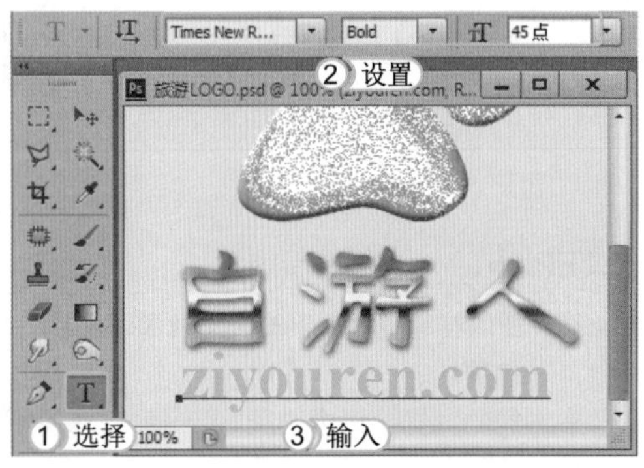

STEP 08： 输入英文字

1. 在工具箱中选择横排文字工具 T。
2. 在“属性”栏中将“字体”设置为 Times New Roman，“字号”为 45 点。
3. 在“自游人”文字下方输入文字“ziyouren.com”。

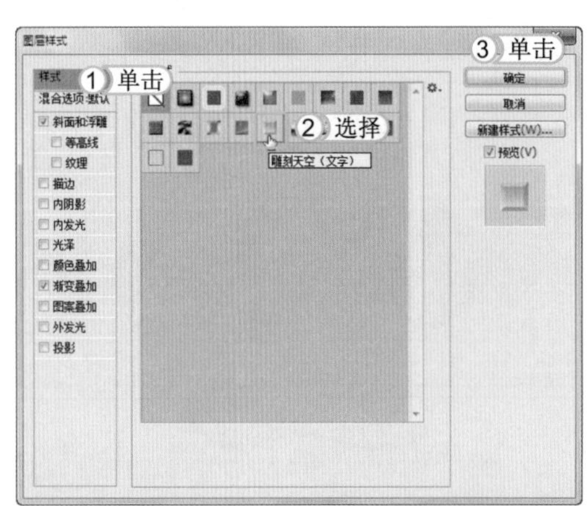

STEP 09： 设置英文字效果

1. 选择【图层】/【图层样式】/【混合选项】命令，打开“图层样式”对话框，在左方的列表中选择“样式”选项。
2. 在右侧的样式列表中选择“雕刻天空（文字）”选项。
3. 单击 确定 按钮，完成本实例的制作。

11.1.2　绘制家居网站 LOGO

由于家居类网站的首页本身就会有大量的图片，因此 LOGO 的设计就要以简洁为主，颜色要突出，同时忽略掉细节的刻画，所以只要一个简洁直观的图案，然后加上网站的名称就好了。本例将介绍制作家居网站 LOGO 的方法。其最终效果如下图所示。

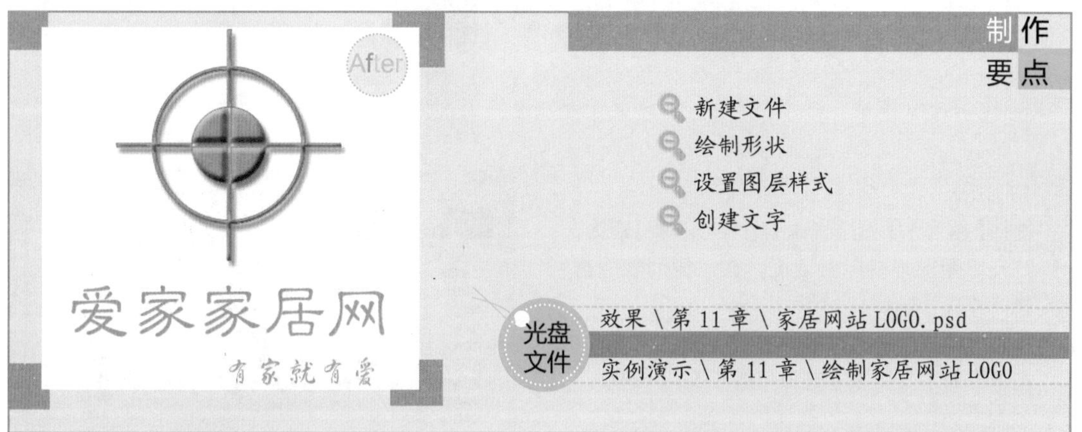

STEP 01： 新建文件

1. 启动 Photoshop CS6，选择【文件】/【新建】命令，在打开的“新建”对话框中输入文件的名称为“家居网站 LOGO”。
2. 设置文件的“宽度”为 21 厘米，“高度”为 21 厘米，“分辨率”为 72 像素 / 英寸。
3. 单击 确定 按钮，新建一个空白图像文件。

STEP 02： 绘制形状图形

1. 设置“前景色”为绿色（#13d638），然后在工具箱中选择自定形状工具。
2. 在“属性”栏中选择“工具模式”为形状。
3. 在“形状”下拉列表框中选择“靶标 1”选项。
4. 在图像窗口中拖动鼠标绘制出靶标图像。

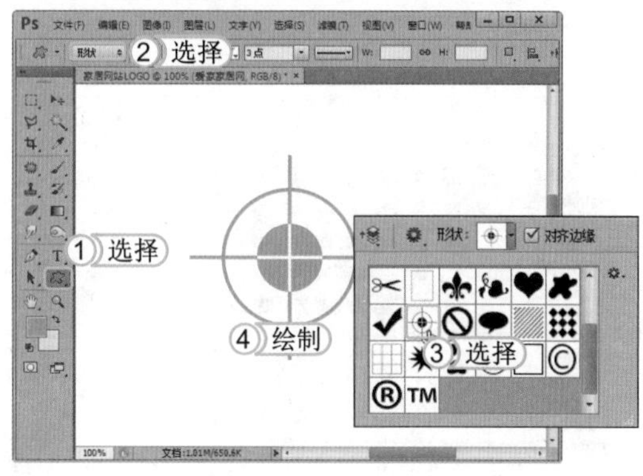

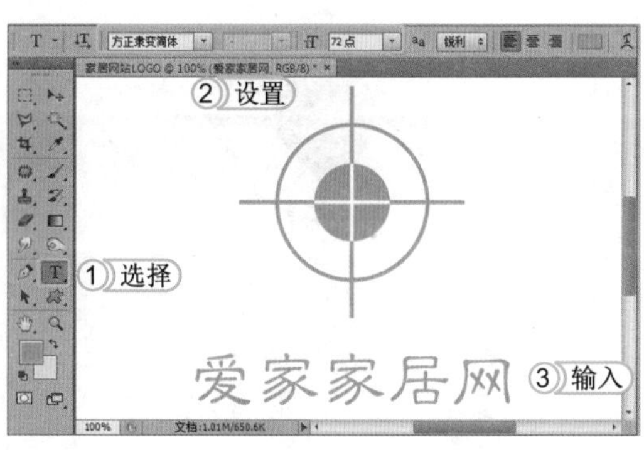

STEP 03： 输入文字

1. 在工具箱中选择横排文字工具。
2. 在“属性”栏中将“字体”设置为方正隶变简体、“字号”为 72 点。
3. 在标靶图形下方输入“爱家家居网”。

STEP 04： 输入文字

1. 在工具箱中选择横排文字工具T。
2. 在“属性”栏中将“字体”设置为方正黄草简体，“字号”为35点。
3. 输入“有家就有爱”。

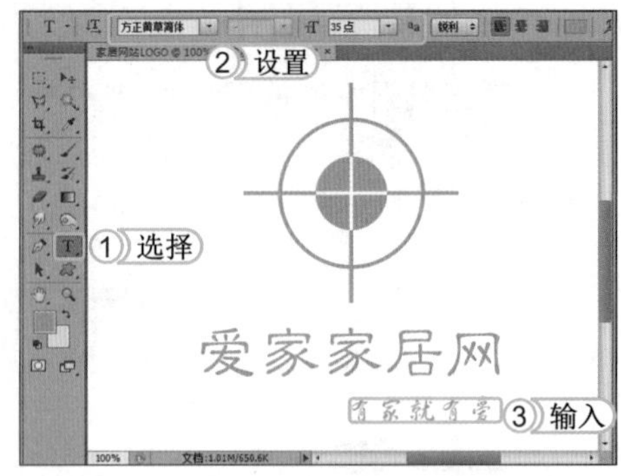

STEP 05： 添加图层文字样式

1. 选择【图层】/【图层样式】/【混合选项】命令，打开“图层样式”对话框，在左侧列表中选择“样式”选项。
2. 单击“样式”框右侧的⚙按钮。
3. 在弹出的下拉列表中选择“摄影效果”选项。

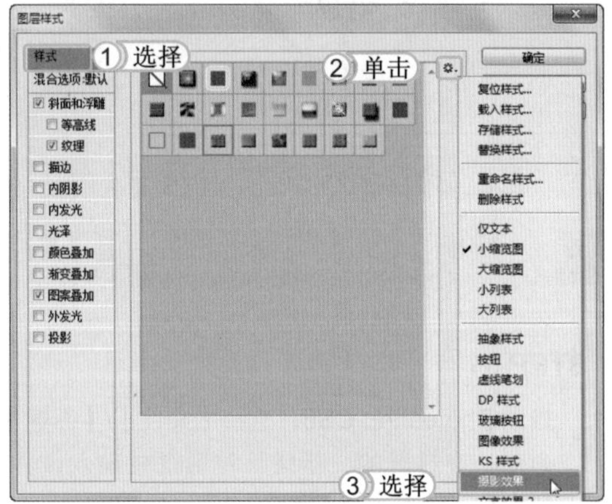

图层样式

是否用 摄影效果 中的样式替换当前的样式?

单击

确定 取消 追加(A)

STEP 06： 追加样式

在打开的“图层样式”提示对话框中单击追加(A)按钮。

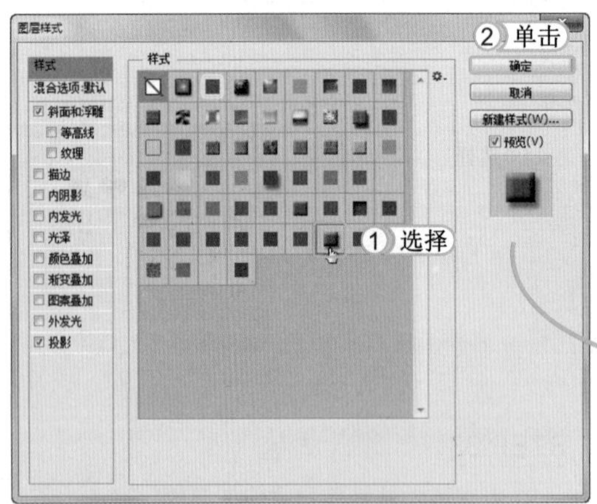

STEP 07： 应用样式

1. 在“样式”栏中选择新添加的“内斜面投影”选项■。
2. 单击确定按钮。

爱家家居网

有家就有爱

提个醒 在应用新样式时，如果觉得追加后的样式太多，不利于查找，可以在“图层样式”提示对话框中直接单击确定按钮，将当前样式进行替换。

11.1.3 绘制财经网站 LOGO

由于财经类网站的首页带有期货、股市等市场的指数和走向，而国内市场以红色表示上涨，因此 LOGO 的颜色要以红色为主，然后配以表示上涨的箭头，不必添加多余的元素。本例将介绍制作财经网站 LOGO 的方法。其最终效果如下图所示。

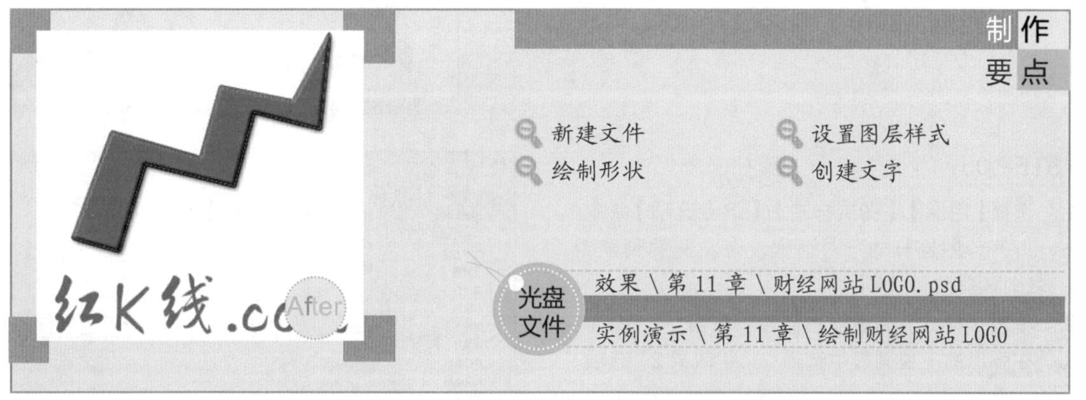

STEP 01：新建文件

1. 启动 Photoshop CS6，选择【文件】/【新建】命令，在打开的“新建”对话框中输入文件的名称为“财经网站 LOGO”。
2. 设置文件的“宽度”为 21 厘米，“高度”为 21 厘米，“分辨率”为 72 像素 / 英寸。
3. 单击 确定 按钮，新建一个空白图像文件。

STEP 02：绘制形状图形

1. 设置“前景色”为红色（#ff0000），然后在工具箱中选择自定形状工具。
2. 在“属性”栏中选择“工具模式”为形状。
3. 在“形状”下拉列表框中选择“闪电”选项。
4. 在图像窗口中拖动鼠标绘制出闪电图像。

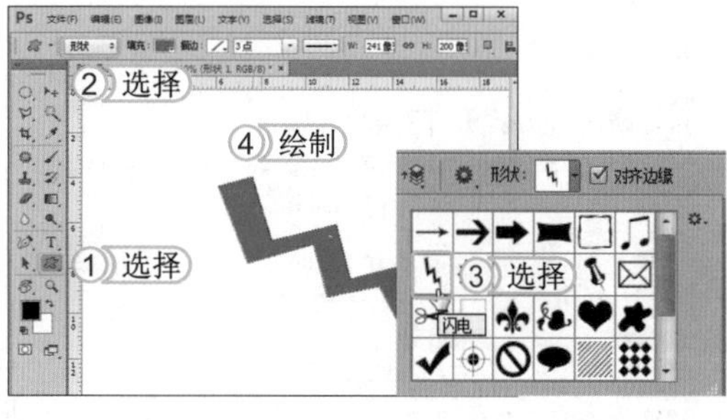

STEP 03：输入文字

1. 在工具箱中选择横排文字工具。
2. 在“属性”栏中将“字体”设置为方正黄草简体、“字号”为 70 点。
3. 在闪电图形下方输入“红 K 线 .com”。

STEP 04：垂直翻转闪电图形

1. 在“图层”面板中选择“形状 1”图层。
2. 选择【编辑】/【变换路径】/【垂直翻转】命令，将闪电图形垂直翻转一次。
3. 按 Ctrl+T 组合键，对图形的大小进行调整，然后按 Enter 键进行确定。

STEP 05：添加图层文字样式

1. 选择【图层】/【图层样式】/【混合选项】命令，打开“图层样式”对话框，在左侧的列表中选择“样式”选项。
2. 单击“样式”列表框右侧的⚙按钮。
3. 在弹出的下拉列表中选择“文字效果 2”选项。

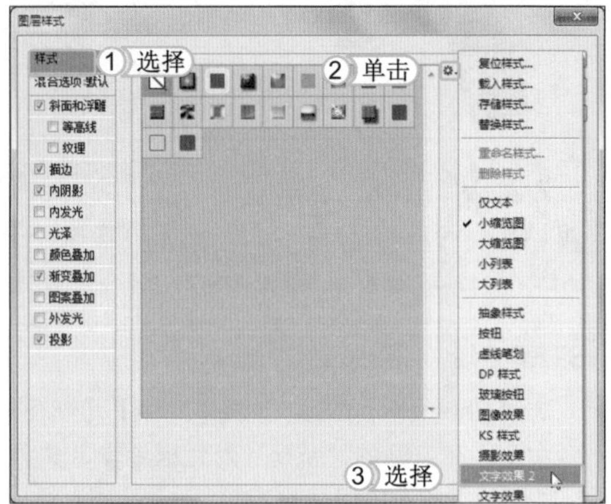

STEP 06：替换样式

在打开的“图层样式”提示对话框中单击 确定 按钮。

STEP 07：应用样式

1. 在“样式”栏中选择新添加的“鲜红色斜面”选项。
2. 单击 确定 按钮。

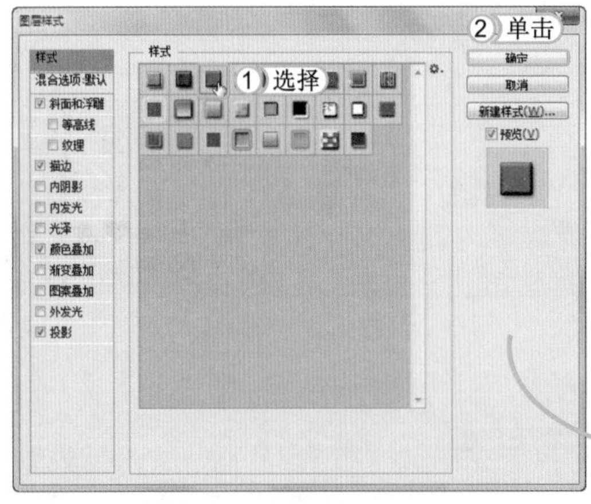

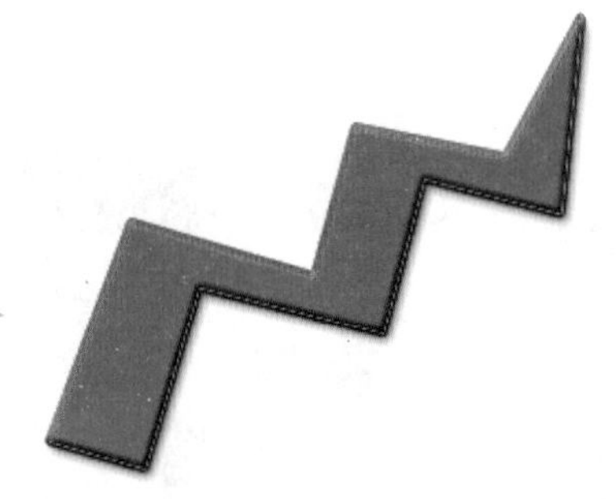

读书笔记

11.2 学习 1 小时：制作按钮

前面学习了网站 LOGO 的制作方法，本节将继续学习网站中最常见的元素——按钮的制作，通常所见的按钮效果包括玻璃图标按钮、水晶图标按钮和金属边框按钮等。下面将对这些按钮的制作方法进行介绍。

11.2.1 绘制玻璃图标按钮

按钮是网站的必备元素之一，一般用于实现提交功能，例如当用户输入了关键字后会点击“搜索”按钮，网页中将出现搜索结果。它的功能性应放在第一位，所以其设计以简单明了为首要条件，所谓玻璃图标按钮就是玻璃材质的按钮。本例将介绍制作玻璃图标按钮的方法。其最终效果如下图所示。

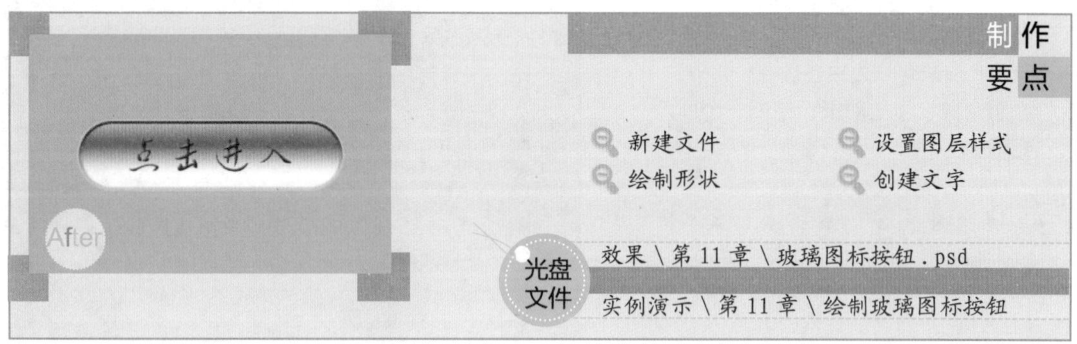

STEP 01：新建文件

1. 启动 Photoshop CS6，选择【文件】/【新建】命令，在打开的“新建”对话框中输入文件的名称为“玻璃图标按钮”。
2. 设置文件的“宽度”为 20 厘米，“高度”为 20 厘米，“分辨率”为 72 像素 / 英寸。
3. 单击 确定 按钮，新建一个空白图像文件。

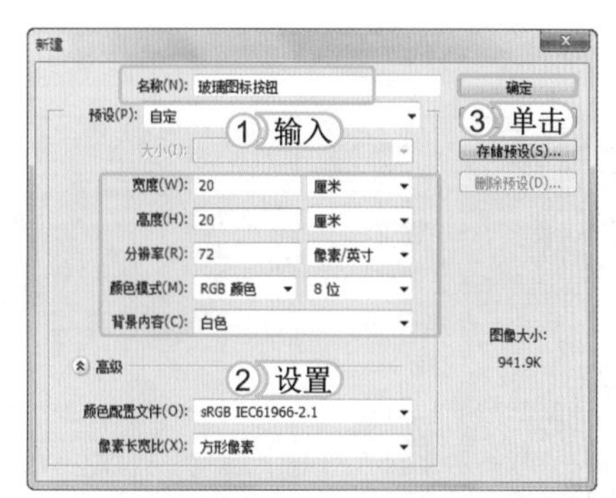

STEP 02：填充图像

1. 设置“前景色”为绿色（R57,G190,B163）。
2. 按 Alt+Delete 组合键对图像进行填充。

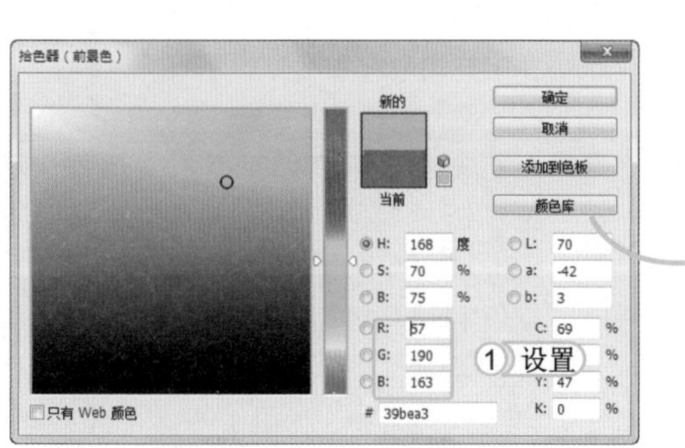

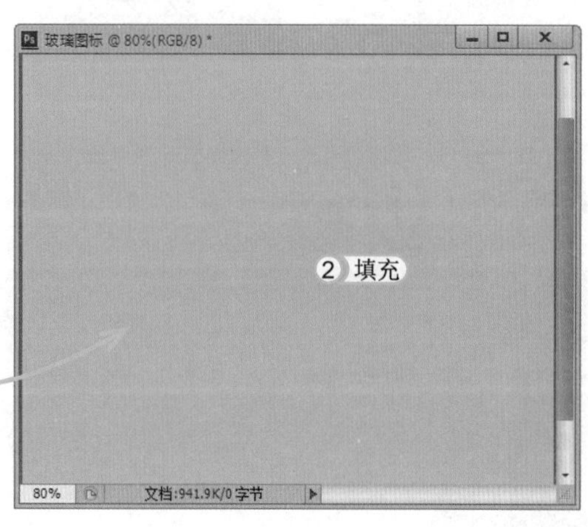

STEP 03： 选择圆角矩形工具

1. 单击图层面板下方的“创建新图层”按钮，新建“图层 1”。
2. 在工具箱中单击“自定形状工具”按钮，在弹出的菜单中选择“圆角矩形工具”命令。

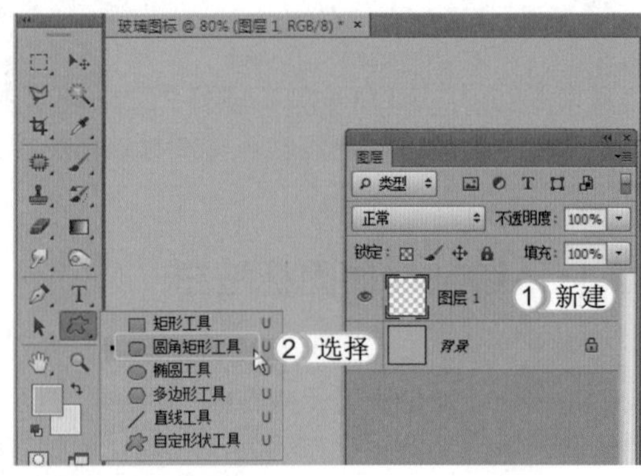

STEP 04： 绘制圆角矩形

1. 在“属性”栏中设置“半径”为 100 像素。
2. 设置“前景色”为白色。
3. 在图像窗口中拖动鼠标绘制一个圆角矩形。

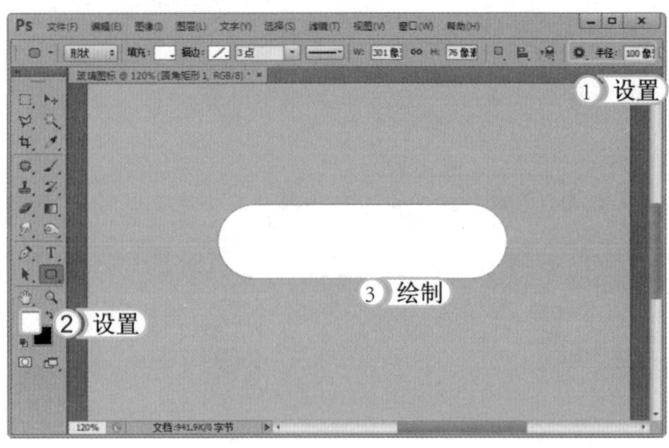

读书笔记

STEP 05： 锁定图层

1. 在“图层”面板中右键单击“圆角矩形 1”图层，在弹出的快捷菜单中选择“栅格化图层”命令。
2. 单击“锁定透明像素”按钮。

STEP 06： 设置渐变工具

1. 在工具箱中选择渐变工具。
2. 在“属性”栏中单击按钮。
3. 在打开的“渐变编辑器”对话框中设置“渐变颜色”依次为白色（R255,G255,B255）、绿色（R11,G210,B76）、绿色（R3,G142,B52）。
4. 单击确定按钮。

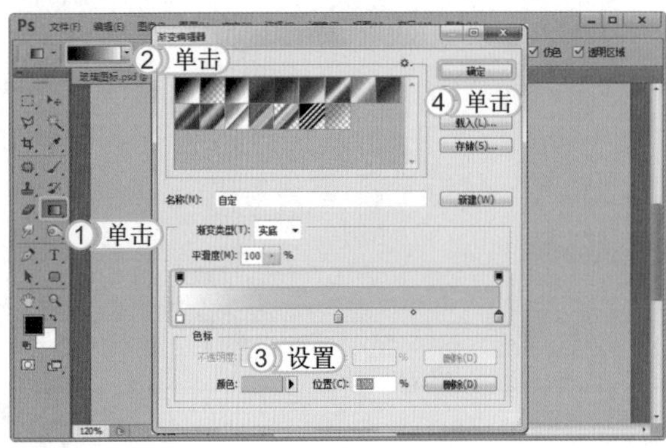

STEP 07：渐变填充图形

1. 在圆角矩形图像上方单击鼠标指定渐变填充的起点。
2. 向下拖动并单击鼠标指定渐变填充的终点，完成对非透明区域的渐变填充。

STEP 08：新建图层

1. 单击“图层”面板下方的“创建新图层”按钮，新建“图层 1”。
2. 按住 Ctrl 键的同时，单击“圆角矩形 1”图层缩略图，载入该图层中的图像选区。

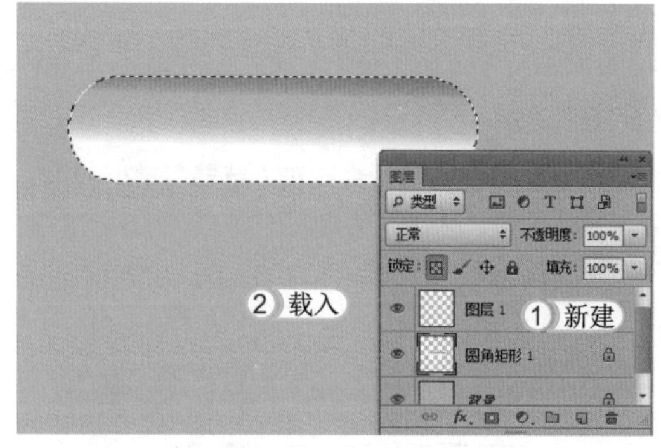

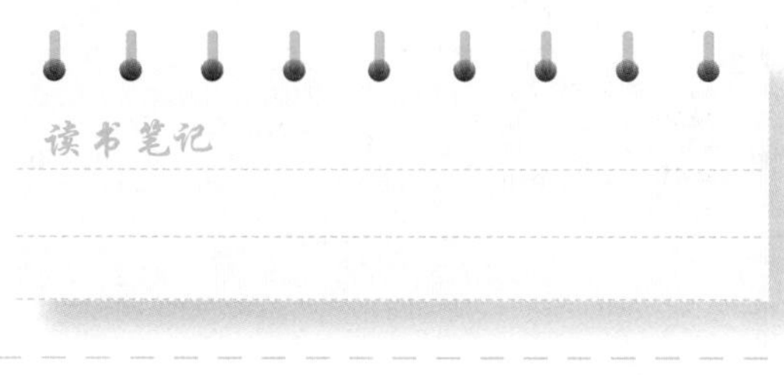

STEP 09：收缩选区

选择【选择】/【修改】/【收缩】命令，在打开的“收缩选区”对话框中设置“收缩量”为 3，然后单击 确定 按钮。

STEP 10：填充选区

1. 设置“前景色”为白色，然后在“图层”面板中单击“图层 1”缩略图。
2. 按 Alt+Delete 组合键使用前景色填充图像。

STEP 11：渐变填充蒙版

1. 在“图层”面板中单击“添加矢量蒙版”按钮，为“图层 1”添加一个蒙版。
2. 在工具箱中选择渐变工具，设置渐变“颜色”从白色到黑色，然后在圆角矩形中从上向下进行渐变填充。

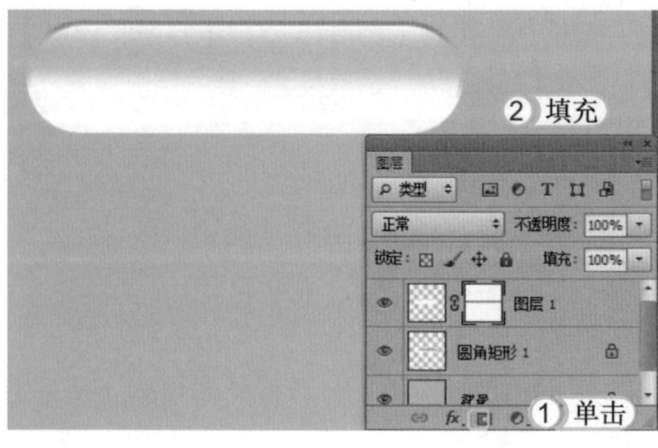

STEP 12：设置阴影图层样式

选择“圆角矩形 1”图层，然后选择【图层】/【图层样式】/【内阴影】命令，在打开的“图层样式”对话框中设置阴影的“大小”为 8。

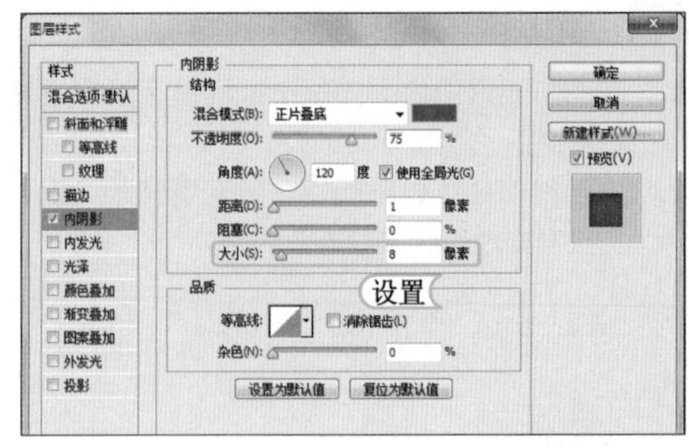

STEP 13：设置描边图层样式

1. 在“图层样式”对话框的左方选择“描边”选项。
2. 设置描边“大小”为 2。
3. 单击 确定 按钮。

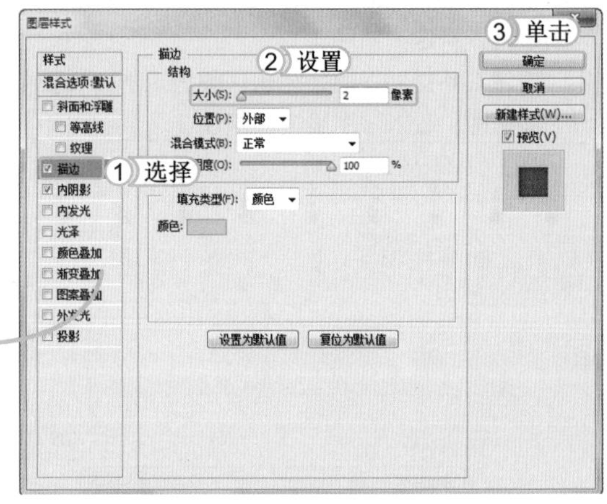

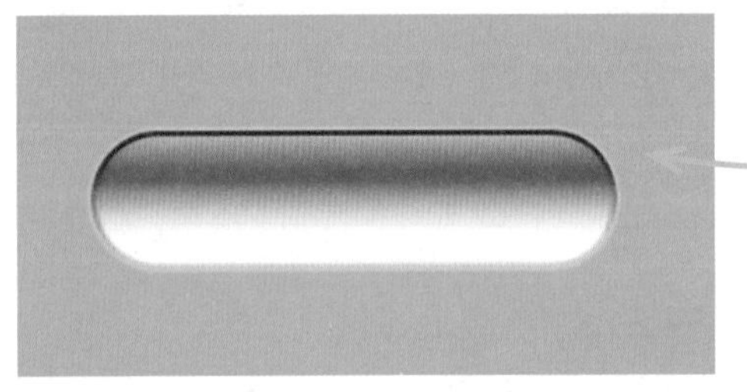

STEP 14：输入文字

1. 在工具箱中选择横排文字工具 T 。
2. 在“属性”栏中将“字体”设置为方正黄草简体，“字号”为 50 点。
3. 在圆角矩形中输入“点击进入”文字。

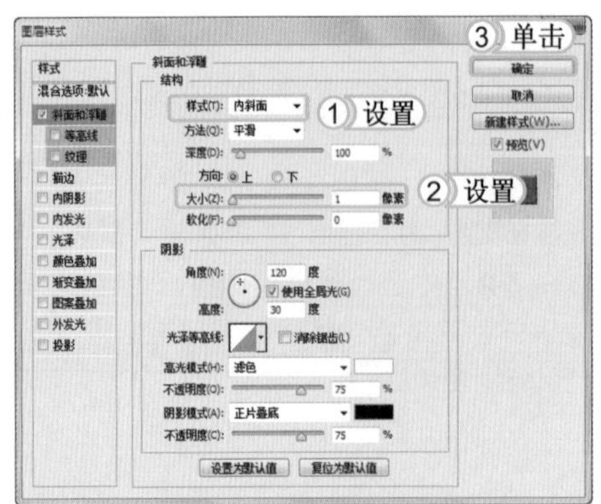

STEP 15：设置图层样式

1. 选择【图层】/【图层样式】/【斜面和浮雕】命令，在打开的“图层样式”对话框中设置“浮雕样式”为内斜面。
2. 设置“大小”为 1。
3. 单击 确定 按钮，完成本实例的制作。

11.2.2 绘制金属边框按钮

金属边框按钮就是一种模拟金属材质的按钮，字体从视觉效果上要有力度，这样才能使按钮的材质和文字和谐统一。本例将介绍制作金属边框按钮的方法。其最终效果如下图所示。

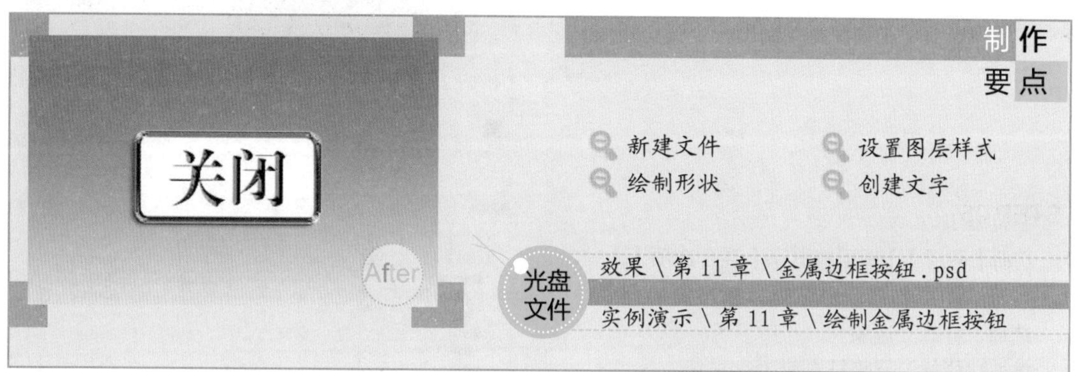

STEP 01： 新建文件

1. 启动 Photoshop CS6，选择【文件】/【新建】命令，在打开的“新建”对话框中输入文件的名称为“金属边框按钮”。
2. 设置文件的“宽度”为 14 厘米，“高度”为 9 厘米，“分辨率”为 72 像素 / 英寸。
3. 单击 确定 按钮，新建一个空白图像文件。

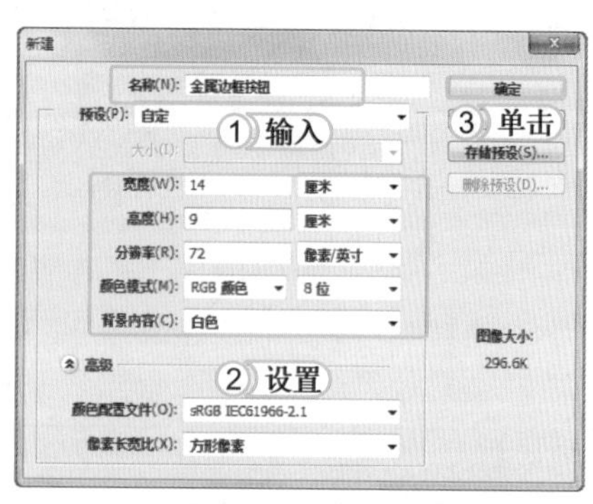

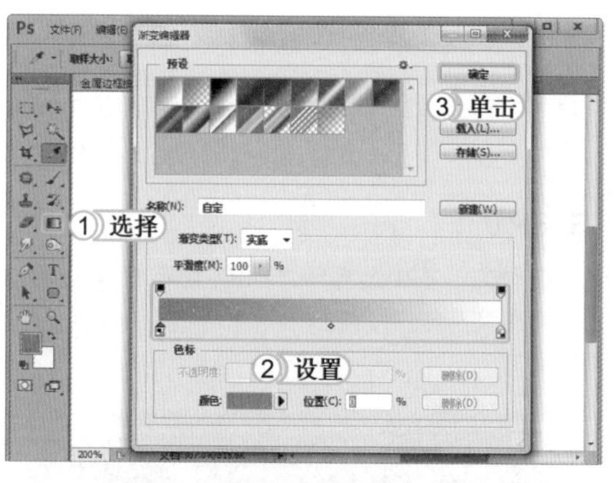

STEP 02： 设置渐变颜色

1. 在工具箱中选择渐变工具。
2. 在“属性”栏中单击按钮，在打开的“渐变编辑器”对话框中设置渐变“颜色”从淡红色（R176,G118,B118）到白色（R255,G255,B255）。
3. 单击 确定 按钮。

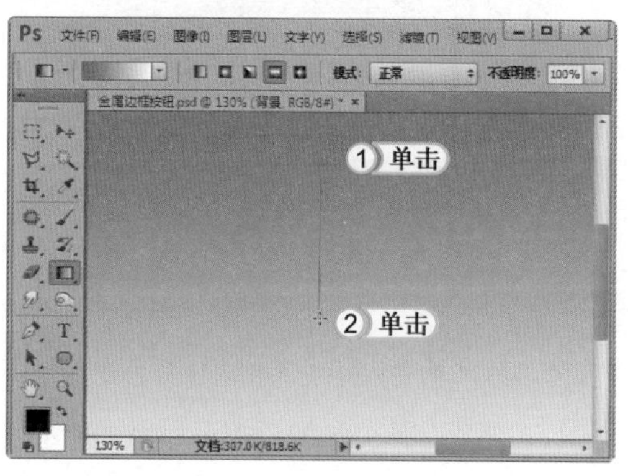

STEP 03： 渐变填充图形

1. 在图像上方单击鼠标指定渐变填充的起点。
2. 向下拖动并单击鼠标指定渐变填充的终点，完成对图像的渐变填充。

STEP 04：绘制圆角矩形

1. 单击图层面板下方的“创建新图层”按钮，新建“图层 1”。
2. 在工具箱中选择圆角矩形工具，保持工具属性栏中的默认设置不变。
3. 在图像窗口中拖动鼠标绘制出一个圆角矩形。

STEP 05：添加图层文字样式

1. 选择【图层】/【图层样式】/【混合选项】命令，打开“图层样式”对话框，在左侧的列表中选择“样式”选项。
2. 单击“样式”列表框右侧的按钮。
3. 在弹出的下拉列表中选择“文字效果 2”选项。

STEP 06：替换样式

在打开的“图层样式”提示对话框中单击 确定 按钮。

STEP 07：应用样式

1. 在“样式”栏中选择新添加的“零碎金属”选项。
2. 单击 确定 按钮。

经验一箩筐——打开“图层样式”对话框

单击“图层”面板中的“选择图层样式”按钮，在弹出的菜单中选择“混合选项”命令，也可以打开“图层样式”对话框。

STEP 08: 输入文字

1. 在工具箱中选择横排文字工具T。
2. 在“属性”栏中将“字体”设置为方正大标宋，“字号”为 60 点。
3. 在圆角矩形中输入文字“关闭”。

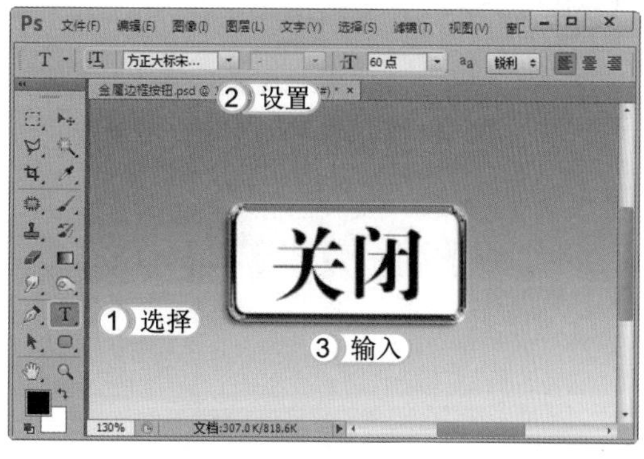

STEP 09: 设置图层样式

1. 选择【图层】/【图层样式】/【斜面和浮雕】命令，在打开的“图层样式”对话框中设置“浮雕样式”为内斜面。
2. 设置“大小”为 5。
3. 单击 确定 按钮，完成本实例的制作。

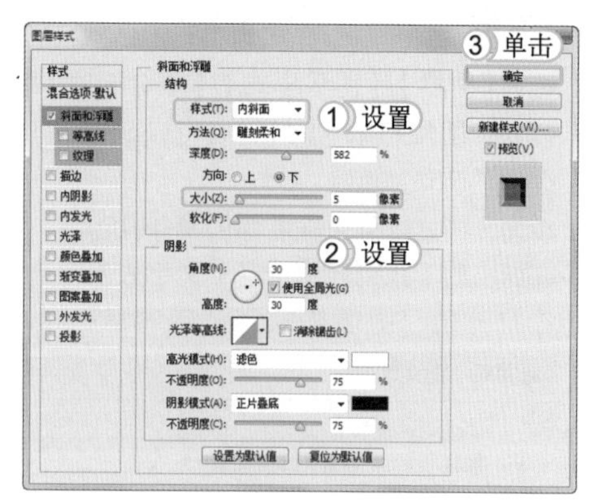

11.2.3 绘制金属拉丝按钮

金属拉丝按钮即把按钮的材质模拟为拉丝金属，一般用于摇滚音乐、建筑器材或者先锋摄影等比较“酷”的网站，本例将介绍制作金属拉丝按钮的方法。其最终效果如下图所示。

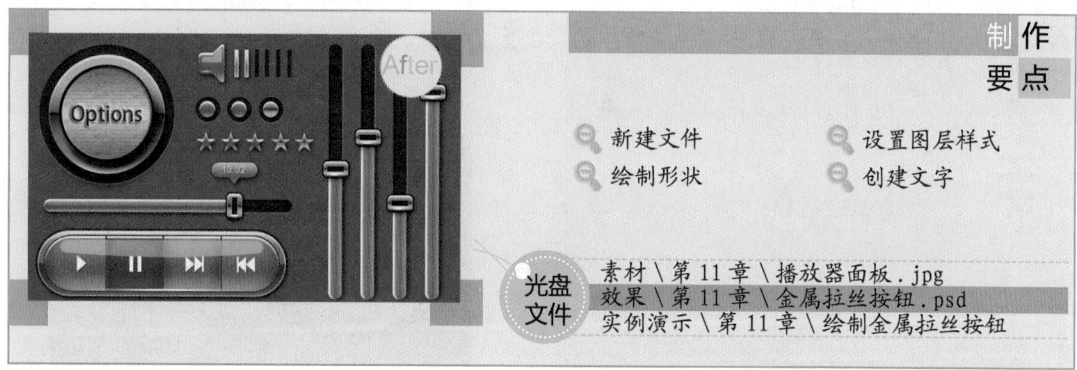

STEP 01: 打开图像文件

1. 启动 Photoshop CS6，打开素材图像“播放器面板.jpg”。
2. 单击“图层”面板下方的“创建新图层”按钮，新建“图层 1”。

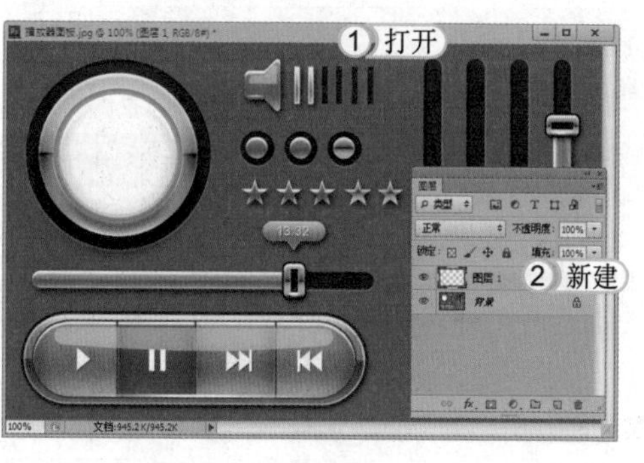

STEP 02：绘制圆角矩形

1. 在工具箱中选择椭圆工具，保持工具属性栏中的默认设置不变。
2. 在图像窗口中拖动鼠标绘制出一个圆角矩形。

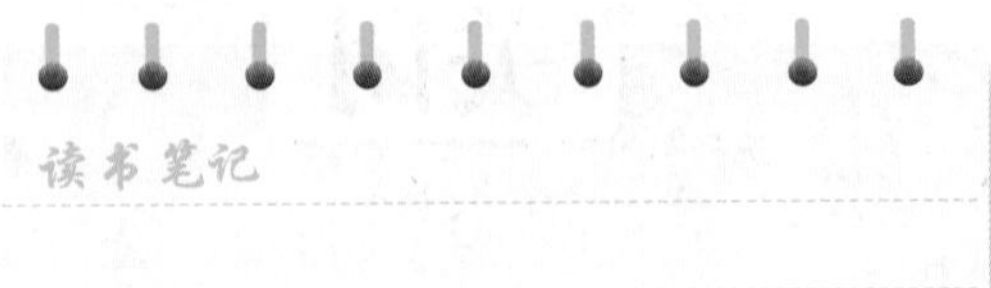

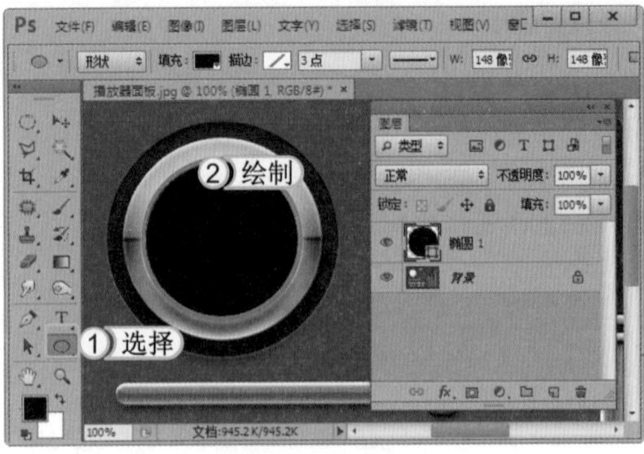

STEP 03：添加图层文字样式

1. 选择【图层】/【图层样式】/【混合选项】命令，打开“图层样式”对话框，在左侧的列表中选择“样式”选项。
2. 单击“样式”列表框右侧的按钮。
3. 在弹出的下拉列表中选择“文字效果”选项。
4. 在打开的“图层样式”提示对话框中单击 确定 按钮。

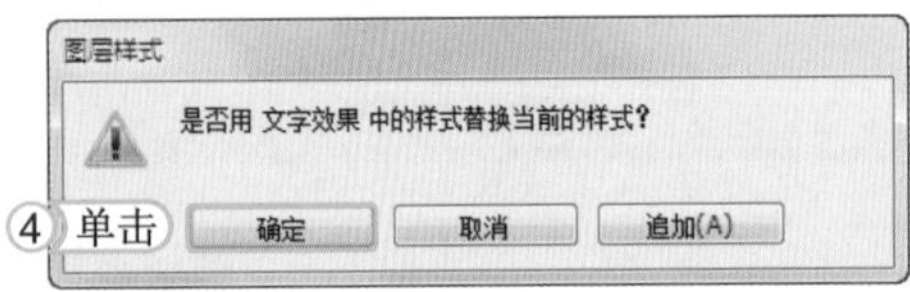

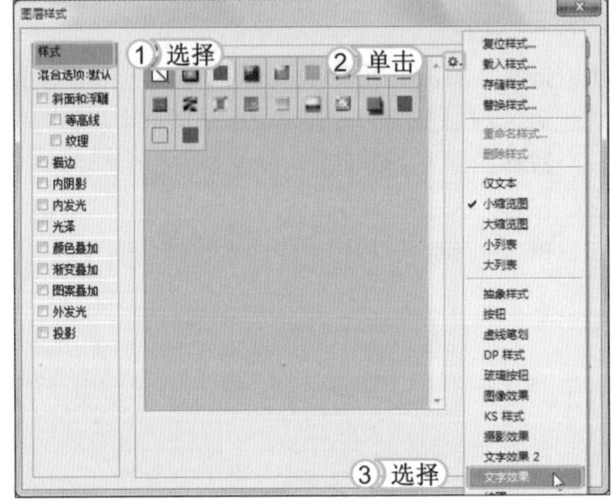

STEP 04：应用样式

1. 在“样式”栏中选择新添加的“拉丝金属”选项。
2. 单击 确定 按钮。

STEP 05：输入文字

1. 在工具箱中选择横排文字工具。
2. 在“属性”栏中将“字体”设置为 Adobe 黑体 Std，“字号”为 25 点。
3. 在椭圆中输入文字“Options”。

STEP 06： 设置图层样式

1. 选择【图层】/【图层样式】/【斜面和浮雕】命令，在打开的“图层样式”对话框中设置“浮雕样式”为浮雕效果、“方法”为雕刻清晰。
2. 设置浮雕的“大小”为 5。
3. 单击 确定 按钮，完成本实例的制作。

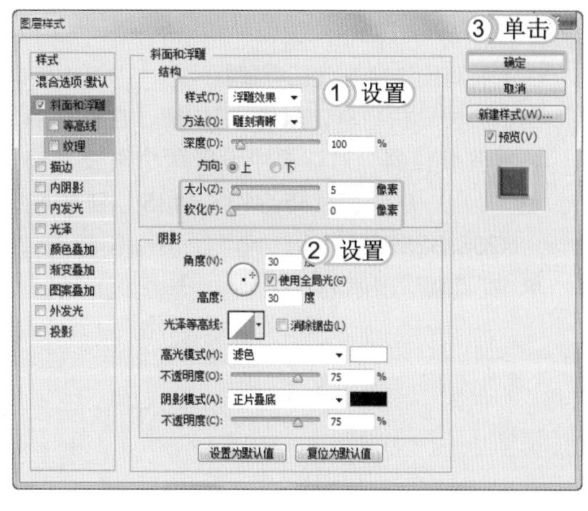

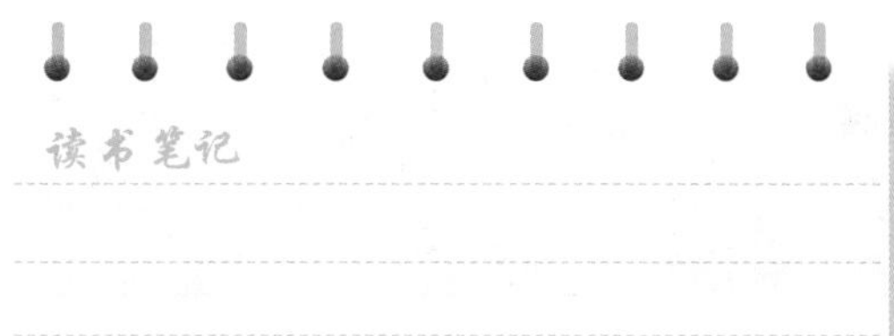

11.3 学习 1 小时：制作菜单

菜单不只是软件中才有的元素，在网站中也有菜单元素。网站中的菜单是指导航菜单，它是网页设计中的重要元素。一个好的菜单不仅是要把它设计得漂亮，更重要的是要能够使用户逗留，对该网站产生兴趣。

11.3.1 制作立体菜单

立体菜单是指具有立体效果的菜单，该效果一般用于当前处于被选择状态的菜单，本例将介绍制作立体菜单的方法。其最终效果如下图所示。

STEP 01： 新建图像文件

1. 启动 Photoshop CS6，选择【文件】/【新建】命令，在打开的“新建”对话框中输入文件的名称为“立体菜单”。
2. 设置文件的“宽度”为 18 厘米，“高度”为 10 厘米，“分辨率”为 72 像素 / 英寸。
3. 单击 确定 按钮，新建一个空白图像文件。

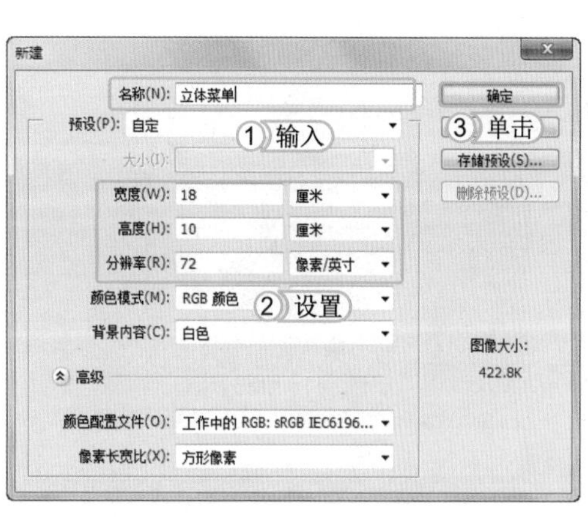

STEP 02： 设置渐变工具

1. 在工具箱中选择渐变工具。
2. 在“属性”栏中单击按钮，在打开的“渐变编辑器”对话框中设置两个渐变“颜色”为从灰色（R135,G135,B135）到白色（R255,G255,B255）。
3. 单击确定按钮。

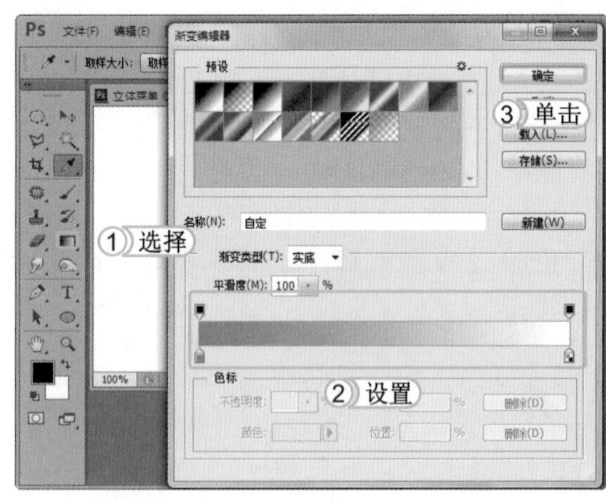

STEP 03： 渐变填充图形

1. 在图像上方单击鼠标指定渐变填充的起点。
2. 向下拖动并单击鼠标指定渐变填充的终点，完成对图像的渐变填充。

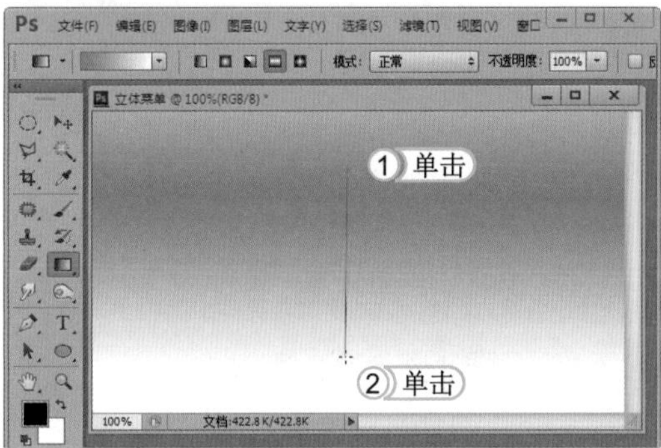

STEP 04： 填充图形

1. 选择【图层】/【新建】/【图层】命令，新建“图层 1”。
2. 设置“前景色”为绿色（R96,G141,B52），然后使用矩形选框工具绘制一个矩形选区，使用前景色对其填充。

STEP 05： 创建选区

1. 使用矩形选框工具绘制一个矩形选区。
2. 按住 Alt 键继续绘制一个矩形选区，从前面的选区中减去该区域。

STEP 06：删除图像

1. 按 Delete 键将选区中的图像删除。
2. 选择工具箱中的橡皮擦工具，然后对图像中间的顶角进行擦除，使其成为圆角。

STEP 07：新建并填充图层

1. 选择【图层】/【新建】/【图层】命令，新建“图层 2”，并将该图层移动至“图层 1”的下方。
2. 设置“前景色”为灰色（R210,G210,B210），然后在图像中绘制矩形选区，按 Alt+Delete 组合键使用前景色对选区进行填充。

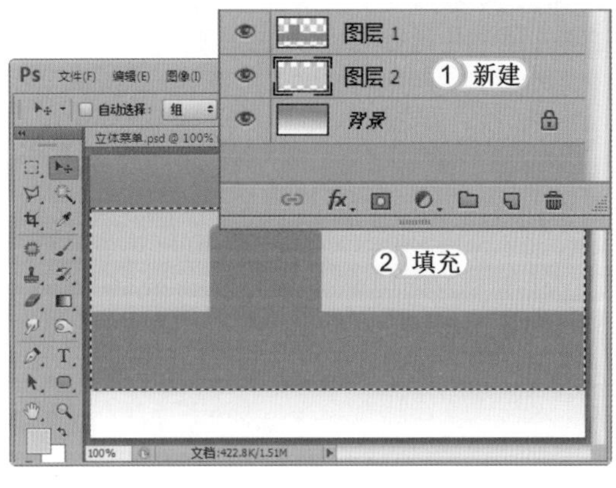

STEP 08：复制图像

1. 选择“图层 1”，然后使用矩形选框工具框选图像。
2. 按 Ctrl+J 组合键对选区内的图像进行复制，并生成“图层 3”，再将该图层移动到“图层 1”的下方。

STEP 09：调整图像形状并填充颜色

1. 选择【编辑】/【变换】/【扭曲】命令，对“图层 3”中的图像进行扭曲变形。
2. 设置“前景色”为灰色（R170,G170,B170），然后单击“图层 3”的缩略图，载入图像选区，再按 Alt+Delete 组合键使用前景色对选区进行填充。

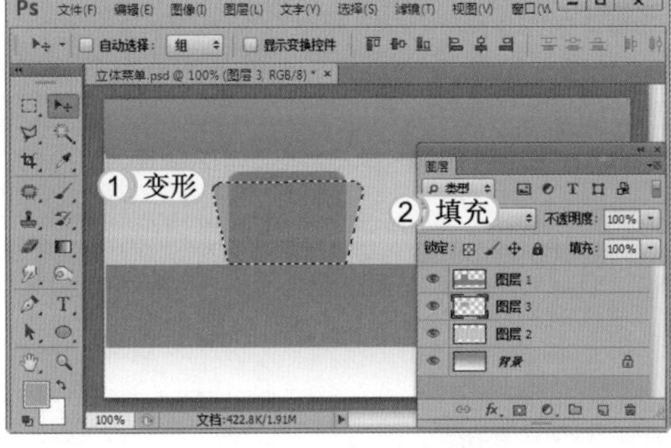

STEP 10： 输入文字

1. 在工具箱中选择横排文字工具T。
2. 在“属性”栏中将“字体”设置为Adobe黑体Std，“字号”为20点，文字“颜色”为白色。
3. 在椭圆中输入“SERVICES”、“Web Development”和“Public Management”文字。

STEP 11： 继续输入文字

1. 在工具箱中选择横排文字工具T。
2. 在“属性”栏中将“字体”设置为Adobe黑体Std、“字号”为20点、文字“颜色”为黑色。
3. 在椭圆中输入“PORTFOUO”、“RESOURCES”和“BLOG”文字。

STEP 12： 绘制竖线

1. 选择【图层】/【新建】/【图层】命令，新建“图层4”。
2. 设置“前景色”为深灰色(R120,G120,B120)，然后使用矩形选框工具绘制一个矩形选区。
3. 按Alt+Delete组合键使用前景色对选区进行填充。

STEP 13： 绘制椭圆

1. 设置“前景色”为白色，然后在工具箱中选择椭圆工具。
2. 在图像窗口中拖动鼠标绘制出椭圆图像。

STEP 14： 绘制形状图形

1. 设置“前景色”为绿色（R96,G141,B52），然后在工具箱中选择自定形状工具。
2. 在“属性”栏中设置“工具模式”为形状。
3. 在“形状”下拉列表框中选择“箭头 7”选项。
4. 在椭圆图像中拖动鼠标绘制出箭头图像。

STEP 15： 复制形状图形

选择绘制的椭圆和箭头图层，然后按 Ctrl+J 组合键对其进行复制，并移动其位置，完成本实例的制作。

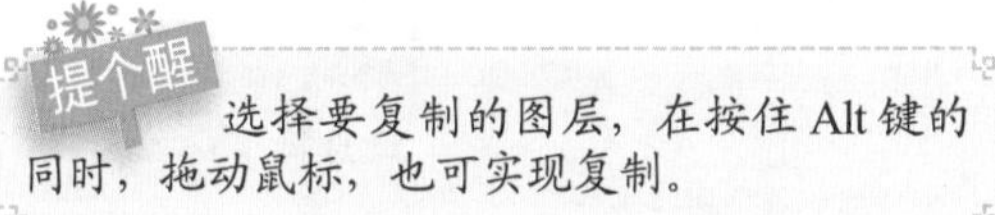
提个醒 选择要复制的图层，在按住 Alt 键的同时，拖动鼠标，也可实现复制。

11.3.2 绘制喷涂菜单

喷涂菜单是指模拟染料喷涂效果的菜单，这类型的菜单符合艺术、文艺和贴图类网站的要求。本例将介绍制作喷涂菜单的方法。其最终效果如下图所示。

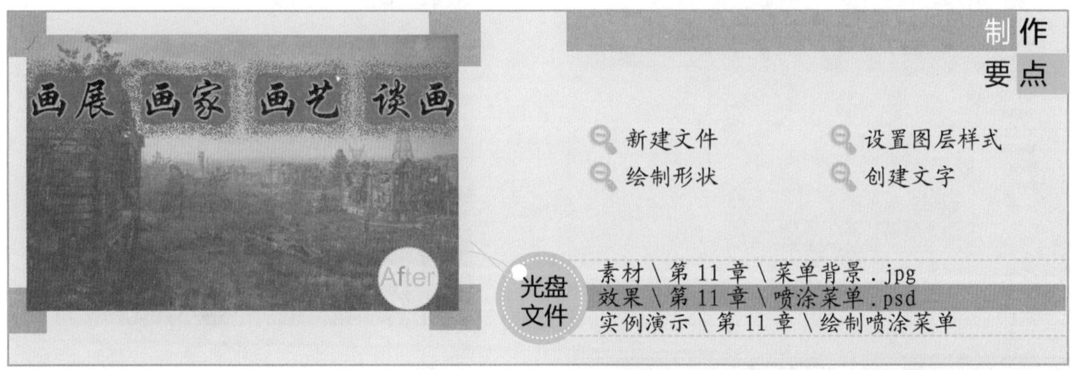

STEP 01： 打开图像文件

1. 启动 Photoshop CS6，打开素材图像“菜单背景 .jpg”。
2. 单击“图层”面板下方的“创建新图层”按钮，新建“图层 1”。

STEP 02： 绘制形状图形

1. 在工具箱中选择自定形状工具。
2. 在“属性”栏中选择“工具模式”为形状。
3. 在“形状”下拉列表框中选择“横幅 3”选项。
4. 在图像中拖动鼠标绘制出四个横幅图像。

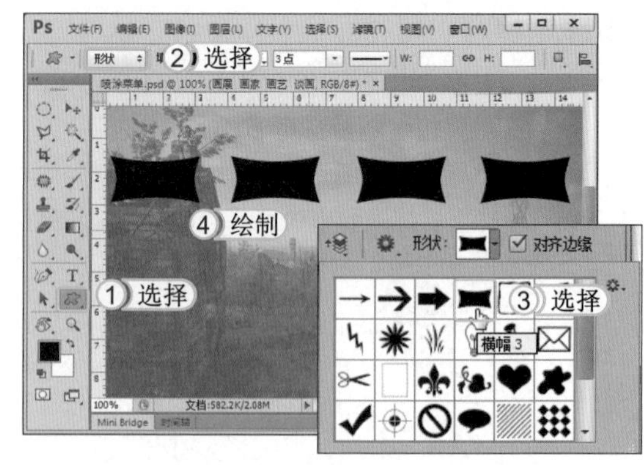

STEP 03： 添加图层样式

1. 选择【图层】/【图层样式】/【混合选项】命令，打开“图层样式”对话框，在左侧的列表中选择“样式”选项。
2. 单击“样式”列表框右侧的按钮。
3. 在弹出的菜单中选择“按钮”选项。
4. 在打开的“图层样式”提示对话框中单击 确定 按钮。

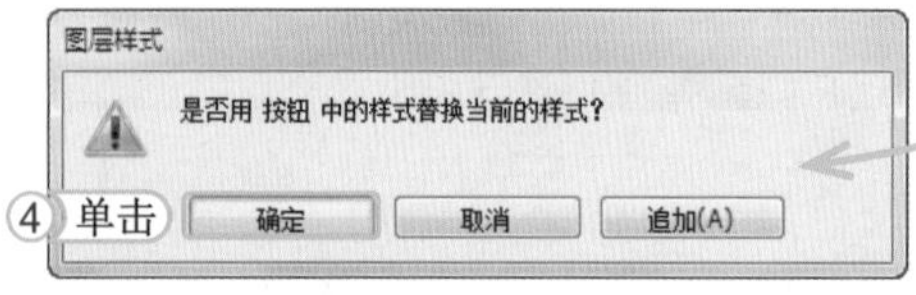

STEP 04： 应用样式

1. 在“样式”栏中选择新添加的“红色滴溅”选项。
2. 单击 确定 按钮。

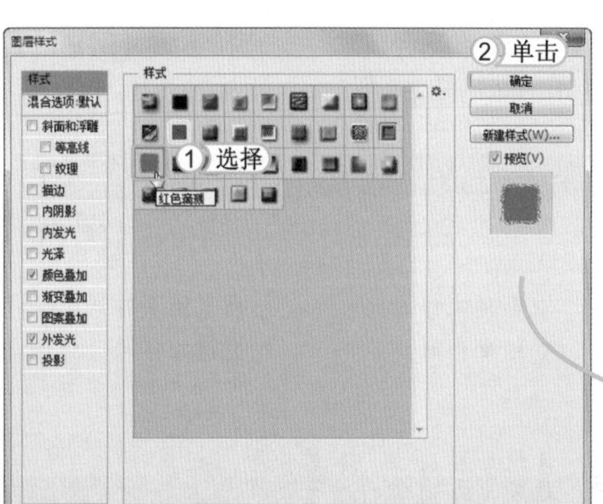

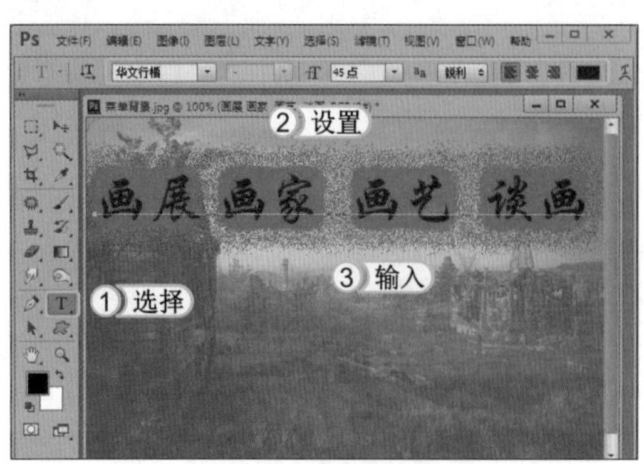

STEP 05： 输入文字

1. 在工具箱中选择横排文字工具。
2. 在“属性”栏中将“字体”设置为华文行楷、“字号”为 45 点、“颜色”为棕色（R90,G0,B0）。
3. 在横幅中输入“画展 画家 画艺 谈画”文字。

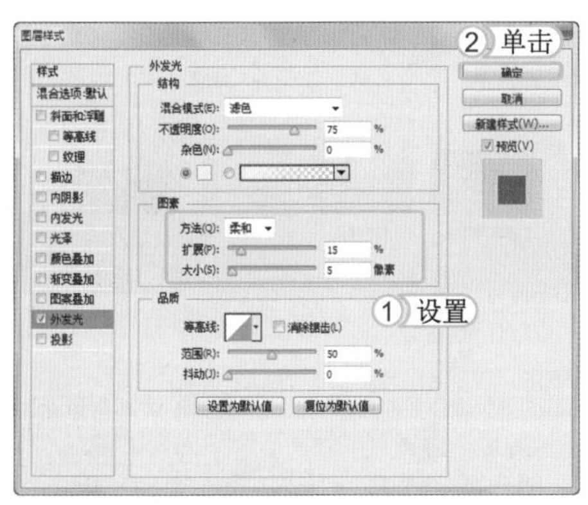

STEP 06: 设置图层样式

1. 选择【图层】/【图层样式】/【外发光】命令，打开“图层样式”对话框，在“扩展”数值框中输入“15”、在“大小”数值框中输入“5”。
2. 单击 确定 按钮，完成本实例的制作。

11.4 学习 1 小时：制作主页背景图片

网站的主题确定之后，接下来就要选择需要的图片制作主页背景。在日常生活中会发现一些常去的网站会不定期地更换主页背景图片。或许有人会问：难道这些网站不怕用户流失吗？当然不会！互联网是一个还没有形成规则的领域，所以很少有用户会对一成不变的东西感兴趣。

11.4.1 制作旅游网站主页背景图片

旅游网站一般采用风景图片来制作主页的背景图片。由于网速的限制，图片的尺寸要适当，切不可太大。本例将介绍制作旅游网站主页背景图片的方法。其最终效果如下图所示。

STEP 01: 打开图像文件

启动 Photoshop CS6，打开素材图像“旅游 1.jpg”。

提个醒 文字的字符属性包括设置文字的字体、颜色、大小和字符间距等参数，可以直接在文字工具对应的“属性”栏中进行字体、字号和颜色等的设置。

STEP 02：置入文件

1. 选择【文件】/【置入】命令，打开“置入”对话框，在“查找范围”下拉列表中选择正确的路径，然后选择素材文件“旅游2.jpg”。
2. 单击 置入(P) 按钮。

STEP 03：调整图像

拖动鼠标将图像调整至背景图像的大小。然后按 Enter 键进行确定，此时在“图层”面板中将生成新的“图层 2”。

STEP 04：设置图层混合模式

1. 在“图层”面板中选择“旅游 2”图层，单击鼠标右键，在弹出的快捷菜单中选择“栅格化图层”命令。
2. 在“图层”面板中的设置图层的“混合模式”下拉列表框中选择“正片叠底”选项。

提个醒 如果没有对置入图像进行“栅格化图层”操作，是不能设置图层的混合模式的。

STEP 05： 擦除多余画面

1. 在工具箱中选择橡皮擦工具，在图像窗口中拖动鼠标擦除多余的画面。
2. 在工具箱中选择裁剪工具，对图像进行适当的裁剪。

提个醒 在使用裁剪工具裁剪图像时，可拖动裁剪框四周的控制点来裁剪图像，也可拖动鼠标直接框选要保留的图像区域来进行裁剪。

STEP 06： 输入文字

1. 在工具箱中选择横排文字工具。
2. 在“属性”栏中将“字体”设置为华文行楷、“字号”为 60 点、“颜色”为白色（R255, G255,B255）。
3. 在图像中输入“乐途旅游网”文字。

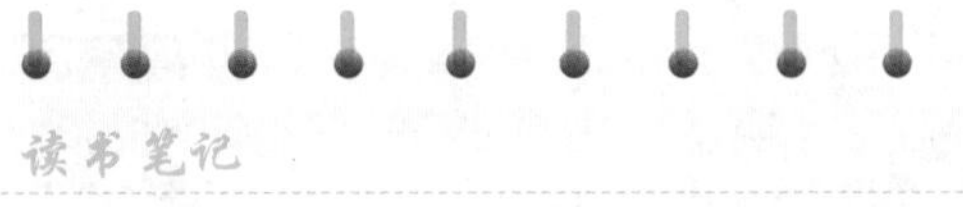

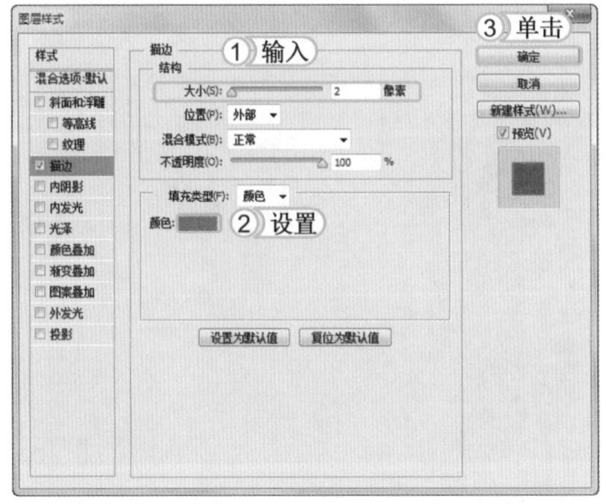

STEP 07： 设置图层样式

1. 选择【图层】/【图层样式】/【描边】命令，打开“图层样式”对话框，在“大小”数值框中输入“2”。
2. 设置描边的“颜色”为红色（R255,G0,B0）。
3. 单击 确定 按钮，完成本实例的制作。

经验一箩筐——改变文字的大小

除了通过字号改变文字的大小外，通过对文本进行变换缩放，也可以快速改变文字的大小。

11.4.2 制作家居网站主页背景图片

在制作家居网站主页背景图片时，背景中的图片所起到的作用就是画龙点睛，所谓点睛就是能够让人眼前一亮。本例采用现代简约的椅子来展现生活情调，风格简约但难掩其主题意义。下面将介绍制作家居网站主页背景图片的方法。其最终效果如下图所示。

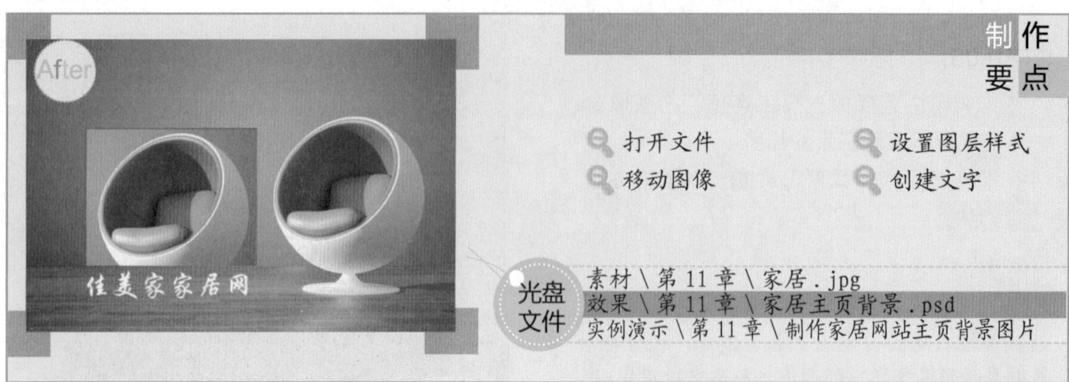

STEP 01： 打开图像文件

1. 启动 Photoshop CS6，打开素材图像“家居.jpg”。
2. 选择【图层】/【新建】/【通过拷贝的图层】命令，复制背景图层，得到“图层 1”。

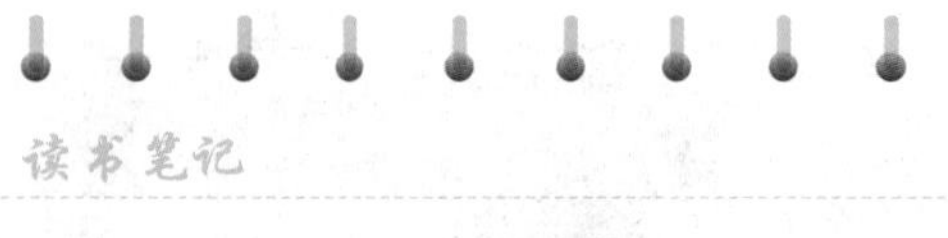

STEP 02： 清除图像

1. 在工具箱中选择矩形选框工具。
2. 在图像窗口中拖动鼠标绘制矩形选区。
3. 选择【编辑】/【清除】命令，清除选区内的图像。

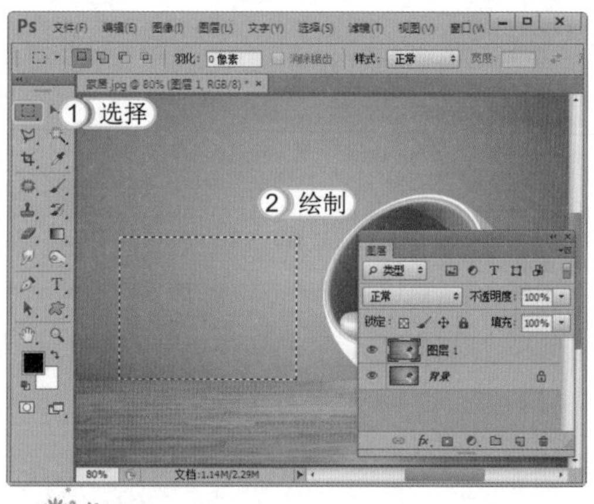

提个醒

由于“图层 1”与“背景”层的图像相同，在清除“图层 1”中的图像后，会显示与背景层相同的图像，因此，这里只能在图层面板中看到清除图像的效果。

经验一箩筐——修改文字的常用操作方法

对文字进行编辑或修改前，应先选择要编辑的文字。其方法为：先使用文字工具使文字处于文字输入状态，然后拖动选择要修改的文字。

STEP 03：设置图层样式

1. 单击“图层”面板中的“选择图层样式”按钮fx，在弹出的菜单中选择“投影”命令。
2. 在打开的对话框中设置“不透明度”为75%，然后单击 确定 按钮。

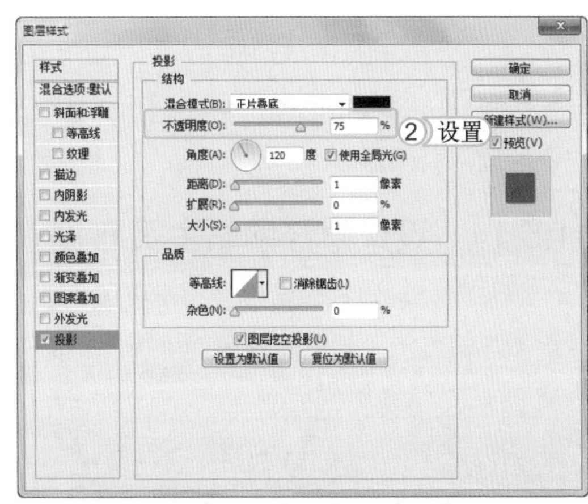

STEP 04：新建图层

1. 在“图层”面板中双击“背景”图层。
2. 在打开的“新建图层”对话框中单击 确定 按钮。

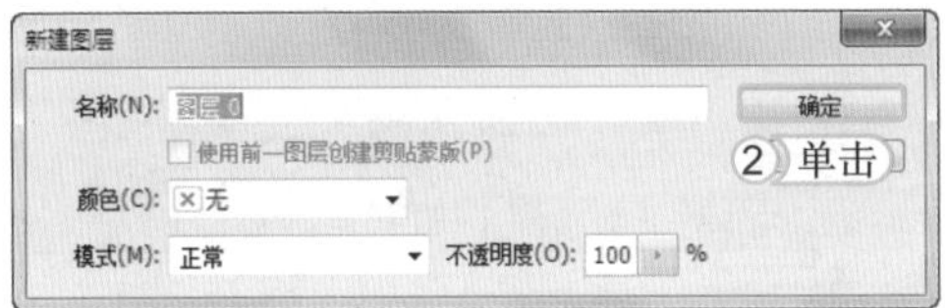

STEP 05：移动图层

1. 在工具箱中选择移动工具。
2. 在“图层”面板中选择“图层 0”，然后将图像向左拖动，移动下方图层的图像。

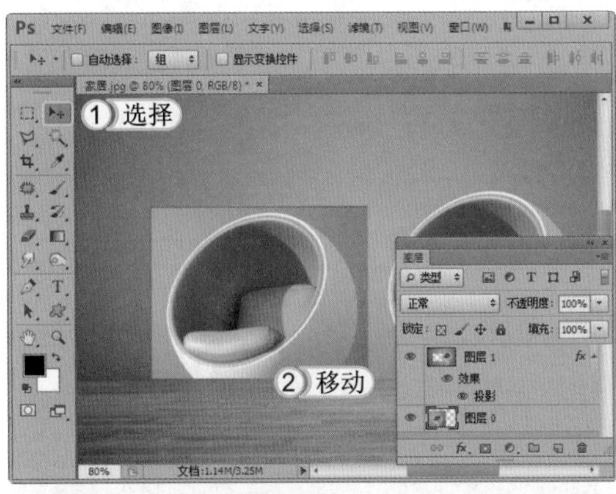

STEP 06：输入文字

1. 在工具箱中选择横排文字工具T。
2. 在“属性”栏中将“字体”设置为华文行楷，“字号”为 50 点。
3. 输入文字“佳美家家居网”，完成本实例的制作。

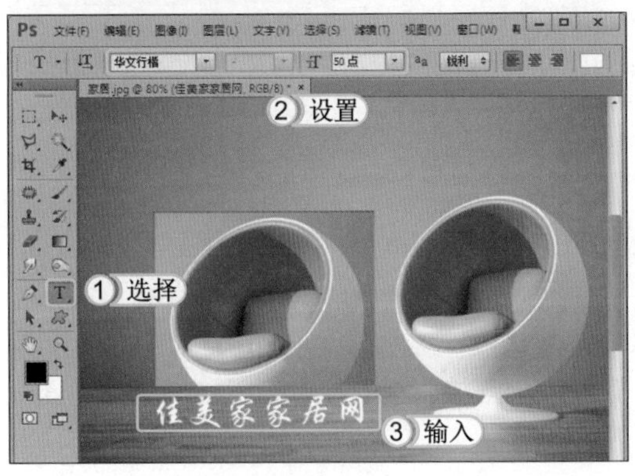

11.5 学习 1 小时：网页布局设计

下面将介绍网页的布局设计和切片输出的操作，学习好这些操作才能够更好地在今后的工作中处理网页问题。

11.5.1 设计财经网站主页布局

财经网站和银行网站很像，都是以专业、诚信的面貌示人。本例将介绍制作财经网站主页背景图片的方法。其最终效果如下图所示。

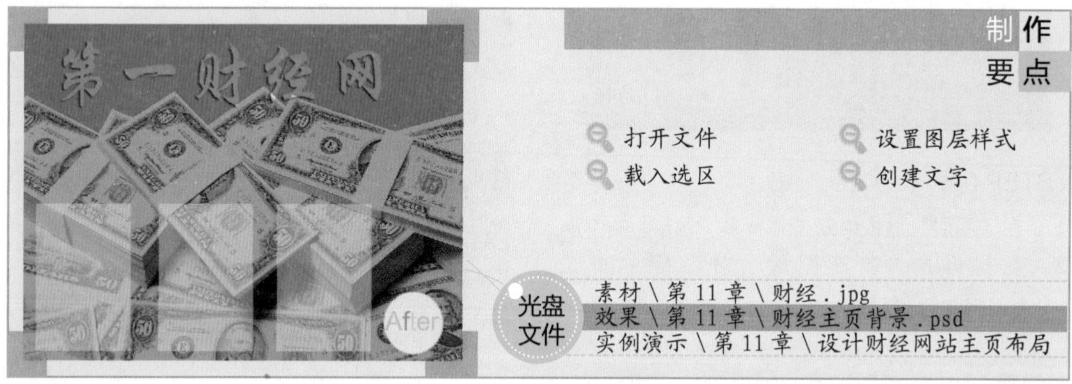

STEP 01： 打开图像文件

1. 启动 Photoshop CS6，打开“财经.jpg”图像。
2. 选择【图层】/【新建】/【通过拷贝的图层】命令，复制背景图层，得到“图层 1”。

STEP 02： 输入文字

1. 在工具箱中选择横排文字蒙版工具，在“属性”栏中将“字体”设置为华文行楷、“字号”为 120 点。
2. 在图像中单击鼠标左键，插入光标，输入文字“第一财经网”。

STEP 03： 设置“内阴影”图层样式

删除选区中的图像，单击“图层”面板中的“选择图层样式”按钮，在弹出的菜单中选择“内阴影”命令。在打开的对话框中设置“不透明度”为 75。

STEP 04： 设置光泽图层样式

1. 在打开的对话框中，选择"光泽"选项。
2. 在"不透明度"数值框中输入"30"，在"距离"数值框中输入"3"，在"大小"数值框中输入"150"。
3. 单击 确定 按钮。

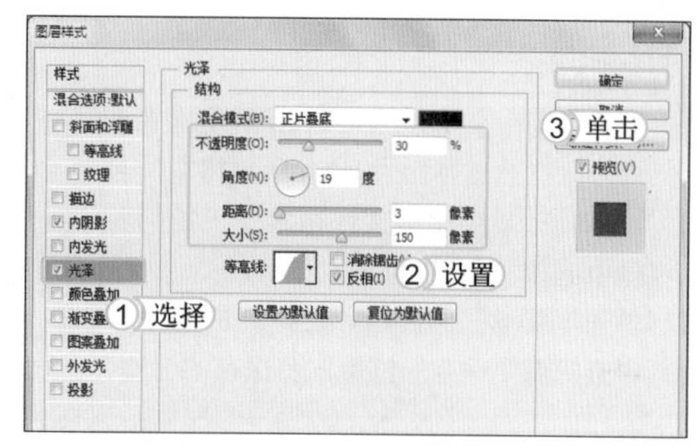

STEP 05： 绘制矩形

分别新建图层，选择矩形选框工具，在图像中绘制多个相同大小的矩形选区，填充为白色，并设置图层的"不透明度"为40%，完成本实例的制作。

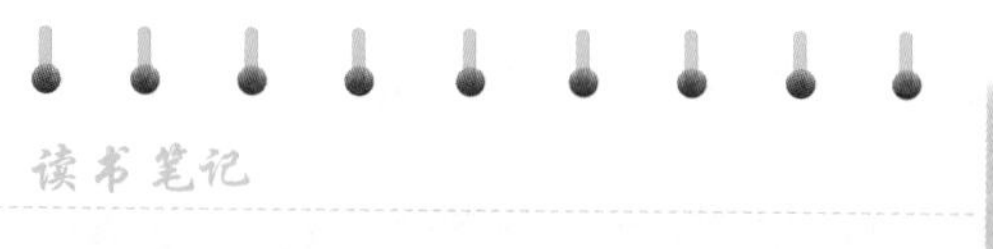

11.5.2 切片与输出

在制作网页时，通常要对网页页面进行分割，即制作切片。切片后，可将其输出为网页所用格式，以便应用于网页中。其最终效果如下图所示。

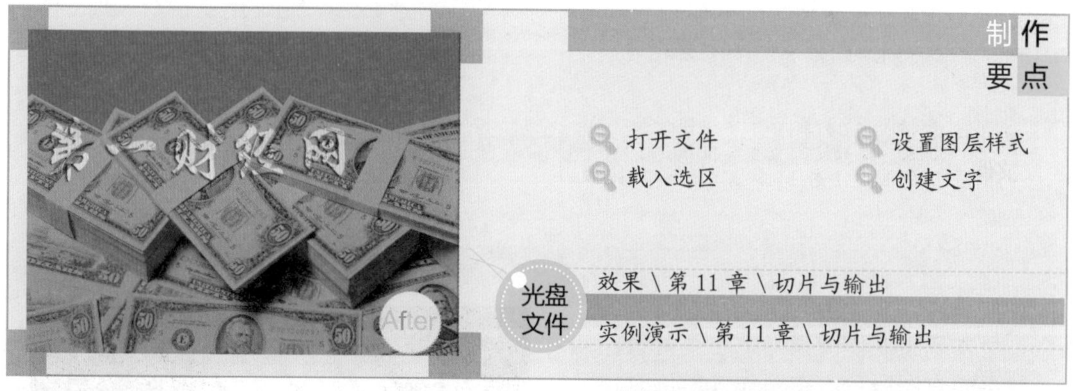

STEP 01： 切片处理

打开上一小节制作的财经网站主页背景布局图，在工具箱中选择切片工具。使用鼠标在图像上拖动，为网站进行切片。

STEP 02： 储存切片

1. 选择【文件】/【存储为 Web 所用格式】命令，打开“存储为 Web 所用格式”对话框。在“优化的文件格式”下拉列表框中选择“GIF”选项。
2. 单击 存储... 按钮。在打开的对话框中选择需要保存的位置以及保存的名称。

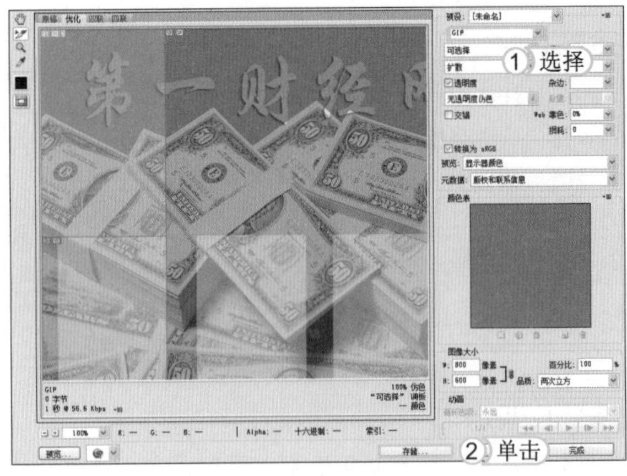

11.6 练习 1 小时

本章主要介绍了 Photoshop CS6 在网页设计方面的运用，用户在熟练掌握这些知识后，可为以后在网页设计方面的工作打下良好的基础。下面通过制作青草按钮和阅读网站主页背景来进一步巩固这些知识。

1. 制作青草按钮

本例将制作青草按钮，其效果如右图所示。在制作时，可以选择圆角矩形工具 在图像窗口中绘制矩形框。然后输入“字体”为汉仪粗宋简，“字号”为 72 点的文字。再为圆角矩形添加“内投影”和“图案叠加”的图层样式。最后为文字添加“外发光”的图层样式。

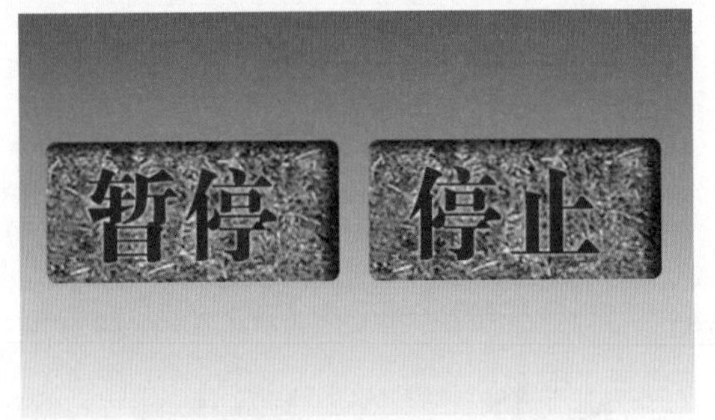

光盘文件

素材\第 11 章\青草按钮背景.jpg
效果\第 11 章\青草按钮.psd
实例演示\第 11 章\制作青草按钮

2. 制作阅读网站主页背景

本例将制作阅读网站主页背景，其效果如右图所示。在制作该案例时，可以打开素材图像“阅读网背景.jpg”，输入“字体”为方正宋黑简体，“字号”为 36 点的文字，然后调整背景图层的“色阶”，调暗周围的亮度，使其中间的图像更突出，最后为文字添加“外发光”的图层样式。

光盘文件

素材\第 11 章\阅读网背景.jpg
效果\第 11 章\阅读网主页背景.psd
实例演示\第 11 章\制作阅读网站主页背景

附录A 秘技连连看

一、Photoshop CS6 的图像操作技巧

1. Photoshop 的系统优化设置

在 Photoshop CS6 中可以对系统进行优化设置，可以设置界面和辅助线的颜色，还可以对光标和标尺等进行设置。这些设置能够帮助用户更加快捷地操作软件。

选择【编辑】/【首选项】/【常规】命令，系统将打开如下图所示的“首选项”对话框，在该对话框中设置常规选项，可以控制剪贴板信息的保持、颜色滑块的显示、颜色拾取器的类型等。

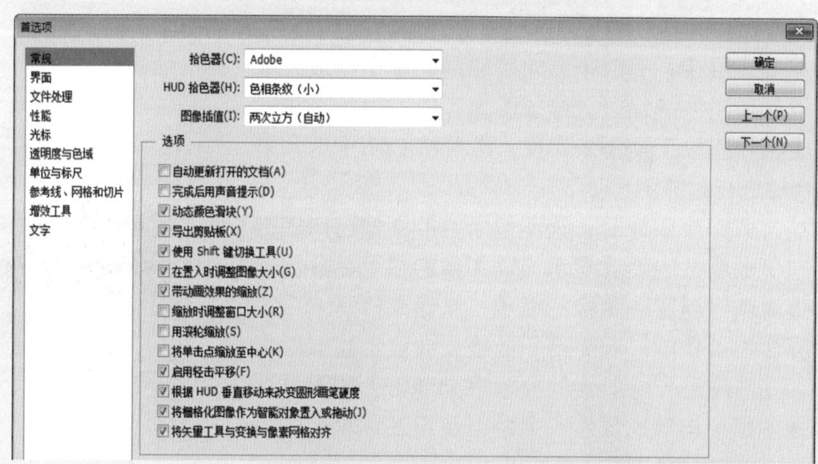

选择对话框左侧的“界面”选项，可以在其中设置屏幕的颜色和边界颜色，还可以设置面板和文档的各种折叠和浮动方式等；选择“文件处理”选项，在该对话框中有图像预览和文件扩展名两个下拉列表框和一个文件兼容性选项区，以及版本提示选项区；选择“光标”选项，用于设置画笔预览颜色和光标显示，无论在 PC 机上还是在苹果机上，它们的选项都是相同的；选择“透明度与色域”选项，在此对话框中有“透明区域设置”和“色域警告”两个选项区，在“透明区域设置”选项区中，可进行透明背景的设置，在“色域警告”选项区域中可设定色阶的警告颜色；选择“单位与标尺”选项可以改变标尺的度量单位并指定列宽和间隙；“参考线、网格和切片”选项可帮助用户定位图像中的单元。

2. 图像编辑的辅助工具

在图像处理过程中，利用辅助工具可以使图像处理更加精确。辅助工具主要包括标尺、参考线和网格。

选择【视图】/【标尺】命令，或按 Ctrl+R 组合键，可在图像窗口顶部和左侧分别显示水平和垂直标尺。在标尺上单击鼠标右键，在弹出的快捷菜单中可以更改标尺的单位，再次按 Ctrl+R 组合键可隐藏标尺。

使用标尺工具可以非常方便地测量工作区域内任意两点之间的距离。打开一幅图像，选择工具箱中的标尺工具，只需要在线段的起始位置单击并拖到线段的末尾处，将绘制一条线（这条线不会打印出来），这时两点间的测量结果将显示到“属性”栏和“信息”面板上。在标尺工具“属性”栏中，“X、Y”这两个选项分别表示测量的起点的横、纵坐标的值。“W、H”分别表示测量的两个端点之间的水平距离和垂直距离。“A、L1”分别表示线段与水平方向之间的夹角和线段的长度。

3. 排列图像窗口

当同时打开多个图像时，图像窗口会以层叠的方式显示，但这样不利于图像的查看，这时可通过排列操作来规范图像的摆放方式，以美化工作界面。

双击工作界面中任意空白处，在打开的“打开”对话框中同时选择 4 个图像文件。单击打开(O)按钮，被打开的图像在工作界面中以层叠的方式排放。选择【窗口】/【排列】命令，可以在打开的子菜单中选择所需的排列命令，如“平铺”、“将所有内容合并到选项卡中”等。

4. 缩放图像

在图像编辑过程中，有时需要对编辑的图像进行放大或缩小显示，以利于图像的编辑。缩放图像可以通过状态栏、“导航器”面板和缩放工具来实现，也可按 Ctrl++ 组合键和 Ctrl+- 组合键进行缩放。

当新建或打开一个图像时，该图像所在的图像窗口底部状态栏下的左侧数值框中便会显示当前图像的显示百分比，当改变该数值时就可以实现图像的缩放；新建或打开一个图像时，工作界面右上角的“导航器”面板便会显示当前图像的预览效果，左右拖动“导航器”面板底部滑条上的滑块，即可实现图像的缩小与放大显示；另外，使用工具箱中的缩放工具缩放图像是大部分用户最常采用的方式。

5. 精确裁剪图像

使用裁剪工具裁剪图像时，当调整裁剪框，而裁剪框又比较接近图像边界时，裁剪框会自动贴到图像的边上，让用户无法精确地裁剪图像。此时可以按住 Ctrl 键，再拖动裁剪框进行调整，使拖动裁剪框时的大小更容易控制，从而精确裁剪图像。

6. 绘制等比例的选区

使用选框工具绘制选区时，按住 Shift 键可以绘制出正方形和正圆的选区；按住 Alt 键将从起始点为中心绘制选区。

7. 精确调整选区边缘

当选择工具箱中任意一个选区绘制工具时，单击其对应“属性”栏上的调整边缘...按钮，在打开的“调整边缘”对话框中，用户可以对已存在的选区进行收缩、扩展、平滑及羽化等精确调整。其中各选项的参数含义如下。

- “视图模式”栏：在其中可设置选区的预览方式。
- “边缘检测”栏：在其中可调整选区边界的范围。
- “调整边缘”栏：在其中可精确的调整选区边缘的平滑度、羽化值、对比度和选区边缘的位置。
- “输出”栏：在其中可自动处理选区内图像边缘的杂色，使图像边缘更加平滑，同时可设置调整边缘后选区的输出位置。
- 、和按钮：单击按钮可放大或缩小当前图像；单击按钮可移动当前图像显示区域，单击按钮可对当前图像选区的半径进行增加或减少。
- ☑记住设置(T)复选框：选中该复选框可保存当前调整选区边缘的设置，在调整其他选区边缘时将会自动使用保存的设置。

8. 羽化选区

通过羽化操作，可以使选区边缘变得柔和，在图像合成中常用于使图像边缘与背景色进行融合。在图像中创建选区后，选择【选择】/【修改】/【羽化】命令或按 Shift+F6 组合键，将打开“羽化选区”对话框，在“羽化半径”文本框中输入羽化半径值，单击 确定 按钮，然后在选区中填充颜色，即可看到羽化效果。

二、图像颜色填充与调整技巧

1. 快速设置前景色和背景色

在设置颜色时，可通过按 D 键将前景色和背景色恢复到默认状态，按 X 键可快速切换前景色和背景色。

2. 选取图像颜色

除了使用面板工具获取颜色外，还能按住 Alt 键，用吸管工具选取颜色定义当前背景色。要增加取样点，只需在画布上用颜色取样器工具单击鼠标，而按住 Shift 键单击，此时将打开“信息”面板，可以查看每个取样颜色的信息，但一张图上最多只能放置 4 个颜色取样点。

信息

R: G: B: 8位	C: M: Y: K: 8位
X: Y:	W: H:
#1 R: 52 G: 118 B: 123	#2 R: 34 G: 96 B: 101
#3 R: 50 G: 116 B: 121	

3. 渐变工具使用技巧

渐变是指两种或多种颜色之间的过渡效果，在 Photoshop CS6 中包括了线性、径向、对称、角度对称和菱形 5 种渐变方式。

在使用渐变工具时，即使调整好了渐变样式，仍难绘制出满意的渐变效果，在 Photoshop CS6 中渐变样式发生改变，多数是因为渐变辅助线拖动过长或是渐变辅助线倾斜造成的，所以在绘制渐变时，一定要注意渐变辅助线的长度及角度。

4. 调整特殊色调和色彩

Photoshop 除了可矫正偏色的照片外，还可以将一张普通照片制作成特殊的颜色效果。

- 反相：使用“反相”命令可以反转图像中的颜色。该命令可以创建边缘蒙版，以便向图像的选定区域应用锐化和其他调整，当再次执行该命令时，即可还原图像颜色。
- 阈值：使用“阈值”命令可以将图像转换为高对比度的黑白图像，还可以制作出版画效果。
- 色调分离：使用“色调分离”命令可以指定图像的色调级数，并按此级数将图像的像素映射为最接近的颜色。
- 变化：使用“变化”命令可以直观地为图像增加或减少某些色彩，还可以方便地控制图像的明暗关系。

5. 增加黑白照片的层次感

将彩色照片转换为黑白照片时，可先选择【图像】/【模式】/【Lab 颜色】命令，将颜色模式转化为 Lab 模式，再打开“通道”面板，对其中的明度通道执行【图像】/【模式】/【灰度】命令，将照片转换为黑白照片。这是因为 Lab 模式的色域更宽，转化后的图像层次感更丰富。

三、图像的绘制技巧

1. 将画笔预设恢复成默认状态

当“画笔预设”选项栏中的画笔过多或需要默认画笔预设时，可将“画笔预设”选项栏中的画笔复位。其方法是：在“画笔预设”面板中单击按钮，在弹出的菜单中选择“复位画笔”命令。

2. 存储画笔样式

若是觉得有需要，用户也可将自己制作的图形存储为画笔样式。其方法是：在“预设管理器”对话框的选项栏中选择需要存储的画笔，再单击 存储设置(S)... 按钮。打开“存储”对话框，在其中选择画笔保存的位置后，单击 保存(S) 按钮。

3. 形状图层的转换技巧

使用形状工具绘制的图像可以是路径图层，也可以是形状图层。当用户将形状图层转换为普通图层后，该图层就永久拥有了普通图层的各种编辑状态。如果要保留其形状图层属性，可以在转换形状图层时，将其转换为智能对象。

4. 使用画笔/铅笔工具绘制图形

使用画笔工具绘图的实质就是使用某种颜色在图像中进行填充，在填充过程中不但可以不断调整画笔大小，还可以控制填充颜色的透明度、流量和模式。其“属性”栏如下图所示。

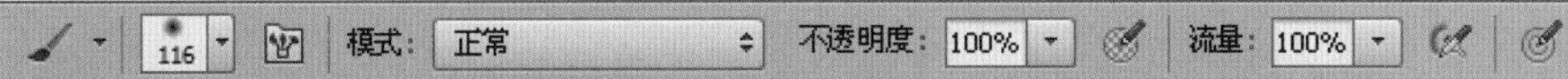

铅笔工具中的所有选项与画笔工具相同，但用铅笔工具绘制的图形都比较生硬，不像画笔工具那样平滑柔和。在铅笔工具“属性”栏中，没有“湿边”选项，增加了☑自动抹除复选框，这是由铅笔的特点决定的，因为它无法产生湿边效果。

当选中☑自动抹除复选框后，铅笔工具可当作橡皮擦工具来擦除图像。使用铅笔工具可创建出硬边的曲线或直线，笔触的颜色为前景色。其“属性”栏如下图所示。

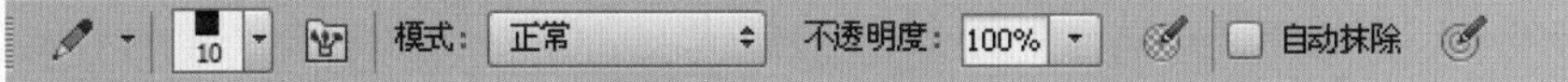

四、图层的操作技巧

1. 隐藏与显示图层

当一幅图像有较多的图层时，为了便于操作，可以将其中不需要显示的图层进行隐藏。在“图层”面板中单击左侧的指示图层可视性图标，即可隐藏该图层，该图层中的图像将不会显示在图像窗口中；如果要显示隐藏的图层，再次单击图层左侧的指示图层可视性图标即可。

2. 删除图层

对于不需使用的图层，可以将其删除，删除图层后该图层中的图像也将被删除。删除图层有以下几种方法：

- 在“图层”面板中选择要删除的图层，单击鼠标右键，在弹出的快捷菜单中选择“删除图层”命令。
- 选择【图层】/【删除】/【图层】命令。
- 在“图层”面板中选择要删除的图层，按Delete键。
- 单击“图层”面板底部的“删除图层”按钮。

3. 对齐图层

图层的对齐是指将链接后的图层按一定的规律进行对齐，选择【图层】/【对齐】命令，在弹出的子菜单中选择所需的命令即可，如右图所示。也可通过工具箱中的移动工具来实现对齐，其方法是：单击移动工具“属性”栏中对齐按钮组上的相应对齐按钮，从左至右分别为顶对齐、垂直居中对齐、底对齐、左对齐、水平居中对齐和右对齐。

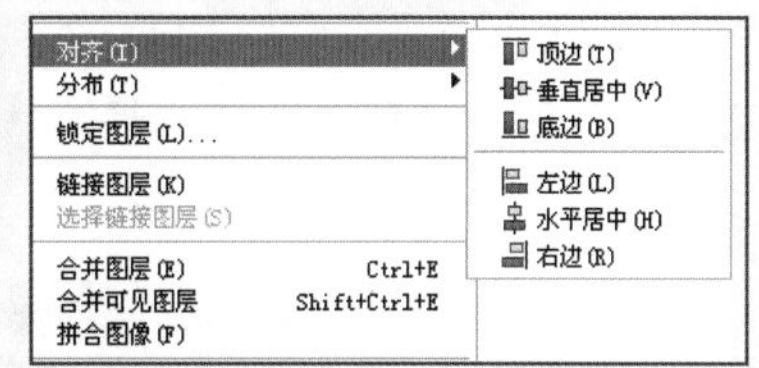

4. 认识调整图层

调整图层类似于图层蒙版，由调整缩略图和图层蒙版缩略图组成。调整缩略图由于创建调整图层时选择的色调或色彩命令不一样而显示出不同的图像效果；图层蒙版随调整图层的创建而创建，默认情况下填充为白色，即表示调整图层对图像中的所有区域起作用；调整图层名称会随着创建调整图层时选择的调整命令来显示，例如当创建的调整图层是用来调整图像的色彩平衡时，则名称为“色彩平衡 1”。

5. 设置图层透明度混合图像

通过调整图层的不透明度，可以使图像产生不同的透明程度，从而产生类似穿过具有不同透明程度的玻璃观察其他图层上图像的效果。

在“图层”面板中选择要改变不透明度的图层，单击“图层”面板右上角的“不透明度”下拉列表框，然后拖动弹出的滑条上的滑块，或直接在数值框中输入不透明数值即可。

6. 通道运算的注意事项

为了正常使用通道运算功能，必须确保需运算的两个图像的分辨率、高度和宽度都相同。否则在打开的“应用通道”对话框中将找不到需运算的图像；若两个图像的分辨率、宽度和高度不同，则可以选择【图像】/【图像大小】命令，在打开的“图像大小”对话框中进行对比和设置。

7. 使用快捷键创建与取消蒙版

创建选区后，按 Q 键可创建快速蒙版，再次按 Q 键后可取消快速蒙版。

五、文字和路径使用技巧

1. 创建段落文本

段落文字分为横排段落文字和直排段落文字，分别通过横排文字工具T和直排文字工具↓T来创建。选择工具箱中的横排文字工具T或直排文字工具↓T，在其“属性”栏中设置字体、字号和颜色等参数，将鼠标光标移动到图像窗口中，变为输入状态时，在适当的位置单击并在图像中拖动，绘出一个文字输入框，然后输入文字即可。

2. 为文字描边

为文字边缘填充颜色，可以选择【编辑】/【描边】命令，也可以使用图层样式中的描边样式制作渐变描边效果。

3. 安装字体

在 Photoshop CS6 的文字工具“属性”栏中，如果没有所需的字体，可以到网上搜索并下载一些需要的字体，或买一张字体光盘，然后将这些字体复制到“系统盘:\WINDOWS\Fonts”文件夹下。

4. 绘制固定尺寸路径

绘制路径有多种方法，绘制后的路径若不能满足设计要求，还可对路径进行编辑修改。在使用钢笔工具绘制直线路径时，按住 Shift 键，可限制生成的路径线呈水平、垂直或与前一条路径线保持 45° 夹角。

六、滤镜使用技巧

1. 滤镜的作用范围

滤镜命令只能作用于当前正在编辑的可见图层或图层中的所选区域。另外，也可对整幅图像应用滤镜。要对图像使用滤镜，必须要了解图像色彩模式与滤镜的关系。其中，RGB 颜色模式的图像可以使用 Photoshop 中的所有滤镜，不能使用滤镜的图像色彩模式的有位图模式、16 位灰度图模式、索引模式、48 位 RGB 模式。有的色彩模式图像只能使用部分滤镜，如在 CMYK 模式下不能使用画笔描边、素描、纹理、艺术效果和视频类滤镜。

2. 使用滤镜的注意事项

滤镜操作方法虽然简单，但是在使用时仍需注意以下几点：

- 滤镜可以反复应用，但一次只能应用在一个目标区域中。
- 滤镜不能应用于位图模式、索引颜色模式的图片文件中。
- 某些滤镜只对 RGB 颜色模式的图像起作用。

3. 重复滤镜效果

重复滤镜效果有两种情况，分别介绍如下。

- 不改参数的完全重复使用：当使用完一个滤镜命令后，最后一次使用的滤镜将出现在“滤镜”菜单的顶部，选择该命令或按 Ctrl+F 组合键，将以上次设置的参数重复执行相同的滤镜命令。
- 需更改参数的重复使用：按 Alt+Ctrl+F 组合键，可以打开上次设置的滤镜参数对话框，在其中可对参数重新进行设置。

62 Hours

4. 撤销滤镜使用效果

除了使用 Ctrl+F 组合键或 Alt+Ctrl+F 组合键重复应用滤镜的效果外，还可按 Alt+Ctrl+Z 组合键撤销上次用过的滤镜或调整的效果。

52 Hours

5. 使用渐隐滤镜效果

执行某个滤镜命令后，可以通过选择【编辑】/【渐隐】命令对执行滤镜后的效果与原图像进行混合，选择该命令或按 Shift+Ctrl+F 组合键，将打开“渐隐”对话框。该对话框中的“不透明度”数值框用于设置滤镜效果的强弱，设置的值越大，滤镜效果越明显；“模式”下拉列表框用于设置滤镜色彩与原图色彩的混合模式。

42 Hours

6. 对文字使用滤镜

在 Photoshop CS6 中，不能直接对文字使用滤镜，但若一定要对图像中的文字使用滤镜，可先在“图层”面板中使用鼠标右键单击文字图层，在弹出的快捷菜单中选择“栅格化文字”命令后，再使用滤镜。

32 Hours

7. 使用多个滤镜

如果需要同时使用多个滤镜，可以在“滤镜库”对话框的右下角单击“新建效果图层”按钮，在原效果图层上新建一个效果图层，选择相应的效果图层后可应用其他滤镜效果，从而

22 Hours

12 Hours

实现多个滤镜的叠加效果。

8. 隐藏及删除滤镜效果图层

当在滤镜库中选择一个滤镜后，滤镜参数设置区下方的列表框中会显示当前选择滤镜名称的滤镜效果图层，若在此图层上叠加过其他滤镜效果图层并对出现的滤镜效果不满意，就可对滤镜效果图层进行隐藏和删除操作，方法与普通图层操作方法相同。具体操作如下。

- 隐藏滤镜效果图层：如果不想观察某一个或某几个滤镜效果图层产生的滤镜效果，只需单击不需要观察的滤镜效果图层前面的图标，将其隐藏即可。
- 删除滤镜效果图层：对于不再需要的滤镜效果图层，可以将其删除，先在滤镜列表框中选择要删除的图层，然后单击底部的“删除效果图层”按钮。

9. 使用外挂滤镜

为了尽可能满足用户的需要，Photoshop 允许用户自行制作或加载其他用户制作的外挂滤镜。使用外挂滤镜的方法为：双击外挂安装包中的 Setup 文件即可安装，需要注意的是，滤镜的安装位置必须是 Photoshop CS6 安装文件夹下的 Plug_ins 文件夹。安装完成后，重新启动 Photoshop CS6，选择“滤镜”菜单即可在菜单中找到并使用安装的滤镜。

10. 使用“中间值”滤镜的技巧

一般在黑暗处拍摄的图像比较容易出现杂点，这时就可使用“中间值”滤镜去除照片的杂点。若效果不理想，可在使用中间值滤镜后，使用高斯模糊滤镜对图像进行调整。

附录B 快捷键大全

“文件”菜单命令快捷键

菜单命令	快捷键
新建	Ctrl+N
打开	Ctrl+O
在 Bridge 中浏览	Alt+Ctrl+O
打开为	Alt+Shift+Ctrl+O
关闭	Ctrl+W
关闭全部	Alt+Ctrl+W
关闭并转到 Bridge	Shift+Ctrl+W
存储	Ctrl+S
存储为	Shift+Ctrl+S
存储为 Web 所用格式	Alt+Shift+Ctrl+S
文件简介	Alt+Shift+Ctrl+I
打印	Ctrl+P
退出	Ctrl+Q

“编辑”菜单命令快捷键

菜单命令	快捷键
还原	Ctrl+Z
前进一步	Shift+Ctrl+Z
后退一步	Alt+Ctrl+Z
渐隐	Shift+Ctrl+F
剪切	Ctrl+X
拷贝	Ctrl+C
合并拷贝	Shift+Ctrl+C
粘贴	Ctrl+V
填充	Shift+F5
内容识别比例	Alt+Shift+Ctrl+C
自由变换	Ctrl+T
颜色设置	Shift+Ctrl+K
键盘快捷键	Alt+Shift+Ctrl+K
菜单	Alt+Shift+Ctrl+M
首选项 / 常规	Ctrl+K

“图像”菜单命令快捷键

续表

菜单命令	快捷键
调整 / 色阶	Ctrl+L
调整 / 曲线	Ctrl+M
调整 / 色相 / 饱和度	Ctrl+U
调整 / 色彩平衡	Ctrl+B
调整 / 黑白	Alt+Shift+Ctrl+B
调整 / 反相	Ctrl+I
调整 / 去色	Shift+Ctrl+U
自动色调	Shift+Ctrl+L
自动对比度	Alt+Shift+Ctrl+L
自动颜色	Shift+Ctrl+B
图像大小	Alt+Ctrl+I
画布大小	Alt+Ctrl+C

“图层”菜单命令快捷键

菜单命令	快捷键
新建 / 图层	Shift+Ctrl+N
新建 / 通过拷贝的图层	Ctrl+J
创建 / 释放剪贴蒙版	Shift+Ctrl+G
图层编组	Ctrl+G
取消图层编组	Shift+Ctrl+G
排列 / 置为顶层	Shift+Ctrl+]
排列 / 前移一层	Ctrl+]
排列 / 后移一层	Ctrl+[
排列 / 置为底层	Shift+Ctrl+[
合并图层	Ctrl+E
合并可见图层	Shift+Ctrl+E

“选择”菜单命令快捷键

菜单命令	快捷键
全部	Ctrl+A
取消选择	Ctrl+D
反向	Shift+Ctrl+I
所有图层	Alt+Ctrl+A
查找图层	Alt+Shift+Ctrl+F
调整边缘	Alt+Ctrl+R
修改 / 羽化	Shift+F6

“滤镜”菜单命令快捷键

菜单命令	快捷键
上次滤镜操作	Ctrl+F
自适应广角	Shift+Ctrl+A
镜头校正	Shift+Ctrl+R
液化	Shift+Ctrl+X
消失点	Alt+Ctrl+V

“视图”菜单命令快捷键

菜单命令	快捷键
放大	Ctrl+ +
缩小	Ctrl+ -
按屏幕大小缩放	Ctrl+0
实际像素	Ctrl+1
显示额外内容	Ctrl+H
显示 / 目标路径	Shift+Ctrl+H
显示 / 网格	Ctrl+'
显示 / 参考线	Ctrl+;
标尺	Ctrl+R
对齐	Shift+Ctrl+;
锁定参考线	Alt+Ctrl+;

“窗口”菜单命令快捷键

菜单命令	快捷键
动作	F9
画笔	F5
图层	F7
信息	F8
颜色	F6

工具箱快捷键

工具	快捷键
矩形 / 椭圆选框工具	M
移动工具	V
套索工具	L
快速选择工具	W
魔棒工具	W
裁剪工具	C
切片选择工具	C
吸管工具	I
标尺工具	I
注释工具	I
污点修复画笔工具	J
修复画笔工具	J

续表

工具	快捷键
修补工具	J
内容感知移动工具	J
红眼工具	J
画笔工具	B
铅笔工具	B
颜色替换工具	B
混合器画笔工具	B
仿制图章工具	S
图案图章工具	S
历史记录画笔工具	Y
历史记录艺术画笔工具	Y
橡皮擦工具	E
背景橡皮擦工具	E
魔术橡皮擦工具	E
渐变工具	G
油漆桶工具	G
减淡工具	O
加深工具	O
海绵工具	O
钢笔工具	P
自由钢笔工具	P
横排文字工具	T
直排文字工具	T
横排文字蒙版工具	T
直排文字蒙版工具	T
路径选择工具	A
直接选择工具	A
矩形工具	U
圆角矩形工具	U
椭圆工具	U
多边形工具	U
直线工具	U
自定形状工具	U
抓手工具	H
旋转视图工具	R
缩放工具	Z
默认前景色 / 背景色	D
互换前景色 / 背景色	X
切换标准 / 快速蒙版	Q

附录C 工具箱详解

类别	按钮	工具名称	详细说明
选框工具组		矩形选框工具	用于创建矩形选区，按住Shift键可绘制正方形选区
		椭圆选框工具	用于创建椭圆选区，按住Shift键可绘制正圆选区
		单行选框工具	用于创建高度为1像素的选区，常用于制作网格效果
		单列选框工具	用于创建宽度为1像素的选区，常用于制作网格效果
移动工具		移动工具	用于移动图层、参考线、形状或选区内的像素
套索工具组		套索工具	用于绘制形状不规则的选区
		多边形套索工具	用于创建转角强烈的选区
		磁性套索工具	用于快速选择与背景对比强烈且边缘复杂的对象
快速选择工具组		快速选择工具	利用可调整的圆形笔尖快速绘制出选区
		魔棒工具	用于快速选择图像中颜色差别在容差值范围内的像素
裁剪与切片工具组		裁剪工具	以任意尺寸裁剪图像
		透视裁剪工具	可以在需要裁剪的图像上制作出具有透视感的裁剪框
		切片工具	可以从一张图像上创建切片图像
		切片选择工具	用于选择切片后对切片进行各种设置操作
吸管与辅助工具组		吸管工具	用于快速获取颜色，可单击图像中的任意部分，将单击区域的颜色设置为前景色；按住Alt键进行获取可设置背景色
		3D材质吸管工具	用于快速吸取3D模型中各个部分的材质
		颜色取样器工具	用于在“信息”面板中显示取样的RGB值
		标尺工具	用于在“信息”面板中显示拖拽的对角线距离和角度
		注释工具	用于为图像添加注释信息
		计数工具	用于统计图像中元素的数量，也可对选定的区域进行计数
修复画笔工具组		污点修复画笔工具	自动从所修饰区域的周围取样，消除图像中的污点或对象
		修复画笔工具	通过图像中的像素作为样本进行绘制
		修补工具	通过样本来修复所选区域中有瑕疵的部分
		内容感知移动工具	在整体移动图片中的某物体时，智能填充物体原来的位置
		红眼工具	用于消除由闪光灯导致的瞳孔红色反光
画笔工具组		画笔工具	使用前景色绘制图形；也可对通道和蒙版进行修改
		铅笔工具	用无模糊效果的画笔进行绘制
		颜色替换工具	用于将某种颜色替换为另一种颜色
		混合器画笔工具	用于混合像素，其效果类似于传统绘画中的混合颜料
图章工具组		仿制图章工具	用于将图像的一部分复制到同一图像的另一位置
		图案图章工具	用于通过预设图案或载入的图案进行绘画
历史记录画笔工具组		历史记录画笔工具	将标记的历史记录状态或快照作为源数据对图像进行修改
		历史记录艺术画笔工具	将标记的历史记录状态或快照作为源数据，并以风格化的画笔进行绘画

续表

类别	按钮	工具名称	详细说明
橡皮擦工具组		橡皮擦工具	以类似画笔描绘的方式将像素更改为背景色或透明
		背景橡皮擦工具	基于色彩差异的智能化擦除工具，可快速清除色差大的背景
		魔术橡皮擦工具	清除与取样区域类似的像素范围
渐变与填充工具组		渐变工具	用于以渐变的方式填充拖拽的范围
		油漆桶工具	用于在图像中填充前景色或图案
		3D 材质拖动工具	选择材质后，在 3D 模型上单击可为其填充材质
模糊锐化工具组		模糊工具	用于柔化硬边缘或减少图像中的细节
		锐化工具	用于增强图像中相邻像素之间的对比，以提高图像的清晰度
		涂抹工具	用于模拟手指划过湿油漆时所产生的效果
加深减淡工具组		减淡工具	用于对图像色彩进行减淡处理
		加深工具	用于对图像色彩进行加深处理
		海绵工具	用于增加或降低图像色彩的饱和度
钢笔工具组		钢笔工具	以锚点的方式创建区域路径，主要用于绘制图形
		自由钢笔工具	用于较为随意地绘制图形，与套索工具类似
		添加锚点工具	将鼠标指针放在路径上，单击鼠标可添加锚点
		删除锚点工具	将鼠标指针放在路径上的锚点上，单击鼠标可删除锚点
		转换点工具	用于转换锚点的类型，包括角点和平滑点
文字工具组		横排文字工具	用于创建横排文字
		直排文字工具	用于创建直排文字
		横排文字蒙版工具	用于创建水平文字为选区
		直排文字蒙版工具	用于创建直排文字为选区
选择工具组		路径选择工具	用于选择路径，以便显示出锚点
		直接选择工具	用于移动两个锚点之间的路径
形状工具组		矩形工具	用于绘制长方形路径、形状图层或填充像素区域
		圆角矩形工具	用于绘制圆角矩形路径、形状图层或填充像素区域
		椭圆工具	用于绘制椭圆或正圆路径、形状图层或填充像素区域
		多边形工具	用于绘制多边形路径、形状图层或填充像素区域
		直线工具	用于绘制直线路径、形状图层或填充像素区域
		自定形状工具	用于绘制预定义形状的路径、形状图层或填充像素区域
视图调整工具组		抓手工具	用于拖拽并移动图像显示区域
		旋转视图工具	用于拖拽并旋转视图
无		缩放工具	用于放大或缩小图像显示比例
颜色设置工具组		前景色 / 背景色	单击对应的色块，可设置前景色或背景色的颜色
		切换前景色 / 背景色	单击该按钮，可切换前景色和背景色
		默认前景色 / 背景色	恢复默认的前景色（黑色）和背景色（白色）
无		以快速蒙版模式编辑	单击则切换到快速蒙版模式中进行编辑
屏幕模式工具组		标准屏幕模式	显示菜单栏、标题栏、滚动条和其他屏幕元素
		带有菜单栏的全屏模式	显示菜单栏、50% 灰色背景、无标题栏和滚动条的全屏窗口
		全屏模式	显示黑色背景和图像窗口，按 Esc 键可退出该模式；按 Tab 键可切换到带有面板的全屏模式

附录 D 72 小时后该如何提升

在创作本书时，虽然我们已尽可能设身处地为读者着想，希望能解决可能出现的所有与图像处理相关的问题，但仍不能保证面面俱到。如果您想学到更多的知识，或学习过程中遇到了困惑，还可以采取下面的方法。

1. 加强实际操作

俗话说："实践出真知。"在书本中学到的理论知识未必能完全融会贯通，此时就需要按照书中所讲的方法进行上机实践，在实践中巩固基础知识，加强自己对知识的理解，以将其运用到实际的工作生活中。

2. 总结经验和教训

在学习过程中，难免会因为对知识不熟悉而造成各种错误，此时可将易犯的错误记录下来，并多加练习，增加对知识的熟练程度，减少以后操作的失误，提高日常工作的效率。

3. 加深对图像处理的理解与学习

Photoshop的功能十分强大，同一张图片采用不同的方法进行处理，达到的效果也完全不同；而采用相同的方法处理图片，若参数设置不同，其效果也会有明显的区别。此时用户就要先认识和学习各种命令、工具的使用方法，彻底掌握使用方法，明白哪种图像适合使用什么命令来进行操作，达到学以致用的目的。如以下列举的问题就需要用户深入研究并进行掌握：

- 哪些色彩搭配在一起比较好看。
- 哪些类型的图片适合添加多元化的元素。
- 图片和文字要怎么放置，版面才比较美观。
- 通过哪些滤镜的结合使用，可以制作出特殊的图像效果。

4. 善于收集和整理素材

在进行图像处理时，经常需要借助其他图片来装饰和美化图像，用户可通过数码相机拍摄、网络搜索、购买光盘等方式进行图片的收集，以便后期利用。同时用户使用后的图片也不要随意删除，最好将其进行分类整理，以便为其他效果的图像处理提供素材。如背景、星光、花朵等分类，当需要使用时直接在分类好的文件夹中进行查看并选取即可，这将大大提高用户处理图像的效率。

5. 掌握色彩构成原则

在平面设计中，色彩不能凭感觉任意搭配，要运用审美的原则，安排和处理色彩间的关系，即在统一中求变化，在变化中求统一，大致可以从对比、平衡和节奏3个方面进行概括。

- 对比是指色彩就其某一特征在程度上的比较，如明暗色调对比，一幅优秀的作品必须具备明暗关系，以突出作品的层次感。
- 平衡是以重量来比喻物象、黑白和色块等在一个作品画面分布上的审美合理性。在长期的实践中人们习惯于重力的平衡、稳定，在观察事物时总要寻找最理想的视角和区域，反映在构图上就要求平衡。

节奏是指色彩在作品中合理分布，一幅好作品的精华位于视觉中心，是指画面中节奏变化最强、视觉上最有情趣的部位，而色彩的变化最能体现这一节奏。

6. 平面构图中的构成视觉对比

重复构成形式是以一个基本单元为主体在基本格式内重复排列，排列时可作方向、位置变化，具有很强的形式美感。近似构成形式是具有相似特点形体之间的构成。如下图所示为平面构图中的构成视觉对比。

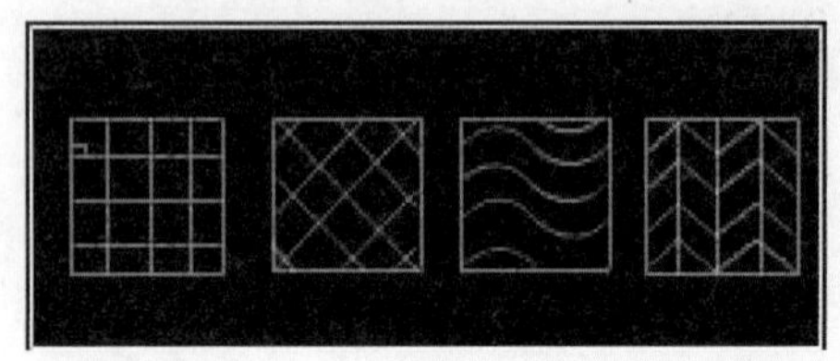

7. 上技术论坛进行学习

本书已将 Photoshop CS6 的功能和技巧进行了全面介绍，但由于篇幅有限，仍不能面面俱到，此时读者可以采取其他方法获得帮助。如在专业的 Photoshop 学习网站中进行学习，包括设计之家（http://http://www.sj33.cn）、中国第一设计论坛（http://www.de-bbs.com/bbs）、红动中国（http://www.redocn.com）等。这些网站各具特色，能够满足不同用户对图像处理的需求。如下图所示即为设计之家和中国第一设计论坛网的界面。

8. 还可以找我们

本书由九州书源组织编写，如果在学习过程中遇到了什么困难或疑惑，可以联系九州书源的作者，我们会尽快为您解答，关于九州书源的联系方式已经在前言中进行了介绍，这里不再赘述。